名車の残像 II

文 永島 譲二
写真 北畠 主税

名車の残像 II
目 次

I

フェラーリ・ディーノ 246GT	6（I）
メルセデス・ベンツ 300SL	14（I）
シトロエン DS21	22（I）
ランチア・アウレリア GT2500	30（I）
いすゞ・ピアッツァ	38（I）
ランボルギーニ・カウンタック LP400	46（I）
フェラーリ 365GT4/BB	54（I）
ジャガー Mk.II	62（I）
ダッジ・チャレンジャー R/T コンバーティブル	70（I）
アルファ・ロメオ・アルファスッド TI	78（I）
ルノー 5	86（I）
ニッサン・レパード	94（I）
ポルシェ 911 カレラ RS	102（I）
ジャガー E タイプ	110（I）
トヨタ 2000GT	118（I）
シトロエン 2CV	126（I）
アストン・マーティン DB5	134（I）
プジョー 202	142（I）
ランボルギーニ・ミウラ P400S	150（I）
アルファ・ロメオ GT1300 ジュニア	158（I）
リンカーン・ゼファー	166（I）
ランチア・ストラトス	174（I）
メルセデス・ベンツ 280SL	182（I）
オースティン・ヒーレー・スプライト Mk.I	190（I）
フォード・ロータス・コーティナ	198（I）
ブガッティ・タイプ 35T	206（I）
ナッシュ・メトロポリタン	214（I）
キャディラック・エルドラド・ブロアム	222（I）

II

ロータス・エリート	4
フィアット600D	12
デイムラーSP250	20
フォードGT40	28
フォード・アングリア	36
フェラーリ166MM	44
アルピーヌ・ルノーA110	52
ランチア・ベータ・モンテカルロ	60
ルノー4	68
アルファ・ロメオ・ジュリア・スーパー	76
ボルボP1800	84
ヒルマン・インプ・スーパー	92
トライアンフTR4	100
シトロエンDS21	108
シボレー・コーヴェア	116
ランチア・デルタS4	124
アルファ・ロメオ・ジュニア・ザガート	132
シトロエンCX	140
ポルシェ914	148
サーブ92	156
フォルクスワーゲン タイプ2	164
アルピーヌA106	172
チシタリア202	180
ベントレーRタイプ・コンチネンタル	188
ルノー8 ゴルディーニ	196
マツダ・ファミリア	204
ランボルギーニLM002	212
ランチア・フルヴィア・スポルト	220
撮影の現場から	228
あとがき	234

LOTUS ELITE

1957年にショーデビューを飾り59年に生産が開始された、ロータス初のクローズドボディを持つ2座スポーツカー。世界で初めてFRPモノコックを実用化したクルマでもあり、オリジナルモデルは580kgという軽量を誇っていた。パワーユニットはコヴェントリー・クライマックスFWE型1.2ℓで、シングルSUキャブレターを装着した初期型は75ps、ツインSUとの組み合わせでは83psを発生した。
全長：3730mm、全幅：1500mm、全高：1160mm、ホイールベース：2255mm。水冷直列4気筒OHC。1216cc、83ps／6100rpm。縦置きフロントエンジン-リアドライブ。サスペンション：独立 ダブルウィッシュボーン（前）／独立 チャプマン式ストラット（後）。

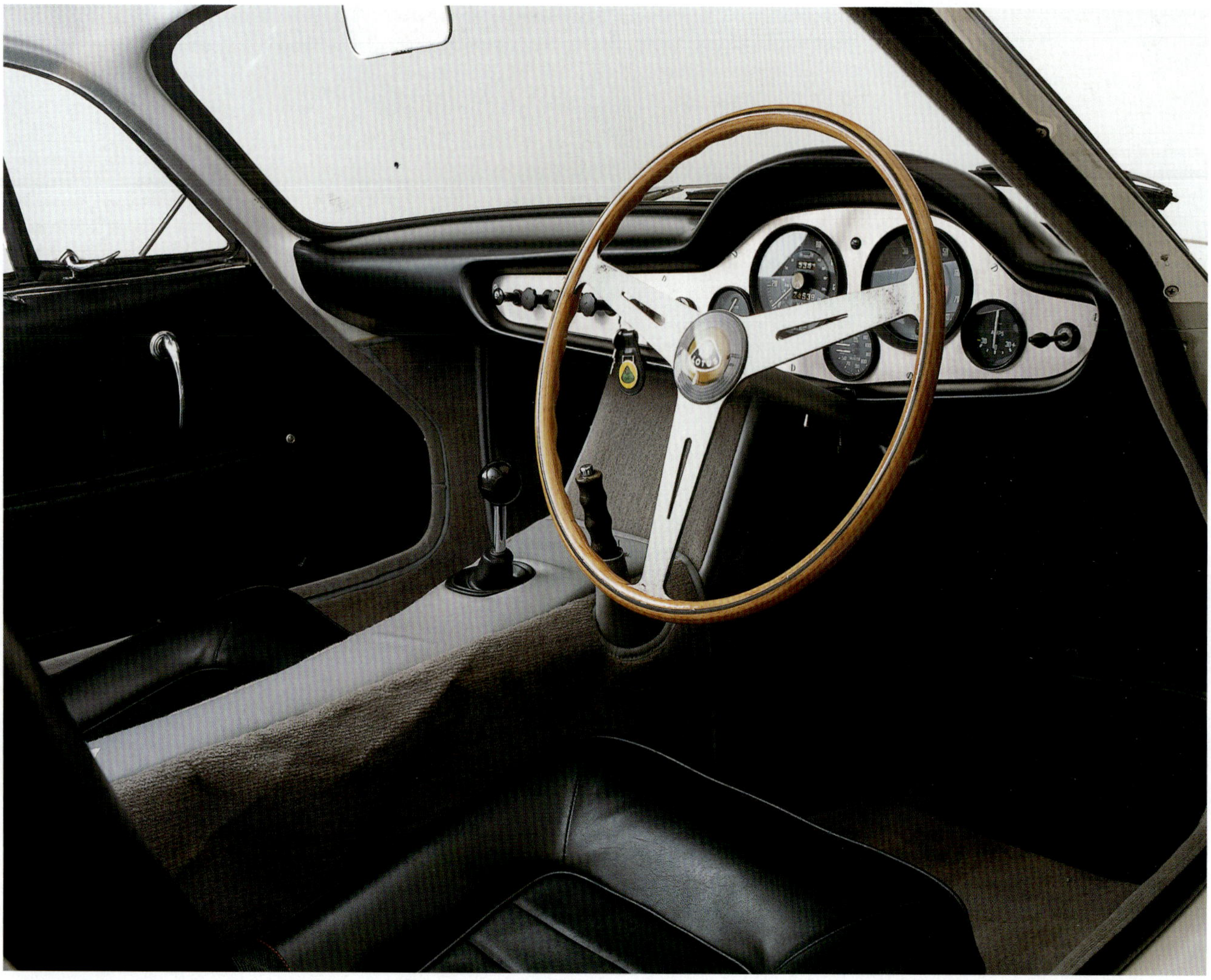

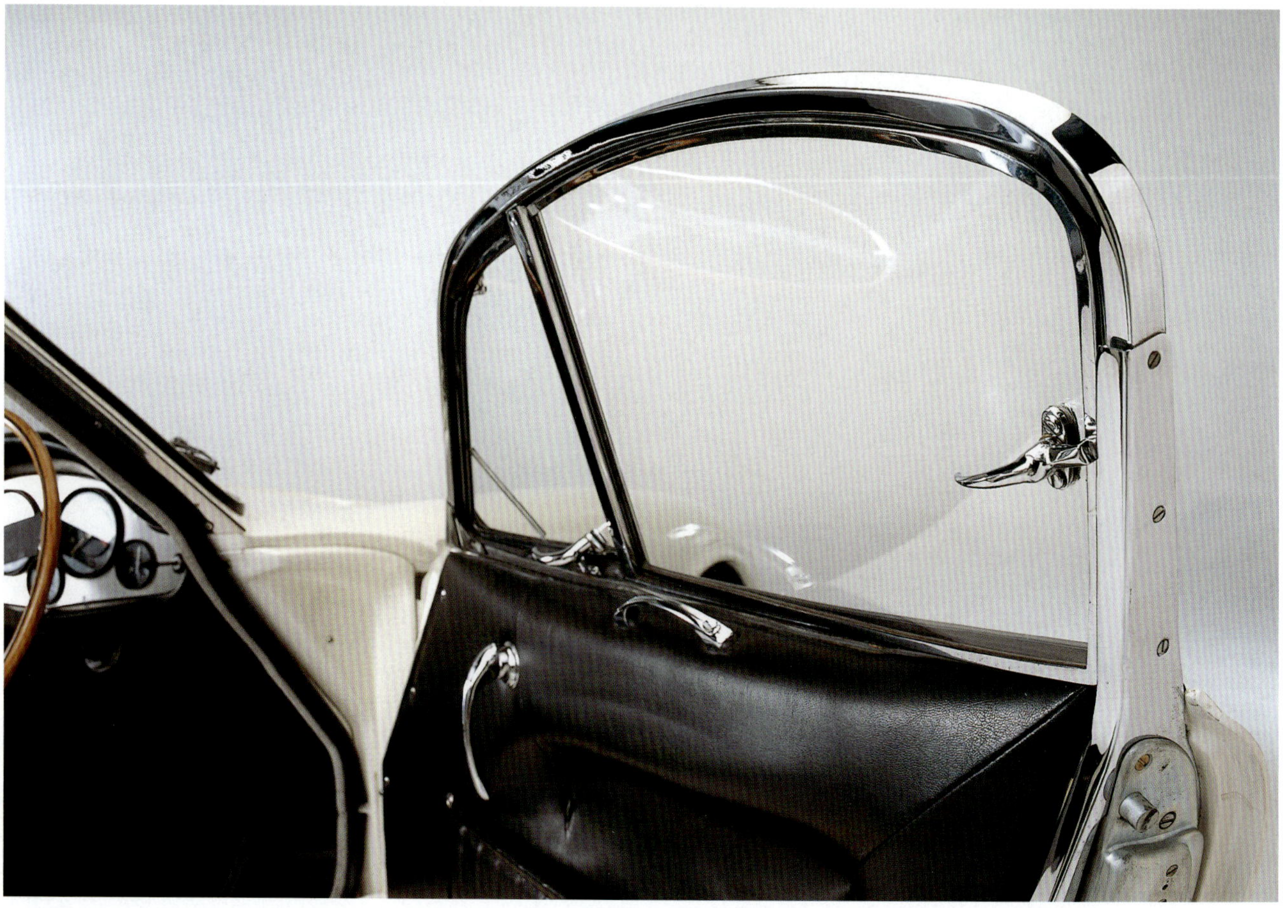

■しまつの極意

　ロータスと言えばコーリン・チャプマンである。ロータスはこの人物が、父親の経営する小さなホテルの裏庭で古いオースティンを改造することから出発したのだという。この極小自動車ビジネスはその後10年あまりでF1コンストラクターズ・タイトルを獲得するまでにのしあがるが、その尋常ならざる成長速度もやはりこのヒトの手腕あればこそ、と言われている。

　そんなわけで、コーリン・チャプマンはよく天才設計者とかレース界の革命児などと呼ばれているが、たしかに考えるほどにチャプマン-ロータスによって世に現われたテクニカル・イノベーションは数多く、それは思いつくままに挙げていくだけでもかなり長い話になりそうである。だからそちらにはまってしまうと抜けられなくなりそうなので、ここではなるべく技術バタケの話はスッとばしていきたいのだが、でもやっぱりちょっとだけ触れるなら、F1の世界で初めてモノコック・シャシーを成功させたあのロータス25とか、その自分で始めたモノコックを前半だけで終わりにしてしまい、あとはまかせたと後ろ半分はエンジン・ブロック自体をシャシーがわりにしてしまったロータス49なんてのは、実にチャプマンの面目躍如たる作品なのだろうと僕は思っている。というのも当時のロータス各車をふり返って、結局チャプマンが一貫してやろうとしていたこととは何かを考えると、おそらくそれは「自動車の合理化」といったことだったのだろうと思うからだ。

　別に誰がやろうと自動車設計者が自動車の合理化を追求するのは当たり前のことなのだが、チャプマンの「合理化」というのはニュアンス的にむしろ近頃のワガ国でしばしば言われるところの「経営の合理化」とか「企業の合理化計画」という、あれに近いものだったように思われる。

　すなわちロータスのレースカーというのはどれもがゴールラインを通過する瞬間までもてばよい、というギリギリまでゼイ肉をおとした限界的軽量設計で知られていた。「レース中、車が壊れたらそこを補強すればよい。まったく壊れないでフィニッシュするようなら、それはきっとまだどこか削り足りない過剰設計なのだ」と、チャプマンはそうつぶやいてチームのドライバーたちを恐れさせたとかさせないとか。なんか落語のケチくらべに出てくる人みたいだが、ともかくもそんな方針にもとづいてチャプマンは彼式の「部品の合理化」にのりだす。それはひとつの部品に極力ひとつ以上の役割を与えることによって部品総数をセーブする、というやり方である。

　モノコック構造というのもそうした考えの一例なわけで、車のシャシーとボディというもともと別々のものに、両者になるべく共通の役目をもたせてこれを統合していこうという、こいつは一種の「合併による合理化」なのである。先程のエンジン・ブロックにシャシーとしての役割を担わせるというアイデアもこうしたチャプマン流合理化政策の典型例と言ってよい。

　モノコックということについて言えば、もちろんロータスはその発明者ではない。モノコック構造自体は戦争前から長く自動車界に知られていた。ただチャプマンはそれを少々極端なまでおしすすめた。ロータス・エリートはそんなとってもススンだモノコック構造のよい見本なわけである。

　ロータス・エリートの車体構造図というのを見かけることがあるが、それはタミヤ模型の組立て説明図とまったくそっくりのものである。それもそのはず、この車の成り立ちは実際デカいプラモデルそのものであり、つまりモールドから抜いてつくられた上中下の3体のプラスチック・モジュールをごはん粒でくっつけ合わせれば、それでフロアもクロスメンバーもボディも、つまり車体はもう9割方できあがりというものである。

　余計な補強用小骨やつっかえ棒を増やさずに、シャシーとボディがピタリ一体となって仲良く応力を分担し合うひとつのドンガラというのはモノコック構造の理念ではあるが、その理念をここまでホントーにしてしまった生産車というのは、エリートの他にそうはないはずだ。さらに加えて全プラスチックなればこそ可能となった驚異的な部品数の倹約。まさにこいつもコーリン・チャプマンの面目躍如たる作品のひとつと言ってよかろう。

　ただちょっと気になるのは、小生知る限りこうした設計はシンプルに思えるが製造コストはかなり高くつくはずのものだが、そのへんどうなっていたのかな？　それでちょいと調べをいれたところ案の定1.2ℓ75psのエリートは相当に高価な車で、スポーツカー同士で比較すると新車時にはかのジャガーXK150よりも高く、アメリカ市場ではV8 4.7ℓオーバー200psのシボレー・コーヴェットより30％あまりも高い正フダがつけられていたそうな。いったいどういうスキモノが買ったものか。もっともそんな値段でも利益が出たとはとうてい信じられないのだが、イヤー合理化して損してちゃ世話ないな。

　いや技術上の合理化というのはこんな風におうおうにしてカネ的には大きな不合理を招くものでして、まぁ世の中なにかとうまくいかないスからね。もちろんチャプマンもそれに気づいて、わずか数年でエリートは新設計のロータス・エランにモデル・チェンジされてしまった。エランの方はエンジンも大きく強力で、内装などずっと贅沢で、市場ではグレード・アップとうけとられていたが、つくる方にとっちゃあれはコスト・ダウンだったというわけです。チャプマン、商売人ですのう。

■間違いなく傑作である

で、あらためてロータス・エリートである。ロータス・セヴンとか25といった生産車もF1も差別なしの同社の通し番号で言えばロータス14にあたる車だそうである。

この14番目の"蓮"をデザインしたのがどういう人だったかについては昔からある定説が知られており、これがちょいと面白い。まぁどこまで真実であるかは確かめようもないが、それによるとエリートのオリジナル・デザインを手がけたのはピーター・カーウィン・テーラーなる人物で、この人は本職のデザイナーではなく当時ロータスで働いていた計理士なんだそうである。

まったく自動車会社はすべからくこういう計理士を雇うべしである。またここでもチャプマンの奴が合理化精神を発揮したのか、ひとりの社員にひとつ以上の仕事をさせていたことがわかってオカシイが、それはともかく、実はこの車、素人かくし芸どころか特筆に値する傑作デザインだと僕は思うのだ。ロータス・エリートというとモノノ本ではたいてい先程のモノコック構造のユニークさにばかりスポットがあてられるようだが、その「外見のヨサ」だっておおいに語られるべき。この車は戦後英国のスポーツカー・デザインでは間違いなく最高のもののひとつだろうとまでワタクシは思っているのだが、お、そんなにほめて大丈夫か？

ではこの車のどこがそんなにヨイのか。具体的にザッと申すなら、まず誉められてよいと思うのはそのオリジナリティである。戦後の英国にはスポーツカーが多数出現して魅力あふれる一派を形成していたのはご存知のとおり。でもデザイナーとして個々の車のカタチの構成、造形テーマを検証するなら、まあこういうことを言うと怒られるかもしれないが、あれらの多くは実は他国の車デザインの焼き直し、模倣だったのである。模倣のソースとなったのは主に戦争直前の伊・仏および独のスポーツカー、あるいは戦後すぐのフェラーリやGM車など。マネしたからといって自動車としての魅力がなかったということではないが。

しかしこの点ロータス・エリートはかなり異なる次元にあるように見える。この車は創造性豊かな計理士がちゃんと自分の頭で考えたものらしく、少なくとも手本とされたであろう特定の他車は思いあたらない。

この話にもう少しこだわるならあるいはこうも言える。エリートは誰もがファッション・リーダーとして認めたその当時最新のイタリアのカロッツェリア製スポーツカーの平均水準と比べても、さらにススんでる、より近代感覚にあふれるルックスを備えた車だったと。もし数年遅れで他車のあとを追っていたのではこんなにススんだものはできない。だからオリジナリティに付随して「先進性」ということもエリート・デザインの賞賛すべき美点として挙げてよいだろう。だいたい1950年代のイギリスの車というのは保守的なもので、セダンもスポーツカーも戦前からのスタイルをひきずっていたものも多かったわけで、そんな中でエリートはまことに際立った英国車デザインだったと思うのだ。

もっともこのあたりの話は実はあまり単純ではなく、ヒトマネもせず昔の文法に後戻りもしなければそれでよいかというと、それがそうとばかりも言えない。つまり当時、英国にはエリートの他にも独自のスタイルを発見しようと頑張った車デザインはたしかにあったと思う。ところが、これを言うと鉄の女サッチャー夫人にまたもオコられるかもしれないが、それらの中にはまるで支離滅裂というか、まったくヘンテコになってしまったものがずいぶんと多かったことも事実なのである。ココロ意気は立派だが新しいカタチを万人に納得させるだけの造形力が伴わない、ト、まぁこういうこともどうしてもありますわな。

で、これがエリートをワタクシが誉めあげる次なる理由につながる。すなわちこのデザインの熟成度・完成度の高さである。完成度というのは造形テーマをよく消化して、またこの車が線も面も流れるように自然で、どこかが重ったるいとかナマニエに見えるといったことがない、ということでもある。不自然さのない形というのは簡単に思えるけど、なかなかムズかしいものなんですな。

さて、最後に十歩ほど離れてエリートの姿、もう一度見てみる。センがメンがどうのはもう忘れて、この世の些事なんかは気にせずにボーッとして眺める、と、どうか。なんとなくしっくりとしたものが感じられないか。なんか品がある。エレガントな雰囲気がある。ウム、非常に主観的・右脳的ではあるが、これが小生がエリートを賞賛したいさらなる理由、すなわちこのデザインの情緒性といった側面につながるのである。徹底的に合理化され、走りに徹したはずのこの車、しかし見ていて乾いた感じがしない。味気ない印象がない。こうしたフンイキ的なものだってもちろん外見係の仕事のうちである。

まだ他にも語るべきはあろうが、かくてそのオリジナリティ、先進性、完成度、情緒性等、またそのすべてのバランスにおいてロータス・エリートは、英国のみならず世界的にも当時非常なる高水準の出来映えを誇る車だったと僕は思うのである。なんかずいぶん誉めました。

■グリーン・ハウス・エフェクト

鍵がある、と思う。エリートをこの水準までおしあげた造形上の鍵があると思う。で、一番重要な鍵とは何かといえば、それはズバリ「開かずのマド」だと思うのだがどうか。いったい何を言っているのか？

つまりこういうことだ。よくは知らないが三角窓の部分を別とすれば、ロータス・エリートのサイド・グラスは

固定式、つまり「開かずのマド」とお見うけするがいかがか。中をのぞいてマド開閉レバーの有無をたしかめなくても、外から見ただけでそれはわかる。なぜならこのサイド・グラスは明らかに面の曲率が一定ではないからだ。その開閉メカニズムから言って、サイド・グラスは面の曲率が端から端まで一定でなくてはドアの中には入っていけないというのが一大原則である。いやそもそも1970年代ぐらいまでは曲率どころか、車の横マドには平面ガラス以外使えなかったものではないか。

しかるに見よ、このエリートのサイド・グラス。そうした掟を一切無視して前後方向に大きく弧を描き、さらに面全体が微妙にねじれている。こんなマドが開くわけがない。つまりこいつが開かずのマドであることは外から見ただけでわかるということだ。

しかしすでに述べたように、これこそが大切な鍵なのだ。賢いロータスの計理士はこの鍵を十二分に活用した。つまり彼は開閉メカニズムの制約をうけない固定サイド・グラスの造形的自由度を利用して、ここに思う存分の丸みとねじれを与えて、ガラス面を周囲の曲面と連続・融合させたのである。結果エリートのグリーン・ハウスは前後にも上下にもカドやブレイクのない非常にきれいなおわん形となることができた。カタチの正義から言えばこの効果は絶大と言ってよい。

もしこのサイド・グラスがまったくの平面だったらどういうことになっていたか。これはよく考えると単にガラス1枚の問題では収まらないのだ。ガラスが平面ってことは車を真上から見たときのサイド・グラスの上端が直線ということだから、その直線を収めるルーフのはじまり線もやはり直線となり、そうするとアッパー全体がはるかに箱っぽい角張ったものになったはず、と、このへんで文章で説明してもややこしいだけでわかりにくいに違いないが。でもこの車でグリーン・ハウスが角張っていたらすべてブチコワシなのはたしかで、また先程挙げたオリジナリティ、先進性ウンヌンといういずれの項目についても、こんな高水準にはまるで至り得なかったことは確実である。

もっともそれじゃあサイド・グラスが開かないようなデザインがよいデザインか、という観点から攻められれば、そいつはソウとは言い難いのはもちろんだ。でも美的バリューと使い勝手バリューはおうおうにして平和に共存するとは限らないものなのだ。まぁ世の中なにかとうまくいかないからね。これをヨシとするかどうかは各自判断されたいと、ここまでもってきてワタクシはこの話題からスルリと逃げる。

さて合理化の鬼チャプマンであるが、のちに彼はレースに対する興味を半ば失い、かわりに金もうけの方に全エネルギーを集中するようになったなどとも言われている。もっともチャプマンが金にスルドかったのは昔から有名な話で、F1でスポンサーのデカールの大きさに関する制限が取り払われたとき、他チームが少しデカ目のデカールをどこに貼ろうかとオタオタしているスキに彼は迷わずタバコ会社に直行し、多額のスポンサー料を手にすると引きかえにロータスF1の全身をそのタバコ会社の製品の箱の色に塗りかえてしまった。デカールどころの話ではない。

それまでのロータスF1が渋いうえにも渋いブリティッシュ・グリーンに黄色いストライプという出で立ちだっただけに、この変身には世界中のレース・ファン、目が点になってしまったが、しかしその後数年の間にF1の全身をスポンサーの広告塔のように塗装するテは常套手段となり（しかも多くがタバコ会社の）、またしてもチャプマンのあとを皆が追うという図式がくり返されたのである。かくて時代は進む。モノコック・シャシーなんかよりこっちの方がよっぽど革命的だ。

その晩年には、憶えておられるか、デローリアン・スポーツカーの工場建設にからんで英政府から引き出された金の一部が行先不明となったときにも、どうもチャプマンがからんでいるらしいなどと噂されたこともあったが……。

僕の知り合いで親父がコヴェントリーで自動車関連のビジネスをしており、ロータスとも取引があったという人がいる。その知り合いが父親から聞いた話として言うにはチャプマンというのは会ってみると案外フツーの人で、よく言われるよりもずっとナイス・ガイで金の支払いも問題なかったとのこと。何にせよ伝説というのは増幅して伝えられるってことか。

書き忘れたが、好みから言うとワタクシテキにはロータス・エリートはおそらく95点ぐらいはいってしまう。えらく高得点だが実はエリートというのは写真写りも悪くないが、ホンモノはそれ以上にずっとカッコイイ車なのだ。横に立つと屋根が腰までしかない車高のショッキングな低さと、それとやはりこの素晴らしい立体感は印刷物ではなかなかわからない。なんかそれってインサツブツに対する偏見ではないのか？……じゃ、まぁ撮影が終わった瞬間に車がバラバラにならないように気をつけてくださいと最後に話をそらせる。

FIAT 600D

フィアット500Cトポリーノの跡を受け継ぐ形で1955年にデビューしたフィアットの4座小型車が600である。戦前の500トポリーノとは対照的にパワーユニットをリアオーバーハングに搭載する基本設計はダンテ・ジアコーサの作。写真は、600の歴史の中で最後期モデルに相当する1966年型の600Dで、デビュー時点の600とは異なり、ドアは前ヒンジとなった。なお600をダウンサイズして1957年に発売されたのがいわゆる"ヌォーヴァ・チンクェチェント"である。
全長：3295mm、全幅：1378mm、全高：1405mm、ホイールベース：2000mm。水冷直列4気筒OHV。767cc、29ps／4800rpm。縦置きリアエンジン-リアドライブ。サスペンション：独立 横置き半楕円リーフ＋ウィッシュボーン（前）／独立 セミトレーリングアーム（後）。

■意外なところで意外なものがつくられている

　自動車に興味をもつ人の8割方は同時に時計にも興味を持っている、という説がある。本当だろうか？　時計といってもこの場合は柱時計とか目ざまし時計を考えてはいけないので、主にスイス製の高級腕時計のことを言っているのであるが、世の中こうした時計のファンというのは少なからずいるものらしく、今日のわが国では書店をのぞくと高価な時計に関する雑誌などずいぶん数多く出版されており、またそうした雑誌をめくってみると、なるほど時計にまつわるストーリーを自動車と関連づけた読みものも結構見ることがあり（その逆はあまり知らないが）、やっぱりこの両者には同種の人々を惹きつけるなにかがあるのかな、と考えさせられたりもする。

　かく言うワタクシ自身もほんの少しながらスイス製の時計というものには興味がないわけではない。ただそれはメカニカルなものに対する興味とかヒストリーにまつわる興味というのではなく、あるときたまたまスイスを走っていたとき、そこが本拠地と思われるロレックスの工場の前を通りかかり、オッとびっくりさせられて、それで興味を抱いてしまったようなわけなのである。なぜびっくりしたか。それはこの一大高級ブランド時計が製造される本拠地の様子というのが想像していたのとはあまりに違っていたため。つまり「こんなところであんな時計が！」というオドロキである。

　まずはその場所、所在地にびっくりした。あまりといえばあまりのイナカだったからである。それはスイスの北辺の国境に接した辺境の町にあった。国境を越えればフランスだが、ロレックス社はフランスまで歩いてゆける場所に建っていた。ただしそこまで至るにはあらゆる都会から遠くはなれて高速道路を乗り継ぎ、その最後の支線も途絶えてオー・ブレネリ風牧歌的風景の中の細い国道をいやというほど走り、さらにはそうした風物も消え去った、もう住めるのは仙人だけといった深い渓谷の長いトンネルの連続する道をとことん走る。するとついにはこの国の領土のどんづまり、つまり国境まで着いてしまうが、そこに肩を寄せ合うようにしてつながったふたつの小さな街があり、これをすぎるともはや仙人も住めぬような谷と岩山がさらに続くことになるのだが、ロレックス社はこのふたつの街の一方にたっていた。

　いやロレックスのみならず、スイスの有名な時計メーカーの大半が、実はこの辺境のふたつの街のどちらかに本拠を置いているのである。これって意外ではあるまいか。公式な本社はジュネーヴあたりの瀟洒な一角に構えていても、たいていのメーカーの本当の発祥地・本拠地はこの仙人峡の方にあるようだ。ちなみにふたつの街の名はラ・ショー・ド・フォンとル・ロックルというが、ご存知の方も多いに違いない。

　さて長からぬその街並みを通ると、なるほどあるわあるわ、世界的に有名な時計ブランドの社屋がほとんど路地を入るごとにたっている。モノの本によるとここはフランス革命の時代から時計の街として知られていたようであるが、その当時に時計といったら超ハイテクの、しかも洗練の極をいく退廃ベルばら貴族どもの趣味のもちものだったはずなのに、いったいよりにもよってあまりにもそぐわないこんな辺境の地になぜスイス時計産業は栄えてしまったのだろう。

　現在でもこれほど交通不便な土地だ。100年前200年前にはそれこそ都市文明から隔絶されて、住人はヤッホーホツラララと毎日あまりよくわけのわからない歌ばかり歌って平和かつソボクに暮らしていたはずなのに、どういうわけかこの村は時計産業の世界的中心地となってしまい、その地位をついこの間まで保っていたわけだ。まったく「こんなところであんな時計を！」ではないか。

　さてこのびっくり感をさらに倍加させたのはロレックス本拠施設の様子である。こちらも想像とは大きく異なっていた。それが思っていたよりもぐーんと、あまりにも質素なものだったからである。ロレックスというのはとても高い時計である。高いだけでなく高品質として世界にその名をとどろかすプレスティージを誇るメーカーである。さて件のふたつの辺境の街をほぼ通りぬけたとき、ひと気のない国道沿いの吹きっさらしの平地に役場のような郵便局のような、ただもう四角いだけという小ビルがポツネンとたっていた。気にもせずに通りすぎようとしたとき、フト目の端に見おぼえのあるスクリプトと王冠のマークが見えたような気がしたのでひき返してみると、これがロレックス・ウォッチ・カンパニーだったのである。

　その見事なほど平凡な建物は、入口には例のロゴとシンボルがかかげられているものの、建物の周囲や内部を見ても社名がことさら飾りたてられて強調されているわけでもなく、あれほどの有名ブランドなのだからロレックス音頭のひびく売店でロレックスせんべい（周囲がギザになっている）とか「好きですロレックス」シールぐらいは買えるだろうと期待していると、そうした期待は完璧にうらぎられる。

　しかしこれをもってこの会社を特別のシマリ屋だとかアイソなしと考えるのは早計である。なぜならこの国境のふたつの街はどちらにしても、どこからどう見ても同じように何てこともないのだから。再び言うがロレックスは高価な時計である。しかし前記のような趣味的な時計雑誌のページを一度でもめくってみるとすぐわかる。スイス腕時計のセグメントの中には平均数十万円で買えるロレックスよりも高い時計はいくらでもあるのである。本当のゼイタク品、本当に高い時計というのは数百万円から一千万超、アンティークなら数千万の値がつく時計だってある。もうおそるべき世界である。もちろん時計なんて宝石でも散りばめればいくらでも高価にはできるものだが、この辺境のふ

たつの街にはそうした超絶的高級品をつくりだす超エクスクルーシブをもって知られるメーカーもそこここに存在しているわけである。

ところがモノがいくらぜいたくでもそれがつくられる土地や施設がぜいたくだとは限らない。むしろその逆もあるわけで、このふたつの街はまさにそれだと思った。すなわちここを通った印象といえばあまり魅力的とは言い難い、どうひいき目に見ても機械油のにおいのただようような小工場・家内工業の寄り集まった少々さびれた街、という以上のものではなかった。立派な市庁舎とか劇場とか高級ホテルとか、そんなものとはいっさい無縁。当然ありそうに思えるスイスの街々によく見る古い時計台すらなしというサービス精神の乏しい街並みには、うす暗い商店がポツリポツリ。あんまり街がうるおっているようには見えない。で、こんな寒々とした街全体の雰囲気にロレックス社もそれ以外のどんな時計メーカーも完璧なまでによく溶けこんでおられる。誰もが街並みの調和を乱さぬ謙虚な方ばかりであるらしい。とまぁ、なんであれ、こうした様子を目にすれば「こんなところで、あのスイス高級時計が!」の意外の念にたいていの人がうたれてしまうものと思われる。

もっともこの仙人峡にとってかわって世界時計産業の中心地となったジャパンでも、ハットリ・セイコーなんかは東京下町の歓楽街、飲み屋・キャバレーひしめく錦糸町にその古い工場が今でも残っており、あれも違う意味で高級感やハイテク感を喚起するとは言い難い印象だが。もっともあれは工場が元からあったところにあとから周囲がにぎやかに開発されたものなのだろう。それにあそこではおそらくもう時計やコンピューターはつくってないんだろうとは思うが、ちなみに私の時計はセイコーです。考えりゃできあがったものがちゃんとしてりゃ、どこでなにがつくられようと別にワタシャ構やしないのだが。

■神々の深き欲望
フィアット600である。話はまったく変わるが（前半とあまりに話がつながらないので開き直る）、この車は英のモーリス・マイナー、仏のルノー4CVやシトロエン2CV、独のVWと並ぶ戦後イタリア大衆の生活感にじむリアリズムの車である。ネオ・リアリズムである。

それにしても個性派ぞろいですのう。皆、実に我が道をいっている。上記の数車種だけでも駆動レイアウトはFR、RR、FFの3大バリエーションを網羅し、エンジンも水冷・空冷ありで、さらによく見ると着座姿勢をはじめ製造時の溶接の仕方みたいなことまで皆まったくマチマチである。

で、小生としては昔の自動車設計者が手にしていた自由の大きさを思わずにはいられない。現代ではもちろんこうはいかない。安全規準その他の法規制、環境問題、エルゴノミクスの問題をはじめマーケティングやらセールスやらと昔なら考えることもできなかった無数に近いキツい条件を、これまた昔よりずっとキツいコスト制限の中で一台にまとめなくてはいけないのが現代の自動車というものだ。

またこうした複雑極まる諸条件を満たすことのできる答えというのは、よく考えれば考えるほどどんどんハバせまくなってしまうという困った性質を有し、それがどこの国のどこの会社も失敗はしたくないからどうしたってよくよく考えぬいてしまうこととなり、いきおい誰もが似たような答えばかり出すこととなり、結果そのことが昔の車には個性があったのに今の車はどれも似たりよったりといったよく耳にする批判にもつながっていくわけである。もっともこうしたことも、自動車というものが必然的に辿るべき「進歩の道」だったのだろうと僕なんかは思っているのだが。

さて少し話がそれた。ワタクシがつっこみを入れたかったのはデザインについてなのである。すなわち昔はかくも何につけクルマ開発者の自由度、今日とはくらべものにならぬ大きなものがあったのは確かだと思うのだが、しかしそれにしてはデザインはしばられてますな、ト、さきに挙げた欧州コクミン車たちも造形面ではどれもなかり保守的なのではあるまいか、というのが僕のいつわらざる感想なのである。これは個々の車の車としての「魅力」ということとはまったく別だが前記の5車、純粋に造形テーマだけをとり出せばデザイナーが目指していたところは実はどれもが非常に近いところにあると言ってよい。フィアット600は一番後に出た分ファッション的には少し進んでいるが、デザインの方向性は他車の延長線上を外れるものではない。

ひとつ無視できないのは、やはりアメリカ車の影響だろう。今回のフィアット600にしても戦争直後のフォード・セダンあたりをほうふつとさせるものがある。それは流線形を捨てきれず、しかし後席のルームを確保するために猫背となったルーフ・ラインとか、本当はもう要らないんだけどイッキに全部とっぱらうのもなんだからと独立フェンダーやランニング・ボードをかるく暗示する手法である。うしろから見た時の猫背感なんか、まぁ両者はそっくりと言ってもよい。

ただ、どうだろう、このテしか考えられなかったのだろうか。たとえばフォードにはサイズの余裕が充分あるのに対してフィアットにはそんなものはまったくないのだ。ならばもっと自分のサイズに適したそれなりのカタチを考えてもよかったとは言えまいか。このルーフ・ラインにしても猫背になりながら流線形なんか追いかけずに、どうせ狭い車なんだから後席乗員のドタマでも楽に収まるようもっと四角っぽいものにしてもよかったのではないか。独立フェンダーなんて懐古趣味も捨ててそのぶんギリギリまでボディ幅を拡げた方がよかったのではないか。こうしたこと

は前記欧州コクミン車のすべてについて言える。

当時の設計者たちはフロント・エンジン、リア・エンジンと合理性をもとめて大胆にシャシーをレイアウトし、またそれができるだけの自由が与えられていたにもかかわらず、こと造形となると同レベルの大胆な飛躍は見られない。だから本来ならおおいに異なってしかるべき各車のプロポーションだって、シルエットだけ見たのではどの車がフロント・エンジンともリア・エンジンとも見分けがつかないのだ。うーむこれはいったいどーしたことでしょー。

ま、そこには色々な理由があったとは思うのだが、僕がひとつ考えるのはこういうことだ。すなわち前記欧州製リアリズムの車たちというのはセダン型式の車をホントに新しく造形すること、改革することのむずかしさを物語っているのだとは言えないだろうか。実はデザイナーが一台の車をデザインするとき「このクルマはセダン」という前提を与えられると、そのとたんにセダンの神様みたいなものにとっ捕まってしまい、必要以上に自らの思考をワクにはめてしまう、意識的・無意識的に古くからのオキテのようなものを追ってしまうということがある。いやセダンはセダンなのだからそれでもいいのだが、それにしてもなにか自由にカタチを考えられなくなるようである。だからセダン・スタイルを革新するのはシャシーを革新するよりおそらくずっと難しい。

フィアット600にはバリエーションとしてワンボックスのはしりとも言うべきご存知ムルティプラという車があり、こちらは乗員スペースを犠牲にせずに、リア・エンジンであることをかくそうともゴマカそうともしないサンビームのトースターのような形をした大胆にして合理的・正直者の、その意味では極めてすぐれたデザインの車だった。つまりやりゃできるってことだが、このユニークな造形も単なる座席アレンジメントの違いによるものではなく、「これはセダンではない車」と思うからデザイナーは自然と大胆に飛躍もでき、かくも新しい形をつくりだすことができたのではないか。そうした心理的な面は大きかったはずだ。このあたり、正確に言えばワンボックスにはワンボックスの、ワゴンにはワゴンの神様というのがやっぱりいるのだが、車デザインをつかさどる神様の中でとびぬけて強力な大明神はやはりセダンの神様をおいて他にはない。

もっともこれについてはネガティブな面のみではなく、やっぱりコクミン車たるものあまり飛びすぎてしまってもマズいのはもちろんで、その点大明神の言うことをハイハイ聞いとけばとりあえず誰にでもわかりやすいセダンができることはたしか。つまりこれがご利益というか、ひとつの大きな利点となっていることは間違いないのだが。さあしかし、それではこうして大魔力をもってセダンの神様は永遠にセダンの形態を支配しつづけるのだろうか？

ところが面白いもので、フィアット600からわずか2〜3年後に「セダンの掟」のようなものをことごとく無視した国民車がヨーロッパに現われた。ご存知ミニである。と、僕は少なくともそう思う。ミニは後席住人のアタマが入る四角っぽいルーフも、室内長8に対してボンネット長わずかに2、トランクの出っ張りはなしという、当時としては極端に変則的なシルエットもいっさい隠そうとせず、しかもそれで造形的にもまた商業的にも大成功をおさめたセダンである。

ああここへきてさすがの大明神もその魔力を失ってしまったのだろうか。いやおそらくはセダンという型式も本当は極めて多様・多面的なものなのだ。ただ新しい一面を発見することがとても難しいだけなのだと思う。だからこそ昔のあの至極自由な時代に英仏独伊などの個性的なリアリズムの車たちが、造形面でももうすこし実験的にアイデアのハネをのばしていたらどんなにすごい車ができていたことか。ほんの数種の国民車だけでもクルマの歴史を今とはだいぶ違った方向に導いていたのではないか。ちと惜しい気がしないでもない。

さて前半の時計の話がすこし長くなり本題の方はあまり具体的なことにはつっこまなかったが、実は時計の話は今回がプロローグで、次はこの続きを書こうと思ってるわけです。

フィアットといやトリノだから、ダソクながらトリノの話でも少し書きます。トリノにはいくつか素晴らしくクラシカルなカフェがある。ヨーロッパのカフェ内装デザインはそれ自体がひとつの文化でそれだけの写真集もいくつも出版されているようだが、トリノのある古いカフェは、入ると床は大理石、高い天井から吊るされた巨大なシャンデリア、左手には使い込まれたマホガニーのカウンター、正面にはアール・ヌーボー（もちろんほんものの）のらせん階段、カベや天井にも豊かな装飾がほどこされて、そこに立ち働く白い上着に黒い蝶ネクタイのウェイターたちとあいまってまったく映画の一場面を見るようである。

そのあまりの素晴らしさに写真をとろうとカメラをかまえたところウェイターのひとりが目ざとくそれを見つけてこちらを指さし「あっ、写真とってるぞ！」、しまった撮影禁止だったのかと一瞬まどったところ、そうではなくて、カウンターで立ち飲みしていた5〜6人の客がウェイターにうながされて全員こちらをふりむき、そのウェイター自身とともにボンジョルノ〜とニッコリ手をふってポーズをとってくれました。イタリアってなかなかいいところだなと思いました。もっとも僕はもっとフツウの写真がとりたかったのですが。

DAIMLER SP250

高級サルーンメーカーであるデイムラーが、1959年のニューヨーク・ショーで突如発表した2シータースポーツ。当初は"ダート"という名称が公表されたが、クライスラーが商標登録していた関係から、SP250という公式名がつけられた。基本骨格はX型クロスメンバーをもつラダーフレームで、FRP製のアウターパネルが載る。デイムラーブランドが60年にジャガー配下になってからも生産は続けられたが、64年で生涯を閉じる。
全長：4077mm、全幅：1537mm、全高：1334mm、ホイールベース：2337mm。水冷V型8気筒OHV。2548cc、140ps／5800rpm、21.4mkg／3600rpm。縦置きフロントエンジン-リアドライブ。サスペンション：独立 ダブルウィッシュボーン（前）／固定 リーフリジッド（後）。

■キッチン・マジック

　前回スイスの時計産業について少々触れた。ここではそのつづきのようなものをイントロとして書く。すでにスイスの有名時計の多くが、実は同国辺境のコキタナイ田舎町に集まる小工場でコツコツとつくられているのだ、といったことを書いた。

　まったくの話、スイス時計のクォリティってほんとのところどうなんだろうか。実は僕の知り合いにスイスのヌシャテルという、例の時計産業の集まる町から1時間ちょいの距離にある小都市の出身者がいるが、この人曰く、そのあたりの家庭ではたいてい内職で時計づくりをしているのだそうで、どの家でも台所にそれ用の机を置いてメーカーから送られてくるパーツを組み立ててるという。で、「ウチでも母親が料理の合間にやっている」んだそうで、仕事を送ってくるメーカーの名を尋ねると彼は極めて有名なクォリティ・メーカーの名をいくつも挙げた。

　さてこうしたいまだにかなりソボクなところもあるらしい時計づくりの域を脱して、近代企業のハイ・テクノロジーをもって時計王国の座をスイスからもぎ取ったのがいわずと知れた日本である、と、このあたりから今回の話がはじまる。

　昔スイスに時計の正確さを競う権威ある大会があり、それに挑戦した日本のメーカーが、はじめは飛行機による空輸という精密機械にとっての大きなハンディのためにふるわなかったが、すぐに特別な輸送方法を研究開発するとまたたく間にその圧倒的技術力を見せつけることとなり、スイス勢はなすすべもなく、結局主催者は大会そのものをとりやめにしてしまった、という話をどこかで読んだことがある。まあ僕の友だちのカーチャンが台所でつくった時計を売って商売してるような時計屋サンと日本の近代メーカーでは、最初から勝負は時間の問題だったのに違いない。スイスの主婦共がパンをこねたりイモの皮をむいたあとで、手ぐらいは洗ってから内職にかかっていることを僕は祈る。

　日本時計産業の武器は高精度・高技術による高性能である。しかも生産効率にすぐれ、またマーケティング能力なんてのも抜群だから、あらゆるニーズに対応して適切な値段でよいものをどんどんつくっては世界中で売りまくる。スイスなんてメじゃあない。

　さてこうして戦後以来一貫して日本が押しまくった時計業界だが、1970年代に入った頃にまたひとつの衝撃が走った。クォーツ式の時計が登場してきたのである。どんなに調整しても月に何分ぐらいの誤差はあった時計の性能は、クォーツの出現によって「調整なんかしなくても月差わずか数秒」という次元にまで一挙にアップ。このクォーツ式の腕時計を最初に商品化し、市場に送り出したのも他ならぬ日本であった。しかもはじめは極めて高価だったこの新技術もジャパン式大量生産の効果によってじょじょにコストダウンを果たし、やがてクォーツ式は機械式よりも安価に提供されるようになり、やがて1万円もだせば相当にちゃんとしたクォーツ時計が買えるようになったのはご存知のとおり。

　スイス製の高級品の中にはその百倍、千倍の値段のものだってあるが、時を正確にきざむという時計本来の性能にかけては安物のクォーツにまったくかなわない。これじゃあ高い金だして機械式時計を買おうという人がいなくなるのも当然で、70年代を通じて日本のクォーツ時計は世界を席捲、スイス時計産業はほとんどその息の根をとめられてしまったのである。見よオール・ジャパンの企業努力による大勝利！

　と、ところがその後事態は思わぬ方向に展開をはじめた。機械式腕時計が復活をはたし、人々が再びそちらの方をもとめはじめたのである。機械式はあの「どんなに調整しても月に何分の狂い」のまま、また人気を盛り返してきたのである。ああ、なぜこんなことに？

　ひとつよく言われるのは、たしかにクォーツ時計はいったんは世界を席捲した。ところがあまりにもそれが当たり前のものになってしまうと多くの人々は高性能ということ自体にも飽きてしまった、ということだ。たしかに月に何分ぐらい時計が狂ったって普通の生活をしている人たちはそれほど困るわけではない。

　しかしそれにしても再び増えはじめた何十万円、何百万円もの金を台所で製造されたスイス時計に払おうという人たち、彼らはいったい何に対してその理不尽ともいえる金額を払っているのだろう。しかし事実、スイス高級時計の中には需要に供給が追いつかず高価なうえにさらに多額のプレミアムを払わなくては手に入らないような製品だっていくつも存在しているのである。日本製時計にない何をスイスの奴らは提供しているというのであろう。いや話はそれだけではない。時計はやがて古くなる。中古品となり、さらにはアンティークと呼ばれるようになる。その時に日本製とスイス製の「なにかの差」がさらにいやでもはっきり見えてしまうことになるのだ。すなわち中古・アンティークとなっても人気が衰えず、したがってほとんど値落ちもせず、逆に世界規模で値あがりさえして高値で取り引きされるスイス時計というのはそれこそ星の数ほどもあるのに対して、日本製の時計で古くなってもスイスものと同じように人気が落ちない、値が下がらない、というものはまず皆無に近い。

　この差はいったい何なのだろう。伝統、歴史、ブランド・イメージの違い、名前の違い？　しかし日本にもスイスものにひとつも負けない伝統、歴史、イメージをもつ名のあるメーカーはあるではないか。現にスイスには何のプレス

ティージもなく昨日今日のポッと出でも即座に世界的人気を護得するメーカーだってずいぶんとあるのである。

　もちろん、スイスの高級時計というのは本当に高いから全部あつめても絶対数で日本の牙城をゆるがすようなことはまだまだないのだろう、とは思う。ただどうだろう、数だけの問題だろうか。現在世界中に時計の雑誌が数多く出版されているが、そうした雑誌のページをめくると即座に気づくことがある。それはあらゆる国で出版されている愛好家向け時計雑誌の中で、もちろん数多くの日本のそれを含めて、日本製の時計というのはまずほとんどとりあげられることもない、ということなのだ。数のうえでは圧倒的なはずのジャパニーズ・ウォッチはあたかも存在しないがごとく語られることもないというのは……、やっぱりここにはユユしき問題がありゃせんかのう？　でもハイテクでも高品質でもマーケティング能力でも追っつかない、いわく言い難いなにかがあるとすると、日本時計産業は今度はいったいどういう方向に努力をすればいいというのか。ウーンこうなったら……僕の友だちのカーチャンに応援頼むしかないか？

■話は変わるが

　と、いうわけでデイムラーSP250である。この車はよくデイムラー・ダートとも呼ばれるようだがあれも正式名称なのかな？　まあそれはいいが、よしよしこういう車も登場しなきゃいかんよな。この車はまず今までにこの本に登場した中では最もヘンテコなデザインの車と言っていいでしょう。各部の意匠がマァよくここまでバラバラにできたな。これはとっても様式的に混乱している車なのですね。戦後の英国自動車デザイン界の困惑と混乱を画に描いたような一台と言っていいでしょう。

　てなわけで、ここに「戦後英国の自動車デザイン界の困惑と混乱」ということについてちょいと説明する。そもそもコトの発端は戦後、自動車デザインの「文法」のようなものが崩壊してしまったことにあるのだ、と僕は思う。ヴィンティッジ・カーなどとも呼ばれる1920年代の車、それに続く30年代の車と、そうした時代の車デザインには動かし難いキマリがあり、またキマリによって完成された様式美のようなものがあった。

　それはまず前面中央に直立するラジエターとその両脇の空間を固めるように配置された砲弾型ヘッドランプをはじめとして、波のようなラインを描く独立フェンダー、地面と平行に伸びたボンネットなどなど、要するにあのいわゆるクラシックカーの形のことであるが、それと同時に当時はたとえばセダンとは何を備えたどういう形の車のことをいうのか、クーペとは、トゥアラーとは、フェートンとは、といった各種ボディ形式もSAEとかRACによって明確に定義されていたのである。そして実際にその時代にはどこの国のどこの車もこうしたフォーマット・定型に忠実にデザインされていた。つまりこれが自動車デザインの文法、古い文法、古典文法「ぞ・なむ・や・か」の堅固なる世界だったわけです（けっこう忘れてないな）。

　もう少し詳しく言うなら、この古典文法よりもさらに前、1910年代のクルマにはこれとは異なる古々式クルマ造形文法体系がこれまた厳然と存在していたのであるが、まあいい、何にせよ僕がひとつ言えると思うのは、こうした文法のワク組みがしっかりしていた時代には、英国車ってのは世界のクルマの中でも目立つほど実にミバのよい存在だったということなのだ。その時代の英国車といえば他国の車にはないいかにも端正・正統的な独特のシブ味があって、まぁほんとにヨカったんスから。英国（自動車）デザインの特性のひとつは堅固な文法をフォローするときにその持ち味を最高に発揮することではないかと思う。

　あゝ、それなのに。前述のように第二次世界大戦が終わり、自動車がまた一歩大きく近代化すると、前記のような古典文法は失われることとなった。「ぞ・なむ・や・か」はついに完全な時代遅れとなったのである。するとそれを待っていたように世界の車デザインはいろんな方向に自由にハネをのばしはじめる。イタリアン・デザインはここでぐんと伸びてその勢力範囲を拡大したし、デトロイトのアメ車軍団はド派手プレスリー・スタイルに焦点を定めて突進、しかしそうした各国の楽しげな活発な動きを横目で見つつ、英国のクルマ・デザイン界は指をくわえてしまった。それまであまりにも古い文法のワクに頼り切ってきたからである。「いったいワシラどうしたらいいの？」と困惑してしまったわけである。

　それで結局どうしたか？　彼らは仕方なく他国から続々と出てくるファッショナブルとされる、ニュー・トレンドとされるデザインを借用することとなる。しかし確たる造形ビジョンの定まらぬ彼らの多くはあちこち色んなところからチビチビとデザインを借りてくる。この車のこの部分、あの車のあの部分と目につくものを適当に組み合わせるようなことになる。だから各部の要素がバラバラでまとまりのつかぬ、なんともフシギなかっこうの車がこの時代の英国には少なからずあるわけで、ワタクシが戦後英国の自動車デザイン界の困惑と混乱と呼ぶのは、マ、このあたりのことを言っているわけなのです。

■ミクスチャー

　さてそれではここで「困惑と混乱」の実例を少々見てまいりましょう。先述のごとくデイムラーSP250なんかはそのよい見本だと思う。デハどっからいこうかニィ。まずサイドビューでは全長にわたって走る前後フェンダーの上端線、

このピーク・ラインは意外に直線的で、そしてドアの後端でカクッとキックアップしている。このライン自体は当時のイタリア風といってよく、中でもちょうどそのころ人気の頂点にあったミケロッティがさかんに用いたラインを思い起こさせる。SP250の少し後にはミケロッティの手になるトライアンフTR4が登場し、それはまさにここに見るのとよく似たキックアップしたフェンダー・ラインをもった車だったが、当時デイムラーとトライアンフの間には太いつながりがあったことも知られている。

ところがこのラインは後半、ミケロッティが怒り出しそうな、あるいは笑い出しそうなおかしな具合に処理されていく。すなわちこのイタリアっぽいベルト・ラインは後方にのびてテール・フィンを形成するが、この強く後傾してとんがった、トランクとの落差の大きなテール・フィン、どうもここはアメリカ車風を目指したつもりだったのではないか？ あと、サイド・ビューでもうひとつどうも気になるのは前後のホイール・アーチ上につけられた波のようなライン。この流線形を思わせるラインはどう見てもこの車全体よりもずっと古い時代のフォーム・ランゲッジに属するはずのものではあるまいか。

と、ここまででもかなりの様式の混乱はみてとれましょうが、さてフロント部にまわるてぇと、いやーまたもヘンテコだ。まずボンネット面のカーブが横から見ても前から見ても他の部分に比べて丸すぎる。ボンネット中央がこんなに盛りあがってしまったのはエンジン高が高すぎて仕方なかったのだろうが、フロント・グリルをあんまり低い位置につけるから両者を結ぶカーブはどうしたってへんに丸くなりすぎる。グリル位置をここまで低くしちゃったのはどこかのレーシング・スポーツカーでも気取ったつもりだったのか？

ところで、細かいことだがこの車、ヘッド・ランプの上に尾を引くように小さなランプが付加されているのも見逃せません。これは当時のデイムラーの他のモデルやジャガー、ロールスなどに見られた伝統ある高貴の英国の血統を表わす記号だったのである。戦争前の連合王国において、やんごとなきデイムラーはR-Rより車格は上とされていたから忘れないでね、ということなのでありまする。でもなぁ、ここまでいろいろ雑多に各国デザインをミックスしたあげく急に伝統の英国車ですって強調されてもなぁ。

……と、他にもまだまだあるが、どうです、これだけでも充分こいつはデザイナー氏の困惑と混乱、「ワシラどーしたらいいの？」という叫びが聞こえてくるような車であることが理解されますまいか。

本当を言うとデザインというのは何をやらかそうと自由なので、様式も形式も無視しようがミックスしようが、そのこと自体はひとつもかまやしないので、ただできあがったモノがそれなりのかっこうになっているかどうかが問題なだけなのだ。しかしそうした意味においてもSP250という車はやっぱりカッコウになっているとは言い難い、やっぱりヘンテコなデザインの車だと思わざるを得ない。

と、さてこのあたりでやめとけば話も多少はわかりやすくこちらも楽なのだが、もう少し先まで書く。それは「モノの魅力とは？」といったややこしいことに関わることなのだが、すなわち、それではデイムラーSP250はヘンテコだからじゃあお嫌いなんですね、と誰かに尋ねられたら、実は僕はこの車がかなり好きなのである。デザイン的にはたしかに支離滅裂に近く思えるのに、しかし同時になにかとても魅力のある形だとも思う。そして現にこの車には今なお世界中に驚くほど多くの熱烈なファンがいることも僕はよく知っている。この車のケースとは逆に、デザイン的には申し分ない出来映えなのになぜかどう見ても惹きつけられない車、魅力の感じられない車というのも、世の中にはいくらでも存在するのはご存知のとおり。だからSP250などはこれはこれでやはり上々の車、このままで実はとってもイイ車なのではないかとも思う。このモヤモヤとしたモノの魅力に関する不条理な「なにか」についての話は前半の時計の話とも関連してくる。

おそらく将来、それもあまり遠くはない将来、自動車もクォーツ時計のようにそれほど多額のお金を払わなくてもあらゆる面で充分以上の品質と性能を誰もが享受できるという、そんな高い技術レベルに到達するのだろうと思われる。「クォーツ自動車」は安価にしてヨイのが当たり前、性能は事実上どれも同じと言うことになる。するときっと時計と同じように高品質・高性能だけでは満足できない、それだけじゃ飽きてしまうという人々がいっぱい出てくるのに違いない。とりあえず今この本のページを繰っているヒトタチなんかは皆そちらに含まれるんじゃないか。その時にはどの車が本当に人を惹きつける力をもち、どの車が性能・品質、あるいはマーケティングだけの車か、各車のモノとしての本質的な魅力の差みたいなモヤモヤが、あぶり出しのように明らかに見えてくることになるのだと思う。

自動車界における日本自動車産業が、時計界における日本時計産業と同じ道を辿っているとはべつに僕は思っていないが、将来我々ジャパニーズにとってあまり得意とは言えないモヤモヤ領域におけるバトルがますます重要になってくるような気がしてならない。その時までに……僕は僕の友だちのカーチャンのマネジャーになっておこうっと。

FORD GT40

GTプロトタイプカー・レースでのフェラーリの牙城を崩すべく、フォードが1964年にデビューさせたレースカー。ベースになったのは純レーシングカーのローラGTである。レースデビューを果たした後ロードカーも生産され、当初4.7ℓだったV8ユニットはマークⅡで7ℓに拡大される。写真のマークⅤはフォードGTの開発スタッフがオリジナルパーツを多用してリメイクしたものである。全長：4200mm、全幅：1780mm、全高：1020mm、ホイールベース：2413mm。水冷V型8気筒OHV。4736cc、350ps／6500rpm、33.7mkg／5500rpm。縦置きミドエンジン-リアドライブ。サスペンション：独立 ダブルウィッシュボーン（前／後）。

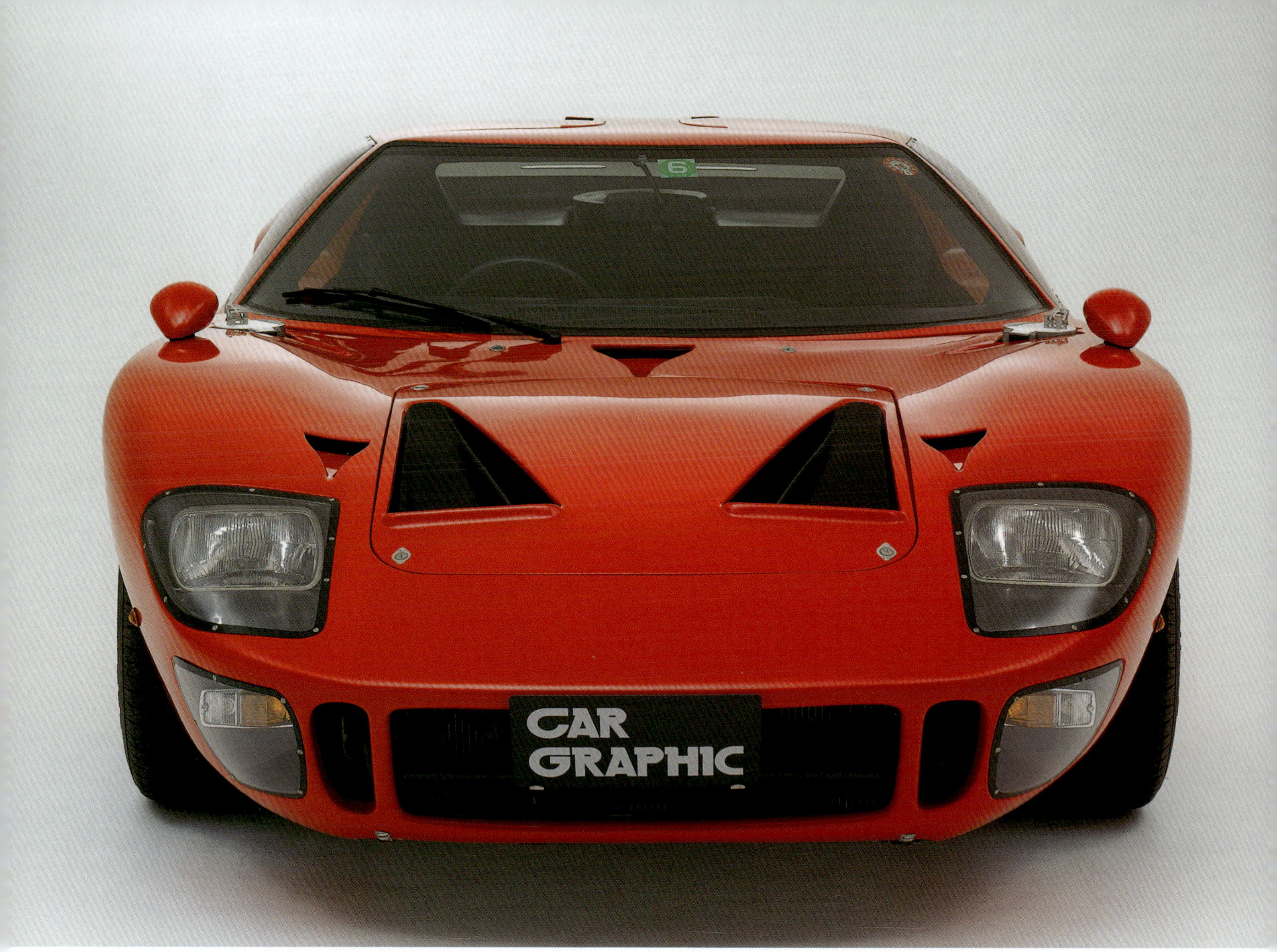
CAR
GRAPHIC

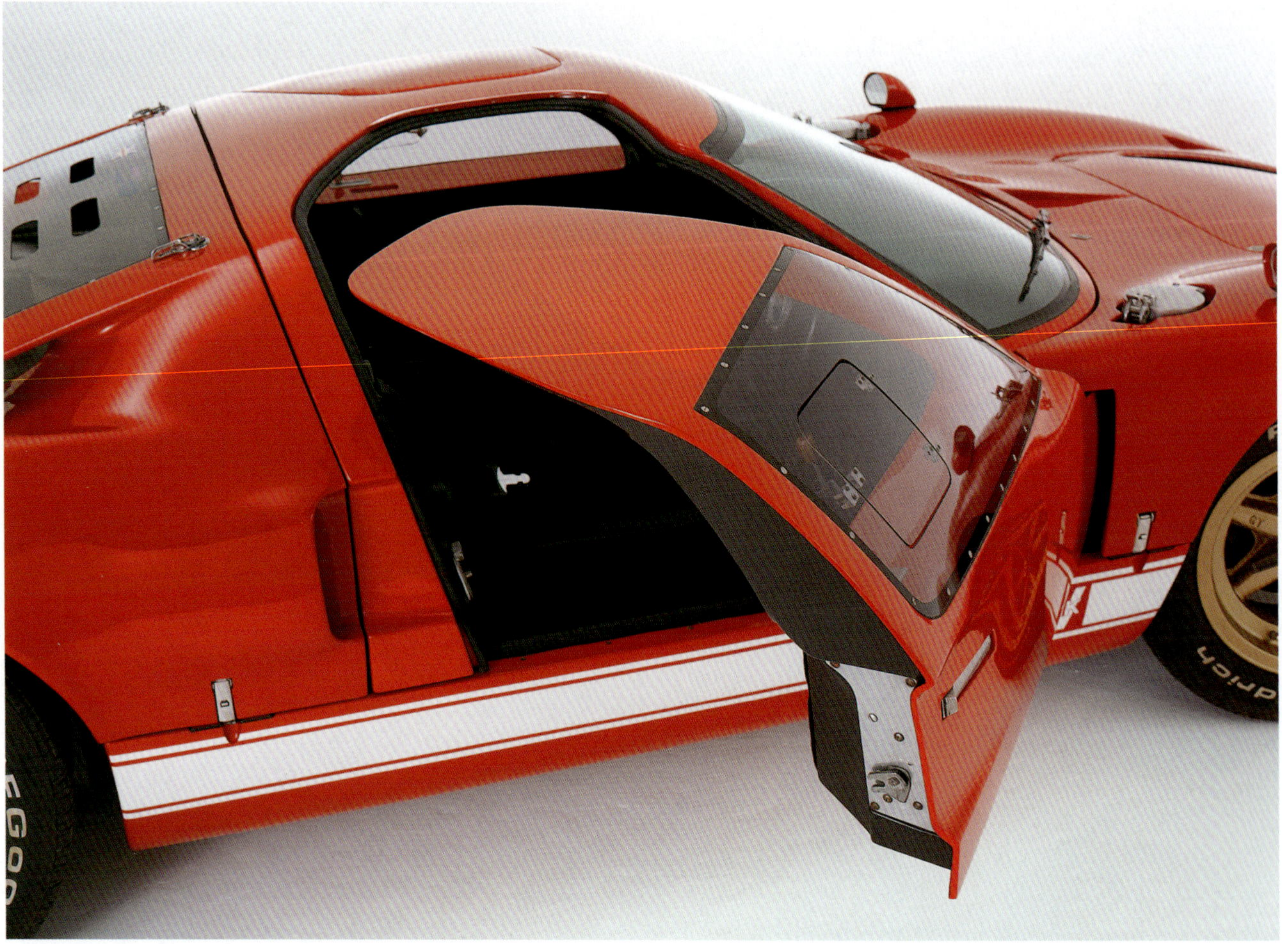

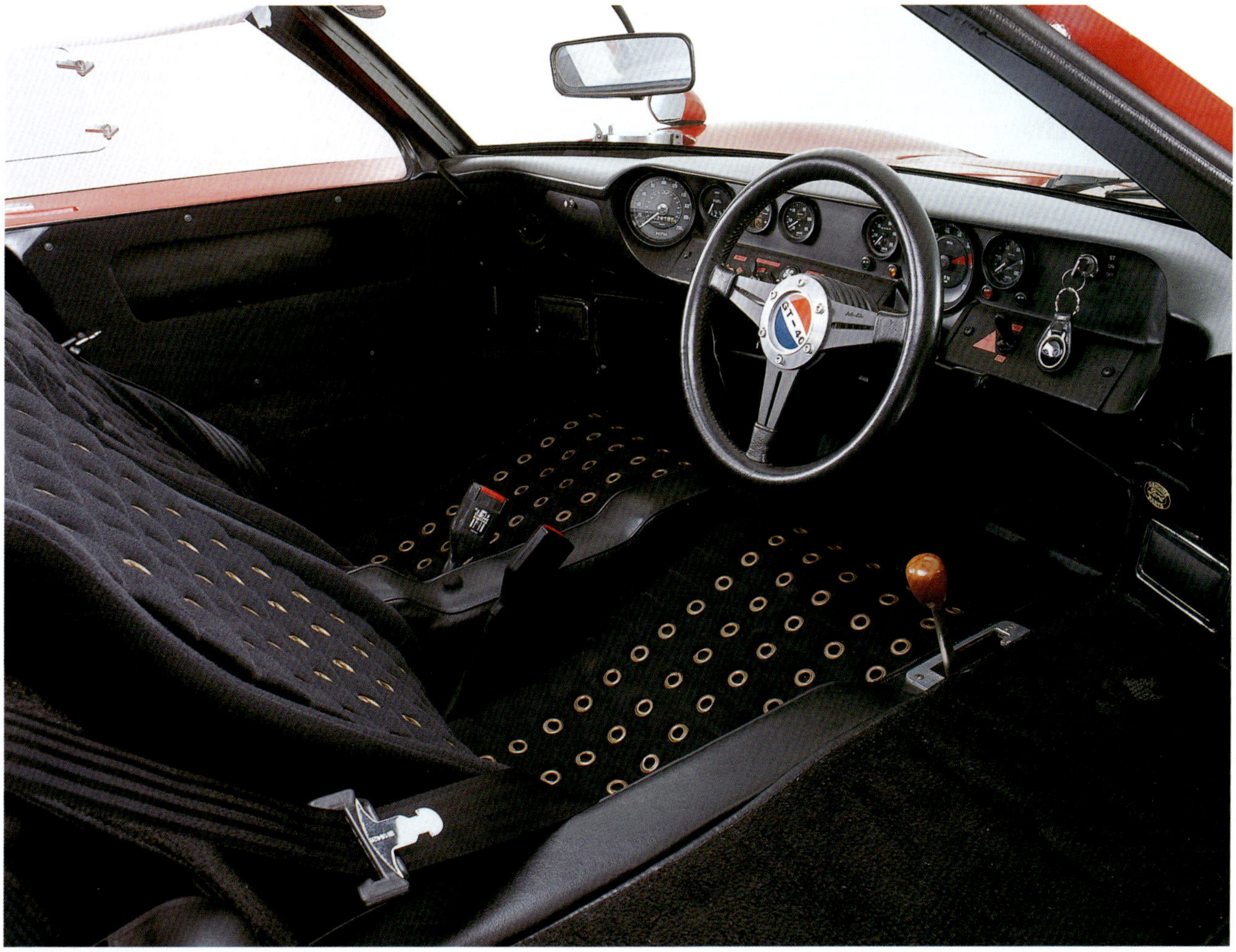

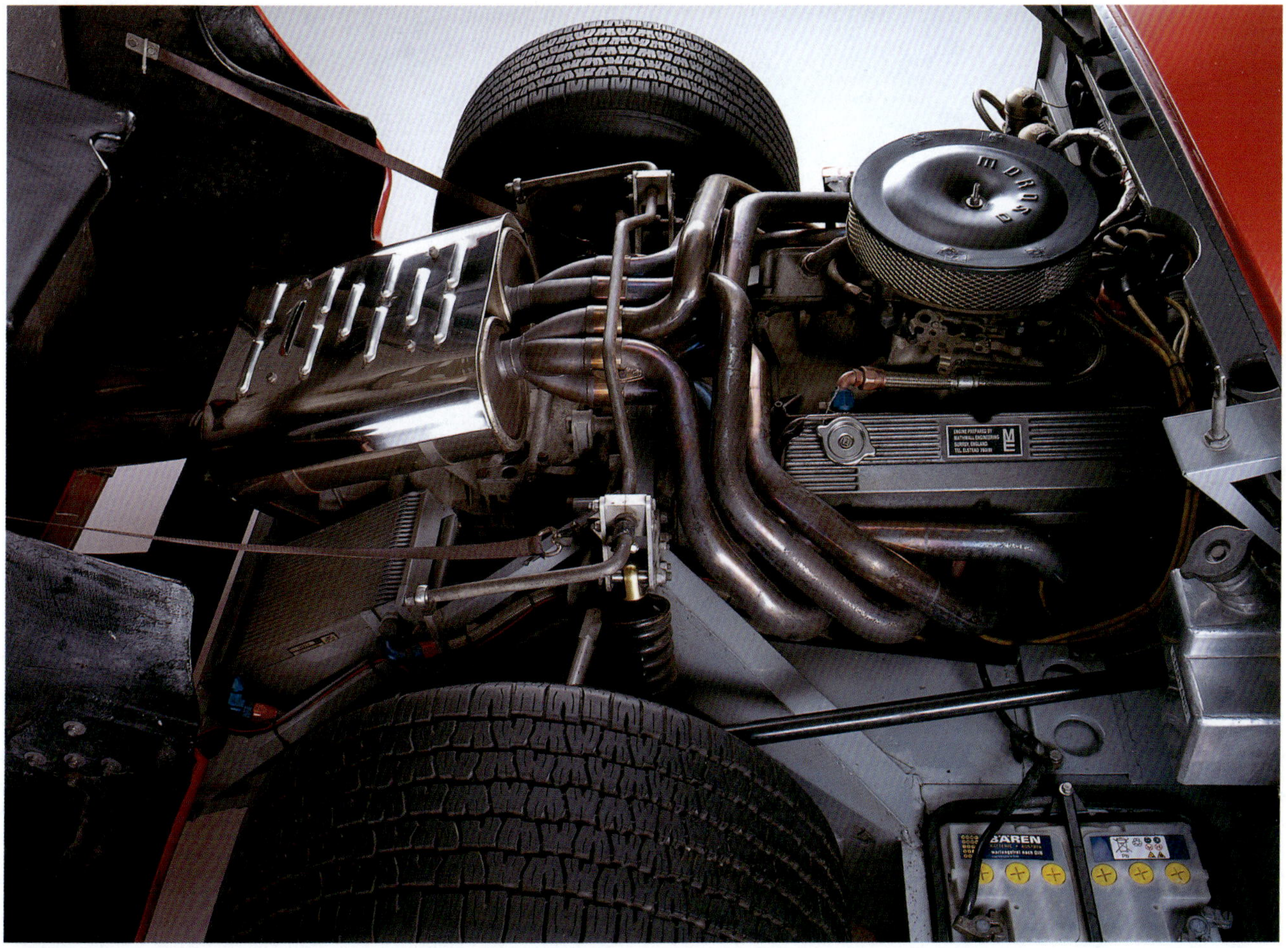

■コツバン下の自動車

　今回の出演はフォードGT40である。小生知るところによればこの車の名称は本来ただの「フォードGT」だったはずだ。それがGT40とういうニックネームがあまりに広く使われるようになり、いつの間にかそれでもオーケーということになったらしい。それで、この40という数字はこの車の全高が地上40インチであることに由来しているという。車高で呼ばれる車というのは史上これが唯一の例かもしれない。

　さて40インチといえば約100cm、1mである。地上1mといえば、個人的なことを言えば僕が立った時の腰のコツバンの端がゴリゴリと指にさわるところより5cmぐらい下にあたるから、そこにヤネの頂点が位置する自動車というのは非常に車高の低い車ということになる。ま、一種のシャコタンである。こういう地を這うような車は足まわりをいじって、逆に少し車高をアップして少しでもマトモな車に近づけて路上を走ったりすると、やっぱり改造車ということになるんだろう。

　警官：「車検証に記されてるとおりの正しいシャコタンで乗ってください」

　しかし厳密に言うなら道交法に定められたように車検証に記された車高の数字をピタリ守って走っている自動車というのは、現実には一台もないはずなのである。といったところで、ここから「車高」についての話をちょっとする。

　自動車の寸法表てなものを見るとたいていの場合、全長、全幅、全高、ホイールベース云々といった順番で数字が並んでいる。そしてたいていの場合、どの寸法もミリ単位で表記されているため、いかにも厳密で正確な印象を与える。しかしちょっと考えると全長、全幅、全高、ホイールベースといったもろもろに対して「全高」というのは少々性質の異なる概念であることがわかる。なぜなら車高は、同じ車でも荷重や路面状態によって常に変化するもので、一定の数値ではあり得ないからだ。はやい話、人が乗車すればその車の車高は下がる。無人で車が走ることはないからそれだけで路上を通行する車の車高はリクウン局にレジスターされた数字と同一となり得ないってことだ。小錦（KONISHIKI）だって車に乗るんですぜ。

　だからあのスペックに記された車高というのは、「きっと空車状態かつ静止状態に限った場合の数値なんだろう」と思われるかもしれない。しかしまだ話は終わらないのだ。タイアの問題がある。タイアにフグみたいにいっぱい空気を詰め込めば空車でも車高はさらに上がるし、逆に空気を抜けば車高も下がるにきまってる。一応規定空気圧というものはあるが、それは個々のタイアによって異なるし、そもそもまったく同じタイア・サイズでも直径はメーカーによってかなり異なるものなのだ。これではいかに善良な市民といえど車検証どおりの車高をミリ単位で順守することはむずかしい。

　さらに加えてショック・アブソーバーの「あたり」あるいは「へたり」も無視できない。別に何万kmも走らなくても、自動車が工場の生産ラインを離れた時とその車がそのまま輸送車で運ばれてディーラーに到着したときでは、実はすでにエッと思うぐらい車高というのは変化しているものなのである。すなわち車高というのはかくも一定ではあり難いもの。さあリクウン局、どうする、さあさあ。

　しかし他人のことはいい。リクウン局よりもシャコタン取り締まり警官よりもはるかにこのことを厳密に気にしなくてはならない人たちがいる。車高がアヤフヤでは生活にかかわる！　何が何でもピタリ正確でないと困る！　という変わったヒトタチがこの世にはいる。それは他でもない、自動車の設計・開発に関わるヒトタチのことだ。おっとその中にはもちろんデザイナーなんかも含まれているのであります。この変わったヒトタチにとって車高は単に「一定ではあり得ない」では済まされない。では彼らはこの問題にどのように対処しているのだろう。

　ここでほんのちょっとだけだがウチワの話をする。小生、日本車のことは詳しくないが、欧米の車メーカーでは実はいずれの会社でも設計時点で車高は低・中・高の3つを想定してシゴトしている。これはサスペンションの「縮み・まん中・伸び」の状態のことであるが、それは必ずしもフル・バンプ、フル・エクステンションを意味せず、ある条件によって選ばれた、とりあえずの3点なのである。その中でも「まん中」というのは殊に抽象性が高いが、要するにこれは、最も自動車が設計しやすいように設定されたある車高だと思っていただきたい。一台の車の開発時の図面はすべてこの高さに描かれる、という車高である。

　こうした各車高の定め方についてはヨーロッパでもメーカーによって違いがあるが、ントー、ちょっとこのあたりで早くもワタシは口をつぐませてもらうか（結局ちっともわからん）。

　いずれにしろ言えることはこういうことだ。常に一定しない車高の変化は正確をモットーとする技術者のみならず、お気楽なデザイナーたちにとっても無視することはできない。いや無視はできないどころか、これはかなり重要な影響をデザイナーのシゴトに及ぼすものなのである。

　すなわち、同じデザインでも車高を変えると意外ほど見た目の印象は変化する。メキシカンのローライダーのように地面にこするほど車高を下げなくても、あるいはメルセデス・ウニモグほど車高を上げなくても、普段見慣れている車の足まわりをちょっといじって2～3cmも車高をかえれば「アレ、あの車、なんか違うぞ」と、なんとなく印象の違いを感じ取る人は非常に多いのではないか。

さて車高の変化がデザインに及ぼす影響の一例として、車高の高い車は大きく見えるということがある。小型の車でも、背が高いと実際よりもデカく感じられる。たとえば現行のフィアット・ムルティプラ——あまり日本の路上で見ることはないと思うが——あのちょっと変わった形の車は、本当はコンパクトなくせに背が高いためにいやに大きく小山のように見える。

　これについてちょっと面白い話がある。現在フィアットとプジョーの伊・仏2グループが細部のみを差別化した、1.5ボックスのミニバン・タイプの自動車を販売していることはご存知だろう。この車種共用の業務提携に際し、両社はひとつの協定を結んだ。それは「今後数年間にわたり、全長4mをこえるミニバン・タイプの車はすべてプジョーが開発し、フィアットは独自開発は行なわない」という協定だったのである。

　ところがマロニエかほるうららかなある日、雑誌スクープを見たプジョーの面々は目を丸くした。なんとそこにはフル6人乗りのレッキとしたミニバン・タイプの、フィアット・ムルティプラという新車が紹介されているではないか。ナンタルコッチャ！　彼らは机をたたいて電話にとびつき、即座に激しく抗議した、そうである。ところがイタリアの奴らは「だってあの車は4mないもーん。だからいいんだもーん」ととりあわない。

　次の自動車ショーを待ってプジョーの面々は三色旗を先頭に会場におしかけた。そしてそこに飾られたピッカピカのムルティプラをひと目見るなり相手の協定違反を確信。しかも人をおちょくったようなそのスタイル。オノレー！、しかし念のためにと、これは冗談でなく彼らはショー会場で巻尺を取り出して本当に測った、そうである。しかしあたりまえだがフィアットの言うことは本当で、何度測ってもこの車の全長は4mにわずかに満たない。とても信じられん、と頭からユゲをたてつつ目をこするプジョーの面々。それを横目にへへへのへっとせせら笑うフィアットの奴ら……。EC統合とはいえ、統一ヨーロッパの本当のゴールはまだまだ遠いようである。

　さてそれで、話は本題に戻ってフォードGT40。全高40インチの車である。すべてが僕のコツバンのゴリゴリより下に存在するという車である。ではこういう地面に這いつくばったようなペッタンコの自動車はどんなカンジに見えるものだろうか。ムルティプラの逆の理屈で、こういう車は視覚的に小型の印象を与えるものとも予想されるが……、実はそのとおり、そう考えて間違いではないと僕は思う。実際僕がはじめてGT40の実物を目にしたときの驚きはまさにこれであった。つまりこの車は写真から想像してたよりずっとコンパクトな車で、同じミドシップのスーパーカーでも公道用のカウンタックとかフェラーリBBに比べるとふたまわりぐらい小さく感じられる。フォードGT40にも公道バージョンはあったが、ホンモノを見るとその大きさだけで、これがモナコあたりをカネモチがタラタラ流すのにはまるで向かない、まったく別カテゴリーの自動車であることがすぐにわかる。また少年の日にしばしばクルマ雑誌のレース記事で目にしたGT40はいかにもモンスターという感じがしていたが、実物を見たあとではなんだあれはポケット・モンスターだったかと、こちらはイメージの修正を迫られたというわけ。やはり見た目上、デザイン上、車高って影響が大きいものである。

■新解釈

　でもここでリクツ抜きにしてあらためてフォードGT40を眺める。まったくなんという素晴しいカタチの車だろう。見るたびにそう思う。プロポーション、動感、近代性、エモーション、造形の迷いのなさ。1960年代後半のレーシング・スポーツカーといえばフェラーリ330P3／P4あたりがマニア連をしびれさせるカッコイイ車の代表とされているようだが、どうしてGT40だって充分それとつりあいのとれる造形レベルにあると僕は思っている。

　GT40の素晴らしさは、基本的に当時ひとつの形が定まっていたミドシップ・レースカーのデザインの世界にまったく新しい解釈を持ち込んで、それを見事に完成させたことにある。具体的にいうとこの時代のフェラーリ、ポルシェ、ローラといったグループ5レーサーはどれもよく似た立体構成で成り立っていた。それはまず紙を丸めたような、円筒形と呼んでいいほどの丸みをもつ深いドアセクション、低いカウル-ベルト・ライン、そして大きく盛り上がったフロント・フェンダーを基本とし、グリーン・ハウスはボディ本体の上にふせた流線型の金魚鉢のような形で、これはいわば目玉焼きの黄身のように周囲とは溶けこまずに突出している。それで前方から見ると高く盛り上がった左右フェンダーの谷間にバブル状のウィンド・シールドが見える、というのが当時のレーシング・スポーツカーの典型だったわけです。

　これに対してフォードの人々はまったく異なるアプローチをとった。すなわちGT40はその時代のレースシーンでは例外的にシャープで平面的な印象を与える車だったのである。ドア・セクションは極力薄く平らで、前フェンダーの抑揚はおさえられて「谷間」と呼べるものはない。グリーン・ハウスは「台の上にのっかった半球」ではなく、ボディ幅ギリギリまで拡げられてドア・セクションと連続し、またルーフ面はふくらまずにスライスしたように平らであるから、前方から見るとライバルたちの丸っこさの中で際だってフラットな台形の印象を与える。

　さて、グリーン・ハウスの幅は純レースカーの世界では

極力狭くするのが常識で、GT40のようにボディ幅いっぱいまでその裾野を拡げた例はちょっと他に思いあたらない。これは幅広のグリーン・ハウスが前面投影面積を増やし空力上おもしろくないためで、誰もしないのは当然なのだが、フォードはひと目でそれとわかる明快なアイデンティティを確立するために、あえて空力は妥協してこうしたデザインを採ったという。レースカーだってこういうイキ方もありっスからね。

またロワー・ボディの平面的な面構成も、他にあまり試されなかったところを見るとあるいはこれも当時の常識では空力的に不利な形と信じられていたのかもしれない。しかし後にわかるが、実はポテンシャル的にはこちらの方が「丸いドア・セクションに盛り上がった水滴形フェンダー」よりもはるかにレース向きだったので、これは結果的には時代を先取りした形だったと言えるかもしれない。他にも真横から見たときのキャビンの前進感、傾斜の強いAピラー、駆動輪とエンジンのありかを強調したリア・フェンダーの量塊、エンジン・カウル上面のなめらかな面変化など、すべてこうしたモノは当時のライバルたちには見られないフォード自家製のフォーム・ラングェッジといってよい。

あと、ディテールと言やぁディテールだが、四角いヘッド・ランプというのもあの頃はものすごく新鮮なものに思えた。レース車に使うランプなんてフロントもリアも既製品を買ってきて取りつけるだけに違いないのに、他がやらないからこのマーシャルだかシビエだかの長方形ヘッド・ランプはフォードGT40の専売特許みたいになって、これがシャープでフラットな（音楽記号みたいですな）フロントまわりをさらに引き締めて、なんともお似合いであったわけです。

と、デザイナーとしてはまだまだ書くべきこともあるのだが、ともかくもフォード本社がこの車によって初めてヨーロッパのレース場に直接姿を現わしたとき、その最大の狙いが「ヤンキーが来た！」「巨人現わる」というその存在感をアピールすることにあったのだとしたら、GT40はその戦績もさることながら、デザイン的にもまず完璧に近くその使命を果たしたといっていいと思う。他とは明確に一線を画してこの完成度、当時の彼らの実力がよくわかる。すでに書いたように、未だに世界にファンの多いあのランボルギーニ・ミウラだって落ち着いて眺めれば明らかにこの車のリメイクみたいなデザインなので、あれは一種のマカロニ・ウェスタンだったというわけなのです。

そんなわけで、小生の個人的好みからいってもこの車はとても高いところに位置している。おそらく97点ぐらいは、僕の中ではいってしまうんじゃないか。

しかし世界中のスキモノたちの心の中では60年代後半のレース界と言えば、先にも触れたように、なんといっても全身真っ赤で星形ホイールを金色に光らせていた、あのフェラーリのスポーツカー・レーシング黄金時代の姿が神様的存在として君臨していることを僕は知っている。大衆車の代名詞のようなフォードがイメージ的にフェラーリに追いつけないのはまぁ仕方ないが、ただこれは単に名前の響きがちがうというだけではなく、フェラーリの方はひとたびエンジン・フードを開ければ12個のエア・ファンネルをいただく芸術的機械類がそこにギュッとつまって後光を放っているのに対して、フォードGT40で同じ行為をすると、こともあろうに生産型フォード・フェアレーンのV8をいじって特大のキャブレターを1個ドカンと載せただけ（初期型）というガサツな光景が目にとびこんできてしまい、こいつが車オタクの美学にどうも合致しない。でも見方を変えればこんなものであのフェラーリV12とわたりあえたのだからフォードのエンジンってスゲエということにもなるのではないか。こんな車でフォードは1966年から4年連続でルマン24時間を制したのだ。

そう言えば、当時GT40のドライバーのひとりでもあったダン・ガーニーの手記をどこかで読んで、これが可笑しかった。ガーニーが生まれて初めてアメリカを離れヨーロッパに遠征した時のこと。彼は初めて見る"カフェ"に入りコーヒーを注文する。目の前でバーテンダーが機械のレバーを下げ、猛烈な音をたてて湯気が噴きだし、何事かと思っていると間もなく下に置かれたカップの中にコーヒーができている。つまりエスプレッソだが、そんなものをツユ知らぬガーニーはわが目を疑う。曰く、「私はなぜ湯気がコーヒーになるのかどうしても信じられなかった。ヨーロッパは魔法の土地だと思った」うーん、どうもアメリカ人ってのはなぁ……。

でもこんなソボクな奴らが慣れない土地で、おそらく成金の物知らずと指さされながら、おそらく邪魔者扱いされながら、おそらくシングル・キャブのガサツなエンジンを笑われながらも肩寄せ合って、ジリジリと勝利を手にしていったストーリーは、スピルバーグあたりが映画にするにはよい題材になるんじゃないか。それとも「はじめてのおつかい」に出た方がいいかな？

FORD ANGLIA

1959年にフルモデルチェンジを施された、当時の英国フォードの大衆車。直列4気筒ユニットをフロントに搭載する常識的なレイアウトを持つが、1速以外にシンクロを持つ4段ギアボックスを採用するなど、技術的なトライアルもなされていた。写真の車両はエンジンをコーティナ用1.6ℓに換装し、サスペンションを固めるなどのチューンを施されており、フロントフェンダーの形状もオリジナルとはやや異なる。
全長：3900mm、全幅：1460mm、全高：1440mm、ホイールベース：2299mm。水冷直列4気筒OHV。997cc、39.5ps／5000rpm、7.3mkg／2700rpm。縦置きフロントエンジン-リアドライブ。サスペンション：独立 ストラット（前）／固定 リーフリジッド（後）。

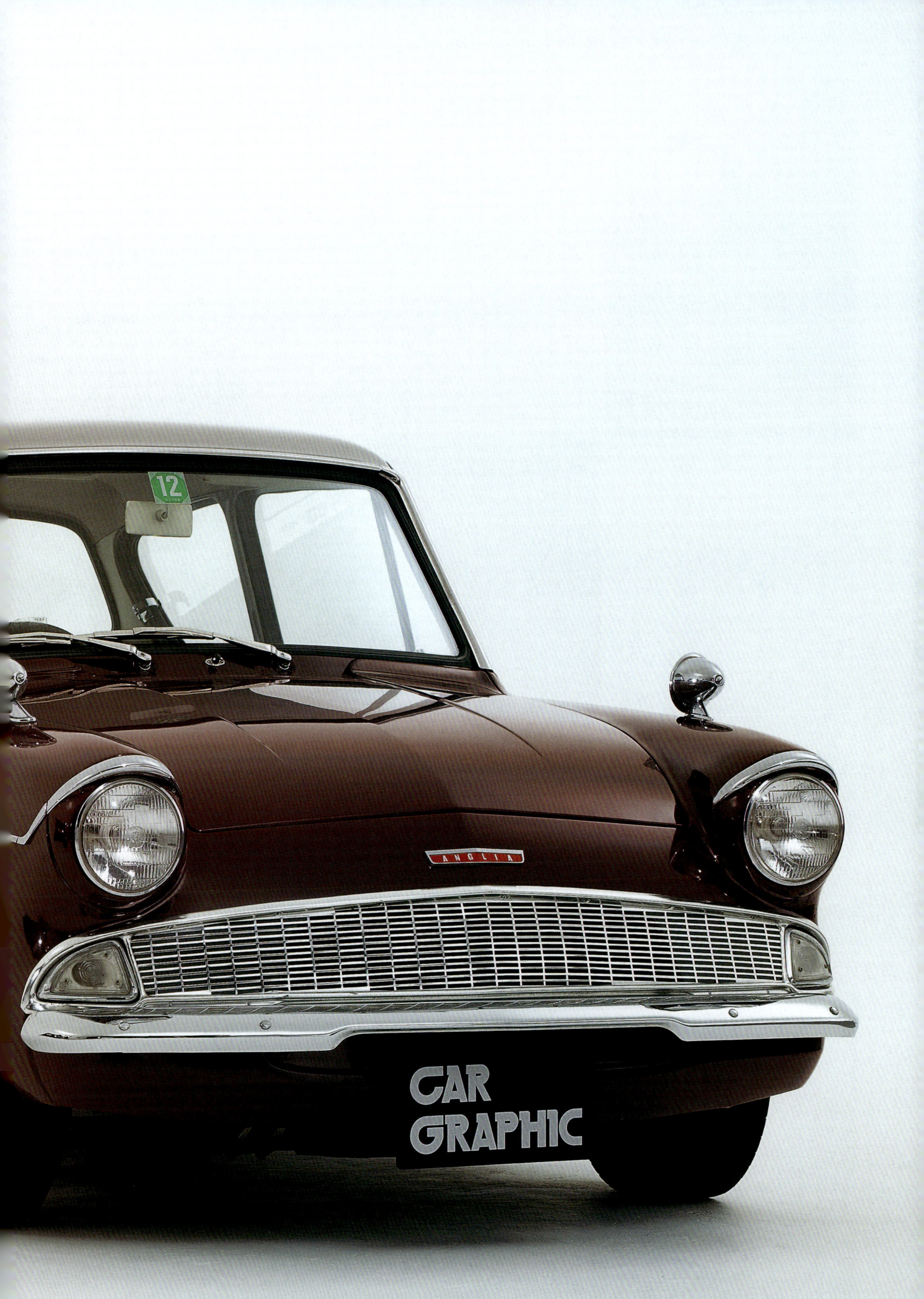
12
ANGLIA
CAR
GRAPHIC

38

39

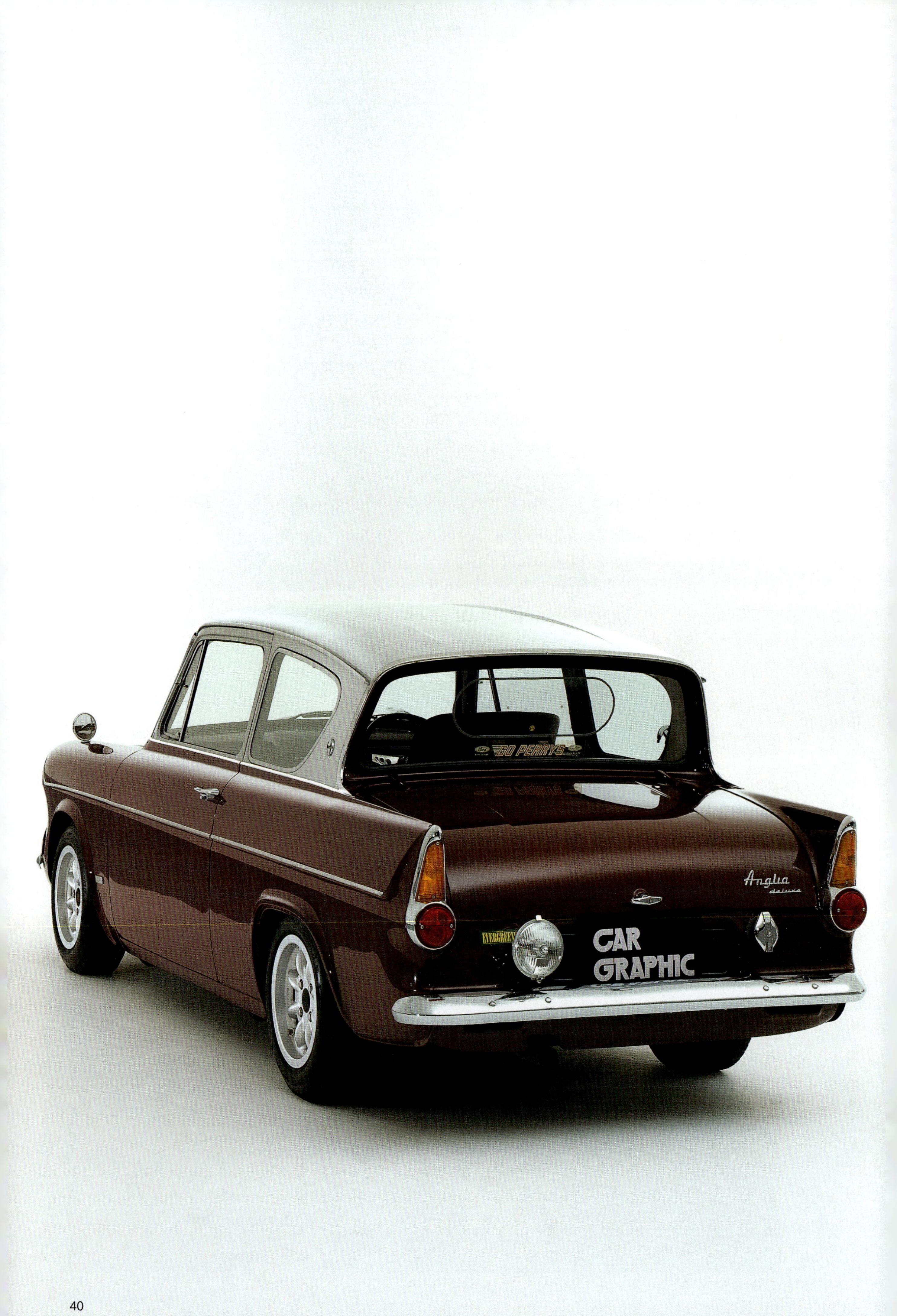
Anglia
deluxe
CAR
GRAPHIC

■さまざまな呼び名

　フォード・アングリアのデザイン上の一番の特徴といえば、やはりそれはクリフカットのリア窓ということになるのだろう。「クリフカット　2000円」とか床屋の料金表あたりに出てきそうな名前だが、この車に見られるようなリアガラスが通常とは逆方向に、後ろに傾斜したスタイルがそう呼ばれることがある。

　床屋の料金表を思い出させる自動車デザイン関係の呼び名では、他にも「レザー・エッジ」スタイルなんていうのもある。床屋サンの料金表にあったのはたしか「レザー・カット」だったか、それがどういう髪の切り方であるかは知らないが両者は互いを連想させる名ではある。では自動車デザイン用語の方の「レザー・エッジ」スタイルというのはどういうものかというと、要するにナイフで削り出したようなフラットな面を組み合わせてコーナーがシャープなままに残されたようなスタイル。主に1930〜50年代のロールスをはじめとする一連の英国製高級車に見られた手法のことを言う。

　このレザー・エッジ流派、その後英国では見られなくなってしまったが、その最大の継承者はなんといってもGMデトロイトで、特にキャディラックは60年代半ば以降、平面的なパキパキとした面構成にご執心で、そのおもかげは今日でも同社の製品に見てとることができる。

　……と、なんとなくこんな具合にすべり出したので、今回はまず「自動車デザイン・スタイリング関連の様々な呼び名」といったことについて少しふれてみることにしよう。なんかあまりたいしたテーマではないが、こんなこと他に書く人もいないだろうから。

　たとえば、PR目的で1台の車の造形的特徴に名前がつけられることがある。わが国でもこうした「呼び名」は昔からいくつも考えだされてきているので、すこし古いところから挙げればスカイラインの「サーフィン・ライン」なんていうのはそのよく知られた例と言ってよいだろう。他にもスーパー・ソニック・ライン、スピンドル・シェイプ、イーグル・マスク、ダックテールGT、中にはスティングレイ・ルックなどという多少誤解を招きそうに思われるものまで、過去にはずいぶん色々とあった。なに、おぼえてない？いやムリもありません。これらはいずれもその時々のメーカーによる造語であって自然と忘れられてゆく性質のものだ。

　しかしこうしてメーカーがつくりあげた言葉の中にも、消えずに後世まで残って一般化したものもある。「ハードトップ」なんて語はそんな代表的一例だろう。2／4ドア・セダンで、Bピラーもサイド・ガラスのフレームもなく、窓を開けると視界をさえぎるものなくフルオープンになるような形式の車を今日ワレワレはハードトップと呼んでいる。でもこの言葉は古来からあったものではなく、ある時期にGMがあみだした造語だったはずだ。

　記憶違いもあるかもしれないが資料も見ずに書くなら、ハードトップというのは戦後、上記のような車体構造をもつ車を製品化したGMが「固い金属ヤネの居住性とコンバーティブルの開放感を同時に味わえる新タイプのクルマ」というニュアンスをにおわせるために「ハードトップ・コンバーティブル」なる語を合成して命名したのがはじまり。

　こうしたタイプの車は1950年代を通じてポピュラーな存在となり、またこの語も消えずに新語として一般化した。ところが発音するのにやっぱりちょいと長すぎたのか、後半の「コンバーティブル」という部分はいつの間にやら省略され、やがて忘れ去られてしまった。それで残るは「ハードトップ」。ハードトップだけではただの「固いヤネ」であり、固いヤネの車ならこの世の大半の車がそうなのだから、特定少数の車種だけがその名で呼ばれるのは考えるとヘンなのだが、まあここには上記のような忘れられた歴史的背景があったってわけなのです。

　さて有名無名さまざまな商業目的の造語とは別に、車デザインことばの中には自動車会社のデザイン・スタジオの中で本当にデザイナーやモデラーの間で使われていた符牒がどこからか流出して一般に知られるようになった、という例もあると思う。こういうのはスシ職人用語のシャリだのアガリだのといった言葉がカウンターのこちら側にも普及してしまったのと同じことで、たとえばベルトラインとか、Aピラー／Bピラーとか、タンブルホームといった言葉はおそらくそうした例なのに違いない。こういうのはむろん特定の車の造形的特徴を指して言うことばではないが、またちがう意味での自動車デザイン関連の「呼び名」ではある。

　元プロ用の言葉というと、小生などが本稿でしばしば使用する「グリーン・ハウス」なる言葉などもそんなひとつかもしれない。グリーン・ハウスとは元来はもとより植物用の温室の意だが、クルマ用語として使われるときは自動車ボディの上半分というか、四方に窓のついたあの乗員キャビン部分のことを言う。温室のようにガラスに囲まれていることからこの呼び名がつけられたのだろうが、他にも同部位を示すことばはいくつも存在する。でも当方、今もこうしてシコシコと書きつつある本ゲンコーにおいてはたいてい「グリーン・ハウス」ばかりを使うようにしているのは、あまり色んな単語を使用しては混乱を生じると思うからで、まあこれでも一応そのぐらいは気にしつつ書いてんスから。

　さてこのグリーン・ハウスなる言葉、推量だが僕にはなんとなくフォードのデザイン部門っぽい言葉に聞こえる。彼らは他にもいくつかの「用語」を過去にあみだしてきたことが知られている。そう言えばやはりフォード・デザイ

ンが言いだしたとされるD.L.O.という語も、次第にカタギの世界で知られるようになってきた。D.L.O.とはデイ・ライト・オープニングの略で、要するにガラス部分の開口部のこと。デザイナー共がクレイ・モデルを見ながら「サイドのD.L.O.をもうすこし下げて」とか「D.L.O.の角をもっと丸く」とか、まあそういったように使う。なら別に「マドの形」と言やいいようなものだが「ディー・エル・オー」の方が言いやすいし、「マドの形」ではガラス面を含めた立体としてのマドを指すのか、開口部のグラフィックスのみを指すのかが明らかでない。これがD.L.O.と言った場合には明確に後者の意であり面の話は含まれない。と、このあたりの多少の厳密さがプロっぽいといゃぁ、そんなカンジもする一語ではある。

と、かけ足ではあったが以上プロローグということで。

■刈りあげスタイルの得失

で、今回の出演はフォード・アングリア。アングリアというと写真に出ているこの車が圧倒的に有名だが、英国フォードがこのモデル名を使いはじめたのは遠く1930年代のこと。今回のコレは105E型と呼ばれるモデルでアングリアとしてはたしか2代目か3代目にあたるはずである。で、この105E型ってのは口をへの字に結んで不満気な顔をしてる割には非常なる好評を博し、1959年の発表以来、大衆車マーケットで大成功をおさめた車。英国車市場で総合ベスト・セラーを続けていた時期もある。

1959年発表のもうひとつの有名な英国車というと、泣く子もだまるあのミニがある。こちらもやはり英国大衆車セグメントで大成功をおさめた車だが、やっぱりアングリアとミニでは相当異なるタイプの「大衆」にウケたんでしょうかなあ。この2車ではずいぶん性格がちがう。ミニが「小型車の革命」だったとするとアングリアはほぼその対極で中身はコンサバ、そのデザイン・テイストは徹底した当時のアメリカ風であった。

たしかにその時代、アメリカ車はヨーロッパのはるか先をゆくファッション・リーダーであり、圧倒的パワーを誇る富の象徴とも見られていたから、「なるべくアメ車っぽいデザイン」というテは有効なコンセプトだった。それで実際その頃は誰もがアメ車のマネをした。シボレー・コーヴェアなんて車が出たときにはそのデザインはイタリアやドイツでいくつものメーカーに真似されて、果てはソ連のZAZまでもがその造形テーマを借用した。今は昔というか、現代じゃあアメリカ車の方が押しまくられて、なんとかヨーロッパ車や日本車に似たデザインができぬものかとキューキューとしている。世の中ってやっぱり移り変わるものである。

それはさておき、フォード・アングリアである。ではまずは先述のこの車の一大特徴「クリフカット」の話。

考えればリア・スクリーンを後傾させるというのはずいぶん大胆な発想だが、フォードMo. Co.は1950年代後半にまずリンカーンにこの手法を試みていた。するとこの大胆なリア窓は高級車リンカーンの悠々たる優雅な姿にふしぎなほどしっくりとマッチして、そのエレガンスをさらにひきたてるキー・フィーチャーとなっていた。

そんなトップ・オブ・ザ・ライン専用だったこのデザインがなぜかその後、中級車種にはほとんど波及せず、かわりにボトムエンドの小型廉価車に大きな影響を与えることになったのだから面白い。それも世界で、フォード自身を別とすれば、このスタイルの影響をうけた顔ぶれというのがあまりに互いに関連性のないマチマチな面々であるところがまたおかしく、トリノのピニンファリーナのフィアット600の試作車にはじまり、わがマツダ・キャロル（初代）とか、仏蘭西のシトロエン・アミ6といったところがそれぞれの解釈で「クリフカット」をキメた代表者たちだったのである。

ただしアングリアも含めこうした小型車たちが見た目の優雅さを主目的としてこのスタイルをとりいれていたとは思えない。実は6m近い巨大なリンカーンによく似合ったクリフカットは、同時にタテにもヨコにも余裕のない小型車のシビアに限られたスペースをムダなく活かすうえに極めて有効な答えでもあったのである。

そのことはこのアングリアをじっくりと眺めるとわかる。すなわちこのリア・スクリーンの傾斜というのは想定されるリア・パセンジャーの頭部の位置と角度をちょうどピタリとクリアするような具合に傾いているのである。後席住人の頭から首にかけて、うしろに等間隔のスキ間を計算するならリア窓がこのように後傾していることはムダがなく理にかなったことだと言える。この場合、通常ヘッド・レストのうしろに存在するあの「帽子を置く棚」と呼ばれる空間は広くはとれないが、あれはどうせあまり使い途のないスペースだから気にしないでよい。

即ちクリフカットというのは最小限のスペースでヘッド・ルームを確保するための妙手なのである。しかもリア・スクリーンの下端が前進しているから自動的にトランク長を長くとることができる。トランク長が長いということはトランク開口面積が大きいってことで、荷物の出し入れはその方が楽にきまってる。さらに副産物としてこのリア・ガラスならよごれもつきにくいし、雨や雪の日にもクリーンに保たれる。プラス、お天気の日には後席乗員のアタマが直射日光にさらされずに済むというオマケまでつく。どーです、デザイナーだって一応このぐらいは考えてシゴトしてんスから。

なんだかいいことずくめだが、ではそんな結構なクリフカットがなぜもっと一般的に普及しなかったかというと、

それはやはり見た目のクセが強すぎることが原因だろう。これはどうしても好みの分かれる形だ。エステティックな面から言うとリア窓の後傾によってグリーン・ハウス(出た!)にはある種、風を切って進むような動感が得られてそれはよいのだが、通常角度の後マドの視覚的安定感は望み得ない。クリフカットってのはうしろに支えるものがなくエイッと押すとバタンと倒れそうに見えるのである。1車種2車種はよいが、やはりこういうデザインが路上の主流派になるとは思えない。

■フンプンたる顔

　後マド関係の話が長くなった。でもなんだかんだと言っても全体的に見ればアングリアはデザイン的に充分に成功と呼べる域に達していると思う。この車、小さなキャンバス上にクリフカット以外にもテール・フィンありサイド・モールディングのモチーフありで、性格の強いテーマを組み合わせながらもまず全体に破綻なくまとまっている。これは各要素へのサジ加減が適切だからで、当時のトレンドをあれもこれもととりいれながらも抑えるべきところはうまく抑えられているのである。サイド・ビューを構成する動きの大きな複数のラインも、いかにも失敗しそうなのにまず問題なくバランスよく配置されているし、なかなかの力量をうかがわせる。

　議論を呼びそうなのは、やっぱ最初にもちょっと触れたこのフロント・エンドでしょうかねえ。この車に見るような前方にスロープしたグリルというのは、それ自体当時はとても斬新なもので、それだけに彼らもこの部分には色々な形のグリルを試してみて、結果的にこのへの字に結んだ口のようなものに落ち着いたのだろう。実はこうした丸みのあるスロープした面上ではこんな風にすこしへの字型にしておかないと、グラフィックスは見る角度によって両端が吊り上がったように見えておかしいのである。

　つまり面の性質に照らしてこのへの字型グリルは決して間違った形とは思わない。ただこういう形を目にすると多くのヒトビトは擬人化して見てしまうもので、するとどうしたってこのグリルは歯をむいてウ〜ッと不満気な表情をした口のように見えてしまう。しかもそれが上方に位置するこれまたひと言文句言いたげのヘッドライトの意匠とあいまって、こんな顔がミラーに迫ってきたら思わず「ど、どもスミマセン」と道をゆずってしまいそうな、欲求不満的迫力に満ちたフロント・エンドのようである。この顔が庶民のフラストレーションを代弁するのにちょうど良くて、この車ってそんなに売れたんじゃないの?

　ともかくもアングリアは1968年、初代のフォード・エスコートに交代するまでおよそ10年間にわたってつくり続けられた。この時代のヨーロッパには、それこそミニのように半永久的に生産のつづけられるクラシックも出現したが、フツーの車のモデルチェンジ・サイクルはむしろ現代よりずっと早かった。アングリアはフツーの車だから10年というのは大変な長寿と言ってよい。

　さて以下は前半の、車デザイン関連の「呼び名」の話のつづきみたいなものである。

　このアングリアのあとを継いだクルマである初代エスコート、この車にも外見上の特徴をとって、あるニックネームがつけられていたことを僕は知っている。それは「ドッグ・ボーン・エスコート」というのだが、ドッグ・ボーンとは犬のしゃぶる骨のことだ。この初代エスコートのフロントエンドの意匠は左右の四角いヘッド・ライトをバー状のグリルで結んだものだったが、この部分がマンガに出てくる犬用のホネを思わせるところからこのアダ名がつけられたんだそうだ。誰がつけたかって? 実は僕はこれをその当時、当の英フォードのデザイン部門で働いていた人から直接聞いた。彼らは自分たちでデザインした車のフロントを犬のしゃぶる骨みたいだと思い、そう呼んで自ら笑っていたらしい。冷静というかさめているというか、でもなかなか面白いではないか。

　デザイナーたちが仲間うちで使う符牒について先程少々ふれたが、本当はあんなあたりさわりないものばかりでなく、由来を聞くと噴きだしてしまうような、サンショの粉、あるいはパクチーの如きウィットの効いた言葉もずいぶんある。でもそういうのは小生遠慮してお書き申しあげない。「ドッグ・ボーン」云々はもう40年近く昔の車のハナシだからちょいと洩らしましたがね。自主規制である。いやホントこれでも一応色々と気ィつかって書いてンスから。ただ、自分でやったデザインを「なんだ犬用のホネじゃないか」と見られる冷静な目、それと同時にそれはワカってるけどやっぱりコレでいこう」とフラつかない決断力、この双方はデザイナーにとって欠くべからざる基本的素質ではないか、という気もする。

FERRARI 166MM

1948年のトリノ・ショーで公開され、翌49年のヨーロッパのレースシーンを席捲したフェラーリの歴史的モデル。MMとはもちろんミッレミリアの略で、49年の同イベントやタルガ・フローリオ、ルマン24時間などで優勝している。写真のバルケッタの他、トゥーリング製ベルリネッタボディや、ピニンファリーナ製コンペティション・ベルリネッタなどがある。
全長：3620mm、全幅：1575mm、全高：927mm、ホイールベース：2200mm。水冷V型12気筒SOHC。1995cc、140ps／6600rpm。縦置きフロントエンジン-リアドライブ。サスペンション：独立 ウィッシュボーン＋横置きリーフ（前）／固定 リーフリジッド（後）。

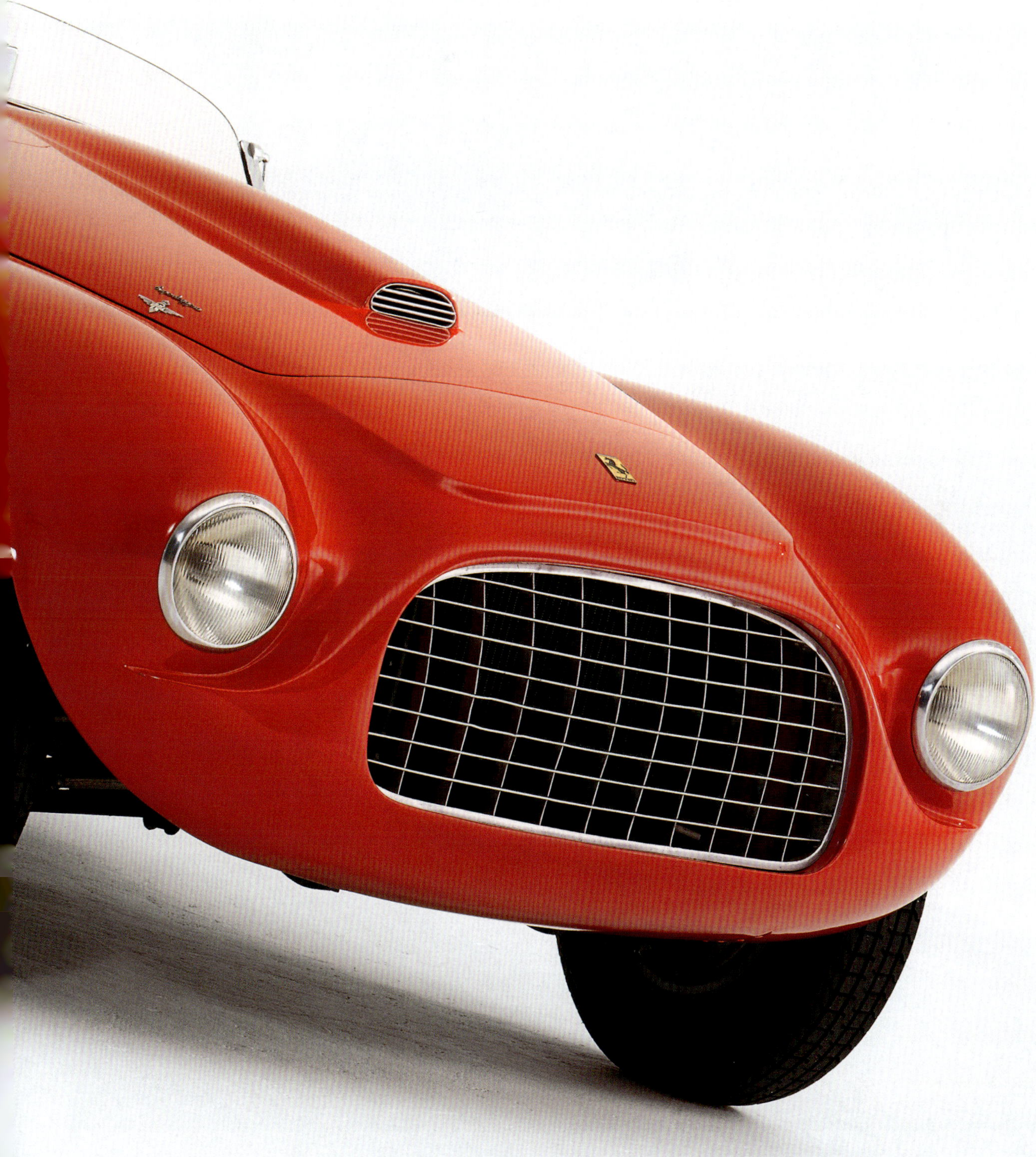

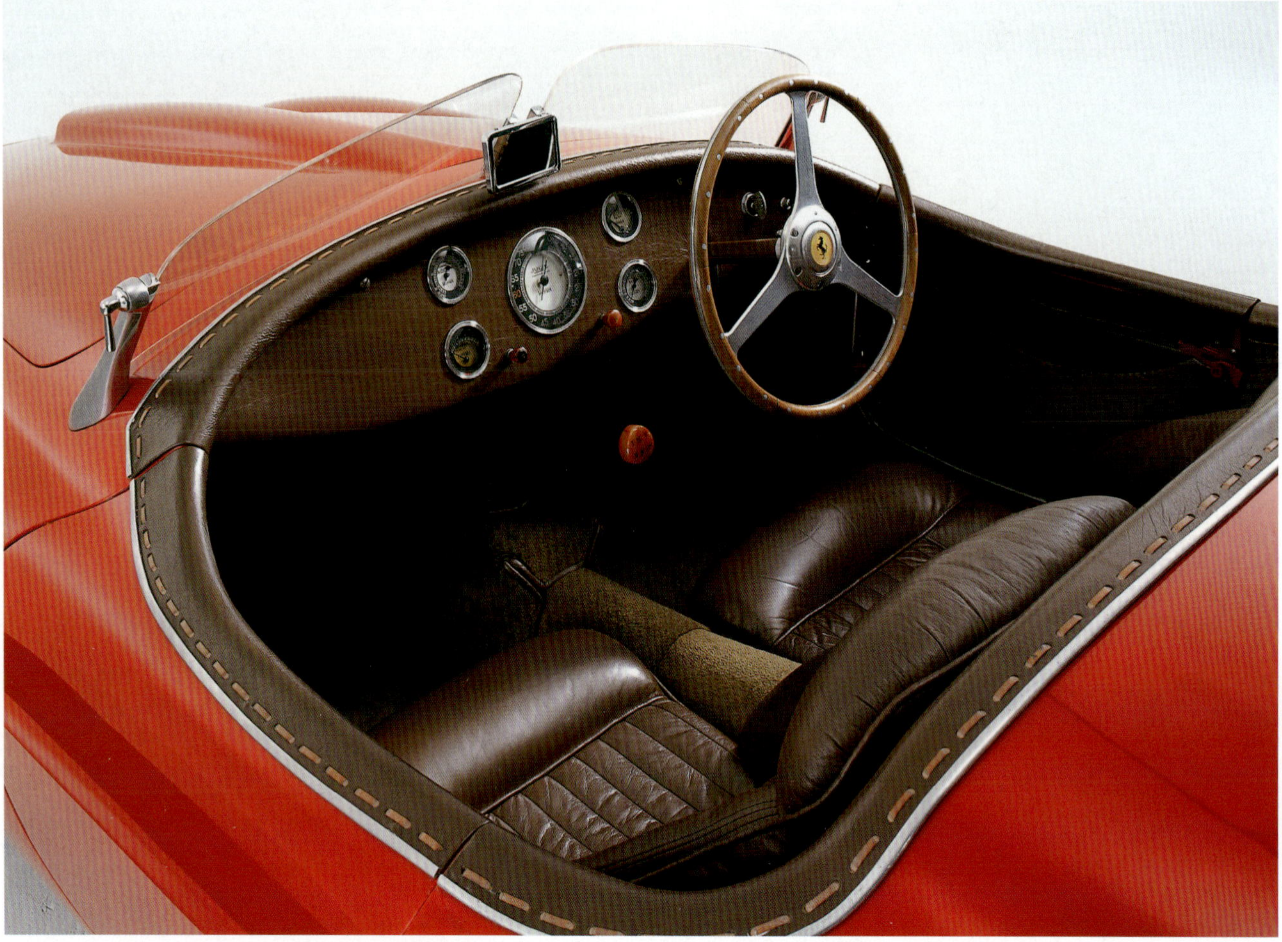

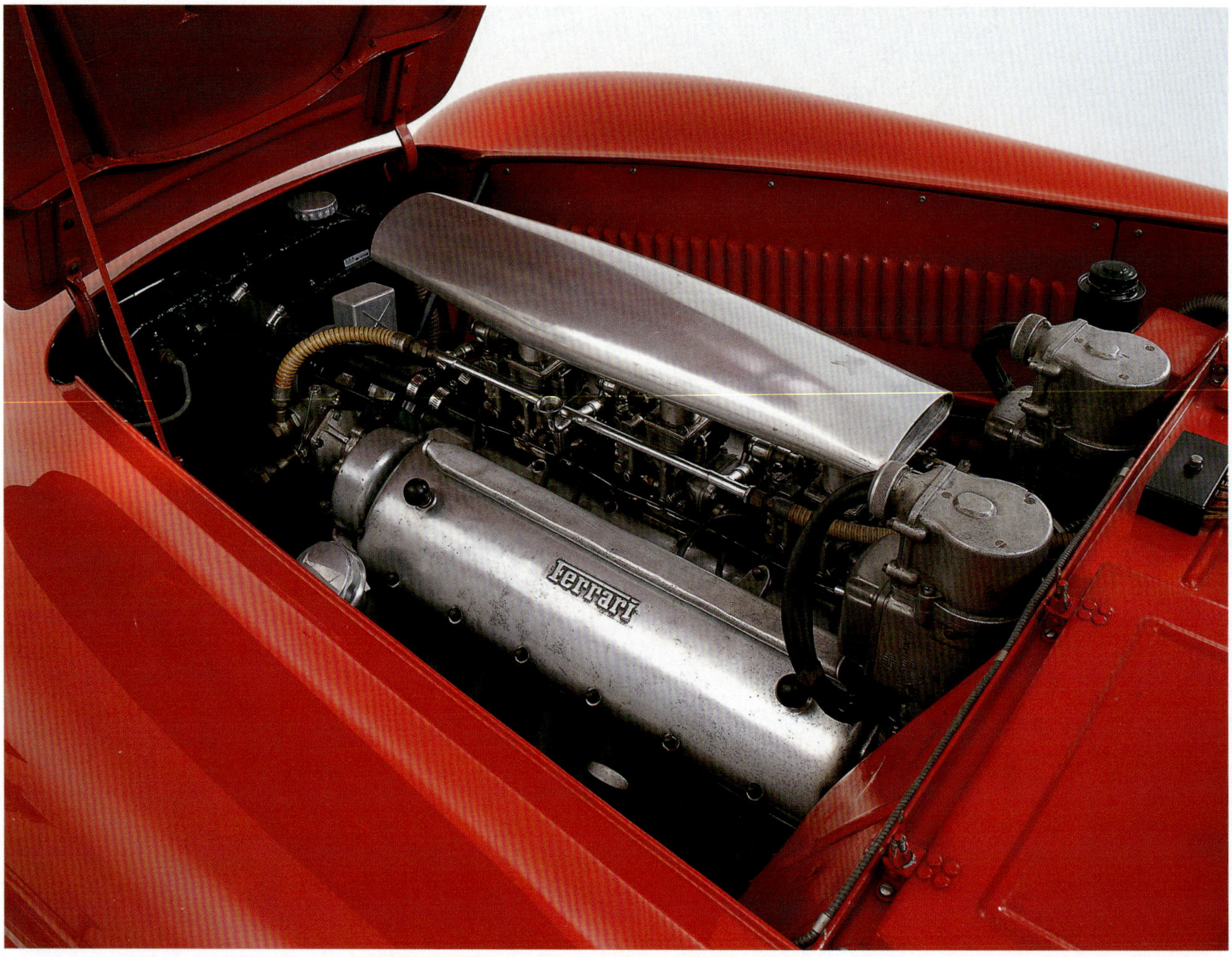
Ferrari

47

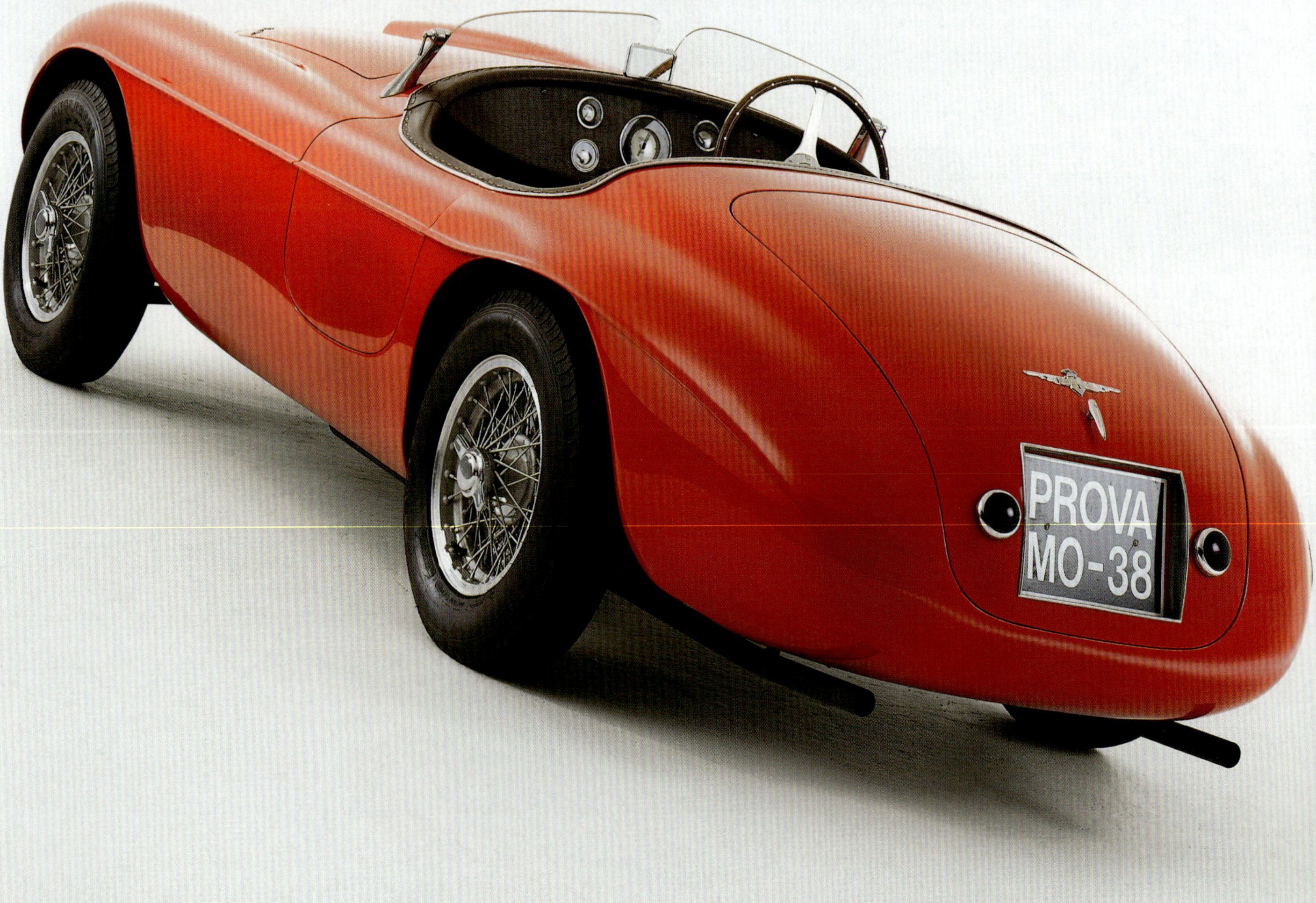
PROVA
MO-38

■のせられてまた書く

　フォード・アングリアのところで、自動車デザイン関連の用語といったことについて少々ふれた。すると「あれ、おもしろかったですよ」という声が受話器から聞こえてきた。受話器というのは死語かな？ ま、ともかくも電話の向こうハシにいたのが誰かというとカーグラフィック編集部の方である。「D.L.O.なんてことばは知りませんでしたね」「ハハーッ」。D.L.O.というのは自動車デザイナーたちが職場で使うことばのひとつでデイ・ライト・オープニングの略、スクリーンの開口部のことをこう呼ぶ、と、そういったたぐいのことを書いたわけだ。すると「おもしろかったです」。いやぁ編集者の仕事の中には外部のシロート執筆者を適当におだてて調子にのせておく、ということもあるらしい。ごくろーなこってす。

　と、それでこちらはウマウマと乗せられて再び車デザインの用語について少しふれてみようかと思うわけである。でも前と同じようなことをただくり返すのも芸がないので、なにかもっとデザインの現場の雰囲気を伝えるような、ショクバの香りがフンプンと漂うような特殊なことばでもないものかと考えてみた。

　それで早速ではあるが、「50インチ・セクション」なんてのはどうだろう。これはGMのお家の事情によってつくり出されたことばだ。だから本職の車デザイナーでも知ってる人と知らない人がいる。ところが、ではGM以外では通じないかというとけっこう他社でも使えてしまうところがチト可笑しい専門用語なのである。

　で、その意味だが、まず「セクション」とは「断面」のこと。「50インチ・セクション」とは自動車を横から見てだいたいそのまん中あたりに大根でも切るようにスッパリと包丁を入れた際の切り口、つまりドア-サイド・ガラス-屋根に至る断面のことを言うのである。

　断面というのは、実は非常にダイジなものなのだ。通常ヒトは自動車の絵を描けといわれると十中八九はサイド・ビューを描く。車をヨコから見たところは誰の印象にも最も残るものだ。しかし車のデザイナーとか車体関係のエンジニアにとっては「断面図」というのはサイド・ビューと同じくらいの重要さをもっている。「断面図」がいかに多くの情報を含んでいるかというと、それはもうキウイにおけるビタミンCの如きもので、まずデザイナーにとってドアの断面とはすなわちその車全体のスカルプチャーを意味する。丸っこい車か角張った車かはもちろん、その車の立体構成を、断面図一枚にらめばかなり正確にイメージすることができる。

　またエンジニアにとっては乗員のヘッド・ルームや肩周辺のスペースが充分にあるかどうか、サイド・ガラスはちゃんとおりるか、サイド・クラッシュには耐えられるか等々、断面図を見ればこれまたたちどころにわかってしまう。てなわけで、「セクション」というのはこのダイジな「断面」のことをいうわけである。

　それでは「50インチ」とは何のことか。49インチではダメなのか。これは先ほど述べたようにGMのお家の事情と関係している。GMの製品はご存知のようにアメリカ国内でもいくつかのブランドに分かれ、また国外でもヨーロッパ、アジア、オーストラリア、南米など、世界各地の拠点で異なる車種がそれぞれ開発され生産されている。

　すると当然、たとえばドイツで途中まで開発された車をイギリスで完成させるとか、アメリカGMの部品をオーストラリアで共用するとか、そういったグループ内でのヤリトリもさかんにあるわけだ。それでこうしたヤリトリに正確を期すためGMグループ内の設計図は、全世界すべてある同じ点を基点として描かれている。つまりそのゼロ基点から何インチのところに何があり何十インチのところにコレがありといったことがお互い混乱しないようなシステムになっているわけだ。

　では、「50インチ・セクション」とは？ ハイ、すなわちこのGM内世界共通のゼロ基点からちょうど50インチのところで車全体をスッパリと切ったその断面のことなんですね。これがだいたいホイールベースの真ん中辺、つまりBピラーの近辺にあたるようになっており、こいつが様々リッチな情報を含んでいるためA車とB車を比較するといったときにも断面ならこれがちょうどよい。

　ま、とにかくGMテック・センターあたりではこれが背後から「50インチ・セクション！」と叫ぶと、誰もがホールド・アップの姿勢をとるぐらいの重要な断面図なわけです。

　さてそれはそうとこのことばについて、面白い現象が起きた。GMで働き、のちに他社に移っていった多くのデザイナーたちがこのことばを世界に広めてしまったのである。他社へ移ればGMのゼロ基点などもちろん何の意味もない。設計上の基点は各社マチマチだから「50インチ」というのはもはや何の意味もない。ところが元GMの奴らは口ぐせになっているためかヨソの会社へ移ってもあまり考えなしに車の真ん中あたりの断面のことを「50インチ・セクション」と言ってしまう。すると周囲のヒトビトは何のことかと思いながらも次第にこれがうつってしまい「50インチ・セクション」「50インチ・セクション」と背景も知らぬまま口にするようになり、それが長年にわたってつもりつもるうちについにこのことば、欧米のメーカーでは半分普通名詞のようになってしまったというわけ。なにしろこの"フィフティー・インチ・セクション"には"フンフツィヒ・ツォル・シュニット"と独逸語訳までできており、本来のイミとは関係なく独逸自動車工業でも一部使われてるのです（註：50インチは約1270mm）。

　もっともこのことばも、実は今ではほぼ死語となりつつ

ある。GMのカイハツがすべてメートル法表記に変わって久しいし、今日彼らの設計上の基点がどうなっているのか、かわりにどういうことばが生まれたのかは僕も知らない。

話は変わるが、車体のサイド・ビューの図面、つまり側面図というのはどこのメーカーへ行っても車の鼻先を左に向けて描かれるのが原則である。右向きに描いても間違いでもなんでもないのにそういうことはまず誰もしない。

サテ、この図面に描かれる側だが、ハナが左に向いているのだからこれを自動車の「左側」と考えてもおそらく間違いではあるまい。しかし車の前にまわってフロントから眺めると今の「左側」が右手側にきてしまうからややこしい。だからキラクな日常会話ならともかく、カイハツのシゴト場では自動車の「右側・左側」という誤解の生じやすい言い方は避けて、面倒臭くても「運転席側」「助手席側」とちゃんと言うのが常識。これは僕の知るどの会社でもそうだった。

ところがこの呼び方で困ってしまう国がある。イギリスやオーストラリア、そして日本といった国々である。これらの国々では世界の大勢とは反対の左側通行、すなわち運転席はいわゆる「右ハンドル」である。それで英国のメーカーに出向いて仕事などするとやはりちょいと混乱する。あちらが「運転席側の……」と言ったとき、それはこちらにとっては「助手席側」のことで、「助手席側の……」と言われたときには「運転席側」のことを考えなくてはならない。

これは普段自分が運転している側を「助手席側」と呼ばなくてはならないのが特に不自然な感じで間違いやすくもあり、それでそのイギリスのシゴト場では「パッセンジャース・サイド」という語は次第に使われなくなり、「ヨーロピアン・ドライバーズ・サイド」という語がそれにとって代わることになった。自動車の両側はどちらも「運転席側」、ただし一方はイギリス用の、一方はヨーロッパ（大陸）用の、ということか。変と言や変だが、こんなことでコミュニケーション上の混乱はまったくなくなった。特殊用語というほどのシロモノではないが、こんなのも一種の車デザイン・シゴト場用語ではあるか。

■「代役」のライン

さてさて今回の出演はフェラーリ166MMバルケッタである。なんというイイ車だろうか。小柄な車体を12気筒で走らせる。アルプスを吹きっさらしで！みたいな、そういうカイカンをそのまま形にしたような車である。

フェラーリ166にはいくつかのバリエーションがあるため写真を送ってもらったが、このMMバルケッタというのはシリーズ中最も有名なモデルで、ボディはカロッツェリア・トゥリング製。発表は1948年である。ちなみに166という数字はエンジン1気筒あたりの排気量で、これが12コ集まって総排気量約2000ccということになる。かつてのフェラーリはこういう風に1気筒あたりの排気量をモデル名称に用いることが多かった。またバルケッタとは小さな舟、ボートの意だが、これは本来ニックネームで正式名称ではないはずだ。

さて166バルケッタ（と、それでも呼ぶが）はルマン24時間に優勝するほどのレースカーだがこの写真の車はそのロードバージョン装となっているようである。レース仕様との違いは主にインテリアで、ドアの内側やダッシュボードが材質むき出しでなく革が張ってあること、床にもカーペットが敷いてあることでそれとわかる。

それにしてもコクピット周囲をぐるりとめぐるこのステッチはどうだ。ご、極太ですな。オシャレのつもりでやったわけじゃないのかもしれないが僕はこのモード感覚にショックをうける。ちなみにこのステッチはレストレーション時の改造ではなくオリジナルももちろんまったく同じ極太だったものだ。このとてもイタリアンな革工芸に合わせて、座席の中央部には本来はすこし明るい同系色のコーデュロイ地が張ってあったというからそのコーディネーション・センスにはまったく恐れ入る。

それはともかく、フェラーリという会社はそもそもはレースカーの専門メーカーだったので、今回のクルマのようなロードカーはカネモチのエンスーが「この車、公道で乗りたいんすけど」と特別に注文してきたときだけ造られた。造られたと言っても自分の会社に車体をどうこうする設備はなかったから166MMの場合にはカロッツェリア・トゥリングに造らせたわけだ。フェラーリはこうした硬派な基本姿勢を長く変えず、彼らが一般市販用にいわゆるカタログ・モデルなるものをはじめて用意したのは1960年代に入ってからのこと。ま、今や昔の物語であるが。

さて166バルケッタ、登場は1948年というが、自動車デザインの歴史上これはどのような時期にあたるだろう。そこでレキシ年表などひもとくと、ひとつの大きな流れとして自動車のフェンダーがインテグレートされてボディに完全に一体化されてきたのがだいたいこの年代であることがわかる。つまり前後のフェンダーがマスとして独立していた古いスタイルから、ボディ幅いっぱいまで広げられてすべてが一体化される一大近代化の時期が、おおよそこの年代から始まる。

こうした近代的なクルマ・スタイルをフル・ウィズ(full width)と呼ぶが、その変革期の忙しいときに自動車のデザイナーたちの仕事リストにはさらにひとつの宿題がつけ加えられた。すなわちこうしたフル・ウィズにしてみると今度はサイド・ビューがプレーンすぎるのではないかと思われたのである。何しろそれまでの何十年間も、自動車といえば前後のフェンダーがモコモコと独立してるのがあたり前だったから、一体の箱型ボディが近代的なのはよいが

これは以前よりもだいぶサイド・ウォールがのっぺりとして見える。なにか白いままのキャンバスでも見つめてるような気分に当時の皆サンはとらわれたらしい。

それで空間恐怖におののいたデザイナーたちとしてはぜひともここに何かを描き入れねばならぬ、彫刻をほどこさねばならぬ、ということになり、それでこの時代の自動車のボディ・サイドにはずいぶん色々なモチーフが試された。その中にはすぐに消え去ってしまったもの、現代まで影響を残すことになったものなど様々なアイデアがあったが、ではバルケッタの場合はどうだかちょいと見てみよう。

まずこの車も前後共フェンダーはボディと一体化した「フル・ウィズ」である。そして空間恐怖からのがれる工夫はというと、ラインが一本入ってますな。ホイール・アーチ上端の高さにラインがほぼ全長にわたって走っている。このラインがプレーンなサイド・ウォールを分割し、かつ変化を与える役を負っている。もうすこし分析的に言うと、このラインはつまみあげたような小さな山型の「断面」をもち、その上面に光を下面には影をつくりだす。この光の変化がシンプルな地の面に表情を与える。ほらね。この程度のことでも「断面」てのはデザイン上ダイジなんですね。

さて、さらにこのラインを今度は側面から見る。するとこのラインは直線ではなくうねっている。そのうねり方も意味なくうねっているわけではなく、やはり今はなき前後のフェンダーをわずかながらも暗示するような線の動きになっており「まあまあここはこれでひとつ」と今や消え去った、長年慣れ親しんだ視覚要素の代役をつとめているわけである。

ところで、特徴的なこのツマミあげたようなライン、最近の車でも見おぼえありませんか？ これと同じようなツマミあげ式ラインが同じように前後ホイール・アーチ上にうねっている車、それはそう、あのフィアット・バルケッタであります。これはもちろん意図されたことで、つまり「バルケッタ」という名前にしても、フィアットはあの車に今回のこの車のオマージュとしての意味をこめているわけですね。

■多摩川のオモヒデ

それにしても166バルケッタ、1948年の産としてはものすごく新しく見える。実際この車は当時のクルマ・デザイン界にあっては先端的と言ってもよいトレンド・セッターの一台だった。カロッツェリア・トゥリングはすでに1940年代初頭にフル・ウィズの近代的なスポーツカー・デザインを実験的に試みはじめてはいた。しかしその後すぐに戦争になってしまった。ところが戦争が終わってみるとまるで何の中断もなかったかのように彼らの実験はとうに完成しており、さらに熟成・洗練されてシャレっ気まで加えられた佳品が送り出されてきた。166バルケッタはそういう車である。この車に限らないが、この時期のイタリアのスポーツカー・デザインにいかにススンだものがあったかは、これらをマネした英国製スポーツカーあたりが60年代の半ごろまでほとんどそのままで通用してしまったことでもわかる。

バルケッタという名は先も書いたように本来は単なるニックネームだったはずである。そう名づけられたのはもちろん外観が似ているからに違いないが、たしかにこの車、ボートを思い出させるものがある。僕のイメージにあるのは昔、多摩川とかで30分150円ぐらいでよくあったあの貸ボート屋のボートだ。ボディが浅く人がほとんど吹きさらしに座る感じ。また前述のツマミあげ式ラインから下が多少すぼまってボディ下端が丸まって終わってるとこなんかなかなかボートっぽい。

ただこうしたことはこの車だけのユニーク・フィーチャーではなく、これと同時代のレースカーには多かれ少なかれ似た特徴が見られる。だから「バルケッタ」という呼称もこの車だけのものというわけではない。また自動車のボディをボートに見たてるのは古くからよくあったことで、戦前のスタイルだがボディ後半が一点までテーパーする形は「ボート・テール」と呼ばれたし、他にもスキッフ（いわゆる小型ボートのこと）とかトーピード（魚雷。これは舟を沈める方だが）といったボディの形式名もあった。

カロッツェリア・トゥリングのアンデルローニさんという方にお会いしたことがある。かなりのお歳の、しかし有名な方で、クルマの集まりではよくお見かけする。話をしたのはミラノのあるデザイン賞のパーティ会場で、元トゥリングのディレクターと紹介され、名刺をいただいたので、自分の名刺に昔のトゥリングの流線形ボディの絵をサッと描いて渡したところとびあがって喜んで、即座に「どうだ！」と周囲の人々に見せびらかしておられた。ああ、あんなことで有名なオジイチャンにこんなに喜んでいただけて、まことに光栄でございます。

この同じテで僕は他にも何人か、昔いち時代を築いたという高名な自動車人に喜んでいただいたことがある。そんなわけでジジイ殺しのナガシマと呼ばれております（ません）。

ALPINE RENAULT A110

ルノーをベースとしたスポーツカーメーカーであるアルピーヌが1963年に発表した2座スポーツカー。鋼管バックボーンフレームのリアオーバーハングに4気筒OHVユニットを搭載し、FRP製のボディパネルで被う。パワーユニットは当初1.3ℓのみだったが、後に1.6ℓが加わり、ラリーカー用として1.8ℓが用意された時期もあった。写真の車両は1973年の1600SC。全長：3850mm、全幅：1550mm、全高：1110mm、ホイールベース：2100mm。水冷直列4気筒OHV。1605cc、127ps／6250rpm、15.0mkg／5000rpm。縦置きリアエンジン-リアドライブ。サスペンション：独立 ダブルウィッシュボーン（前／後）。

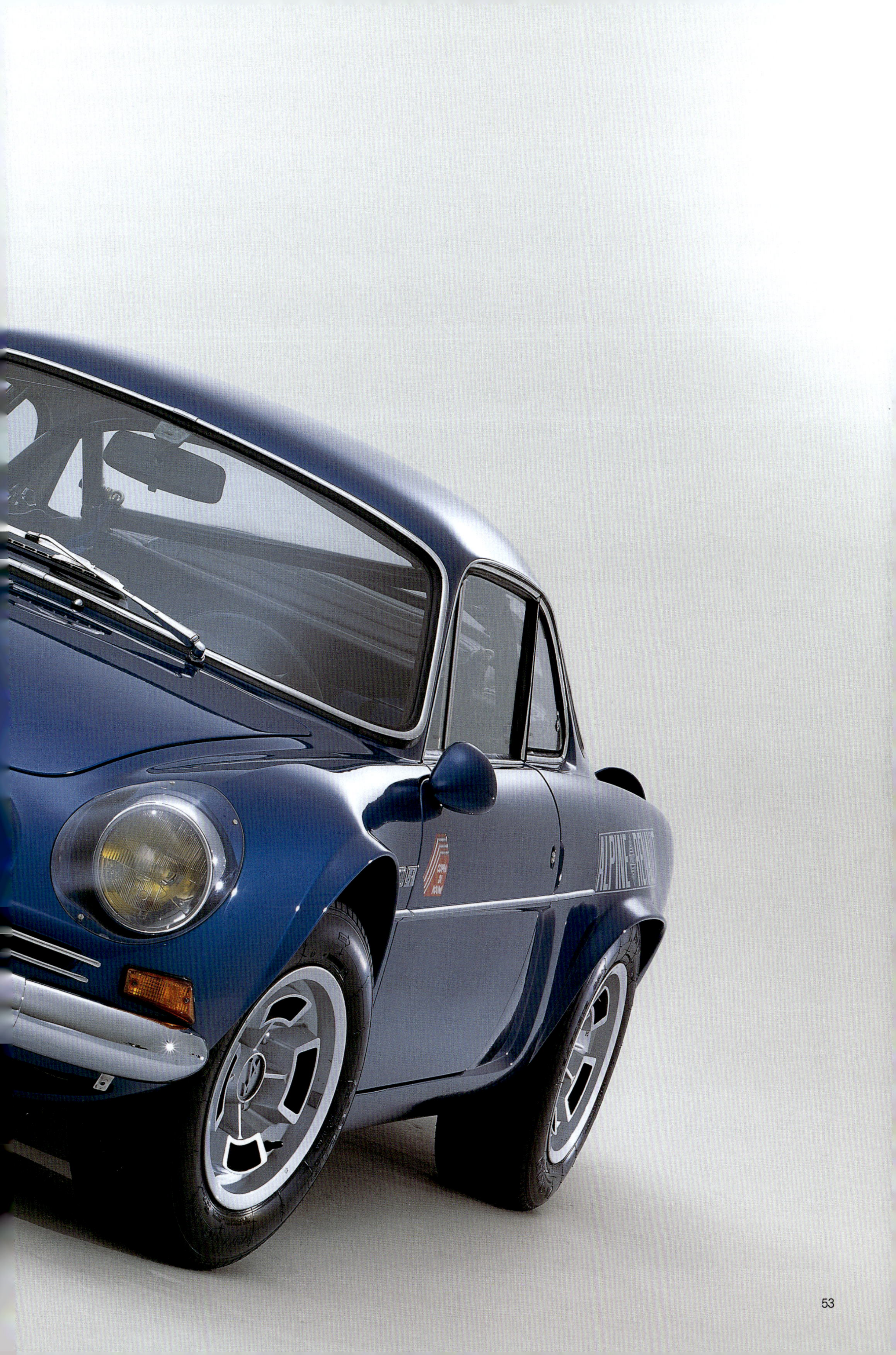
ALPINE

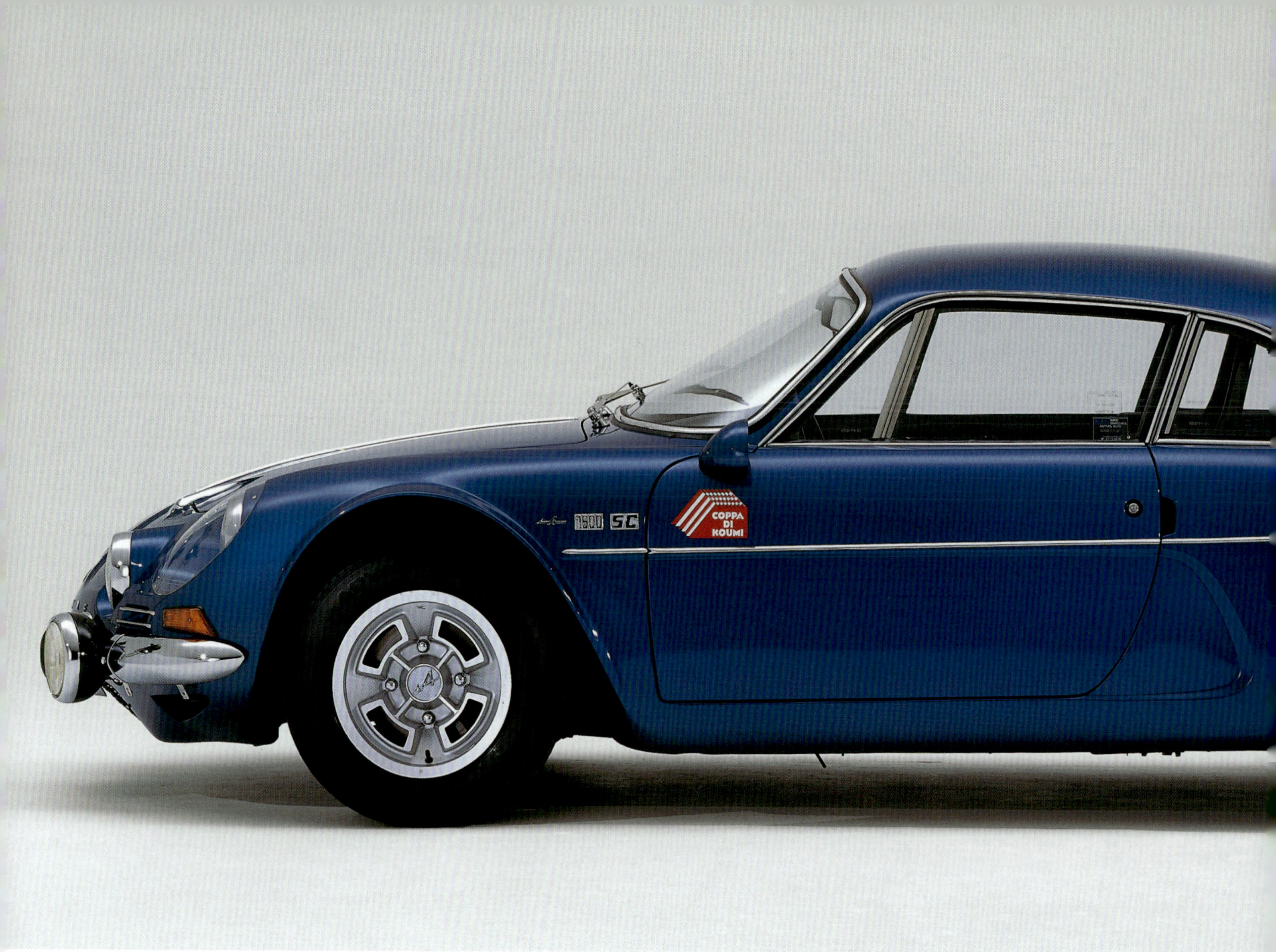
1600 SC
COPPA
DI
KOUMI

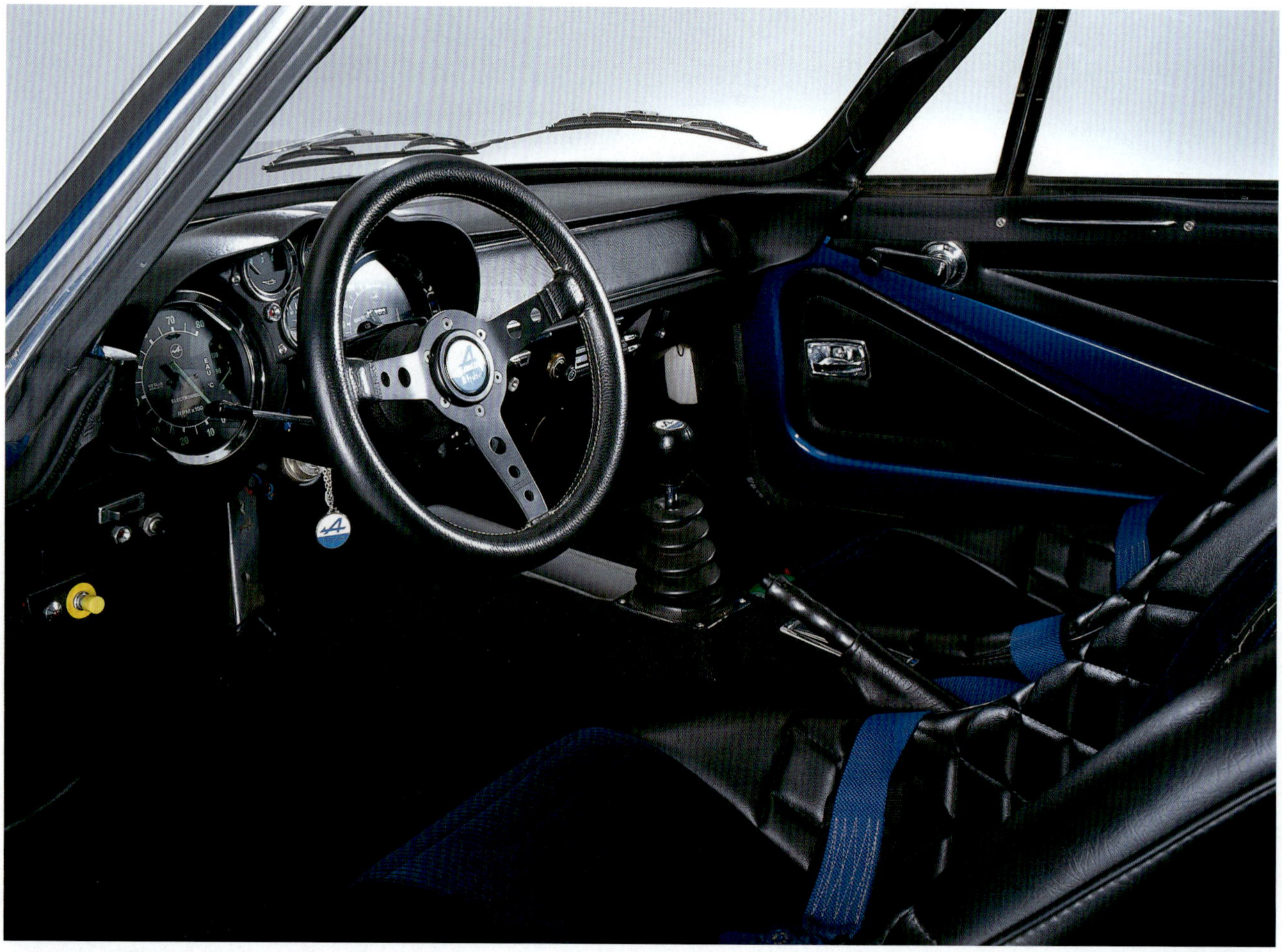

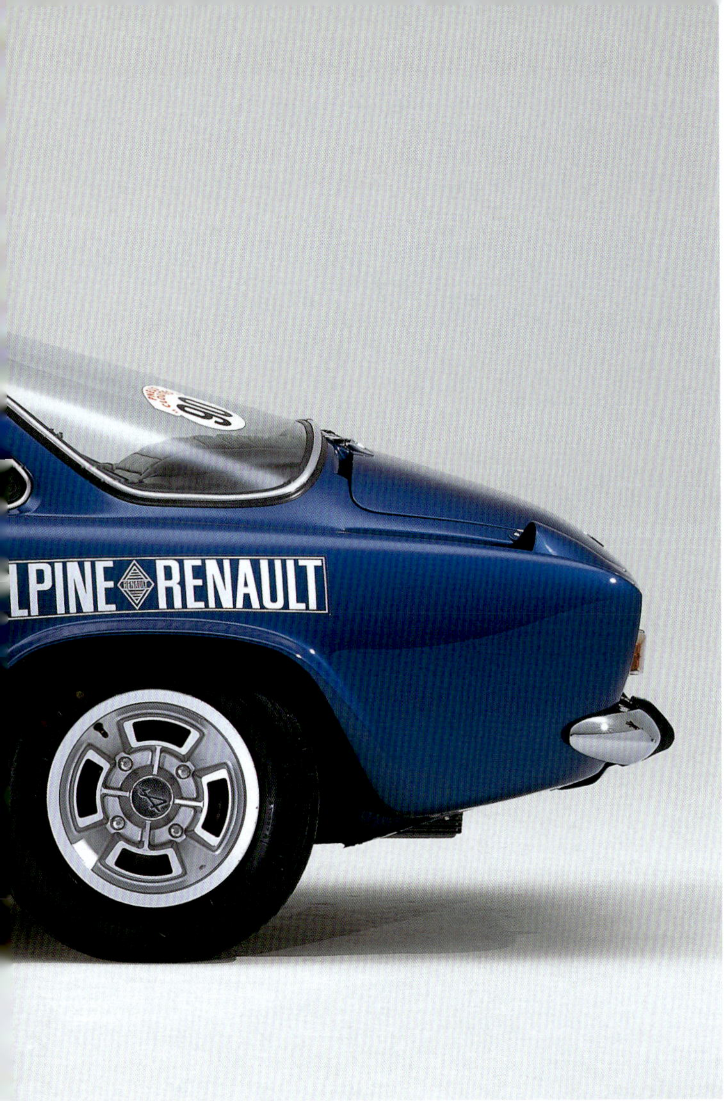
LPINE RENAULT

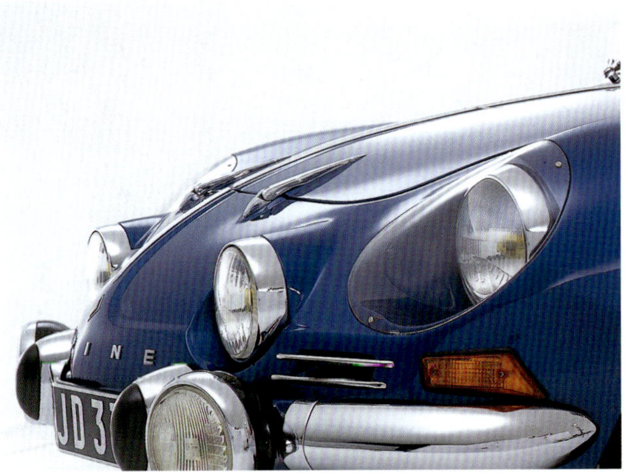

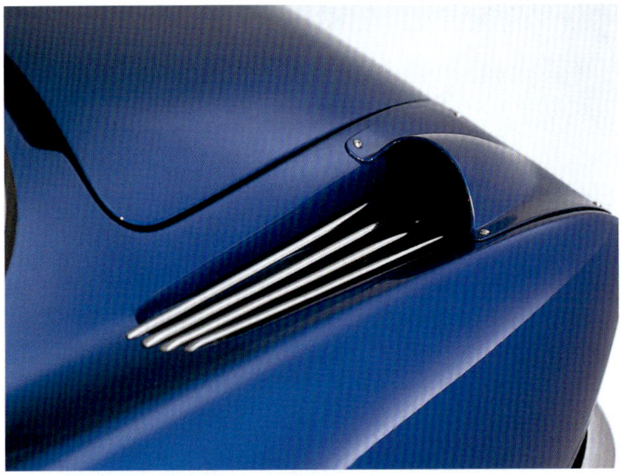

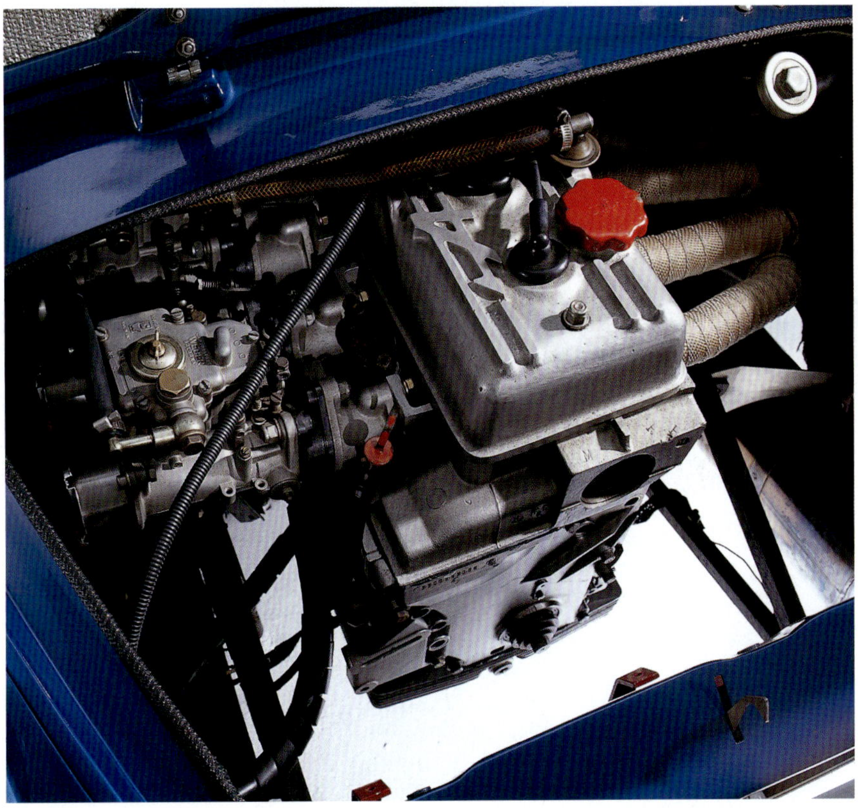

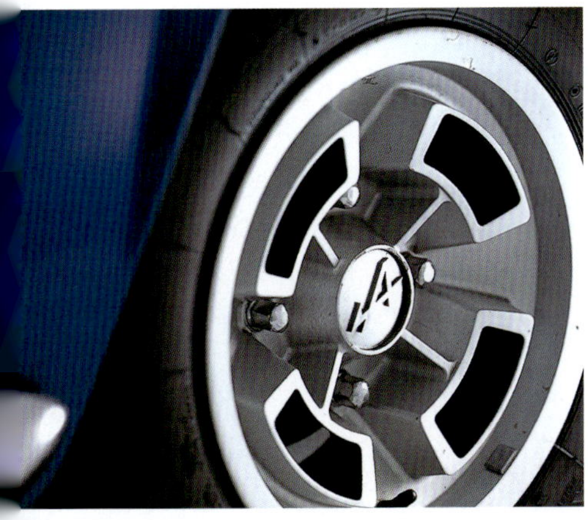

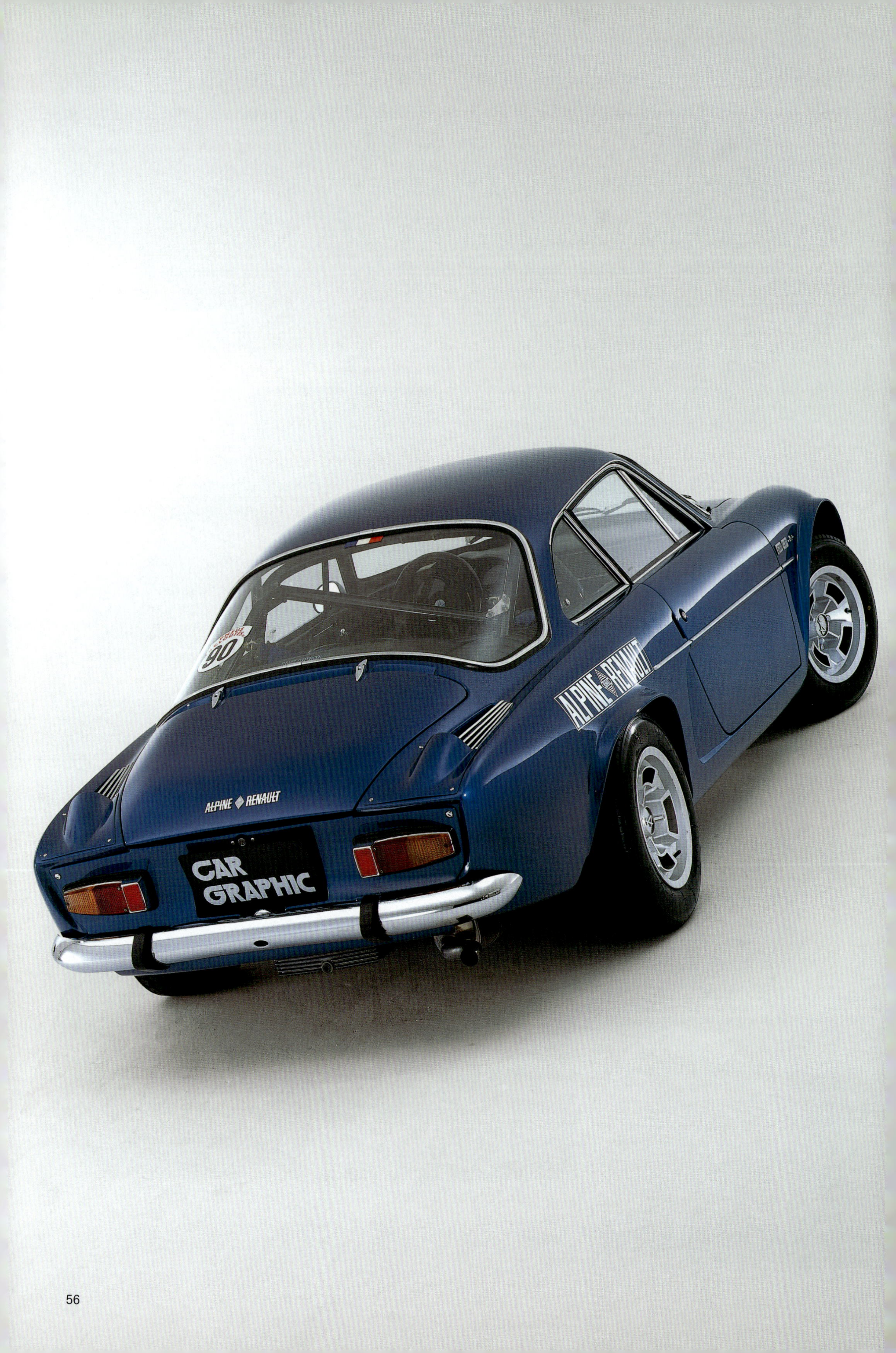

90
ALPINE RENAULT
ALPINE RENAULT
CAR
GRAPHIC

■ウナギヤの車

テレビで「老舗の味紹介」といった番組をよくやっている。創業大正・明治何年といった旧い食べもの屋が紹介されたりする。こういう番組ではたいてい店の人が「当店名物のナニナニは創業以来つくり方を変えてませんで……」といったことを言うのがおきまりのようになっているが、これがウナギ屋やヤキトリ屋であると店主の自慢は「ウチのタレは過去ウン十年間、一度も捨てることなくつぎ足しつぎ足しでずっと使ってきたもので……」ということになる。

何十年間同じタレ！「それってキタなくないんですか？」、ちょっとそう聞きたくもなるが、テレビのレポーターは無論そんなグモンを口にすることはない。ただひたすらに感に堪えぬといった顔で感心してみせるのみ。こうしたタレは長く使いつづけるほどに味が深みを増してヨイとも言われているから、これぞ老舗の強みということなのだろう。で、雑菌のたぐいは、きっとタレの塩分濃度の中では生きられないからダイジョーブ、ということなんでしょうねぇ、よくは知らないが。

さてそれにしてもこの「遠い昔から捨てずに、つぎ足しつぎ足し」というのを聞くたびに僕はあるもののことを思い出す。それは自動車メーカーのデザイン室に必ず備わっている特大の引き出しのこと、それも特にヨーロッパの自動車メーカーのそれのことなのである。

自動車会社のデザイン室には、どこへ行っても普通のオフィスでは見られないような大型の引き出しが多数備えられている。種々の紙類をしまうための引き出しである。紙類とはデザイナーの描くスケッチやレンダリングはもとより様々なテクニカル・ドローイングや色見本やプレゼンテーションに使うボードやら買い置きの紙やらといったクサグサのことだ。引き出しの数はなるべく多い方がよい、というかどんなに多くてもこれで充分ということにはならない。なにしろ中に入れる品々はつねに増殖するばかり。つまりここにしまわれる紙類は資料として記録として、また機密保持のためにも容易には捨てられないものばかりが多く、年が経つほどに増えこそすれ減ることはまずない。

このとめどない増殖を喰い止める有効な手だては今のところ発見されておらず、たとえばデザイナーのスケッチも今ではコンピューター画面で描かれることが多くなったが、これで引き出しがすこしでも空くと思ったら大まちがい。コンピューター・スケッチはクリックひとつでどんな大きさにもプリントできてしまうために昔なら描かれなかったような大型フォーマットのスケッチもどんどんできてしまい、これがかえって引き出しの内容物のカサを加速度的にふやす原因となっているのである。

そんなわけで、探しものでもしてたまにこの特大引き出しを掘り返したりすると大変だ。忘れていた古いスケッチが出てくる。いやそれどころではないもっととんでもなく古い古いもろもろが山のように出てくる。掘り返すほどに、オーバーでなく何十年単位でたまりにたまった紙類があとからあとから出てくるのである。すなわちこれ「何十年も捨てることなくつぎ足しつぎ足し」の、まさにあのウナギヤのタレを思い出させる状態になっているというわけ。ことにヨーロッパの自動車メーカーにはそれこそ大正・明治創業のメーカーだって多いから話はますますあのシニセ紹介番組と重なってくる。もっとも、古い紙類は場所ばかりとって現在の「店」の売り上げには寄与することはない、と思われるのだが……。

ただ、もちろんこうした品々は特別な興味をもつ人々にはたまらない面もあるだろう。すなわち自動車ヒストリアン、デザイン史研究家および「鑑定団」の熱心な視聴者などにとってはヨダレものであるには違いない。すなわちかの引き出しから過去の地層を掘り返せば、のちにビッグ・ネームとなった歴代のデザイナーの作品の数々、社外契約の有名デザイナーの残した無数の自筆スケッチ、また歴史的名車とのちに呼ばれることとなる車たちのアイデア段階のスケッチだって実物を手にとり、目にすることができるわけだ。ヘタすりゃ博物館行きのこうしたシロモノだってヨーロッパの自動車メーカーなら、探しゃたいていくらでも出てきますね。

僕自身も、だから引き出しを開けてみて意外な発見をしたこともある。たとえば、アメリカのビッグスリー、GM、フォード、クライスラーの3社が第二次大戦中にも休まずデザイン開発を続けていたことが書物によって知られている。さすがはビッグスリーと、この事実には誰もが感心する。ヨーロッパと太平洋の二面で大戦争をくりひろげながら、一方では新鋭戦闘機の意匠などをさかんにとりいれつつ次世代のクルマのアイデアを練りつづけていたとは、さすがアメリカはケタ違い、物量が違う自動車文化の厚みが違う、てなことがよく言われる。

しかし僕はヨーロッパの自動車メーカーのデザイン・オフィスの引き出しを探索してみてエッと思った。戦争中にクルマ・デザインを続けていたのはアメリカだけではなかったことがわかったからである。つまり実際出てくるんですね、ヨーロッパのメーカーでもたしかに戦争中のはずの年号の入ったスケッチやら様々なクレイ・モデルの写真が。

ヨーロッパの車メーカーのデザイン組織はまだどこも小規模で、しかもデトロイトとは違って実際に表を戦車が走りまわり爆弾が降りしきる中で、やはり彼らもシタタカに次期新車、次々期新車のアイデアを着々と練っていた、ということになる。ビッグスリーもすごいがヨーロッパの人たちの自動車的根性にはそれ以上のものがあるのではないかと感じさせる、これは僕にとって発見であった。

とまぁ、これはひとつの例ではあるが、思えばヨーロッパの自動車たちは現代でも世界の他にはないなにか一味をもっている、とはよく言われることだ。それで、かの特大の引き出しを開けてみると、その底の方に沈殿する先人たちのなんともブ厚いつみ重ねがその特別な一味を加えるもととなっているのかな、と考えさせられることもある。その意味ではやはりあの古い古い紙類の堆積も場所ふさぎだけではなく、老舗ならではの「味づくり」におおいに関わる貴重な味の素と言えるのかもしれない。そうだとすると「ウームやはりウナギヤのタレだのう」というのがオチのプロローグなのでありやした。オソマツ。

■作風のちがい
　さて車はルノー・アルピーヌA110。なんとなく「お久しぶりです」と言いたくなる車だな。ここまでの話と関連してアルピーヌA110の思い出を語るならば、あれはもう今から15〜6年も前になるか、当時パリ郊外リュエイル・マルメゾンにあったルノーのサントル・テクニクに勤めていた僕はある暇な昼さがり、なぐさみにかの特大の引き出しのいくつかを開けて、古いスケッチをひっぱり出してながめていた。昔のフランス車といえば他の国にはあり得ないようなユニークなデザインの車がいくつもあったのはご存知のとおりだが、デザイン・スケッチの段階ではそのユニークさ加減はブッ飛んでさらに極端なものがあるのは当然で、つまりかく小生はヘンなフランス人たちの考えるヘン極まる車たちをうちながめつつ「ホッホッホッ」と優雅な笑いのひとときをすごしていたわけである。
　さてそのうち、ひとつの引き出しの奥から折りたたまれたブルー・プリントが掘り出されてきた。これまた古そうだが今度はなんじゃらほいとひろげてみると、それが今回の車ルノー・アルピーヌA110の5分の1縮尺オリジナル3面図だったのである。こうしたテクニカル・ドローイングの常として紙面下隅のハコに諸注意が箇条書きしてあり、その下には日付、そして一番下段にデザイナーのサインが入っていた。サインはジョヴァンニ・ミケロッティのものだった。
　ミケロッティ、と言って「それってどこのレストラン？」と聞く人がいても今や少しも不思議ではないので一応書いておくが、この人は1950年代半ばからぐんぐんノシて世界的に売れに売れたイタリアの自動車デザイナーである。いくつものイタリア製スポーツカーをはじめ、ある時期にはトライアンフのほぼ全車種を手がけ、他にも多くのヨーロッパのメーカーと、そして日本でも日野やプリンスと契約があった。ちなみにスタジオ・ミケロッティのエンブレムはイニシアルのg.m.を独特の書体であしらったもので、日野コンテッサにもこのエンブレムはついていたが、彼のスケッチを見るとそれは本人の実際のサインの書体であったことがわかる。
　実はそれまで僕はアルピーヌA110(とその元となったA108)がミケロッティのデザインであることを知らなかった。こういう昔のイタリアの有名デザイナーのシゴトは言われなくても車を見れば、ハハアあいつがやったな、とたいていわかるものだが、僕はそのときまでA110がミケロッティの作だとはツユ思ったことがなかった。それはこの車、あまりミケロッティっぽくない、というか、いつものこの人の作風とは異質のものを多分にもっているように僕には思えるからだ。そのことはミケロッティ氏作の他の車の写真をずらりと並べて比べればヒジョーにわかりやすいのだが、ここではそういうわけにもいかないので文章にてちょいと説明する。
　これは以下の如き説明によってA110の造形的特徴をウキボリにする、といった考えも一応当方にはあるわけでありますが、たとえば僕はミケロッティという人はどちらかというとクルマをデザインするときに前は前、ヨコはヨコ、うしろはうしろ、それをあとで組み合わせて一台の車の形にする、といったアプローチをとった人だと思っている。これは言ってみれば2次元的なアプローチである。
　こうしたアプローチには時代的な要因もあるが、ミケロッティ作の車には後期に至るまで典型的な2次元的アプローチの特徴、つまり平面の多用、直線的なプラン・ビュー(真上から見た図)、丸められずにカド張ったまま残された四隅といった特徴がよく見られた。
　これに対してアルピーヌA110は対照的に全体をはじめからひとつの粘土のかたまりのように扱った、典型的3次元的デザイン・アプローチの特徴があらわれている。つまりこの車はどこをとっても面が曲面的で連続的で、真上から見た図はフロントなんか半円形と呼べるほどに丸い。フロントのプラン・ビューが丸いということは前面とヨコ面を別々のものとしてでなく極力つながった一体のものとすべく意図されている、ということなんですね。すなわちこうした手法はg.m.氏の作品としてはかなり例外的なものではないかと思う。
　つぎに、動感の表わし方が、A110はこれまたいつものミケロッティとすこし違う。これは2次元的・3次元的アプローチ云々といった話よりももっと感性にかかわる点であって、ある意味こちらの方がより基本的な違いであるかもしれない。つまり多くの場合ミケロッティの車というのはフェンダー・ラインが直線的で、一番前方を頂点として後方に向かって一気に下がってゆくというムーブメントによってスピード感が表現されていたものだった。さらにそれがスポーツカーであると、そのラインが後輪の上でいったんカクッともち上がってもう一度そこから後方に向か

てストレートな降下をくり返すという、同じムーブメントのダブル作戦がとられることも多かった。

しかしこうしたストレートなラインをもってスピーディとするか、また前方を頂点に一気にかけおりる動きをダイナミックとするかというのは前記のごとくヒジョーに感性的な問題で、たとえば小生思い出せる限りではあのG.ジウジアーロは今までに一度もこうした性質のラインは用いたことがないのではないかと思う。

そこでアルピーヌA110を見ると、やはりこの車もちょいと違う。この車の動感の基本となっているのは僕に言わせれば「弓のようなカーブ」なのである。「弓」であるから一番前に頂点があるということはないし、直線的にそこから駆けおりるということもない。要するにラインのもつ性質が違う。ひと言に「動感」といってもやはり性質の異なる色々な動感があるものなのだ。

■仏蘭西文化について

この他にもまだ、モダーニティの違いといったものもある。すなわちA110にはその同時期にミケロッティが手がけていた他の車たちに比べて明らかに全体的によりざん新な、進歩的なフォーム・ランゲージが用いられている。だからこの車は1963年に登場し、1977年にその生産が終了したときにもさほど古臭い印象はなかったですね。こうした諸々の「流儀の違い」というのは、見る方はともかく、やる方にとっては非常にアタマの切りかえを必要とすることなんですね。

しかし、ま、そうしたコトドモは置いといて、もっとアタリマエな目で眺めるとこのアルピーヌA110がなかなか魅力のある形の車であることは間違いない。それもこの車はどういうものかとくに日本人に好まれるものを持っているようで、わがクニにはファンが多く、今日程度のよいA110が世界で一番あつまっているのは恐らく日本ではないか。

A110で僕が上手いなと思うのは、この車が当時のルノーのリアエンジン小型セダンの4CVやドフィーヌを適度に思い出させるようにデザインされていることだ。アルピーヌという会社はルノーの専門チューナー的ポジションにはあったが、もともとは完全に独立した会社だった。だからたとえばフェラーリ・マセラーティ的なファッションに振ったデザインだってできたはずだし、それは当時は非常に有効な、人々の納得を得やすい路線でもあった。しかもミケロッティはそのイタリアン・スクールのリーダー格の人だったのだからそちらの手法の方がお手のものだったはずなのだ。

しかし時を経て今こうして見ると、やはりそれではこの車はこの車になり切ることはできなかった、というかアルピーヌA110という車がここまで自動車としての魅力をも

つことはできなかっただろうと僕には思われる。一台のクルマからそのクルマとして本来持つべき魅力を存分に引き出すというのはやはりデザイナーの最も大切なシゴトであろう。ミケロッティ氏がこの車についてはいつもの得手な領域では勝負せずにすこし違うテを使ったことは、だからとても正解だったのだと僕は思っている。

急に話は変わるがルノーの話も出たことだから仏蘭西の食べもののことをちょっと書く。

世間では仏蘭西料理というと美的でせん細で、金のフチどりのある皿の中心に高価な料理がちょこっとのり、その周囲に色とりどりのソースでポチポチと模様をつけた、そういうものだと思われている、ようである。それをマドモワゼルちゃんが銀のフォークで口にはこびカレンな白い歯でカレイにお噛みになる。

さて。ヨーロッパで放映されているフランスのある料理番組にはふたりのご婦人が出演している。日本の料理番組と同じようにひとりは先生、ひとりは相づちをうつ役の人だが、この中年後半のふたりはどちらも本業は農家の主婦らしいかっこうをしており、そしてどちらも体重90kgはくだらないであろうという体格をしている。どちらの方も鼻穴から剛毛のたばが噴出したようなたくましいお顔で、そしてよく見ないとどちらが先生だか相づち役だかわからないぐらい両人大声でまったく遠慮なしに喋りまくるが、そのことをどちらも気にする様子もない。

ある週のこの番組ではまず青々とした牧場がうつり、ベージュ色の牛がうつり、そこにこの両人が登場してその日の料理についておおまかに説明する。次に場面がかわるとそこはスタジオで、キッチンがしつらえられており、エプロンをして腕まくりしたふたりが料理をはじめようというところである。「エー、本日の牛肉の煮込みに使う材料はー」と大声で説明する婦人の前には山のような食材がそろえてある。大量の野菜と大量の赤い肉、それはいいがなんと、それに加えて先ほど映ったベージュ色のまさにあの牛の切断された頭が、どかんと置いてあるではないか！「エー、牛はなんと言っても自然の草で育ったこのナニナニ産の牛が一番でー、」と生首を指さしひとりが言うともうひとりが「いやまったくそのとおり、ワッハッハッハ」「ガッハッハ」

老舗紹介番組に出るウナギヤのタレが何十年かえてませんって？　いやかわいいもんです。日本の料理こそ世界に冠たる繊細、カレイきわまるものであります。

LANCIA BETA MONTECARLO

1975年のジュネーヴ・ショーでデビューしたランチアの2シーター・スポーツ。当初はフィアットX1/9の後継車X1/20として開発が進められたが、最終的にランチアの名が冠された。リア・クォーターパネルにグラスウィンドーを持つ写真の車は、1980年のジュネーヴ・ショーでデビューした通称シリーズ2である。2 DOHCユニットはリアミドに横置きされる。全長：3815mm、全幅：1695mm、全高：1190mm、ホイールベース：2300mm。水冷直列4気筒DOHC。1995cc、120ps／6000rpm、17.4mkg／3400rpm。横置きミドエンジン-リアドライブ。サスペンション：独立 ストラット（前／後）。

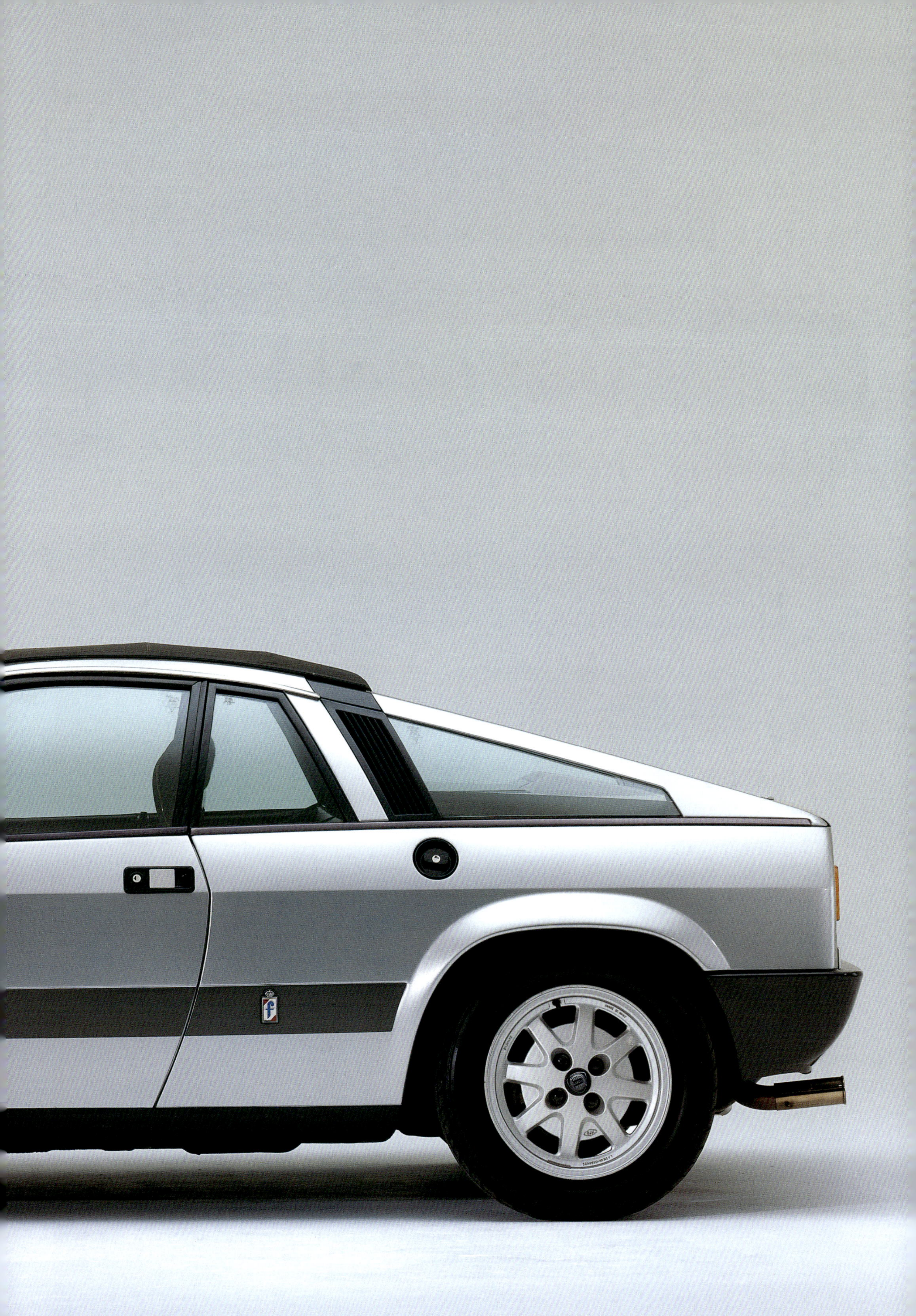

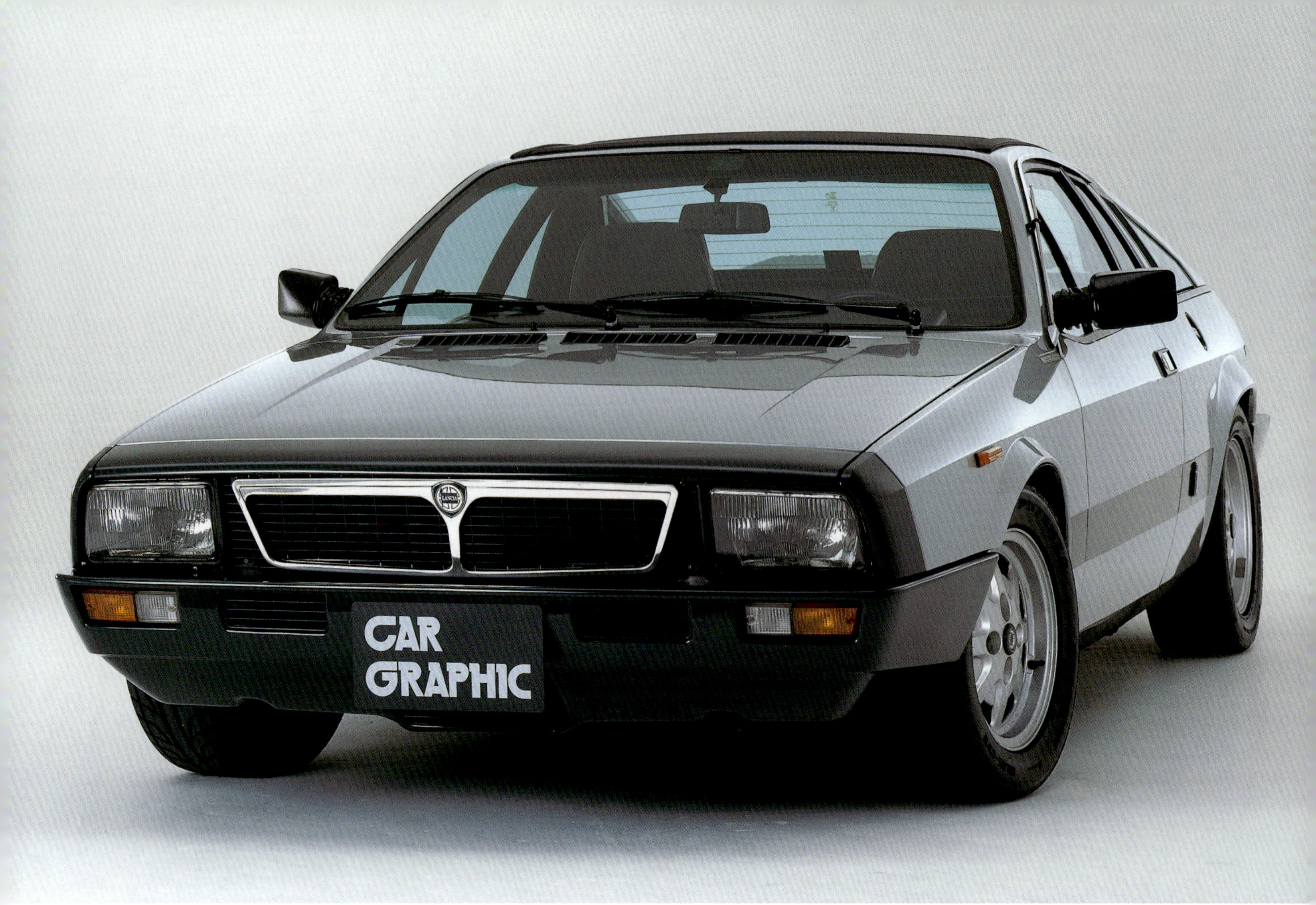
CAR
GRAPHIC

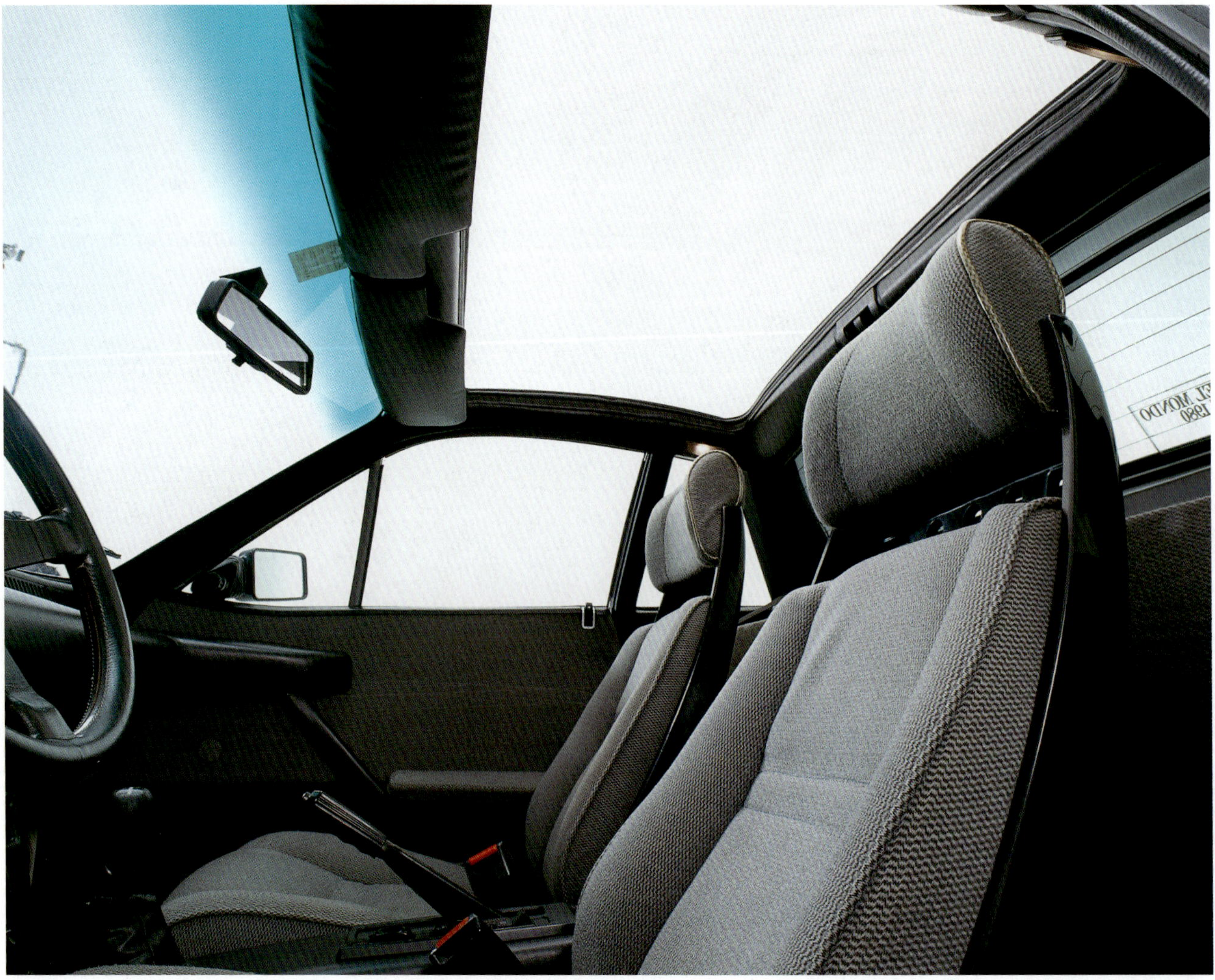

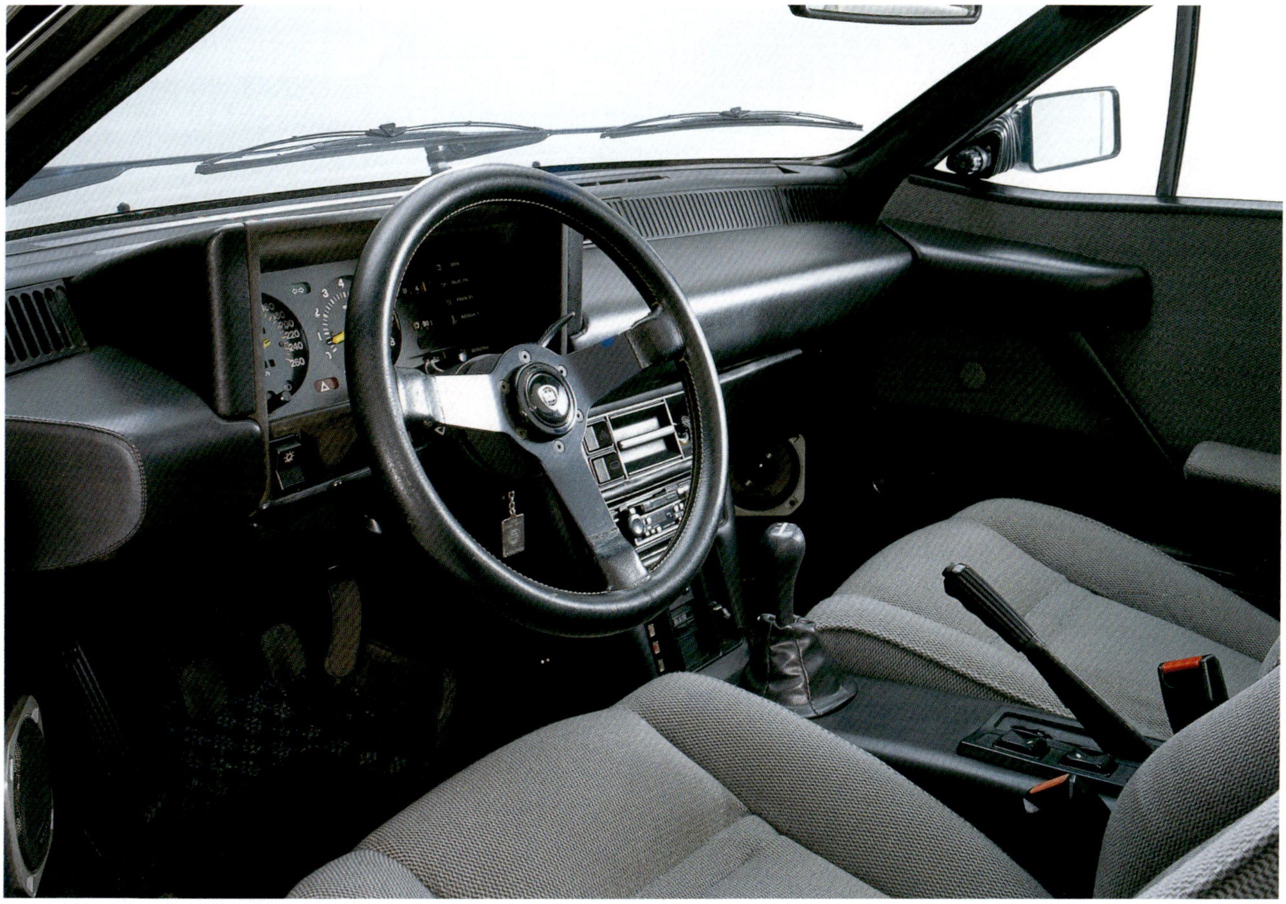

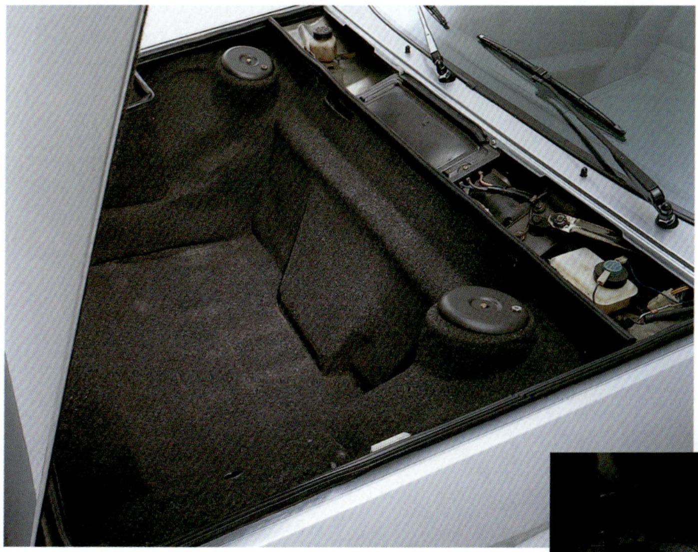

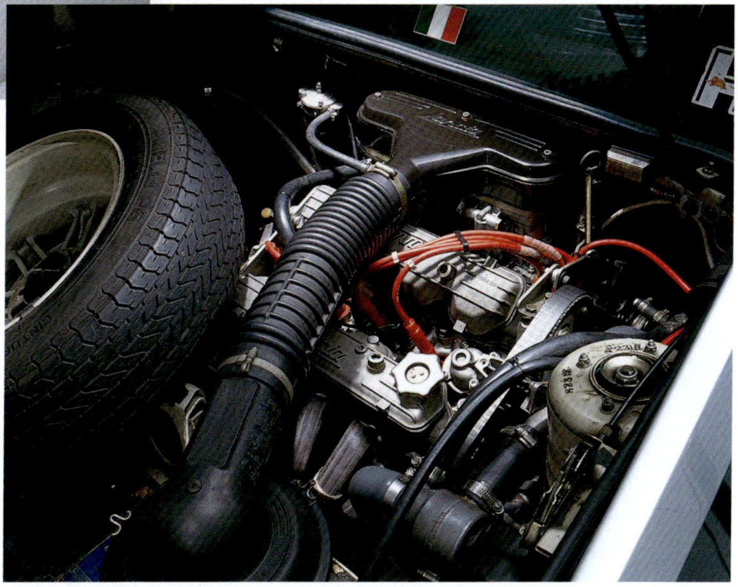

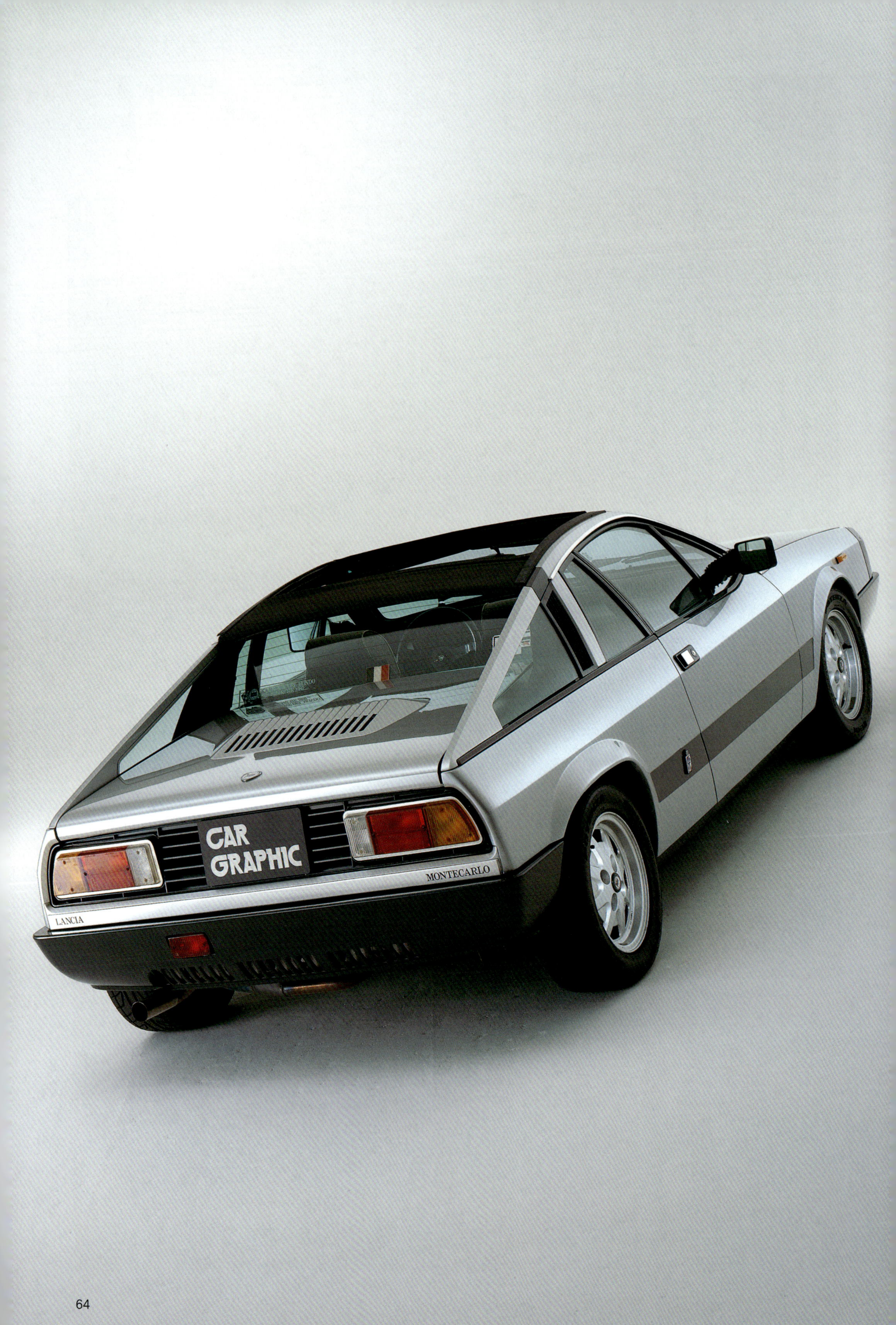
CAR
GRAPHIC
MONTECARLO
LANCIA

■領域の問題

　"デザイン"とひと口に言っても世の中ずいぶん色々なデザインがあるものである。自動車をデザインするのもデザインならその車のCMフィルムをクリエイトするのもデザイン、できあがった車をショー会場にディスプレイするのもデザインだし、その写真を雑誌誌面にレイアウトすることもこれまたデザインである。

　さらにここまで読んで「ホー、そんなものか」と思いつつ今アナタが腰をおろしたイスだってデザインされたものだし、天井から吊るされた照明器具だってもちろんデザインされている。ふと部屋を見わたせばデザインされたものばかり。そこでデザインされたクツっつかけて表に出ればあるわあるわ、デザイナーズ・ブランドのショールームの小じゃれたデザイン。なんだか息苦しいような話だが、人が一日すごせばどうしたってこうして無数の"デザイン"を目撃してしまうように現代のこの世はなっちゃっているのである。

　さてこれほど数多く多様な"デザイン"であるから、それを行なう"デザイナー"なる人種もこれまた極めて多種多様な人々である。つまり電子レンジをデザインする人とハンドバッグをデザインする人では同じ"デザイナー"でもまったく異なるトレーニングを経てまったく異なる職能を身につけた人々であることはいうまでもない。

　ということは職業デザイナーになるためのトレーニング、デザイン教育というものにも目的により思いきり多種多様なバリエーションが揃ってなくてはならないことになる。しかし幾千万とも知れぬアイテムのひとつひとつについてそれ専門のデザイン学校をつくるわけにもいかない。それじゃいったいどーすりゃいーの？　というわけで、まず現代世界のデザイン教育における「領域分け」といったことについて少し紹介してみようと思うのである。

　と、大きく出た割りには僕の知るのはごくありきたりの範囲でしかないのだが、デザインを専攻できることのできる学校といえば、やはりとりあえずは美術大学が頭にうかぶ。世の美術大学では絵画や彫刻といったモロモロももちろん教えているが、たいていは「デザイン学科」といったコースも開設している。そして現在、世界のほぼいずれの国へ行っても大学レベルの「デザイン学科」では通常少なくともふたつのコースが学生のために用意されている。そのひとつは「グラフィック・デザイン科」、もうひとつは「プロダクト・デザイン科」、この2コースである。実際には科の呼び名については学校によって様々異なるが、基本的にこのふたつがア・リーグとナ・リーグのような二大メジャー潮流であると考えてよい。

　あれほど膨大広範な"デザイン"に対してたったふたつのメジャー潮流か、と思われるかもしれないが、しかしこれがけっこうよく考えられた「領域分け」であることはその内容を見ればわかる。まず最初の「グラフィック・デザイン」だが、これはご存知のとおり基本的には紙の上に行なうデザインのことで、ポスターとかロゴとかイラストなどのデザインのことを言う。しかし現実にはポスターのデザインなんてのは大アマゾン原生林の元となった一粒の種子のようなものにすぎず、この分野からは無数の枝葉が長年にわたって派生・発展しており、今やこのカテゴリーはあらゆる商業デザイン、つまり広告を中心とする映像メディア他ヒトの視覚にうったえるありとあらゆるメディアと密接に関連して、メキメキとその領域を拡大しているのである。そして学校の「グラフィック・デザイン科」というのはそうした拡大した領域に進む学生を一手にひきうけようというところであるからその守備範囲は広く、かつ時代の波にのって活況を呈し、「われわれは各方面にアマタのクリエイターを送り出しています！」という具合になっている。

　さてそれでは二大潮流のもう一方、「プロダクト・デザイン」というヤツ、こちらでは何をするのかであるが、一般に学校の「プロダクト・デザイン科」というのは立体的なブツのデザイン全般を教わるところなのである。先述のように科の名称については学校によって様々だが、要はここで扱うのはあらゆる工業製品はもちろん、目的によっては陶器、貴金属、木工といった手工芸的色彩のつよいブツのデザインも含まれる。

　また「工業製品」とひと口に言っても小はYKKのジッパーから（いやもちろんもっと小さいものもあるが）、大はマラッカ海峡を通れないほどのタンカーに至るまで、機械、家電、光学、家具などなど、もういやになるほど多様な広い範囲が含まれているわけで、そのそれぞれに多かれ少なかれデザイナーの需要が存在しているから、学校のこの科も「グラフィック」に負けず劣らず盛況である。

　さてこうして見ると、どうです。グラフィックとプロダクトのたったふたつのカテゴリーでも視覚系、ブツ系を網羅して世に満つる"デザイン"のかなりの部分をカバーできてしまうことがわかるでしょう。実際には他にもファッション・デザインとかインテリア、ディスプレイ、あるいは舞台デザインであるとか、まだまだ"デザイン"世界は広大で、またそれぞれに専門の教育機関もあるわけだが……ちょっとこの話はここで端折る。

　さて、小生はクルマのデザイナーであるから学校は「プロダクト・デザイン」の方に入った。プロダクト・デザインの中の「工業デザイン」が専攻である。

　日本の美術大学の工業デザインの授業では、はじめはたいてい「容器のデザイン」あたりが課題として与えられるものだ。箱やボトルやチューブのデザインである。これがすむと次は「工具のデザイン」ぐらいかな。この課題では学生たちは一所懸命ノコギリやネジマワシをモダーン風にアレ

ンジすることになる。

とにかく学校のデザイン課題のメニューというのはこんな具合にあまり複雑な要素のからまない単純なものから始まるのである。メカニズムも簡単なら製造方法や使用目的も単純なブツからまずいくわけである。それがすこしずつ複雑なもの、たとえば家電製品の冷蔵庫とか炊飯器といった品々が課題として与えられるようになり、さらにはコピーマシーンだのビデオカメラだのといったますます七面倒なものに進んでいくわけである。

それで、こうした序列に従えば「自動車」というのは実に複雑カイキな工業製品の最たるものにあたるのだそうで、したがってそうおいそれとはやらしてもらえない。ワタクシなんざ自動車のデザインがやりたくてデザインの学校行ったのになかなかそのチャンスはこない。待てどくらせど。それで、なんと日本の美大ではついに卒業するまで一度たりとも「自動車」なんて課題は出やしなかったのであります。「エットー、ボクはクルマのデザイナーになりたかったんですけどー……」自動車のデザインってそんなにむずかしいものなのだろうか。それと、日本の自動車会社って卒業の季節になると毎年ずいぶん求人もしてたようだけど、いったい何を見てデザイナーを採用してるんだろう？

■切り絵の世界

てなわけで、ランチア・ベータ・モンテカルロである。文句なく魅力あふれる車である。イカス車、オシャレな車、A.ナニーニみたいな奴が乗ったらさぞかし似合いそうな車である。

さてランチア・ベータ・モンテカルロというのはこの車の初期の名称で、のちには"ランチア・モンテカルロ"だけになった。またアメリカでは"モンテカルロ"の名はすでにシボレーが使用していたために"スコーピオン"という名がつけられていた。またこの車の出生についてはよく知られたエピソードがあり、本当はこの車は当時のフィアットの小型スポーツカーX1/9の兄貴分として、フィアットX1/20の名で出る予定だったものが発表ギリギリになって同社グループの一員であるランチア・ブランドの方にスイッチされたのだという。

ワタクシは車の名前についてはちょいとコダワリがある。車名なんてどうだってデザインには影響ないだろうと思ったら大マチガイ。いや中マチガイぐらいでもいいが、クルマの名前って意外や重要なものではないかと思う。車名によって同じデザインでも生きもすれば死にもする、ということだってあり得る。今回のモンテカルロなんかはそのいい例かもしれない。所期の予定通りもしもこの車がフィアット名で世に出ていたら、この車のカタチもやはりフィアットという会社の歴史や他モデルとの関連の中で人々はとらえざるを得なかっただろう。発表前にどういう事情があ

ったのか知らないが、この車が"ランチア"に変更されたことはこの車にとって僥倖だったのではないか、と僕は思っている。"ランチア"という名のもつにおいのようなもの、同社の「伝統的キザ」とでも言うべきスピリットと結びついてはじめて充分に生かされる。この車のカタチ、このデザインとはそういう性質をもつものではないか。

と、話が少々盛りあがりかけたところでサメた目に切りかえる。久し振りに眺めるーと、モンテカルロってじつにディープに70年代チックなデザインですな。この時代のイタリアン・クルマ・デザインは「ふくよかなふくらみ」といったものからは遠ざかって紙を折ったような、角がシャープで平面を多用したフォーム・ラングェッジがファッションの主流を成していた。

その点モンテカルロも例外ではなく、基本的にこれは「線」によるデザインの車である。つまり横から見ても線がはっきり目立ち、またどの線と線の間も同じような平らな面で結ばれており、複雑な面変化や連続曲面といったものは見られず、前後のしぼりこみもほとんどない。すなわち、紙を折ったような形ということである。

デザイナーにとってこういう形はわりとカンタンというか、ハイライト処理に頭をなやませる必要もなく楽ちんなのである。「さあ今日は早く家に帰れるぞ」いやいやしかし、何事によらずコトはそう楽ちんには終わらないものなのだ。モンテカルロのデザイン上の面白さは面の変化とはもっと違うところ、「平面処理」の方にその重点があるのである（帰りかけていたデザイナーは耳を引っぱって連れ戻された）。

平面処理と言うとむずかしく聞こえるが、この車の場合その一番特徴的な例は黒い色面の使い方だろう。この車って随所に黒いベルト状のアクセントが入っていますね。ことにフロントのグリルを囲む幅広の黒い部分は独特だ。ちょっと見にこのノーズはバンパーの一部のように見え、衝撃吸収機能を備えているように見える。しかし実際にはこれはそんなものではなく、ただこういう風に色分けされているだけ、つまり純粋にこの位置に視覚的アクセントを設けるために黒が配色されているだけなのである。

純粋機能主義のヒトビトからは怒られそうだが、モンテカルロのデザインは全体にこうした考えに依っている。すなわち三次元的にはあまり変化をもたせず、かわりに紙の上に色面を配置するような感覚で視覚要素が構成されている。と、そう言えばハハーンと思いあたりますね。この車のデザイン・アプローチというのは先程出たグラフィック・デザインの考え方にちょっと近いものがあるんですね。サイド・ビューなんかほんと、クーペ型に切った台紙の上の切り絵かなにかでも見てるような感じがする。

そして、その意味ではこれはかなり高度なデザインだと

思う。ボディ・カラー面とガラス面、黒い帯状アクセントの配置、単純化された幾何的な各要素の形、くっきりとした色・質感の面積対比。ピニンファリーナが当時さかんに試みたカーブ定規をそのまま使って描いたようなグリーン・ハウスの形やホイールの丸さもちゃんと組みこまれて計算されて、全体にリズム感が感じられる。ちょっとカンディンスキーの絵とか思い出すような。うむ、だんだん美術手帖の作品批評みたいになってきたぞ。

■サッカクイケナイヨクミルヨロシ

話は変わるが、モンテカルロについて面白いと思うことのひとつにこの車のサイズのことがある。

前述のようにこの車は本来フィアットX1/9の兄貴分として開発された車である。X1/9はかなりの数が日本に輸入されたが価格もそれほどは高くなく、いかにも軽快な若者向け小型スポーツカーという印象があった。それに対してモンテカルロの方は上級車種であり、エンジンも大きければ価格もはるかに高い。学生の頃、たまに路上でモンテカルロを見かけると小粒なX1/9に対してこちらは「ひとまわり半ぐらい大きな大人のスポーツカー」という印象を僕はもっていた。

ところがあるとき車の寸法表を見ていてエッと思った。X1/9とモンテカルロ、両者のうち全長が長いのは実はX1/9の方であることを知ったからである。その差はわずかではあるが、横並びに並べれば鼻先を余計に突き出すのはなんとX1/9の方だったのである。ああ知らなんだ。路上で見たときにゃそうは思えなかった。おい、フィアットの奴等は「上級車種」というイミがわかってないんじゃないのか？ いやいや他人のせいにしてはいけない。どうやら自分は先入観をもって車を見ていたのだ、と結論せざるを得なかった。エンジンの大きさとか価格の高さのことが頭にあって錯覚してしまったのだろう。

もっともこの両者、全幅はX1/9よりもモンテカルロの方が広い。動物は正面からくる相手のからだ全体の大きさを目の高さから類推するというが、ワタクシは自動車の全長を幅の広さから想像していたのかもしれない。

イタリアのクルマ・デザインが過去何十年にもわたって世界のクルマ・デザイン界をリードしてきたことは誰もが知っている。イタリアンたちは今このページに登場しているようなイイ車を数え切れないほどデザインし、送り出してきたのだ。いったい彼らはどんな高度なデザイン教育を受けているのだろう。

が、そうではないのである。イタリアには大学レベルでシステマチックに工業デザインを教えるような学校など、つい最近まで存在すらしていなかったのである。

ボトルやチューブ、次にネジマワシ、それからだいぶ修行をつんで冷蔵庫やテレビと進んでゆく日本式デザイナー・トレーニング、たしかにこの方式も理屈的にはよくわかる。しかしいくらネジマワシやテレビがデザインできるようになったからといって、その延長でホントウの自動車がデザインできるようになるとはどうも僕には思えない。逆に自動車がデザインできる人ならテレビぐらい簡単にデザインできるはず、とも思えない。現に僕なんかクルマはできてもテレビどころかネジマワシ一本ろくにはデザインできませんもん。「お前みたいな劣等生は例外だ！」おっとバレやしたか。

でも車には車の、ネジマワシにはネジマワシの、それぞれ拠ってきたる歴史もありゃ別々のカタチのココロみたいなものだってあるのだ。同じ「工業製品」だからってまとめてくくられてもなあ。やはりかのデザイン教育「二大潮流」の領域分けでは大ざっぱすぎるんじゃないか。ま、たしかにネジマワシのデザインだけ教える学校つくっても生徒は集まらないだろうとは思うけどね。

話は変わるが"モンテカルロ"にちなんでモナコのお話をダソクとしてつけ足す。モナコ公国はもちろんれっきとした独立国だがあまりに小さいため車で走っていると知らない間に入り知らない間に通りぬけてしまう。その間5分とかからないし、パスポート・コントロールなど無論ないから、たいていは「自分は今モナコにいる」という実感もなく通り過ぎてしまう。

ある年のある日、僕は南仏のそのあたりを通りかかる際にたまたま電話をかける必要が生じ、街並に入って公衆電話をさがして車を駐めた。そこは車1台通れるだけの、片側に小さな商店がならび片側には木がしげる裏路地だった。電話を終えてそのさみしいような小路を歩いてみると、やがて木のしげみは切れてそのぶんだけ車線が広がり2車線道が続いていた。右手にはヨット・ハーバーが見え、それ専用の駐車スペースが見え、その駐車場に入る広からぬ入口が区切ってあった。ん？ まさか。いやそうだ！ あらためて眺めるとやはり間違いなくそうだった。そのとき目の前に見えていた2車線道はモナコGPのトンネルから続くあのストレート、横手に見える駐車場入口こそはまさにその後にくるあのシケインだったのである。つまり僕の立っていたのはモナコGPのコースの最高速300km/h以上からシケインに入ってゆくブレーキング・ポイントのあたりだったのだ。

僕はホントーに感嘆せざるを得なかった。なぜってこうして目のあたりにするとなんというセセコマしさ！ シケインなんて教習所のクランクを思い出させるぐらいだ。そのあと車に乗って試みにGPコースを辿ってみたが、あるべきコーナーがなかなか見つからないほどハンパでない街中のセセコマしさ。キミタチあんなところで自動車競走なんかしちゃあぶないぞ。

RENAULT 4

シトロエン2CVの対抗馬として1961年にデビューしたルノーの大衆車。前世代に相当する4CVがリアエンジン-リアドライブだったのに対し、そのドライブコンポーネンツを前後ひっくり返したような縦置きFWDを採用。サスペンションには前後ともにトーションバースプリングを採用。フロント用の縦置きスプリングはボディ全長の半分近いという極端な長さを持っており、リアは左右それぞれのスプリングが前後に横置きされていたため、左右のホイールベースが異なる。写真のモデルは1986年に日本に輸入された最終モデルのGTL。全長：3690mm、全幅：1510mm、全高：1530mm、ホイールベース：2401／2449mm（左／右）。水冷直列4気筒OHV。1108cc、34ps／4000rpm、7.5mkg／2500rpm。縦置きFWD。サスペンション：独立 ダブルウィッシュボーン（前）／独立 トレーリングアーム（後）。

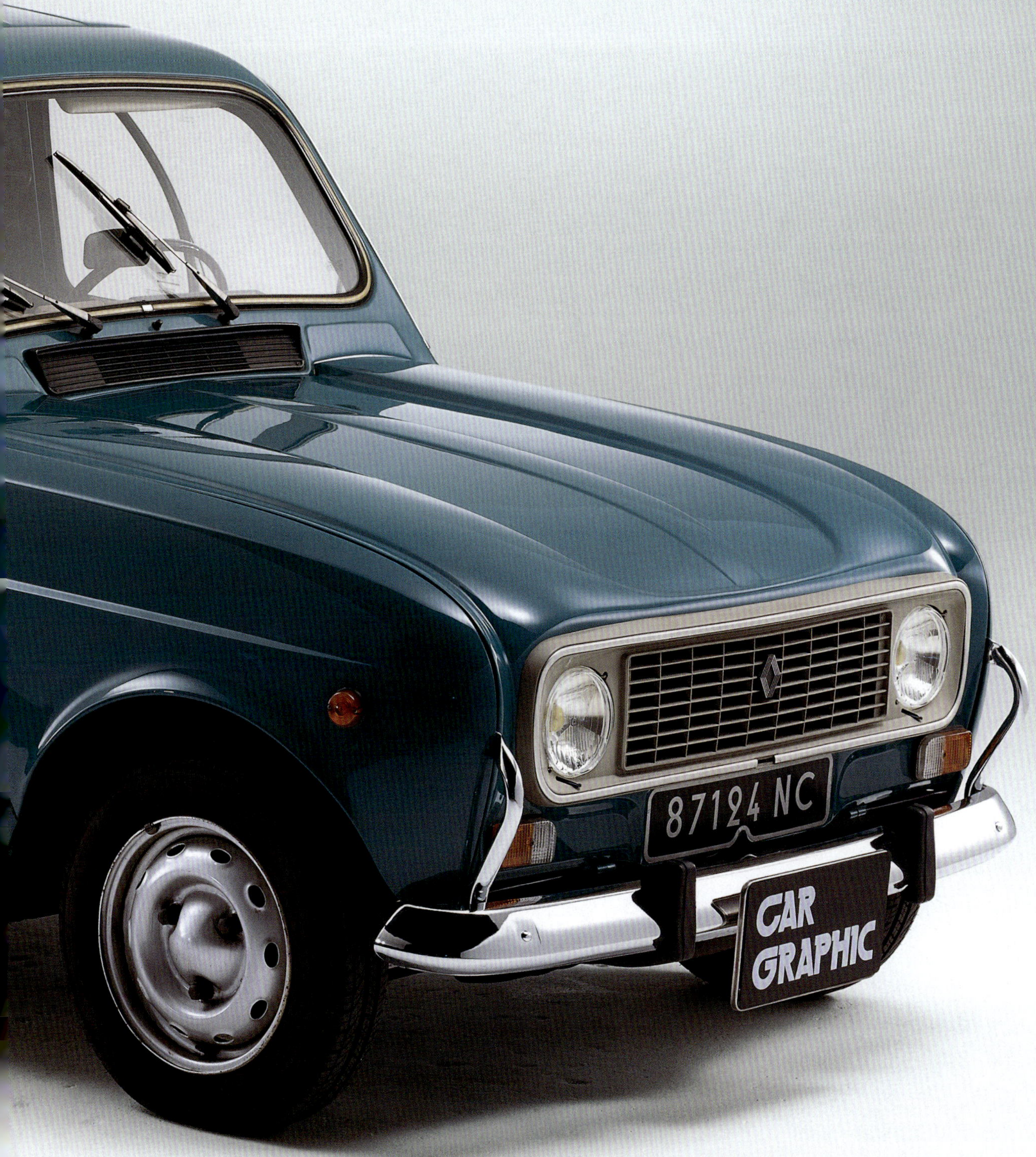
87124 NC
CAR
GRAPHIC

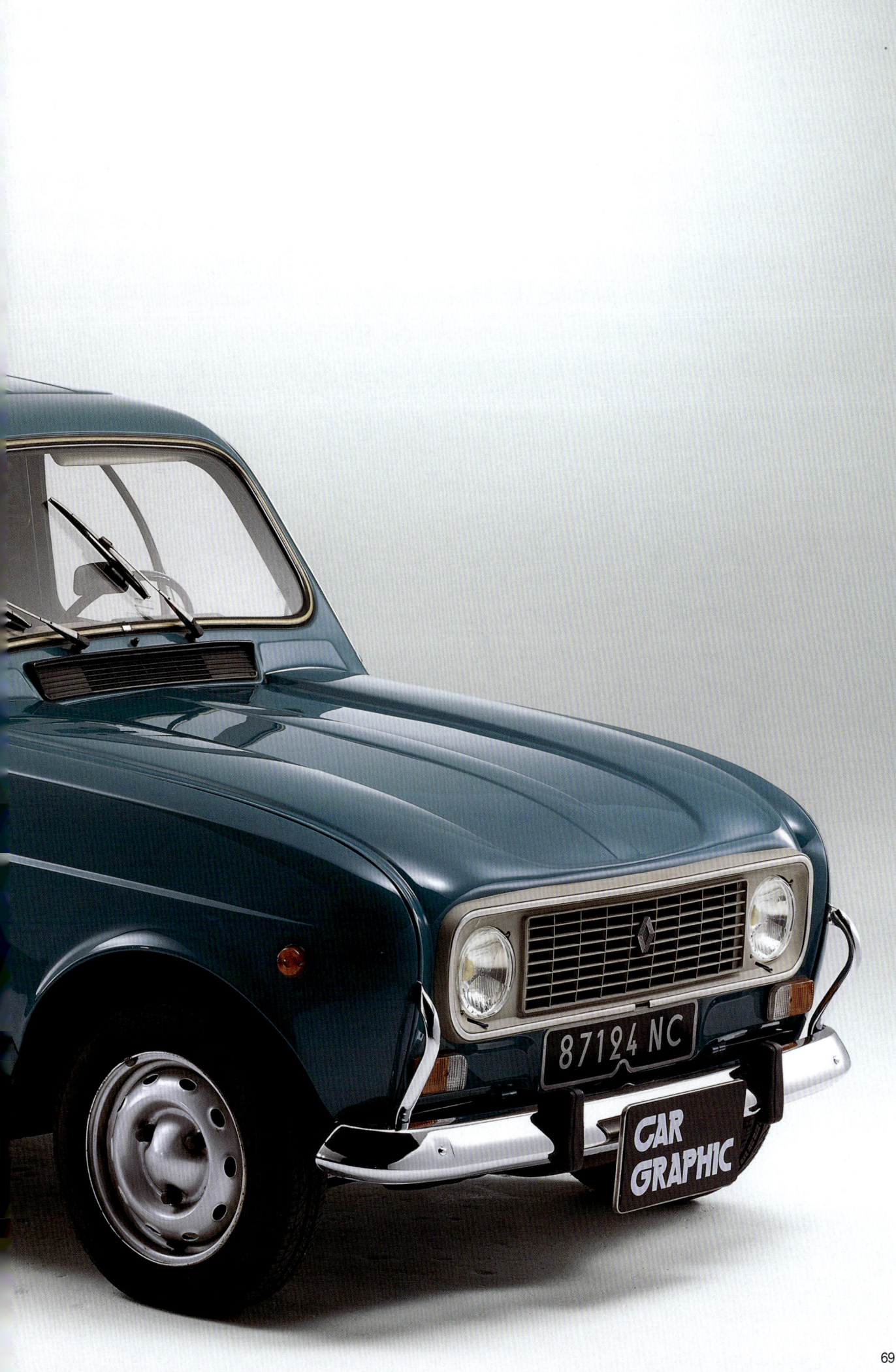

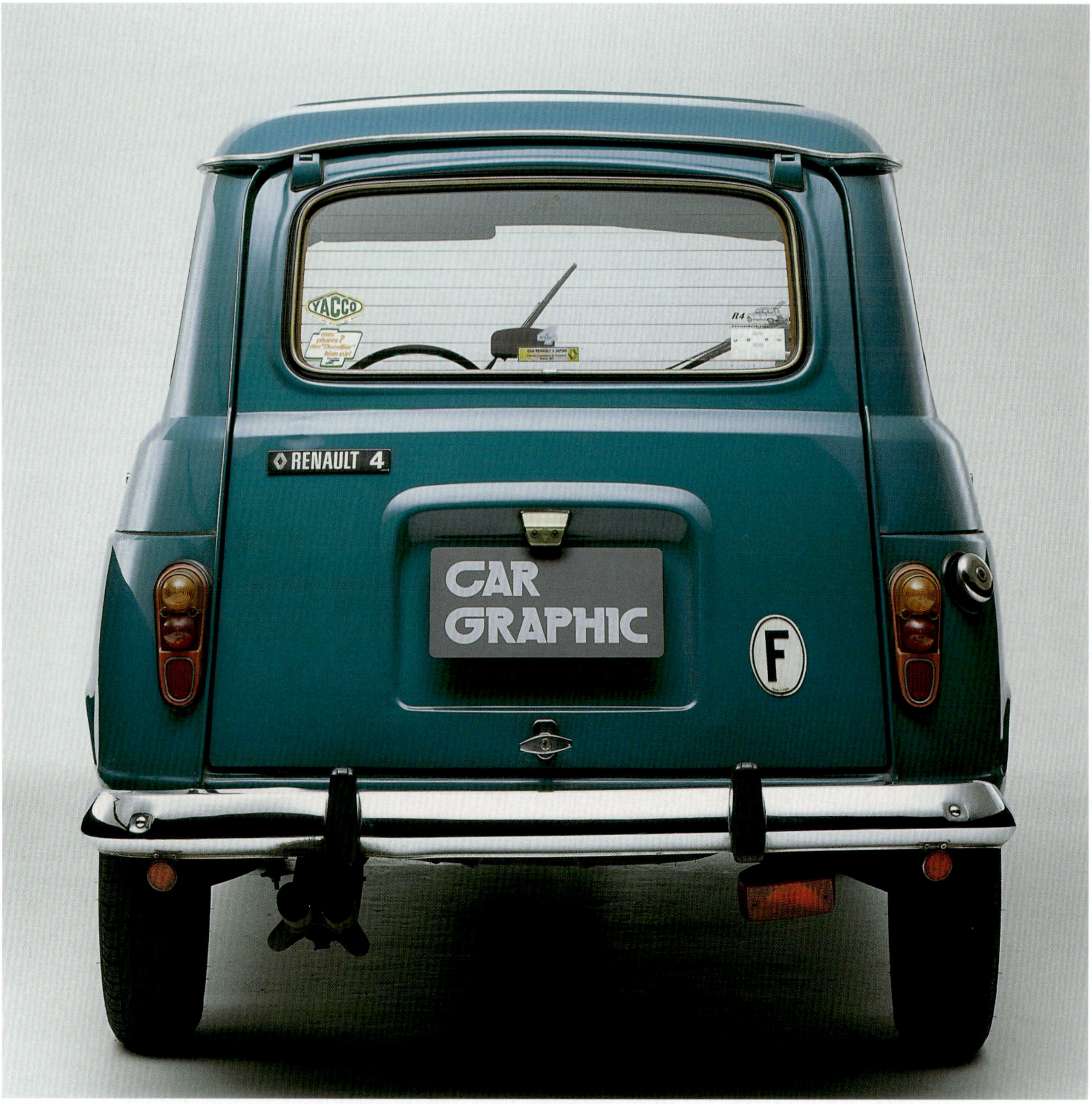
RENAULT 4
CAR
GRAPHIC
F
YACCO

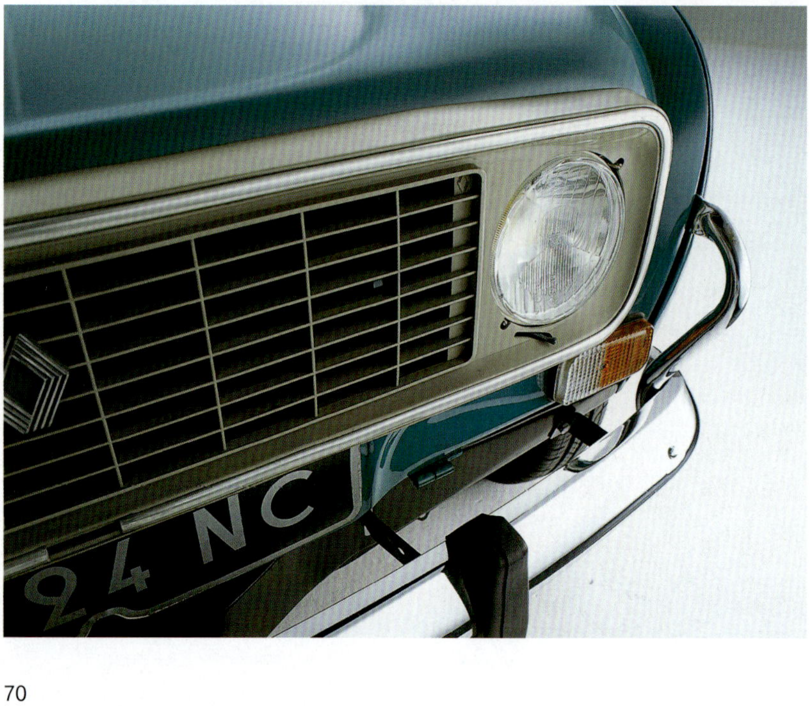

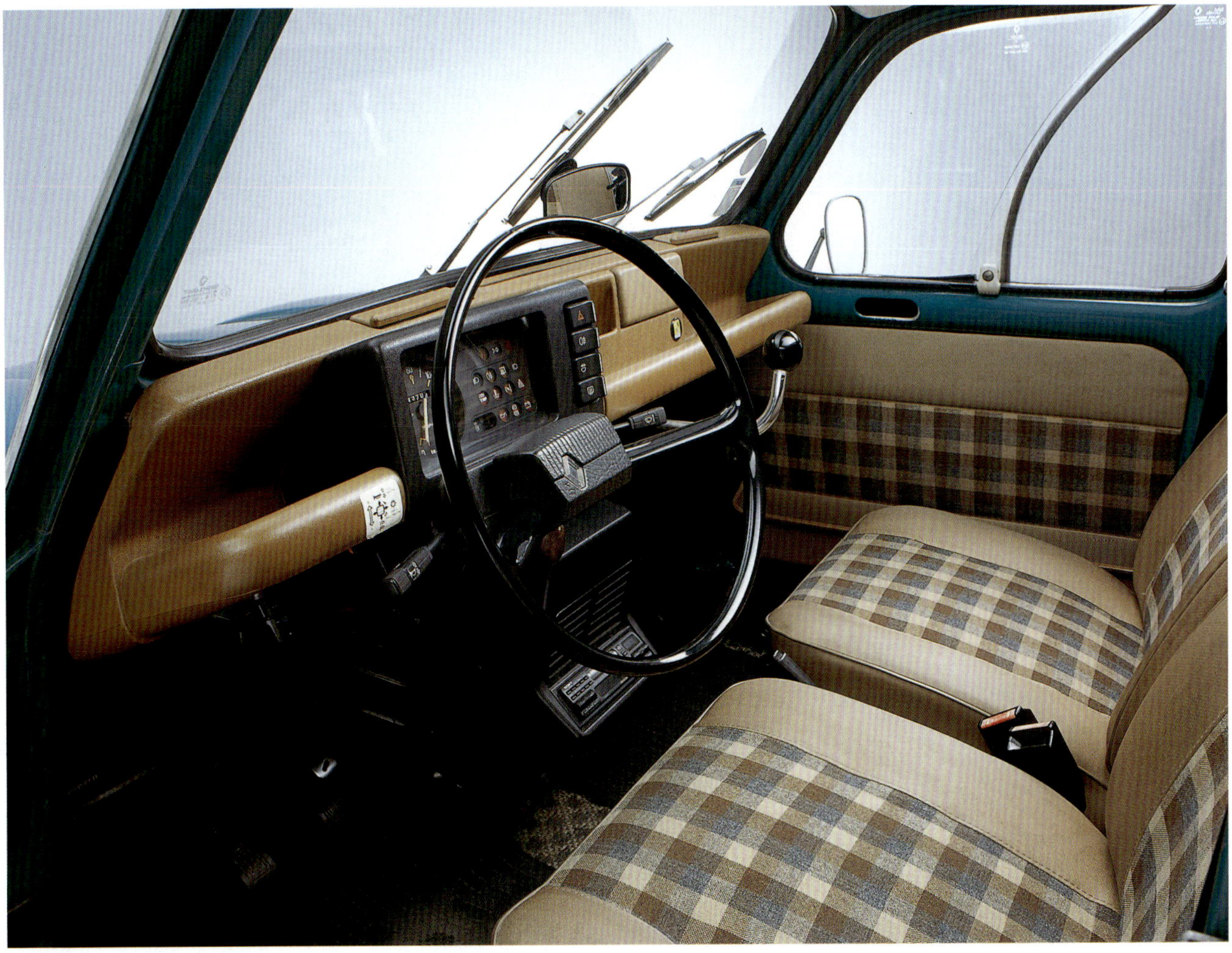

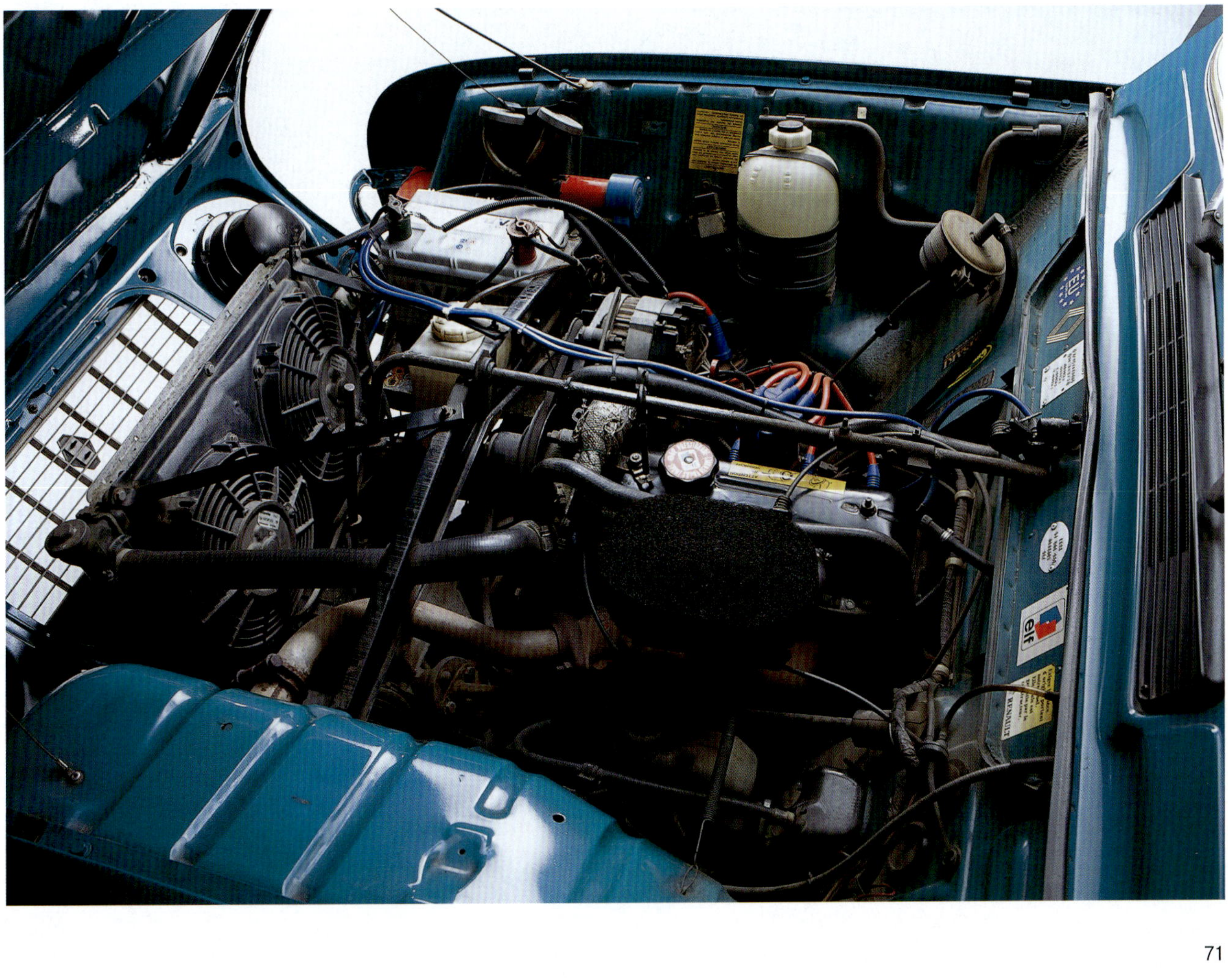

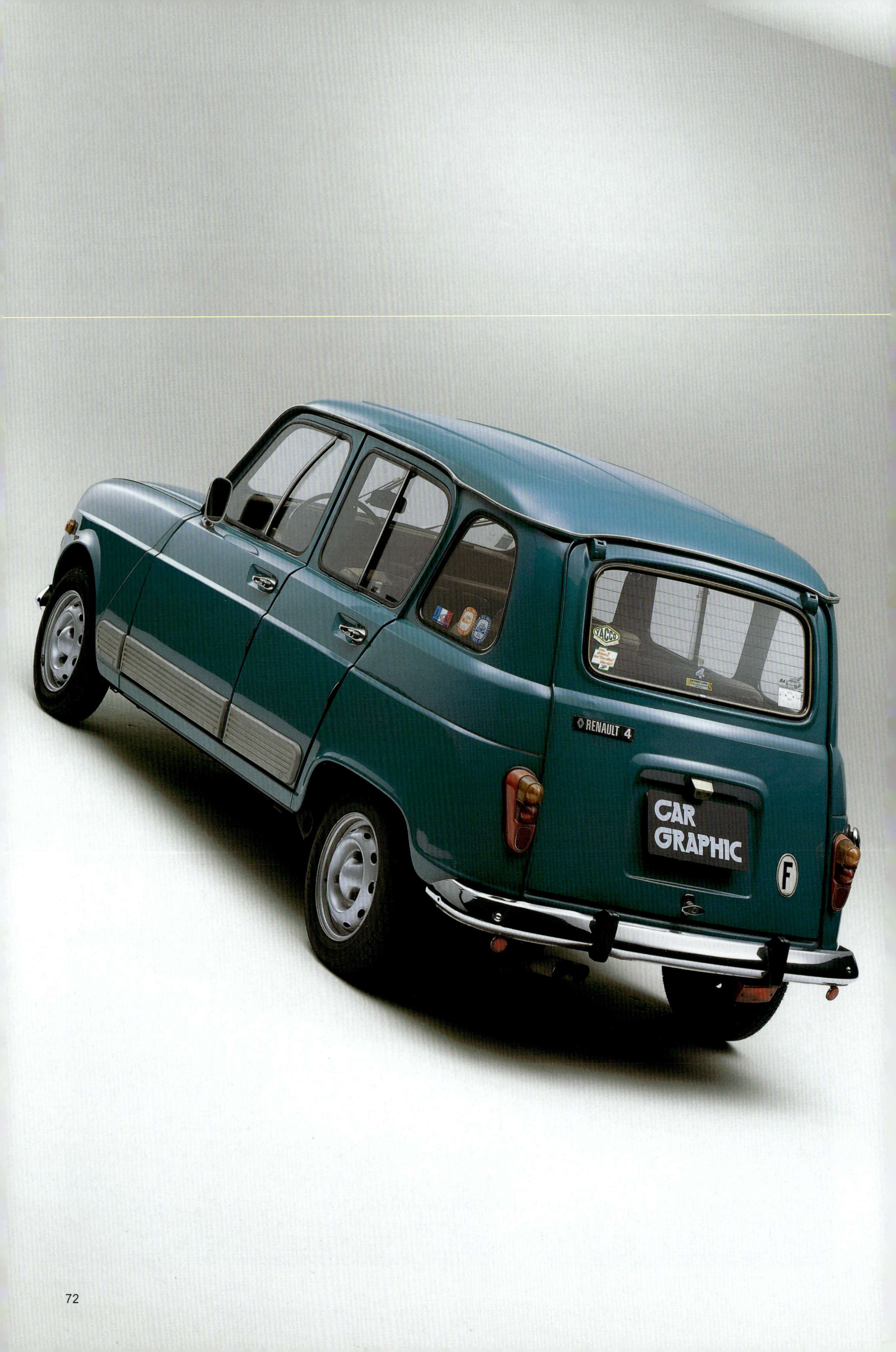
RENAULT 4
CAR
GRAPHIC
F
YACCO

■名は体を表わす、という話

　これまでにも「私ハ自動車の名前については少々こだわりがある」といったことを書いた。デザイナーである当方としては名前のことなど気にせずひたすらカッコイイ車をデザインしていればそれで良いようなものだが、それが「車名」にこだわるというのは、同じデザインをしてもその車がいかなる名前で市場に出るかによって受けとられ方が違う、見た目の印象だっておおいに影響を受けるものだと思うからである……ってなことを書いたわけだ。

　まあそんなにムズかしいことは言わずとも、どのメーカーの車でも新機種が登場するとなると、いったいそれが何という車名でこの世に存在することになるのだろうと思うと、僕は興味シンシンたらざるを得ない。また、こうした興味をもってながめると、時代によって車の名前にも流行があり、その時々の傾向があることがわかってなかなか面白いものである。

　そこで今回の車はルノーであるから、この会社を例にとって、まずはそのモデル・ネーミングの歴史的変遷をちょいと観察してまいりましょう。一般的に、昔からヨーロッパの自動車ネーミングはアメリカ車のそれよりも大人しく地味なものが多かったがルノーの場合はどうだったろう。ずっと時代をさかのぼると、これが意外と言うか、1930年代後半、フランス国内の直接のライバルたちがたとえばプジョー302とか402、あるいはシトロエンが11CV、15CVといった簡潔かつ生真面目な名前ばかりを採用し、他のフランス車の大多数も数字やアルファベットの一文字二文字と組み合わせることがネーミングのすべてだったこの時代に、ルノーだけは何を思ったかひとりだけやたらと派手にジュヴァキャトル、ヴィヴァステラ、プリマキャトル、ヴィヴァ・グラン・スポール、スュペール・ステラ等々というモデル名を冠した車たちをラインナップしていた。もうムンムンたるラスベガス的ショー・ビジネス精神に、当時の彼らはなぜかあふれちゃっていたのである。

　しかし戦後となるとルノーももはやそれほどケバいネーミングはしなくなる。とはいえやはり数字とアルファベットだけではあき足らなかったのかドフィーヌ、フレガト、キャラヴェルといった名のついたモデルが1950年代のルノーのパレット上にはそろえられていた。

　ところがその時代をすぎると一転、突如彼らはポリシーを一変させ、シンプルさにかけてはまず右に出るものなしといった車名の車を登場させることとなる。そのニュー・ポリシーの第一弾がすなわち今回登場するルノー"4"である。1961年発表の"4"を皮切りにルノーは8、10、16、6、12、5などの素気ないような車名を連発するようになる。かつてのラスベガス精神や今いずこ、様々な試行錯誤の上ついに彼らはワビ・サビの境地に達してしまったのか。しかし今思うと、これもひとつの時代の流れだったのだろう。1960〜80年代ごろのヨーロッパ車としてはゴテゴテしたネーミングは古臭い印象を与えていたに違いない。

　もっともこのルノー「数字世代」の祖となった"4"、ネーミング決定に至る過程はスンナリしたものではなかったらしい。僕の知るところによるとこの車の車名案には最後まで有力な候補がふたつあり、ひとつは最終決定となった"4"だが、もうひとつは"ドミノ"というものだったそうである。つまりこの車はルノー・ドミノになっていたかもしれないのだ。フーム、無責任なこと言わしてもらうならそれでもよかったんじゃないの？　なんかこの車"ルノー・ドミノ"で不自然ではない感じもするが、いやいや40年も昔のヒトの感覚でものを考えることなど誰にもできない。やはりこの車は"4"（キャトル）と呼ばれるべきホシの下に生まれてきたのだろう。

　さてこの最後まで争ったとされる上記有力2候補のよってきたるところを推理するなら、まず"4"という名は同車があの日野自動車がライセンス生産したヒット作、ルノー4CVの後継者であることを暗示しようとしたのに違いない。前任者の票田をそっくりうけ継ごうという作戦である（その生産初期にルノー4の正式名称はルノー"R4"であり、その廉価版は"R3"と名付けられていたが時を経ずしてすべては"4"に統一された）。もう一方の候補ドミノであるが、こちらは上級車種のドフィーヌと頭文字をそろえようとしたのと同時に、当時"ドミノ"という歌が流行っていたからそれにあやかろうとしたのではないか。車メーカーがモデル名の頭文字をそろえてファミリー感を強調しようとするのは時々見ることで、かつてのマーキュリーのM、ミーティア、モンテゴ、マローダー、マーキース、モントレイなど、またトヨタだってある時期まではCに凝ってクラウン、コロナ、カローラ、センチュリー、セリカ、カリーナなど、Cコレクションを展開していた。

　さてここでちょっと話はそれるが、1950年代の初頭からルノーは大家族向けに車高の高い3列シート、7〜8人乗りの2ボックス・セダンを生産していたことがあり、この車はルノー・プレーリーと名付けられていた。ところがこのハイ・シーティング、ビッグ・ルーム・セダンというコンセプトはその後四半世紀ほどもすっかり忘れ去られてしまい、やっと1980年代に入ってからニッサン・プレーリーが登場し、これが口火となって同種の車がじょじょに増えて、現在ではこのタイプの乗用車がひとつの確立したジャンルとして世界的隆盛をきわめていることはご存知のとおり。つまりかつてのルノーの試みはちと時期尚早ではあったが、アイデア自体は極めて近代的なものであったことが結果的に証明されたわけだ。

　さてそれでだ。今日のビッグ・ルーム・セダンの先駆け

となった80年代のあのニッサン車、なぜあの車に日産は"プレーリー"という名をつけたのか、である。これはおそらく偶然などではなく、忘れ去られたこのコンセプトの本家本元、オリジンたるルノー・プレーリーに敬意を表わし、アイデアを継承しますという意味でそう名付けられたものだったに違いない、と僕は解釈しているのだが、どうだろうか。

■追いかけっこ

さてぼちぼち今回の車の話を始めることとする。あらためて、ルノー4(キャトル)である。車名の話にオヒレをつけるようだが、しばしば自動車メーカーは製品の性格づけの手段としてネーミングを利用する。で、ルノー4はその生産国ではしばしば"4L"(キャトル・エル)と呼ばれることがある。この場合の"L"は"elle"(やはりエル)とひっかけられているようだが、elleというのは英語のshe、つまり「彼女」というイミの仏蘭西語だ。

またルノー4にはハッチを2分割にして特別塗装をほどこした仕様のものがつくられた時期があるが、このバージョンは"パリジェンヌ"と名付けられていた。ご存知のとおりパリジェンヌとは「パリの女性」の意である。つまりこの車には本国では女性の車、女性のための車といったイメージが付与されており、そのことをメーカー自身が充分に意識していたことがわかる。

これって結構注目すべきことじゃあるまいか。すなわち、おそらくルノー4という車は女性マーケットを意識的に狙ったヨーロッパで最初の量産車ではないかと僕は思う。今日でこそ日本の軽自動車を筆頭に女性層ネライの商品コンセプトは珍しいものではないが、40年以上も昔には女性オーナー・ドライバーなんてまだまだ少なかったわけだし。

ただ僕が面白いと思うのは、こういう荷物車風の、普通に考えれば最もダサいタイプの背の高い車を「女性のための車」と見る彼らのセンスである。これは、仏蘭西人ならではのファッション・センスと言ってもよいかと思う。つまり彼らは女性の車と聞いて「花もようのおめめのまぁるい車」とか「細身、クリーム色のカブリオレ」とか、そういうあまりにありきたりな地点は最初からパスしてしまう。逆にこういうニモツ自動車みたいな車を若い女性が乗りまわすところがカッコいいのだと考えるようで、ところがこれが本当に絵になるんだな。つまり巴里の街あたりを「パリジェンヌ」たちがこの街ならではのファッションを身につけて"キャトル"で走りまわる様というのは、これぞ世界自動車オシャレ界のひとつのお手本ではないかと言えるほど見事にキマる。当車のデザイナーもこの様子を見てはさぞかし満足の感涙にくれていることじゃろうて。

さてルノーの進歩的な女性作戦がどうやら功を奏したらしいことはその後のライバルの動向からもうかがうことができる。すなわちルノー4の登場から数年ののち、今度は最大のライバルたるシトロエンから2CVのデラックス・ファンシー版たるディアーヌが発表された。この車は価格的にもルノー4とごく近く、また"ディアーヌ"とは英語のダイアン/ダイアナにあたる女性の名であることから、やはりこの車も女性層を狙いうちする意図をもって登場したことが見てとれるのである。

日本でも新しいタイプの自動車が登場して新しいマーケットの開拓に成功すると、すかさず他社がそれと近似のコンセプトの製品を送り出す、ということがあるが、ディアーヌだって言ってみればそのフレンチ版だったわけである。

さてルノー4の造形面について少々ふれる。ま、ひとことで言やバケツみたいな車だと思う。といきなりイクが、解説すると、ルノー4の造形上の最もユニークな特徴とはなんだろう。2ボックスのシルエットか、平面ガラスのウィンド・シールドか。いやそんなものは過去にいくらでも前例があった。じゃリアのサイド・グラスが通常とは逆アングルになってることか?、でもそんなのはディテールだからな。じゃリア・ドアの幅がフロントのそれに比べてやけに小さすぎることかな? イヤそれはパッケージ上構造上の問題でしたくないのになってしまっただけみたいだし。じゃあ何なんだ早く言え。

エー、僕思うにこの車の造形上の最大の特徴はそのボディ・サイドの面にあるのではないだろうか。このサイド面は基本的には平面に近い。上部にはプレスラインが何本か入っているが、それらはいずれも平面を折りまげたような性質のラインである。しかしここまでは別にたいしたことではない。

ユニークなのはこの板っぽいサイド面が、よく見るとわずかではあるが全体に台形状に地面に向かって広がっていることなのである。つまりルノー4のボディ・サイド面は、下端に至るまで一度もすぼまるということがなく、言葉をかえれば一度も影をつくることなくスカートのようにひろがっている。見過ごされることも多いと思うが、こういう車ってそうあるもんじゃあない。なにかのスタディならともかく生産車だからな。

だからルノー4を真後ろから眺めると上下逆にふせたバケツのように見える。全幅よりも全高の方がすこし上まわる独特のタテ・ヨコ比とも相まって、角を丸めた四角いバケツというものがあるなら、この車って真にそういう面の成り立ちによってできているのである。

くり返すが、ボディが台形状にまっすぐ下方に広がった車というのはごく珍しく、商業車を別とすればゴードン・マーレイ時代のブラバムF1にそんなのがあったっけな、てなぐらいのものである。さすがフランスのデザイナーはゲージツ的ユニークなことを考え出すもんだ。その独

創性にとりあえず拍手、パチパチ。

　ところが冷徹な僕はそう簡単に手ばなしでは感心しない。なぜって実はもう一台あるのだ。この車より前にこれと同じような下広がりの面構成を採用した車が。トラックでもF1でもないレッキとした乗用車、有名な車だ。ルノー4の「バケツ形」はその車の強い影響の下に造形されたもののように思える。しかもその一台はルノー4の大ライバル車なのだ、と言ったらどうします（どうもしません。早く言え）。

　その車とは他でもないシトロエン2CVである。シトロエン2CVのボディ・サイドは平面で、そして下方に向かって少し開いた台形状をなしている。そしてルノー4がこれと似ているのは単なる偶然、ではないでしょうね。

　そもそもルノー4が徹頭徹尾2CVを意識してつくられた車であることはよく知られたことだ。戦争直後の1946年、ルノーは小型車4CVを世に送り出した。前出の、のちに日野がライセンス生産した車である。ところがその2年後にシトロエン2CVが同じ市場に参入、両者がカチ合ってみると戦前のアメリカ車のミニチュアのようなちっこいまんじゅうみたいな4CVと車高を高くとって平面を組み合わせた面構成のボディ・スタイルによってカドっこ隅っこまでスペースを有効利用した2CVでは使い勝手に大差があった。つまりどう見ても2CVの勝ちだったのである。

　「ギリギリ」とルノーの連中は歯ぎしりし、2CVをやっつけるために相手を徹底研究、そして良いと思われるアイデアはどんどん借用した。そして前輪駆動を採用し、背をうんと高くとってフロアをできる限りフラットにした車、タテ・ヨコ・高さ・ホイールベースが限りなく2CVに近く、パネルの継ぎ方や場所をとらないクレバーなシフトレバーの機構までテキの跡を追った車をつくりあげた。つまりそれがルノー4なのである。

　このときおそらく彼らはスタンピングが容易で室内スペースの広くとれる2CVの平面組み合わせ式ボディ・スタイルにも注目したのに違いない。そしてすでに他モデルには採用していたカーブド・グラスも捨ててそちらに走った。しかしすぐに彼らは造形上の問題に気づくこととなる。サイド面をあまり平面的にすると車は上に向かって広がったように見えてしまうのである。これではあまりにオカシイ。どうするべい。そこで2CVの奴をもう一度よく見るとこうした視覚効果をうち消すためにボディをわずかに下広がりの台形状にして対処しているではないか。ハハアその手があったか、と彼らはまたしてもライバルの跡を追うことにした……のではないだろうか。

　さきに書いたようにルノー4の登場から数年ののち、今度はシトロエンの方がルノー4の「女性層ねらい」というマーケティング・アイデアの跡を追って2CVの豪華版、ディアーヌを送り出すこととなる。お互い生活かかっちゃってますからな。でも結局自動車ってこんな風になにかにつけて昔から、多かれ少なかれ皆でお互いに影響を与え合って、皆で追ったり追っかけられたりしながら今日まで到達してきたのである。デザインの分野だってもちろん例外ではない。2CVにだって実は手本とした車はあったのだが、この話はキリがないのでこの辺でやめておく。

　ここでルノーのモデル名の話のつづき。"4"の登場のあと、ルノーからはシンプルな数字だけのネーミングが長年続く。その間なんとおよそ30年間。その間に彼らはセッセと新車を開発し、5、6、7、8、9、10、11……登場年代はバラバラだが、4から21に至るすべての数字を、13を除いてことごとく使ってしまった（ただし"7"はスペイン用。あと"25"と"30"がありましたね）。

　長い数字世代のあと1990年代になってついに同社はポリシーを変更し、再び名詞・コトバによるネーミングが復活する。復活第一号となったのは開発コードX-57、ルノー・クリオ（日本名ルーテシア）であった。なぜ開発コードなど知っているかというと、ちょうどその頃僕はルノーで働いていたからだ。それで、どのメーカーでも開発番号の数字と実際の開発の順は呼応しない場合が多いが、ルノーがX-57の次に出した車はX-54というのである。僕はこのX-54のデザインに深く関与していた。しかしその後、僕がこの会社を辞めたとき、プロジェクトX54はほぼ完了していたがまだ市場に出るまでには時があり、そのネーミングも決定していなかった。何と言っても自動車の開発というのは時間がかかるのである。

　いったいアノ車、何という名前で出てくるのだろう。他社に移っても自分のシゴトだと思えば車名にこだわる僕としては興味シンシンの度合はいつもよりさらに10倍アップである。そのうち、この新車の名はルノー"サヴァンナ"になるらしいという噂がどこからともなく耳に入るようになり、仏自動車雑誌のスクープ記事にも予想イラストとともにその名が書かれることがあった。

　そしてついに公式発表。ジャーン、エ、何？ サフラン？ 新車の名はサヴァンナではなくサフランだったのである。音は似てるけど勇壮なアフリカの草原、サヴァンナではなく、サフランって言やたしか香辛料ですよねぇ、パエリヤなんかに使う。自動車の名前に食料関係のコトバを使うというのは非常に珍しい。だってこれは日本語の感覚で言や「こしょう」とか「唐がらし」といった感じなわけですからねぇ。

　その後この車のあとを追って食料品の名をネーミングとして採用した車は……まだない、と思ったらポルシェ・カイエンのカイエン・ペッパーがあるとCGの方に言われました。日本のメーカーも「七味唐がらし」、ありかなぁと思います。

ALFA ROMEO GIULIA SUPER

1962年にモンザで公開され、アルファ・ロメオという企業を大規模メーカーへのしあげる原動力になった中型セダンがジュリアである。同シリーズにはベルリーナ、つまり4ドアセダンボディを持つTIの他に、2ドアクーペボディのスプリント、スパイダー、スプリント・スペチアーレがあった。写真は後期型である1973年式のジュリア・スーパー。
全長：4140mm、全幅：1560mm、全高：1430mm、ホイールベース：2510mm。水冷直列4気筒DOHC。1570cc、102ps／5500rpm、14.5mkg／2900rpm。縦置きRWD。サスペンション：独立 ダブルウィッシュボーン（前）／固定 3リンク（後）。

77

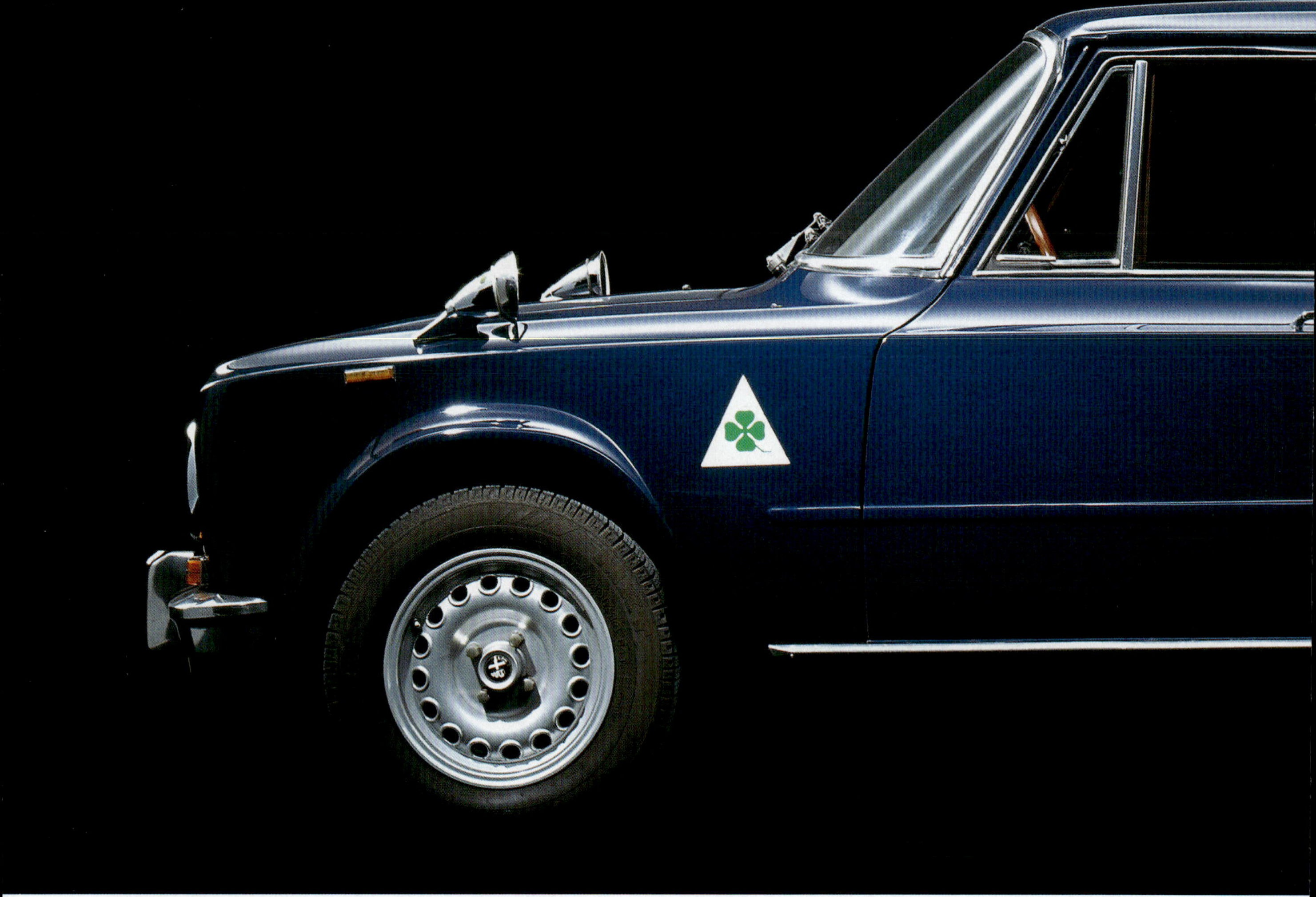

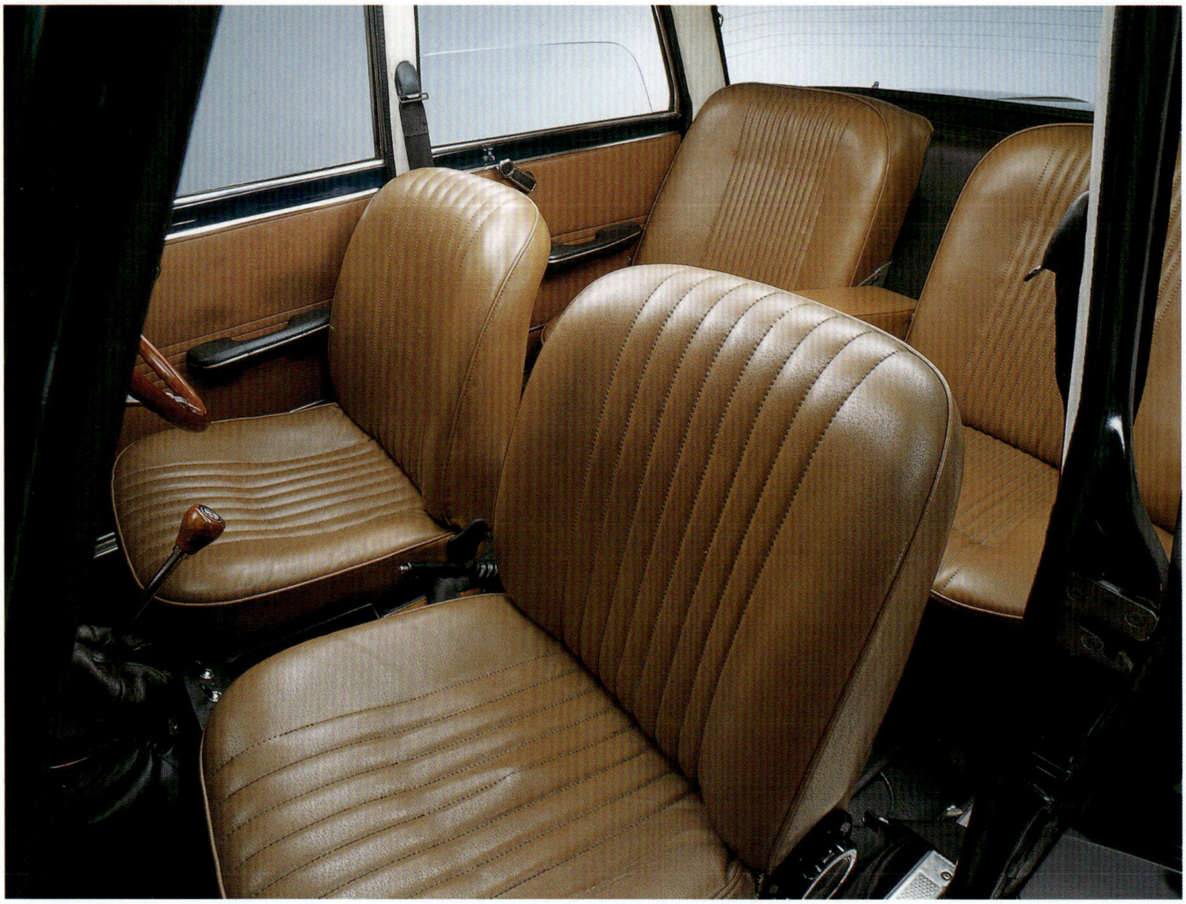

79

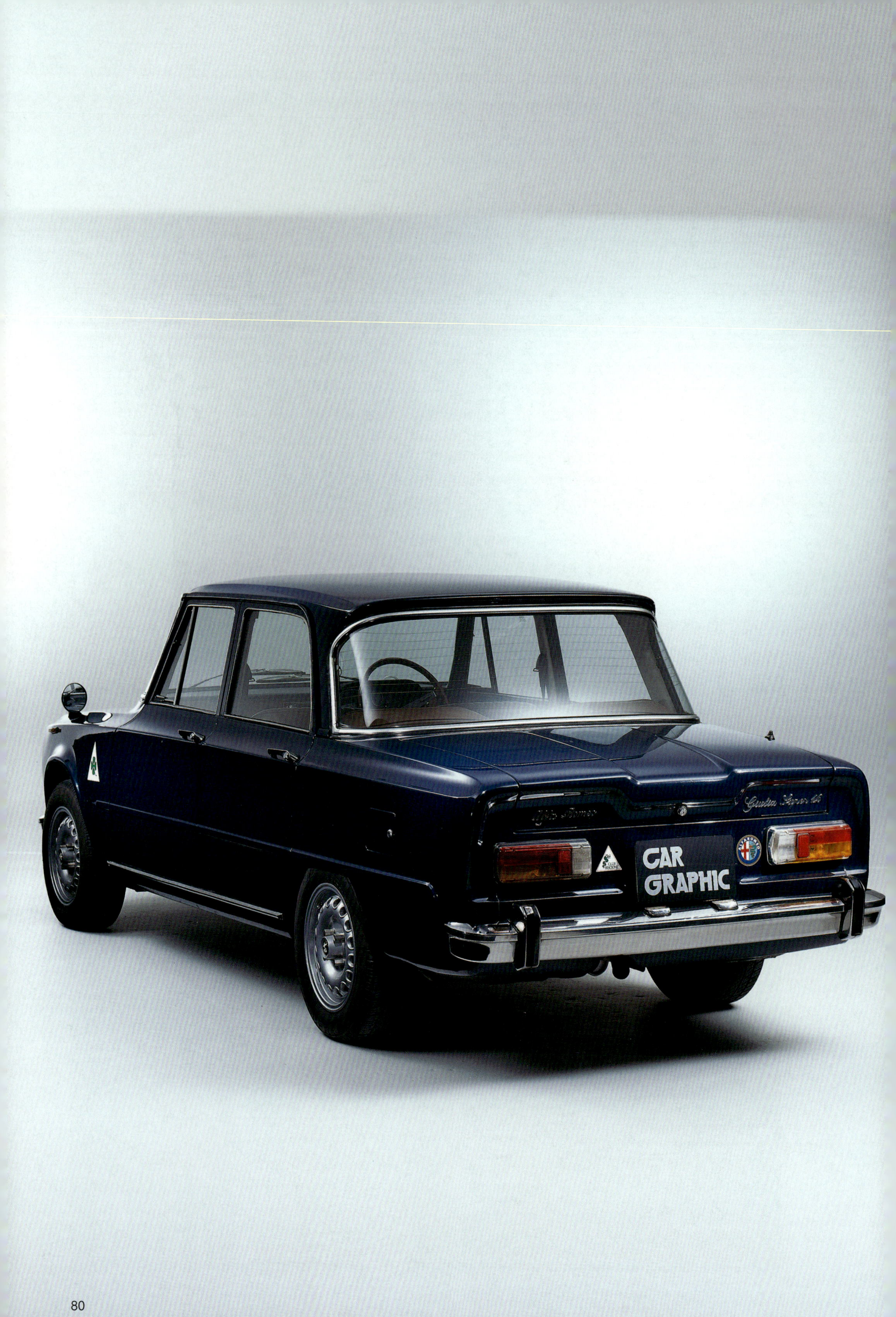
CAR
GRAPHIC

■この世の天国、か？

　イタリアで初めて本場のスパゲティを食べたときの衝撃は忘れられるものではない。僕が生まれて初めてかの国へ行ったのは1980年代前半のことだ。学校を了えてまずオペルに就職しドイツに暮らす身となったが、新しい環境に慣れぬせいもあってはじめのうちは旅行などもしなかった。それで、ミラノへ買い物に行くという知人にくっついて、じゃ一緒に行ってみるかという気になったのはヨーロッパ生活も1年以上経ってからのこと。それはほんの2〜3泊の週末旅行であったが、ともかくもそれがワガ生涯最初のイタリア体験となった。

　さて到着したその日の夜、同国における初めての食事である。前菜として出たボンゴレのスパゲティ、これをひとくち口に入れた瞬間、驚愕が口方面から脳ミソ方面をおそった。スパゲティってこういうもんだったのかッ、と思った。これがスパゲティなら今まで色々な他国で数知れぬ回数食わされてきたあの同名の食品はいったい何だったのか、と即座に自問せざるを得ないほど、それは特別なものに思えた。本場のスパゲティはとても美味なるものであった。いやイタリアのスパゲティが美味であろうぐらいは充分予想はしていたのだ。このときのショックは、単に味がよいというだけのことではなく一種のカルチャー・ショックである。

　たとえばどんなに上手くなるまで練習しても尺八はやはりガイジンが吹くより日本人が吹かないときっと何かが「違う」でしょう、ソーラン節も日本人が歌わないと正調ソーラン節にはならんでしょう、といったものがあるのではないか。土地と、人間の血に由来するイワク言い難い何物かがあるのではないか。イタリアのスパゲティとそれ以外の国々で食べるスパゲティの差も、そういったものではないかと思う。やっぱり本場モノの方には何か決定的・圧倒的な説得力が感じられる。

　とまぁ、そんな具合に西洋麺に予想外の感銘を与えられた単純な僕は、「イタリアって国はすばらしい！」というきわめて単純な思いを抱きつつ食事をおえた。表に出るともう深夜近いというのに中心街はまだまだ人出でにぎわい、ライトアップされた大聖堂のまわりを若い人たちがキャーキャーとスケートで走りまわっている。夜9時ともなればひっそりとしてカラッ風が吹き抜けるさみしいドイツの街々と比べてなんと楽しげであることか。

　「イタリアという国はすばらしい！」という単純至極な僕の思いは次の日、街をブラブラ歩くうち、さらに違う方面からサポートされてますます強固なものとなっていった。すなわちこちらは職業デザイナーであるから、どうしたってその方面には関心が向く。するとこの国が聞きしにまさるデザインの王国のようなところであることが、身にしみて理解されてきた。イタリアでは大は都市計画から小は露店の八百屋のナスの並べ方に至るまで、本当に何につけてもあらゆる物があくまでカッコよく「デザイン」されているのだ。

　まずは街に建ち並ぶ建物を見よ。中世・近世・現代、色々な時代のものが混在しつつもどれもがひとひねりされ、垢抜けて都会的で独特のセンスを感じさせるものだ。またそうした街並みのコーナーを飾る噴水、銅像、街路灯などなどの小道具類が、これまた高度にデザイニーでうれしくなる。ことに今から100年ほど昔に盛んに造られたエライ人の銅像のたぐいは、ヨーロッパの街ではどこでも見るものだが、イタリアのそれは実にイイ。

　広場の中央に立つ銅像のようなモニュメンタルなもののデザインは、要するにいかにハッタリをかますかが最大の見どころとなるものだが、ハッタリはイタリア人の得手とするところのようで、イタリアの街でよく見る「馬上のナントカ将軍突撃之像」みたいなヤツのまあオーバーなこと派手なこと。「崩れ落ちんとする愛馬馬上で、将軍なおも勇壮にサーベルを正面に突き出し……」てな感じでその構図のドラマチックなこと、もうもう見ていて思わず噴き出してしまう。いやこれはもちろんデザインとして上質なものだと感心して言っているのである。

　さてこうしたカッコいいイタリアの街で同時に目につくのは、そこを歩く人々の服装・ファッションのこれまたカッコよさである。決してヴェルサーチェがどうのアルマーニがこうのという話ではない。老若男女、ネギをかごに入れて買い物中の腹の出た猫背のオトッツァンや孫の手を引いたワイン樽より丸々太ったオッカサンたちが安物を着つつ、しかし憎ったらしいぐらいのコーディネーション・センスで当たり前のように渋くキメているところが、「イタリアン・ファッション」なるものの本当にすごいところなのだ。

　さて、ひとしきり街ウォッチングを行ない立ち飲みコーヒー屋でひと休み。すると今度は出てきたカプチノの上に熱いミルクの泡で美しく模様が描かれていたりする。カプチノの表面にそそぐミルクの泡で絵を描くことは今でこそテレビで紹介されたりしているが、そんなことツユ知らぬまま初めて実物を目の前に置かれたときは、わが目が信じられぬような思いがした。この国ではコーヒーのミルクまでがゲージツしている。すばらしいッ。すごすぎる！

　……とマ、ざっとこんな具合で、生まれて初めてのイタリア体験で僕はさまざまなショック・感銘をうけたわけだ。同じ人生を送るにもドイツとイタリアではずいぶん「楽しさ」の点で違うだろうな、と考えたりもした。ヨーロッパに暮らしながら1年以上もこの国へ行ってみなかったことも後悔した。短かい初のイタリア体験ではあったが曇り空のドイツへ帰ってくるとやはりその落差は大きく、なんとかして日常少しでもあのイタリアン気分を味わう方法はな

いものかと思案せざるを得なかった。

　それで、どうしたか。実はヒジョーにいいことをここで思いついてしまったのである。すなわちせめて車だけでもイタリア車に乗り替えよう、と思いついたのである。

　当時の僕はオペルに勤めながらフォード・フィエスタに乗っていた。ドイツに来た最初の週末にフランクフルトの中古車屋で買ったものだ。こいつを売り払ってイタ車を買って、毎日それに乗る時だけでもイタリア気分にひたろう。なんつーグッド・アイデア。そうした目的からいってここは少しディープめに本格にイタリアっぽい車でなくてはならない。

　考えはこんな具合に急速に前進したが、しかしもちろん金が豊富にあるわけじゃあないのだ。つまりそんな都合のいい車なんてありゃしない。しかし、いや待て、あれはどうかな？　その頃僕はあるアルファ・ロメオのディーラーの前をよく通ることがあり、そこに4〜5台の中古のジュリア・スーパーが置いてあることを思い出したのである。当時のドイツではジュリア・スーパーは値落ちが早かった。うむ、あれなら当方の目的・条件にピッタリかもしれんぞ。

　期待に胸をふくらませ、僕は次の週末さっそく件のアルファ・ディーラーへおもむいた。あったあった。並べられた色違いのジュリア・スーパーたちは、尋ねるとどれも4〜5年落ちで値段は30〜40万円見当だったか。かつてレース界を席捲した正真の「ラテンのロマン」の値段としてはまあ仕方あんめえ（ケチだね）。

　さっそく試乗を申しこむとモミ手をしながらディーラーの男はチャージしたバッテリーを持って来させ、ジャンプ・ケーブルをつないで1台目のエンジンをかけた。いや、かけようとしたのである。ウンウンウンウン（スターターの音）。ところがいくらやってもエンジンは目ざめない。「いやこいつはたまたま機嫌が悪いだけでして……」、ディーラーの男はそそくさとケーブルを外し、2台目のジュリアのボンネットを開けてそちらにつなぎ直した。ウンウンウン……。ところがこれもかからない。男はあせって3台目、4台目と試した、が、なんとそこに並んだジュリアたち、どれ一台としてどうやってもエンジンを始動させようとはしなかったのである。

　「どうも今日は皆機嫌が……、ハッハッ……」泣き笑いのような顔のディーラーの男を前にして、シューッと音をたててこちらのユメはしぼみ、ハッと気づくとそこは元のナントカ門の前でしたという杜子春のように、現実に引き戻された気がした。

　「また来ます」と言ってフィエスタに乗りこみ、しかしその後「また行く」ことはなかった。コレクション用の車ならともかく、僕は日常使える車でないと困るのだ。「まあ、こんなもんか」、フィエスタで曇り空の下を走りながらそう思った。

■ちょっと書きにくいタイプの車

　そんな思い出のアルファ・ロメオ・ジュリア・スーパーである。今では「やっぱりあの時買わないでよかった」と「やっぱり買っときゃよかった」の両方の思いがちょうど半々ぐらいに当方のアタマを交錯している車である。僕はどうもハレモノにさわるように大切に乗らなくてはいけないような車を自分で買う気にはならない。なんせ不粋ズボラな人間っすから。だから今やコレクターズ・アイテムとなった古いジュリア・スーパーを自分で買うことは今後ともないであろう。まだこの車が少し手を入れれば日常のアシと（希望的には）なり得たあの年代の、それも初のイタリア旅行で目くらましにあっていたあの曇り空の一日こそが、僕にとってこの車を自ら所有する唯一の機会だったのだろうと思う。もっとも似たりよったりの経緯で買いそうになりつつ買わなかった車は他にも数多いが。

　さてアルファ・ロメオ・ジュリア・スーパー。もちろん一台のクルマとして個性あふれる一品である。が、造形自体について言えば特にムズカシイことも複雑なこともないハコみたいな車である。そう言えばマニア系の人々に「イタリアのハコ」と呼ばれる一連の車たちがある。おそらくはこのジュリア・スーパーを筆頭として、他にもランチア・フルヴィア／フラヴィアのセダンあたりもこのカテゴリーに含まれるのだろう。本来オシャレであるべきアルファやランチアだが、こいつらはホントにハコである。この時代のイタリア製セダンではかえってフィアットの1500、1800の方がデザイン的にはずっとスマートで明快で、近代的センスにあふれるものだった。

　てなわけで今回の車、その形になにか目の醒めるような特殊な何かがあるというわけではない。まあフロントなんかは多少アグレッシブ目に処理されてワタクシはただのオトーサンのセダンではないぞと、これでも結構パワフルなスポーティ・セダンなんだぞと力んだ顔をつくっておられるようだが、もっと基本的なところ、立体面からフィーチャーを挙げろと言われたら、そーすねー、たとえば前後のスクリーンがどちらも全体的にはフラットなのに、両端まできてクリッときつ目の曲率でまわりこんでいることはどうかな？　でもこういうガラスは今でこそ珍しいが昔はよくあったのだ。このまわりこみ、前後とも視界確保には非常に有効。特にリア・スクリーンの方はまわりこみが大きく、そして屋根がちょびっとひさしのように突き出ている。このあたりの構成はちょっと面白いがこれはもともとはアメリカ車がさかんに用い、のちに多くの欧州車に影響を与えたファッションである。

　そうそう、デザイン上「これは変わってる」と言えるのはリアエンド。この車、真うしろから眺めるとトランクの上部がめがね状というのか眉毛状と言うのか、「ゴジラの息

子」というシロモノをご存知ならその顔を思わせるもので、二部に分かれて平らに波がうねったような意匠となっている。これは結構珍しい。しかしどうやらこれもかつてのアメリカ車によく見られたテーマの焼き直しではないか。しかしご安心あれ。実はこのリア・エンドの本当に変わったフィーチャーとはこの眉毛状テーマのことではなく、別のこと、それは面処理のことなのだ。

　すなわちこのリア、全体が額縁に囲まれたような具合に縁どりされて面がそこに押し入れられたような構成になっている。こいつはちょいとユニークな面処理である。そしてこの面処理は単なるスタイリングではなく空力的な意味を持つもの、と当時アルファが専門誌上で解説していたことを思い出す。つまり、スッパリと切り落としたリアとこの「額縁」の効果によって車の後部に発生する乱流を抑えることができる、らしい。そう言えば1960年代前半からなかばにかけてのアルファのレースカー、SZロングテールとかTZはこれと同様の考え方で、リア・エンドが縁状の出っぱりで囲まれて全体面がそこに押し入れられた、そうした形状になっていた。

■大盛り

　あと、特別な「フィーチャー」ではないが視覚的印象として、この車ってこの年代のセダンとしてはボディ全体がダボつかずにしまった感じがある。同じハコでもランチアよりもゆるみがなくピリッとしている。面が硬そうで頭をぶつけるといかにも痛そうに見えるところがヨイ。この硬質な印象はこの車に使用された面とカドカドの曲率に由来している。

　すなわちこの車、どこをとっても基本的に面は平らで、またその平らな面と面をつなぐカドに注目するとどのカドも丸すぎず、かと言ってパキパキにとがってもいずに「小の大」といった曲率で統一されていることがわかる。平面的な面は「ふくよか」といったニュアンスとは逆の、肉をそぎ落とした印象を与え、カドカドに見られる「小の大」の曲率は指で押すとへこみそうな丸いやわらかい感じではなく、かと言って折り紙のようなシャープすぎる印象も与えない。平面を折り紙のような「小の小」の曲率でつなぐと丸みによるやわらかさとはまた別の、しかし指で押すとやはり容易にへこみそうな面の張力が弱い印象を与えやすいものだ。ジュリア・スーパーはこのどちらも避けているわけだ。

　こうした基本アーキテクチャーに加えてエグレが効いている、つまりジュリア・スーパーの頭をぶつけるといかにも痛そうな印象は、ショルダー部に全長にわたって走るエグレによってさらに強調されている。このエグレの視覚効果はなかなか強力で、もともと余計なゼイ肉のない全体形をこいつがさらに3割ぐらいは引きしめている感じである。しかもそれに加えて、まだある。ドア・セクションの真ん中より少し下にプレスラインが走っている。このラインが平面をうまく分割して視覚的ひきしまり度をさらにさらに1割ほどアップさせているようである。まるでもっと「ひきしまり」をと促す客に、「エエイおまけだ。もひとつおまけだ」と気前のいいデザイナーが大盛りの上にさらに盛りを重ねているような感じではないか。ま、それはともかく一見してただのハコ、事実ハコには違いないが、こうして見るとそれなりに色々な工夫のなされた形であることがわかる。

　ちょっとここではじめの話に戻る。例の、はじめてのイタリア旅行では先程挙げたくさぐさの他に「イタリアの自動車」ってものにも僕はもちろんおおいに感銘をうけたのである。すなわち現地へ行ってみてよくわかったことがある。イタリアの自動車デザインはその世界においては昔から高い評価を受けている。でも彼の国では決してクルマのデザインだけが突出したものではないのだ。イタリアの奴等は放っとけばどちらにしても何でもかんでも、ありとあらゆるものをカッコよくデザインしてしまう。そうした広範・大規模なカックイイ政策のほんの一環として自動車があるだけで、このデザイン王国にあってはクルマのデザインだって他のデザイン分野と同様、当然のようにごく自然に、高度に発達してしまったのに違いない。

　彼らの大きな「カックイイ政策」の一部であるから、この国のカフェで出るコーヒーの表面を飾るミルク芸術や買い物中のトッツァンのなんとも渋いファッション、悲壮なポーズをとらされてる馬上のナントカ将軍、さらには現代・近世・中世・古代ローマ時代までにも至る、街の中心部を彩る豪華建築といった多様なモロモロに見る"イタリアン・デザイン"と彼らのすなる自動車デザインとはひとつながりのもの、どこかに同じ美学を共有するものと考えられるが、イタリアに行ってみてこれは本当にそのとおりだと思った。一大美的カルチャーの、どれもが一部なのだ。

　さてイタリアのクルマ・デザインを真似たクルマは歴史上世界に数多い。中にはなかなかよくできた真似もある。まぁ、スパゲティでしょうね。色々な国で食べるスパゲティの中にもオイシイものはいくらでもある。でもイタリアで食べるスパゲティはやはりそれとは別のもの、別格のものだ。ちょいと真似するにはあまりにも背景がブ厚すぎるものも世にはあると考えなくてはならない。

　我々の誇るべきはタラコ・スパゲティである。アサリ・シメジやイカ・イクラもいい。あれは麺こそ西洋麺を使用しているがハナっからイタリアンを真似ようなどとしていない。もしかしたらあれこそ世界で唯一イタリアンの跡を追わない、それゆえに本場イタリアンに対抗し得るスパゲティなのではないか。「壁の穴」に文化勲章を！

VOLVO P1800

1960年1月に正式デビューした、ボルボのスポーティクーペ。販売面で失敗作に終わったP1900の跡を継ぐ役目を担ったが、1800S、1800Eなどとマイナーチェンジを繰り返しながら73年6月まで生産されるロングセラーとなった。プロトタイプのオリジナルデザインはイタリアのフルア社が担当したといわれているが、そうではないとする説もあるもある。アセンブリーは当初ジェンセン社で行なわれた。写真は最後期に近い1971年式の1800E。
全長：4400mm、全幅：1700mm、全高：1285mm、ホイールベース：2450mm。水冷直列4気筒OHV。1780cc、100ps／5500rpm、15.0mkg／4000rpm。縦置きRWD。サスペンション：独立 ダブルウィッシュボーン（前）／固定 ダブルトレーリングアーム（後）。

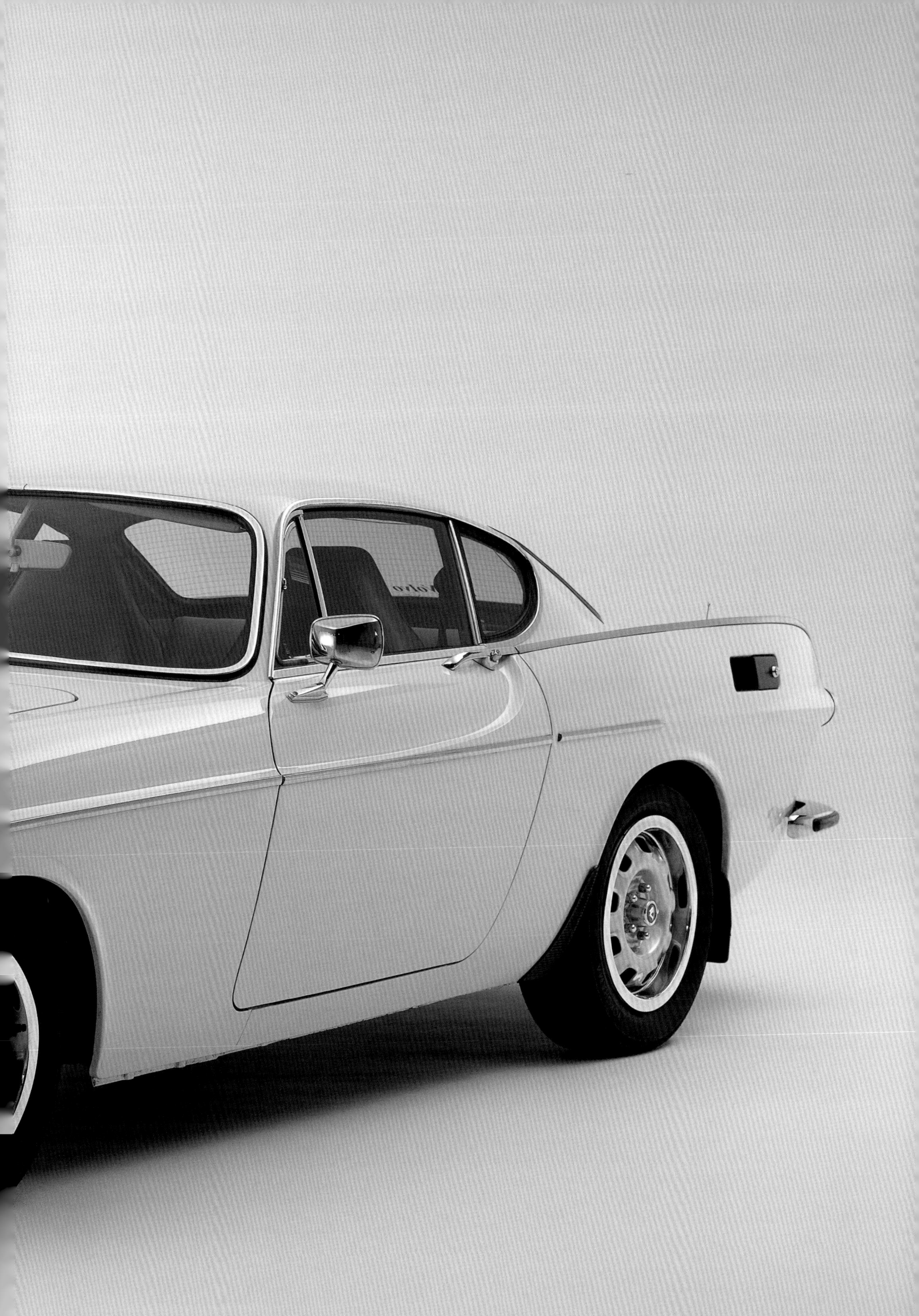

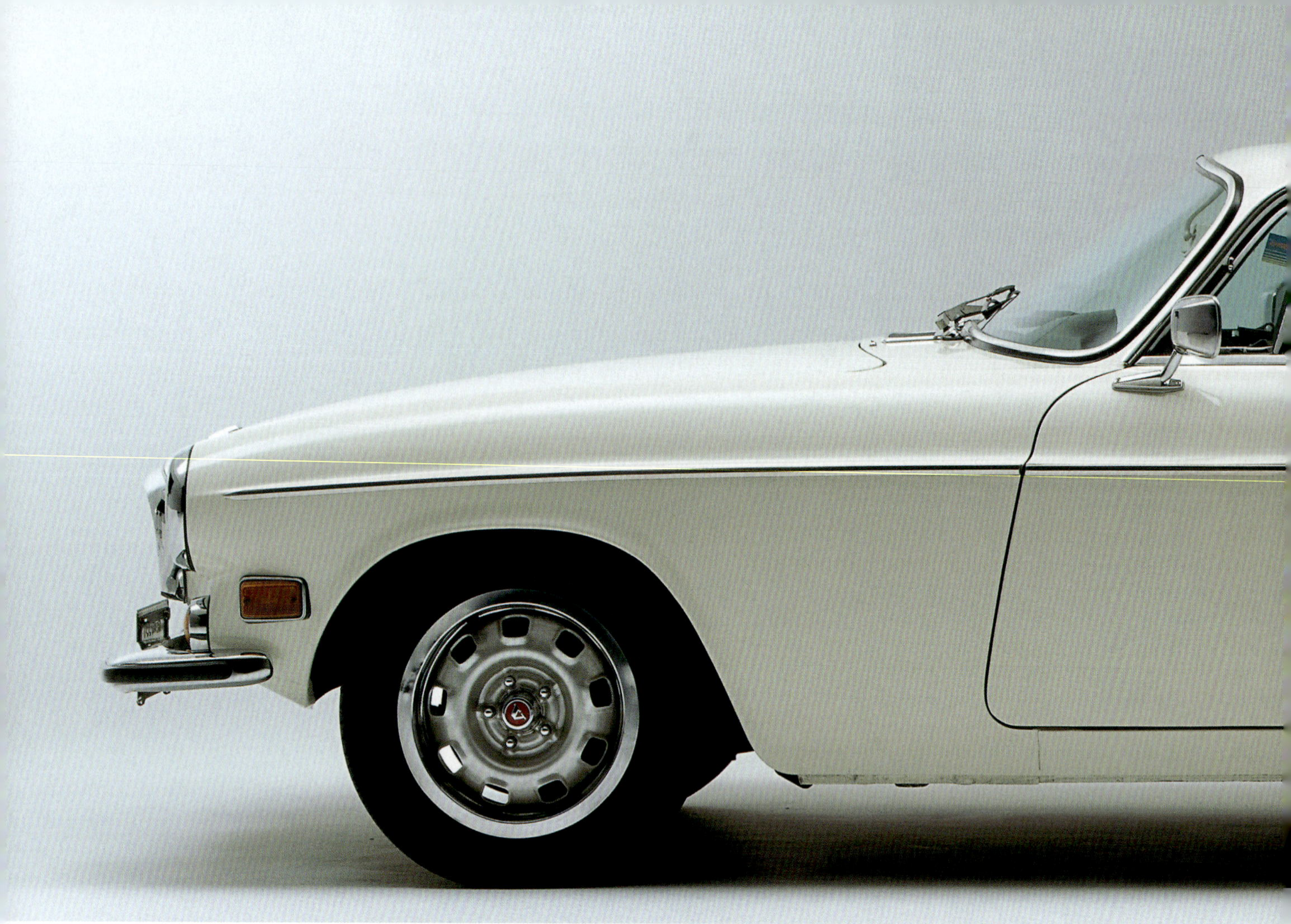

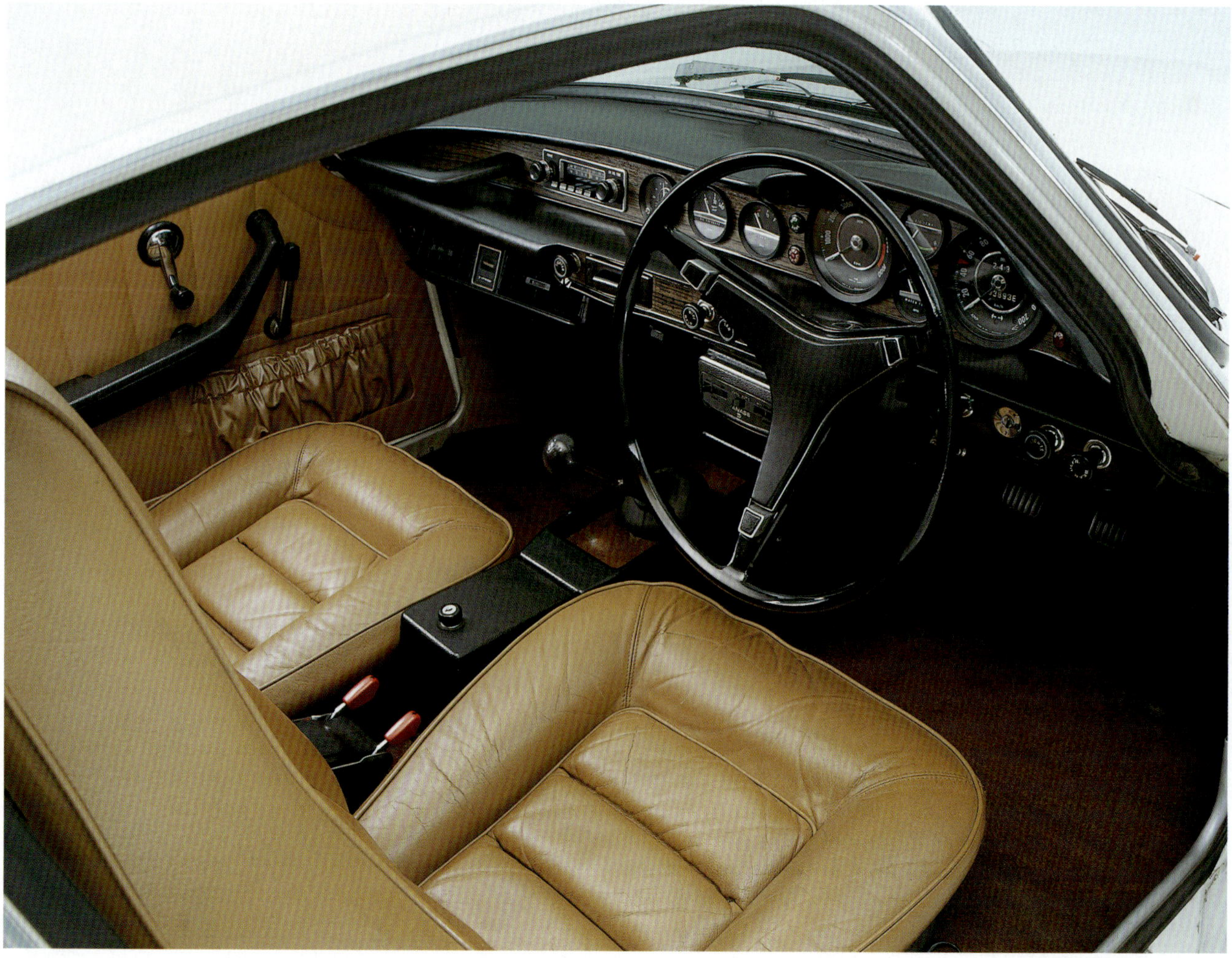

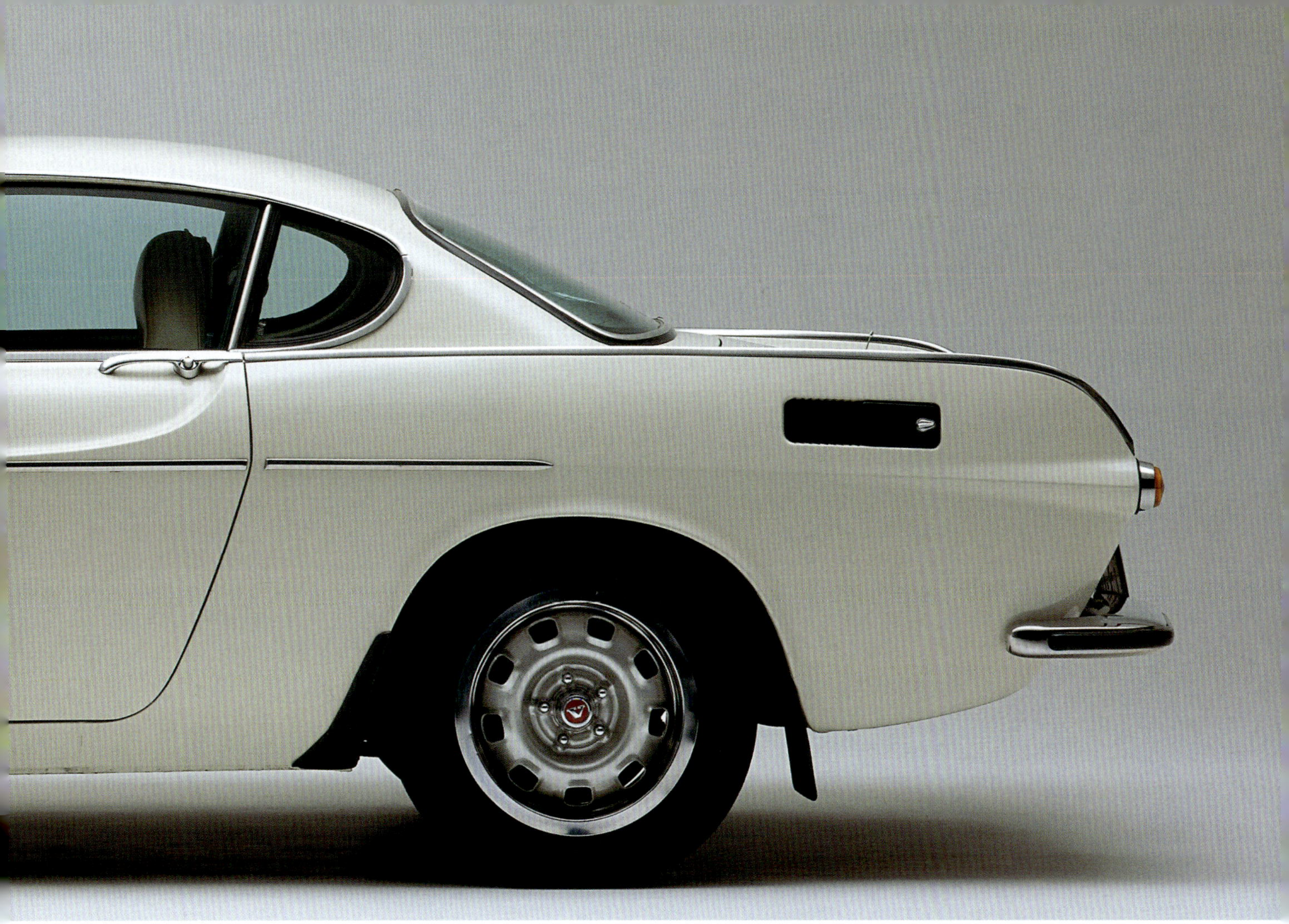

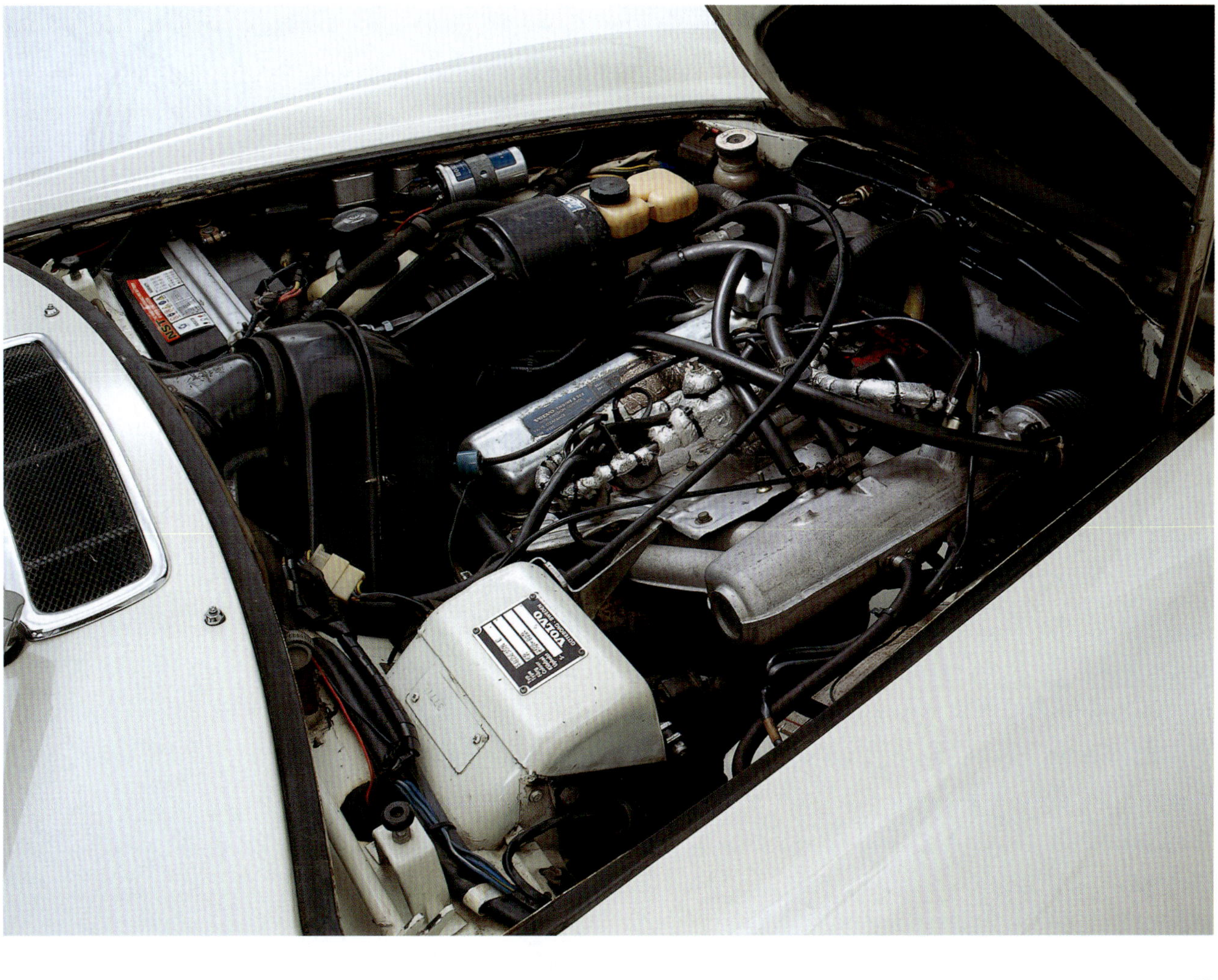

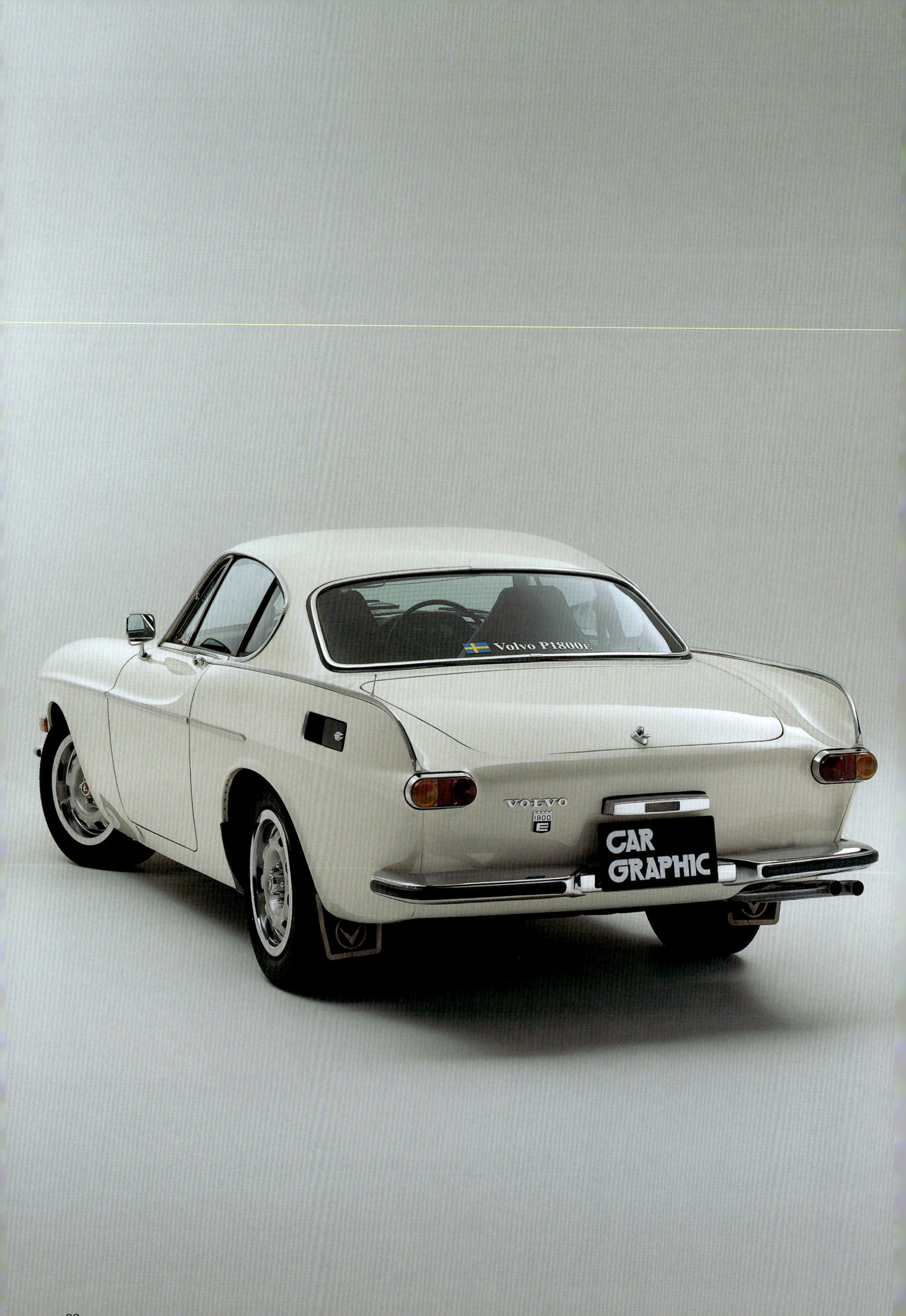
Volvo P1800E
VOLVO
1800
E
CAR
GRAPHIC

■テレビの聖人

　昔の日本では、よく外国製のテレビドラマが放映されていた。もちろん今だってやっているだろうが、新聞のTV欄に占めるメイド・イン・ガイコクの番組の割合は昔の方がずっと多かったように思う。

　僕は幼い頃からどうもテレビばかり見ていたようで、おのれの人生の記憶の最も古いあたりを掘り起こすと、その何割かはもうその頃に見たテレビ、それも特にガイコク製のテレビドラマによって占められていることに気づく。すなわちスーパーマンだのローン・レンジャー、ハイウェイ・パトロール、ガン・スモーク、バット・マスターソン、ララミー牧場なんてあたりを見たのはまだ幼稚園に行っていたころのはずで、またどういうものか、これら太古の番組に関する太古の記憶ってのがボンヤリとでなく意外なほどハッキリしてるんだな。

　たとえば「ララミー牧場」はバヤリース提供で主人公はロバート・フラー演じるチェス。番組はまずバヤリースのロゴの形をした窓が開くと淀川長治センセイが座っており、今夜のエピソードを解説してくれる。途中に入るCMはチンパンジーが演じるもので、これが面白い。そして番組の最後にはまた淀川センセイが出てきてシメの解説。最後はもちろんサヨナラサヨナラサヨナラで、カメラが引くとバヤリースのロゴが左右から閉まっておしまい。と、どーです、どうでもいいことをよく憶えてるでしょう。どうもワタクシの記憶力はあの時代のテレビのために8割方消費してしまったのではないかと悩む、ボケ中年となった今日このごろなんである。

　当時、もちろん日本のTVドラマも見た。ただその時代の日本製の子供向けドラマというと、たとえば「少年ジェット」なんてジェット少年は「行くぞ、シェーン！」などと相棒のシェパード犬に声をかけて自分はロケットのようなすごいバイクにまたがり、犬は横をトットコ走らされる。しかも出発の時はたしかに明るかったのに次の場面で目的地に着くともう深夜。ジェット君はひらりとバイクをおりてシェーンと共に悪漢のひそむ館の茂みに身をかくすが、おいちょっと待て、犬の方は疲れていい加減のびてなきゃおかしいんじゃないかなどと幼心にも余計な疑問を抱かざるを得ず、つまりこういうのはあまりよくできたドラマとは思えなかった。子供用だからあんなものでもよかったのかもしれないが、要するにあの時代日本のテレビ局は、おそらくまだ予算も少なくスタッフも足りず、製作技術も未熟だったからこそ外国製のドラマがおおいに輸入されていたのに違いない。

　さて小学校のなかばぐらいからあとは、小生はテレビ少年であると同時にすでに自動車少年ともなっていた。だからテレビに出てきた車のことならもう「なんでも聞いてくれい」である。かの「スパイ大作戦」では「鉄のカーテンの裏側の某国」の要人が、アメリカでそのへんを走っている車に乗って出てくるのはさすがにおかしいと思ったのだろう。そんな場面ではアメリカに正式輸入されていないトヨタのクラウンがよく使われていたことも、「FBI」では追う連邦捜査官も逃げる極悪犯も皆フォードにばかり乗っており、さらに気をつけて見ると街なかの場面など、そこらじゅうの車がフォードばかり。捜査官はフォードとフォードの間に自分のフォードを駐めるようなことになり、少々フンパン物であったなーんてことも、ちゃんと見逃すことなく目を光らせていたものである。

　「FBI」は、ハハァどうやら本国ではフォードがスポンサーらしいね。スポンサーってのは手加減ということを知らんものらしいな。もしあの番組、フォルクスワーゲンがスポンサーだったら、あの時代だから全員がカブト虫にばかり乗って出てきたってわけか。おもしろそう。

■Eタイプから奪い取った知名度

　てなわけで、サイモン・テンプラーの車である。ご存知の方も多いだろう。サイモン・テンプラーというのは英国のアクションものTVシリーズ「ザ・セイント」の主人公の名である。演じていたのはさほど有名になる前のロジャー・ムーア。ムーアはのちに映画007のジェームズ・ボンド役に抜擢され、その逆光りでかつての「ザ・セイント」の評価が一段あがった、という面もある。で、若きムーアがそのTV劇で乗りまわしていたのがボルボP1800だったというわけだ。

　本来それほど目立つ存在とは言えぬボルボP1800が世の多くの人の目に触れ、知られるようになったのは、実にこのTVシリーズによるところが大きい。今回このあたりのことについてちょいと調査を入れたところ、サイモン・テンプラー用の車としてTV局は本当はジャガーEタイプを予定していたのだという。しかしジャガーに打診するとちょうどEタイプの生産が需要に追いつかない時期で期日にも間に合わないし、だいいち「これ以上宣伝する必要もない」とちっとも話に乗ってこない。それで「Eタイプがだめならボルボがあるさ」と、この両者、僕の中ではあまりリンクしているとは言い難いが、とにかくTV局のヒトビトはそう考えてこちらが採用になったらしい。

　「ザ・セイント」は大ヒットしてアメリカや日本にまで輸出されて世界規模でオンエアされ、結果的にボルボにとってはタナボタ的宣伝となったが、当初それほどうまくいくとは思っていなかったのか、TV局は1台目のP1800は値切らずに正価を払って購入したと言われる。こういう場合、自動車会社は車をタダで提供するとか、逆に金を払って製品を出演させてもらうことだってよくあるものだが。

「ザ・セイント」は1962年にはじまり、途中からカラーとなって69年まで続いたそう。その間サイモン・テンプラーは連綿と白いP1800(ただし常に最新型の。P1800はのちに1800Sと名前がかわるが)に乗り続けた。もうテンプラーと言えばボルボである。つまりこの車チョイスは大正解だったのだと思う。Eタイプなんてありきたりだし、ちょっと普通思いつかないボルボなんぞに乗るからテンプラーのイメージの補強にもなったのだろうと思う。

■若返りのクリームの効果とその限界について

さてあらためてボルボP1800(または1800S、あるいは1800E)である。この車のデザインについてはちょいとしたバック・サイド・ストーリーが伝わっているので、まずそれを紹介する。

ボルボP1800はイタリアのピエトロ・フルアの手になるデザインであるとされている。ボルボがそう公言しているし、一般にもそう信じられている。フルアというのはカロッツェリア・ギアでルノー・フロリドを手がけ、その後独立していくつものマセラーティやドイツのグラースなどのデザインに関わったデザイナーだ。

しかしP1800のデザイン・プロセスには一般に流布しているのとは異なる背景が存在していたともチマタでは言われている。この車のデザインにあたり、ボルボはカロッツェリア・ギアとピエトロ・フルアの両者にプロポーザルを依頼したが、それ以外にもうひとり、ペレ・ペターソンなる人物がデザイン・コンペに加わっていたと言われる。

ペターソンはアメリカでデザインを学んだスウェーデン人だったが、デザイン審査の場に提示されたプロポーザルはギアから3案、フルアから3案、そしてペターソンのものが1案あったという。審査が始まると当時のボルボの社長は吸い寄せられるようにひとつのモデルのもとに歩み寄り、コレダ！と迷わず決定を下した。それはペターソンのプロポーザルであった。ではその車がいったいなぜ「ピエトロ・フルアのデザイン」ということになったのか……、ここにはちょいと奇々怪々の事情があったらしいのだが、この話は長くなるので続きは次にでも書くことといたします。じゃ、乞うゴキタイってことで。

ムフフフ、今の話はいささか尻切れトンボであったが、造形面についてもすこしはふれなくてはいけませんからな。エー、ボルボP1800のデビューは1960年、そして長寿番組「ザ・セイント」よりさらに長生きして生産終了は1973年。昔のボルボはどのモデルもこんな風にライフ・スパンが長かったものだ。気まぐれにパッパとモデルチェンジなどしないことが同社の質実剛健のイメージを醸し出す一因ともなっていたのだ。つまりそれはそれで大変結構なことなのだが、P1800はボルボと言っても例外的な車種だからどうだろう。金庫のようなセダンならともかく、こういうファッショナブルなクーペとなるとあまりに長いライフ・スパンも考えものなのではないか。

というのも、P1800／1800Sはその生産終了の時期には正直かなり古臭い感じがした。前述のようにこの車のデビューは1960年。ということはデザイン開発が行なわれたのは1950年代後半だ。だからこの車の成り立ちは1950年代のもの、それも当時のファッション要素をおおいにとりいれた形をしている。これでは古くもなりますね。

たとえばまずこの車のベルト・ラインが高く、そのぶんアッパーのグラスの丈が短かい上下プロポーション、これは1950年代のフェラーリやマセラーティのクーペ・ボディがたいていベルト・ラインを高くとっていたから、その流儀にならったものではないかと思われる。

またドアからフロントにかけて、平仮名の「し」の字をあお向けにしたようなプレス・ラインが入っている。このラインはサイド・グラス・オープニング後半の丸まり方と呼応するテーマで、初期のP1800ではこのラインの上にバッチリ太々としたクロームのトリムが取りつけられて、これぞこの車のメイン・フィーチャーと言えるほどに強調されていた。しかしこの「し」の字型、とても即興的感覚の、いかにも50年代的なラインだと思う。

あとこのテール・フィン。P1800は筒形で始まるフロント・フェンダー面がドアを通過して後半ではしだいに薄いフィンに変化してゆく。その造形自体はなかなか見事なものだが、いかんせん他にちょっとなかったですぜ、1970年代にもなってテール・フィンのついてるスポーツカーって。

多少見た目が古くなっても気にもせず、むしろデザイン・チェンジせぬことを家訓とあがめた手堅いボルボも、さすがにこの車については「ちょっとマズいかも」と思っていたようで、だから生産開始から数年にしてまずはそれが「売り」だったあお向けの「し」の字のラインからクロームがとり払われ、それでも残ってしまった同形のプレス・ラインのすぐ下に、新たに直線のクローム・トリムが加えられた。これはこの即興的(に見える)ラインが早くも古臭く見えるようになってしまい、しかしドアのプレスを変えるのは金がかかりすぎるからそれをせず、それでもなんとか「し」の字形をなるべく目立たぬようにするための苦肉の策としてそこに直線のクローム・ラインが加えられたのである。

また昔風に丈の短いグリーン・ハウスも問題だが、こいつはシャシーの基本にかかわることだからもうどうしようもない、と思いきや、のちにボルボはこのクーペをなんとスポーツワゴン(1800ES)へと大幅改装し、まったく違う性格の車をつくりあげてしまったのはご存知のとおり。実はこの新装のスポーツワゴンの方がユニークでより洗練されたテイストをもち、デザイン的には語られることがはるか

に多い車である。上屋がのびると古臭いテール・フィンも目立たなくなったしおおいに結構。つまりボルボはこの思い切った大改装によってP1800のデザインを見事によみがえらせたとも言える。ただ、このスポーツワゴンの出現によりオリジナルのクーペの方は決定的に時代遅れの存在となっていっぺんにかすんでしまったのも事実だ。当初ボルボはスポーツワゴンは派生車種としてクーペと並列に生産するつもりだったようだが、現実には両者は1年あまり共存してクーペは消滅、ワゴン型だけが生産継続されることとなった。

■流行は、追うべきか？
　……ところがである。あれから早30年余の時が流れ、ボルボ1800S／1800ES、すなわちクーペもワゴンもどちらも歴史の範疇に入り「思ひ出の車」となってしまった今日、路上でたまさか出会う折にタンカイに眺めると、僕はむしろ今回出演のクーペの方に「こんなにカッコイイ車だったか！」と目を奪われるのである。件のグリーン・ハウスの低さ、小ささは今見るとハッとするし、見方によってはホットロッドのチョプト・ルーフのようにも見えて実にクールである。そしてあのあお向け「し」の字形のテーマもテールフィンも、なんだか実にイカシて見えるのだ。

　流行に乗ったオシャレっぽいデザインほど早く古びる、とはよく言われることだ。しかし実はそれでオシマイではなくまだその先があるのである。つまり流行を追ったデザインが流行とともに古びてしまうのはモノの道理だが、それから20年も30年も経ってはやりすたりと無関係になってしまうとそういう系列のデザインってなぜかやたらとカッコよく見えてくる、ということがよくあるのだ。たとえばエルビス・プレスリーはロックンロール初期のギラギラした流行が去ったときには急に時代遅れにダサく見えたものだが、それから20年もたつと再び逆転してなんか「カッコイイ」「イカス」存在となり、もちろん今日でもカッコイイで通っている。それと同じようなことが、デザインにおいてもあるのではないかと思う。

　ボルボとしては例外的に気張ってファッショナブル方向にふったP1800もその生産終了期、1970年代に入ってスポーツカーと言えばクサビ形プロポーションにリトラクタブル・ヘッド・ライトが「標準装備」のように考えられていたころには、まあずい分時代遅れに思えたものだ。しかし今日見ると「あれ？　こんなにカッコイイ車だったっけ」と感心させられる。人の目というのは気まぐれなものだし、デザインというのもまたそんな風に色々異なる見方がされてしかるべきものだと思う。

　さてここでまたちょっとテレビの話に戻る。あのテレビ少年だった日々から長い年月を経た今日、かつて見たなつかしきTV番組に再会することが、僕にはたまにある。それは主にアメリカへ仕事で出張した際に、夜、ホテルの部屋に帰り見るともなしにテレビをつけていると、しばしば昔日のTV番組のあれこれが放送されているのにぶつかるのである。すなわちアメリカというのは日本やヨーロッパ諸国よりもはるかに頻繁にナツメロ、ナツ番組、ナツ映画のたぐいがTV・ラジオで流れている国なのである。

　ところがこの国ではさらに興味深いTV番組に出会うことがある。それはトーク・ショーなどにかつてのTVスターがゲストとして現われることがたまにあるのだ。たとえば「ビーバーちゃん」がこうした番組に出てきたのを僕は見たことがある。ビーバーちゃんというのは1960年代に人気を博したずばり「ビーバーちゃん」というタイトルのアメリカ製TVドラマの主役の子供で、つまりそのかつての子役が出てきてインタビューされ、喋ったのを見たわけだ。

　ビーバーちゃんはその後、俳優業は続けておらず、そしてもちろんいい歳のオッサンとなって中年太りもかなりすすんでちっともかわいくなかったが、顔はかろうじて「あのビーバーちゃん」と認識し得る程度の変化にとどまっており、そのことがかえってまざまざと人間の経年変化という現象を見る者に印象づけていた。「ビーバーちゃんこんなになっちまったか……」いやいや、でもそういうことをホザいてる自分こそ、いつの間にやらいい歳こいた中年オジサンになってしまっているわけじゃあありませんか！

　ボルボP1800は今日見ると「こんなにカッコイイ車だったか！」と感心させられるが、ニンゲンは「昔はカワイかったのに、今はこんなになっちまって」である。でも考えるとビーバーちゃんがカワイイ昔のままで今のTVに出てきたら気持ち悪いだろうし、逆にサビるとか汚れるとかではなく年々変化し年老いるデザインというのがあったらそれはスゴいことではないかとも思う。……うむ、いったい何を言っているのか自分でもよくわからないのだがそんな気がしませんか？

HILLMAN IMP SUPER

60年代、BMCと並び立つ英国民族資本系自動車メーカーであったルーツ・グループのヒルマンが、ミニに対抗すべく1963年に発表した小型車。ミニとは対照的にコンベンショナルなリアエンジンレイアウトを採用した。写真は1968年に生産された上級版のスーパーである。
全長：3530mm、全幅：1530mm、全高：1380mm、ホイールベース：2080mm。水冷直列4気筒OHC。875cc、42ps／5000rpm、7.7mkg／2800rpm。縦置きリアエンジン-リアドライブ。サスペンション：独立 スウィングアーム（前）／独立 セミトレーリングアーム（後）。

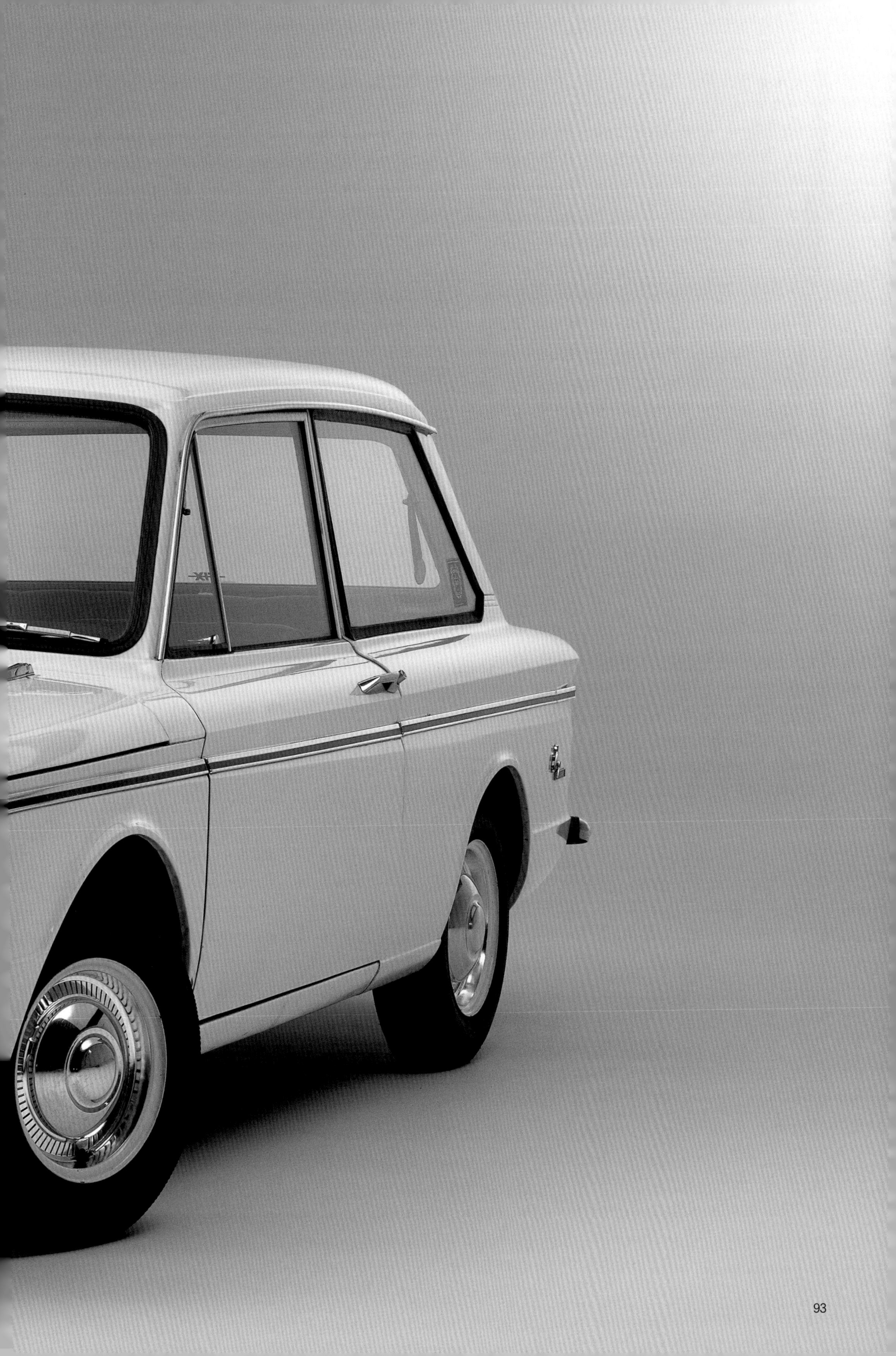

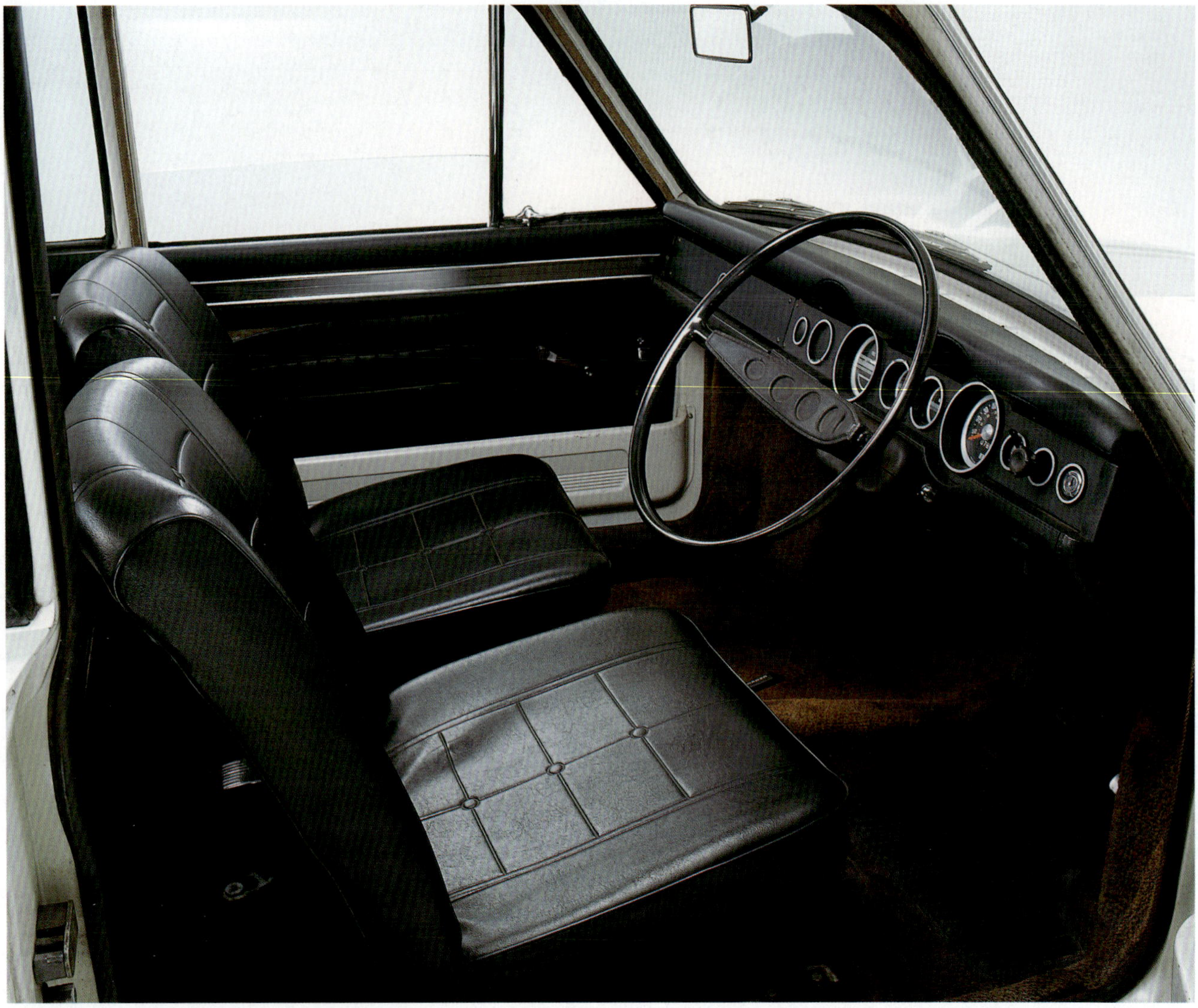

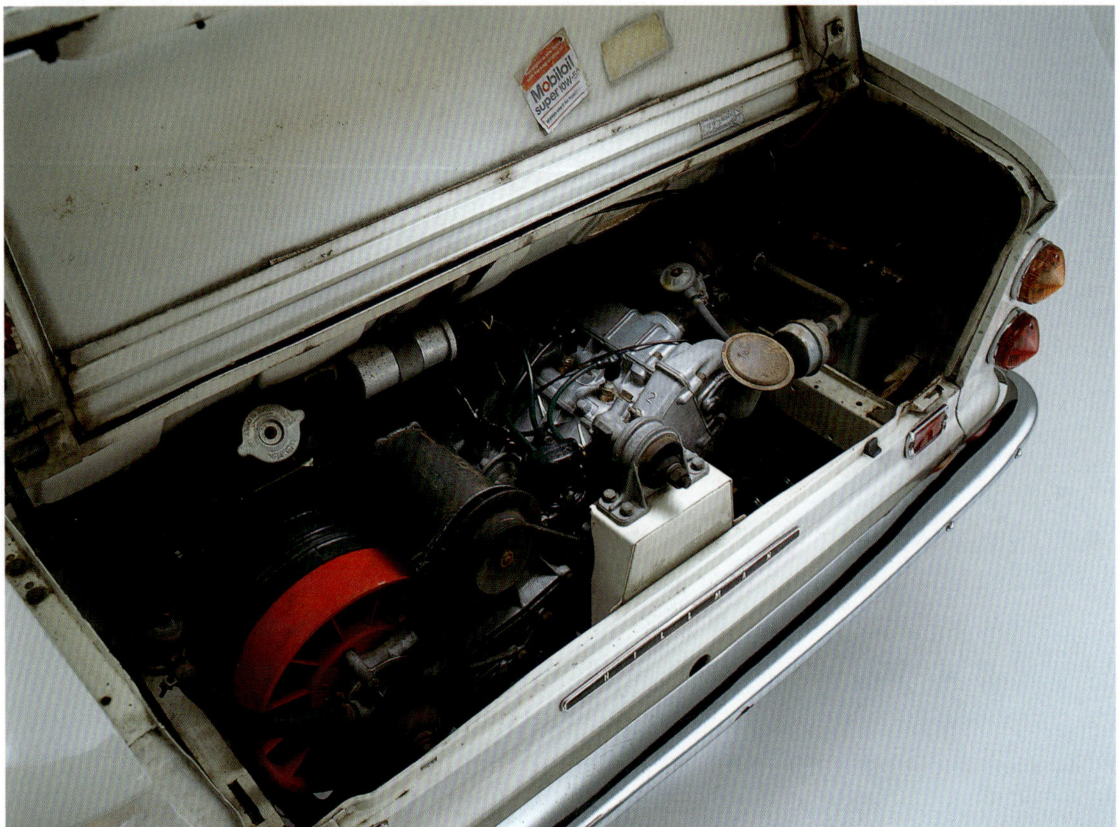
Mobiloil
super

95

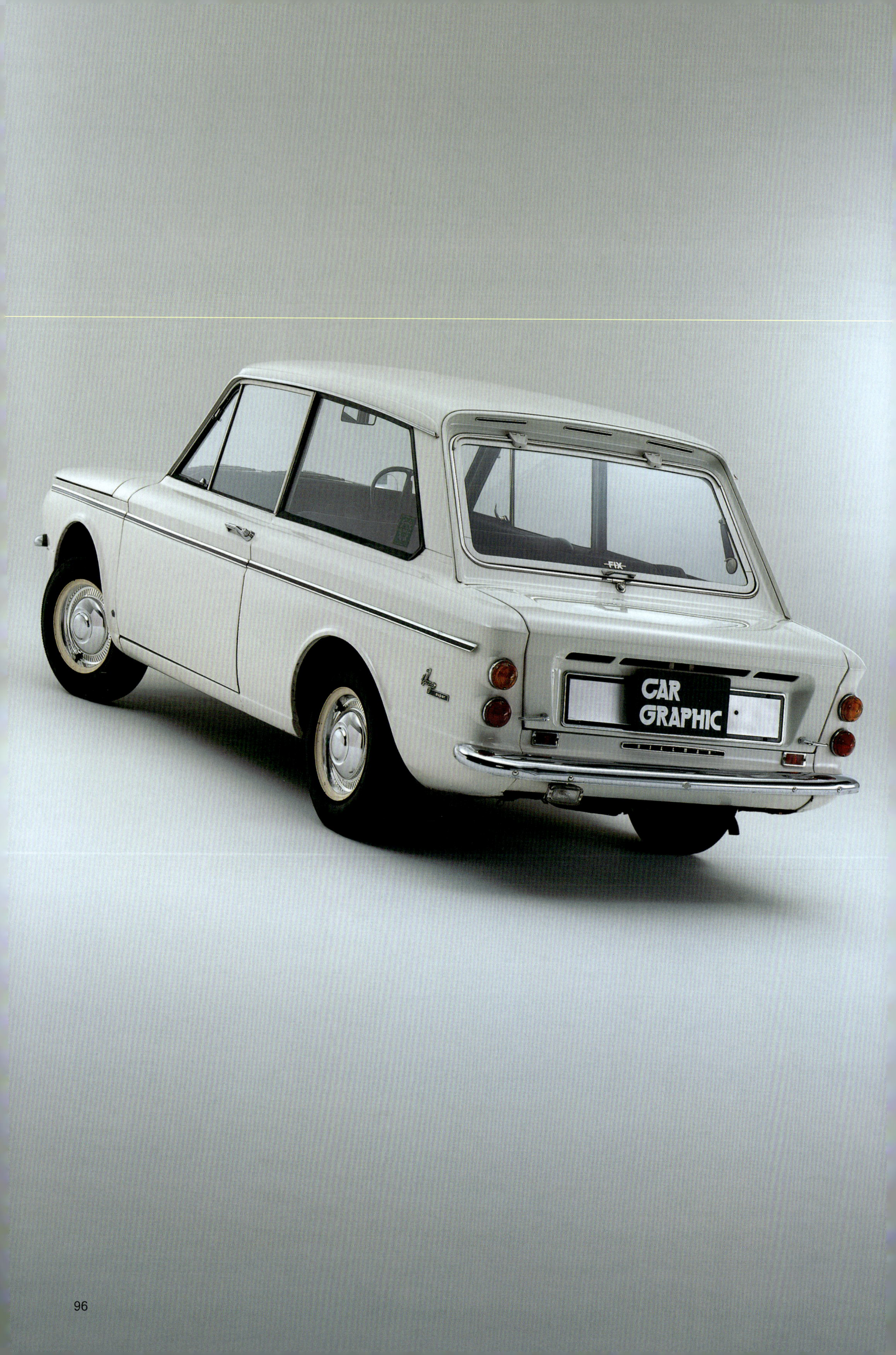
CAR
GRAPHIC

■闇の中の話

　前回の「ボルボP1800の巻」でP1800のデザイン・ヒストリーにはちょいと不明瞭な点があるといったことを書いた。しかしそのエピソードを尻切れトンボにしか紹介できなかったので、まずこの話から始めよう。これはデザイン・クレジットに関するハナシであり、普通はあまり表面には出てこない性質の話でもある。

　ボルボP1800はイタリアの車デザイナー、ピエトロ・フルアの手になるデザインであるとボルボは公表しており、同車デビュー以来一般にそのように信じられている。しかしP1800はフルアではなく、実はペレ・ペーターソンというスウェーデン人がデザインしたらしいとも一方ではささやかれており、どうもこの辺がとてもモヤモヤしているのである。ボルボP1800のデビューは1960年代初頭、コトの真相はもちろんとっくの昔にカスミのかなたである。何がどこまで真実であるか保証はないが、ワタクシの知るところによると以下のようなストーリーが語られている。

　順をおって説明すると、まずボルボはP1800のデザインにあたり、トリノのカロッツェリア・ギアとピエトロ・フルアのスタジオにプロポーザルを依頼した。フルアというのはマセラーティ等を手がけて当時少々注目を集めていた独立デザイナーだが、その時代のボルボ自社のデザイン体制はまだ弱体で、P1800はファッショナブル路線のスポーティ・クーペであるから同車のデザインを彼らが外部に注文したことは理解できる。

　さてこの車のデザイン審査の日、審査の場に提示されたのはギアから3案、フルアから3案、しかしそれだけではなく件のペレ・ペーターソンなる人物のプロポーザルが1案、そこには加わっていたと言われる。ペーターソンはアメリカンで学びイタリアで経験を積んだ工業デザイナーだったが知名度から言えば無名に近い。ではなぜこの人がコンペに加わることができたのか？　スウェーデン人だからかな？　それもあるだろうがそれだけではない。実はペレ・ペーターソンの父親というのが当時のボルボにおいて相当の地位にあり、すなわちこのオヤジの「引き」によって息子がP1800のデザイン・コンペに参加することになったのである。

　さて、審査の場に並べられたプロポーザルは、どの車が誰の作であるかはわからないよう、無記名でプレゼンテーションされていた。しかし審査が始まると同時に同社の最高責任者、つまり当時のボルボの社長氏は迷わずひとつのプロポーザルに歩み寄り、コレダ、これがいい、これに決めたっ、と明快な決定を下した。社長が選んだのはペレ・ペーターソンのプロポーザルだったのである。フーム、でもどうだろう、こいつは何か裏で根まわしでもあったかのように疑える状況とも言えるがどうなんでしょう？

　ところがそれがそうではなかったのだ、というかそこにはそんな部外者のヤワな想像を超えるもっと奇々怪々のシガラミがひそんでいたのである。すなわち、どうやら話は逆だったらしいのである。

　「逆」とはどういうことかと言うと、前述のようにペレ・ペーターソンの父親はその頃ボルボの要職にあったが、どうもこの父ペーターソンと社長氏とは社内であまり折り合いがよろしくなかったらしいんですね。だから本当は社長としては、なるべくならペレ・ペーターソンのプロポーザルだけは選びたくなかった。ところがプレゼンテーションが無記名で行なわれたため、社長はわからずに、うっかりコイツを選んでしまったというのが真相だったらしいんですね。

　だから後になって「あれはペレ・ペーターソン氏のデザインです」と聞かされて社長は真っ青になったが、時すでに遅く決定は変えられなかった。しかし真っ青になった社長は次に真っ赤になって社内にゲンゼンたる命を下したのである。「事実が何であれ今後この車はあくまでピエトロ・フルアのデザインということで押し通すように！」

　ペレ・ペーターソンがそのイタリア時代に一時フルアのスタジオに在籍していたことも、かかるトリックを弄するに好都合であった。かくてボルボP1800はピエトロ・フルアのデザインと公表され、そのように喧伝されて、あわれペレ・ペーターソン氏は与えられてしかるべきこの車に関するデザイン・クレジットを得ることができませんでした、と、以上が僕の知るボルボP1800のデザインにまつわる「裏のストーリー」である。

　……どうです、こういうことって本当にあるのかと思われますか？　前述のように、今のストーリーの真偽についてはもちろん今や遠くカスミのかなたにかすんで何とも言えない。しかし一般的に言って、こうしたたぐいのデザインをめぐるトリックが行なわれることって実際にあるのか、と問われればワタクシにも明快に答えることができる。答えはyesである。デザインの世界、すくなくとも欧米の自動車デザインの世界では今のボルボの話程度のことはいくらでもある、いやもっとエゲツない話だって僕は数え切れないほど見聞きしている、というのが本当のところ。いやーヨノナカってなかなか複雑なもんですねー。

　てなわけで、今回はクルマ・デザイン界の、あまり表面には出さぬ「ヤミの部分」についてちょっとだけ触れているわけであります。こわいですねーこわいですねー。何であれ人間のすなることであれば色々あるのはまあ仕方ないが、では「ヤミ系」の話のついでにもういっちょう、ただし今のとは少々異なる方向のエピソード、そしてヤミ系と言ってもそれほどはクラくなく、どちらかというとユーモラスと解釈することもできる話（と思う）を紹介する。

　今のボルボの話にも出てきたように「自動車デザインと言えばイタリア」といったイメージが昔は今よりもずっと

強力だったから、ボルボがP1800を「フルアのデザイン」と発表した裏にはこの車を「自国産のデザイン」と言うより「イタリアン・デザイン」と宣伝した方がパブリシティ効果が大きい、という計算も当然あったのだと思われる。

さて。これももうずいぶん古い話だから書くが、トレヴォール・フィオーレという自動車デザイナーがいたことを憶えておられるだろうか。フィッソーレ（これまた違うスタジオですね）と組んでエルヴァやTVRに関わったり、スイスのモンテヴェルディに関与したり、一時はシトロエンとも関わったりして昔のCGに何度もその名が登場したことがある。

しかしである。実を言うとトレヴォール・フィオーレという名前の人はいなかったのである。いや正確に言うと"フィオーレ"というファミリー・ネームを聞けばイタリアだと誰だって思うだろうが、この人、実は英国人。それで氏名も本当はまったくフツーの英国名。しかし「クルマ・デザインはイタリア」というイメージの強い時代、それを利用しないテはないと思ったのか、彼、イタリア人としか思えないこの「芸名」をあみ出し、ま、少々悪く言えばイタリア人になりすましていたわけである。

こんなのはご愛敬というかワタクシテキには目くじら立てる気などさらにないのだが、ただそれで彼の商売ホントにうまくいったのか、逆にこれってあまり割に合わないかなりツラい方法ではなかったろうかとは思う。だって売り込みに行ったって相手はとりあえずこちらを「カックいいイタリア人デザイナー」と思って迎えるわけだから、いきなり「私は英国人です」と言ったらおかしいと思われるうだろうし、ヘタすればそれで信用を失うこともあり得る。かと言ってずっとイタリア人で通すのは限界があるに決まってるし、ずいぶんこの人は本来する必要のない苦労もしたのではないか。本人も最初はいいアイデアと思えた自らの作戦がだんだん面倒になって「こんな作戦やめときゃよかった」とか思ったのではないか。まあなんにせよこんなのはちょっとカワイイ。マメな人っているもんだなとも思う。

■なかなかよいできじゃ

さて例によって話は突然変わり、ここからは本題「ヒルマン・インプ」である。突然ついでにひとつの結論を述べてしまうなら、この車は1960年にGMが世に送り出したリア・エンジン車、シボレー・コーヴェアがデザイン的に大影響を与えた世界の数多くのクルマの一台である。たった一台の車が及ぼしたデザイン的影響力の大きさでシボレー・コーヴェア以上の車を僕は知らない。だから今これを書きながらどっちの方向に話をススめようかと考え中のワタクシとしても「コーヴェアの影響」という切り口から突っこめば話はぐんぐん展開することはわかっている。

だがひとつここに問題がある。それはつい先日のこと、CG編集部にこの後に登場させたい車の候補を挙げよと言われて「コーヴェアなんかどうスかにィ」と気まぐれを言ってしまったことだ。きっと彼らはどっかから見つけてくることであろう。つまり今あまり同車に関連した話題に調子に乗って突っこむと、その時になって話が重複して困るのではないか。ケチな話で申し訳ないが。言い忘れたけどコーヴェアはもちろん初代のやつでそれも4ドアをお願いしますよ。

そんなわけでコーヴェアの影響については今は言及しない。また影響は影響としてもヒルマン・インプという車はちゃんとこの車なりに相当の造形力を感じさせるものだと僕は思っている。つまりいくらよいお手本があってもそれだけでデザインってうまくいくものではない。とにもかくにも、この時代のヨーロッパのリアエンジン車が似たり寄ったりになりやすかった中でインプは立派に「インプならではの形」に到達している。それだけでもたいしたものではないか。

この車のカタチの構成は複雑なものではない。ベルト・ラインを極力低くとり、強い水平線の反復でその低さをさらに強調したロワー・ボディ。その上に乗っかった逆に思い切り背を高くとった大きなグリーン・ハウス。

マンガにはよくこういう上下プロポーションの車が出てくるがやはり車内の人物を描きやすくするためでしょうかね、でもこういうでっかいグリーン・ハウスっていかにもサン・ルーム然として陽当たり良好そうでとてもいいんじゃないでしょうか。

サテこの車、「形の構成」ということで言えばあとはもう特に書くことも見あたらないようにも思う。マスも面も線も、どこをとってもまっすぐに近い単純なものでむずかしい変化などない。しかし僕はこのシンプルさに文句をつける気はサラサラない。文句どころかヒルマン・インプの造形的価値はむしろこの単純さにあるのではないかと思う。単純で、そして迷いがない。繊細さとか「味」は期待できないがそのぶん見ていて疲れない。サイズの小さい車だからこれでよいし、もっと高級感をとかもっとスピード感をといった余計な考えが混入していないから印象がストレートで清潔である。しかも全体形がまずまずバランスよく安定しておりなかなか結構、インプって小品ながら作者の力量を感じさせる佳作と言ってよい出来の作品なのではあるまいか。

■立て万国の労働者

……と、のどかな日曜日の新聞の投稿俳句の評みたいなことを書いたが、しかしヒルマン・インプをめぐる時代背景に目を向けると、この素直なキャラクターのデザインが実はそうそう甘い渡世の産物ではあり得なかった事情が見

えてくる。

　ヒルマン・インプの生産は1963年に始まり1976年まで続いた。長寿おめでとう、かな？ しかしこの生産期間って英国史上最悪のブラック・エイジとまさにオーバーラップしているとも言えるのではないか。

　この時代の英国に労働争議が蔓延していたことはよく知られているが、インプはヒルマンの本拠コヴェントリーから遠く離れたスコットランドのグラスゴーの新工場で生産された。グラスゴーと言えばかつての造船の街。しかしこの時代英国の造船業はすでに（主に日本によって）世界市場から駆逐されており、それであぶれた大量の失業者をかかえるグラスゴーにヒルマンは、政府指導によって新工場を建てさせられたのである。なんか始まりからしてちょっと暗い。

　危惧されたとおり操業直後からこの新工場ではストライキが頻発し、実際に毎年何十回という頻度でその生産はストップし、結局新工場はそのキャパシティの3分の1しか使われることはなかったという。まあひどいものだ。そしてインプ生産4年目にはヒルマンの元締めルーツ・グループは自動車事業のすべてをクライスラーに売却。のちにそのクライスラーもゆき詰まってプジョーにすべてを売り払ったときがインプの終わりだった。長寿というより、会社にモデルチェンジする余裕がなかったのだろう。

　しかし仮にストライキのことがなくても、全般的に英国車の凋落が決定的となったのはまさにこの時代だったと思う。低い信頼性、ボディは錆びる、新車のときからオイルがもれるしケーブルはのびる等々、英国車の評判はさんたんたるものだった。いやワタクシのようなお気楽な「見た目係」の立場としてはそうした技術的雑事には目をつむってもよい。そのかわり目をつむることのできないのが当時の英国車のデザインだ。こうしたダウンした状況のときにはなぜかたいていデザイン・レベルもダウンしてくるもので、とにかくあの頃の多くの英国車、特に大衆車はひと目見て魅力がなかったですね。本国では「路上の蟹」とアダ名されたオースティン1800だの無印アメ車の縮小版としか思えないモーリス・マリーナだの、最も売れスジの車のはずだがもうちょっと何とかならなかったのかね（個人的趣味としては路上の蟹の方はちょいと気に入っているが）。

　つまりそうした困難な背景を考慮に入れるとき僕におけるヒルマン・インプの評価はさらに2ノッチほど上がる。ことにモダーニティという点から言うとインプのフォーム・ランゲッジは当時の英国民族資本系の車の中では思い切った近代感にあふれるもので、同時期のフランスやイタリアの同クラスの車と比べてひとつも遅れをとっていない。

　この時代の進歩的英国大衆車の代表と言えばすでにBMCのミニがあった。インプはミニに対するルーツ・グループの回答として登場した車と言われる。でも実際には技術的・設計思想的にインプにはミニほどの進歩性はない。しかし少なくともそのカタチのモード性だけは、インプが明らかにミニより一歩も二歩も新しい感覚を備えたものであったことはたしかで、僕にいわせりゃミニをサザエさんとすればインプはレナウンのイエイエ娘ぐらいの差がある。のちにイエイエ娘は大半の人々から忘れ去られ一方のサザエさんは後世にまで残り、インプとミニもそれと同様の運命を辿ることとなるが、それはまた別のことだ。ミニとインプの発表は4年ほどしかずれていないが、ミニの方は英国車が戦後最も調子に乗っていた時代のおとし児だったという点もやはり影響しているのかもしれない。

　自動車デザインという仕事は自動車をデザインするというそれだけのことを目的とする仕事のはずである。評価の規準はよいデザインをすればヨシ、その逆ならダメという、まともに考えればそれしかあり得ない単純なビジネスのはずである。しかし現実世界におけるこのビジネスは、前半にも記したようにおうおうにしてそんなに簡単で明解なものではない。不透明なところもたんまりとある複雑カイキなシゴトなのである。もちろん他のどんな分野だってそうそう単純明瞭なシゴトなどありはしないだろうが、これからデザイナーになろうなどという人がこれを読んでいたらアナタ、そういうことも心得ておいた方がよいかもしれませんよ。

　ヒルマン・インプにしても今では歴史のひとコマとしてコケむした存在となっているが、この車のデザインについてだってその開発・決定・発表とその後にわたりいったいどれだけの表には出ぬ「裏のストーリー」があったものか知れない。しかも「裏のストーリー」って状況がダウンしている時の方がエゲツなくなるのが普通だから、いつもウラを見ざるを得ないデザイン修羅界内側の僕としては想像するだけで気が遠くなりそうな気がする。これはまことに小品の佳作でして、なんてオットリしたこと、本当は言ってる場合か！ でも単純でしかあり得ないビジネスにも無数のトリックの種や仕掛けを考え出す人間の思考力ってすごい、という見方もできないではないけどな。てなわけで多少リアリズムで追ってみました。

　グラスゴーという街には一度だけ行ってみたことがありますがやはりとてもサビれた感じでした。造船業のことで対日感情が悪いという噂も聞きましたが本当でしょうか。

TRIUMPH TR4

レイランド・グループの一員であったトライアンフは50年代から廉価なロードスター、TRシリーズを販売していたが、その4代目にあたるのが1961年に発売されたTR4である。ミケロッティがデザインした同車は64年に後輪独立懸架装置を持ち、TR4とは異なるグリルを装備するTR4Aに発展した。パワーユニットは2.1ℓと2ℓという2種類の4気筒が用意されていた。写真は1965年式のTR4Aである。
全長：3930mm、全幅：1510mm、全高：1240mm、ホイールベース：2240mm。水冷直列4気筒OHV。1991cc、100ps／5000rpm、16.2mkg／3000rpm。縦置きフロントエンジン-リアドライブ。サスペンション：独立 ダブルウィッシュボーン（前）／独立 セミトレーリングアーム（後）。

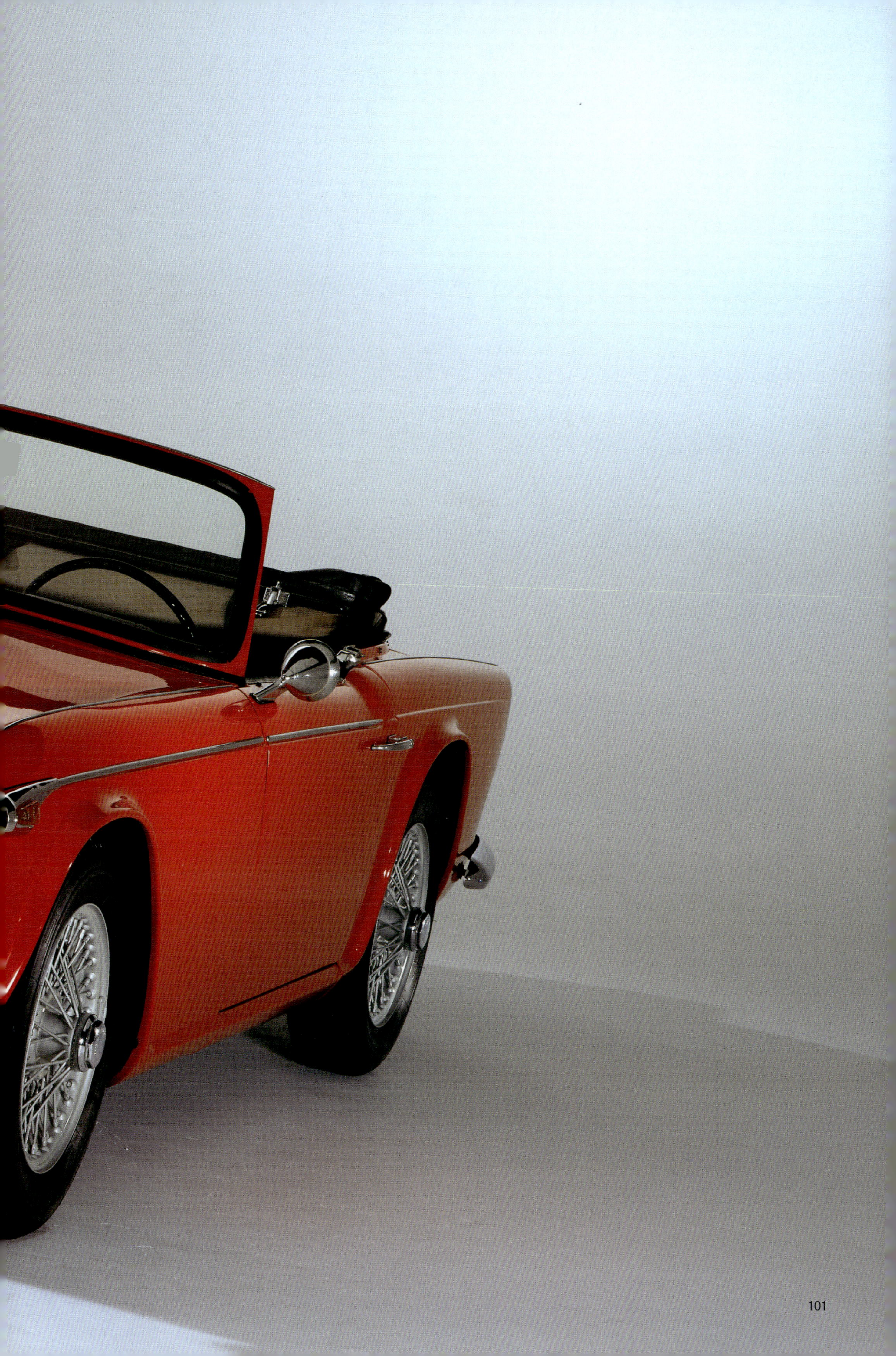

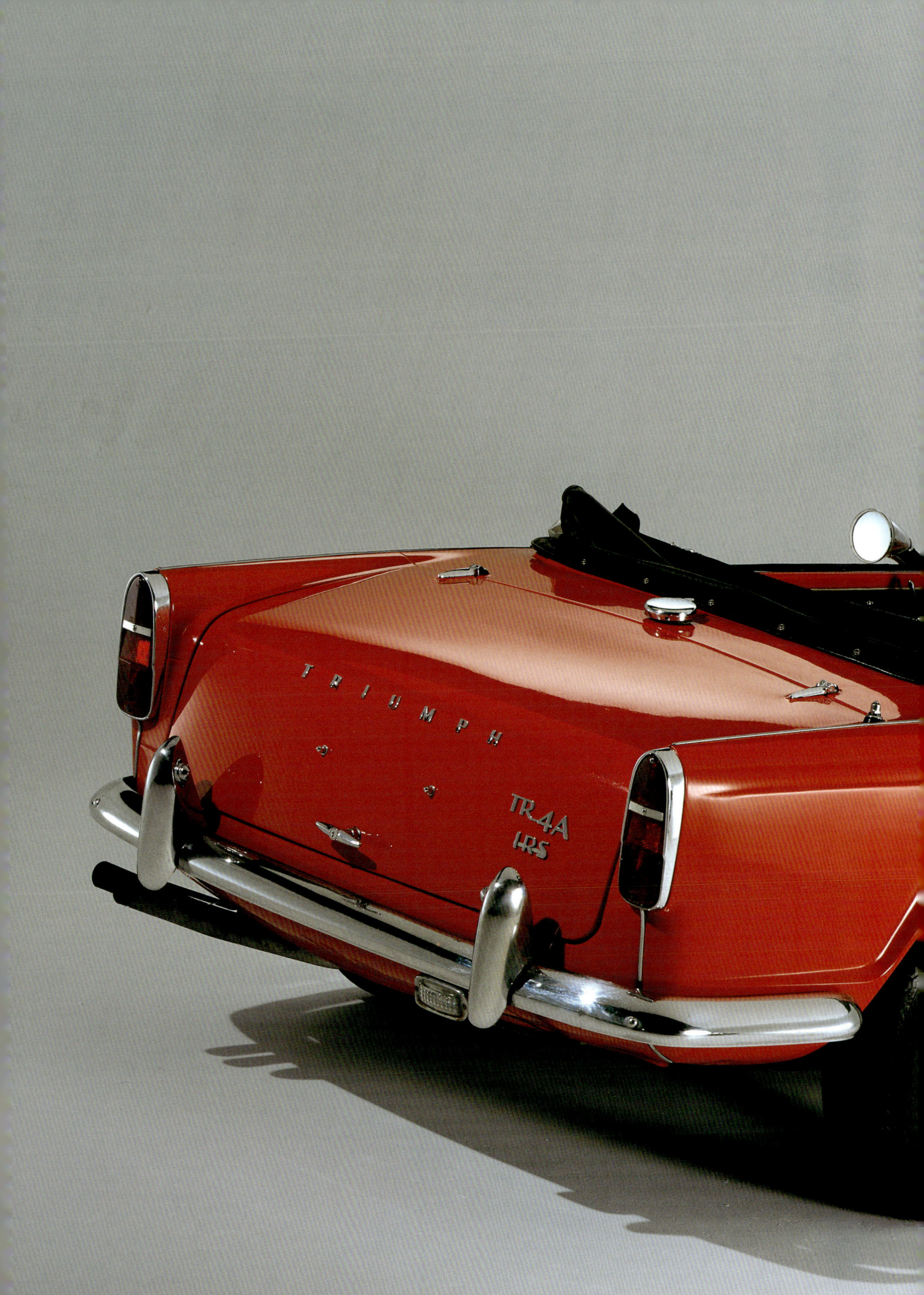
TRIUMPH
TR4A
IRS

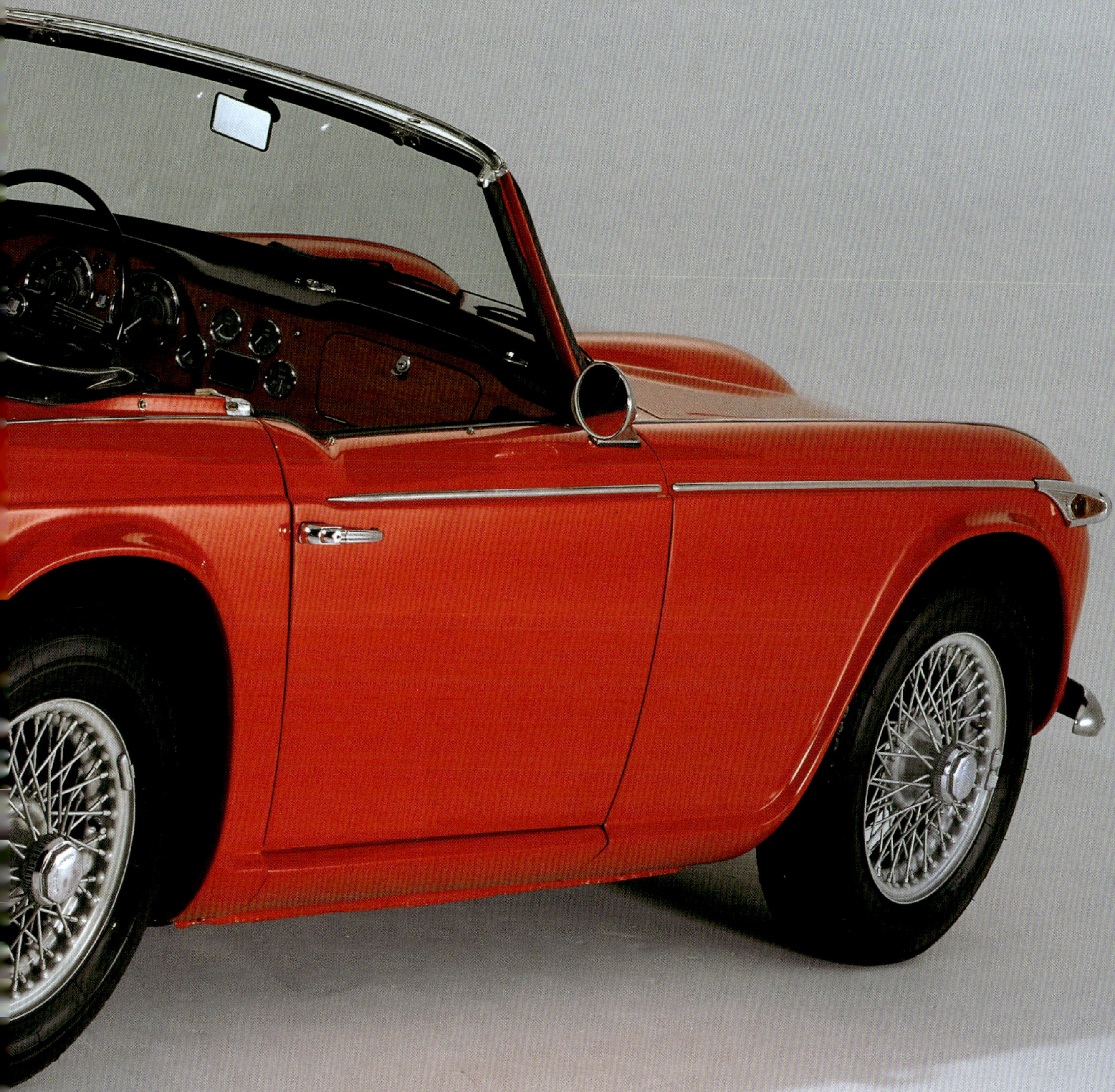

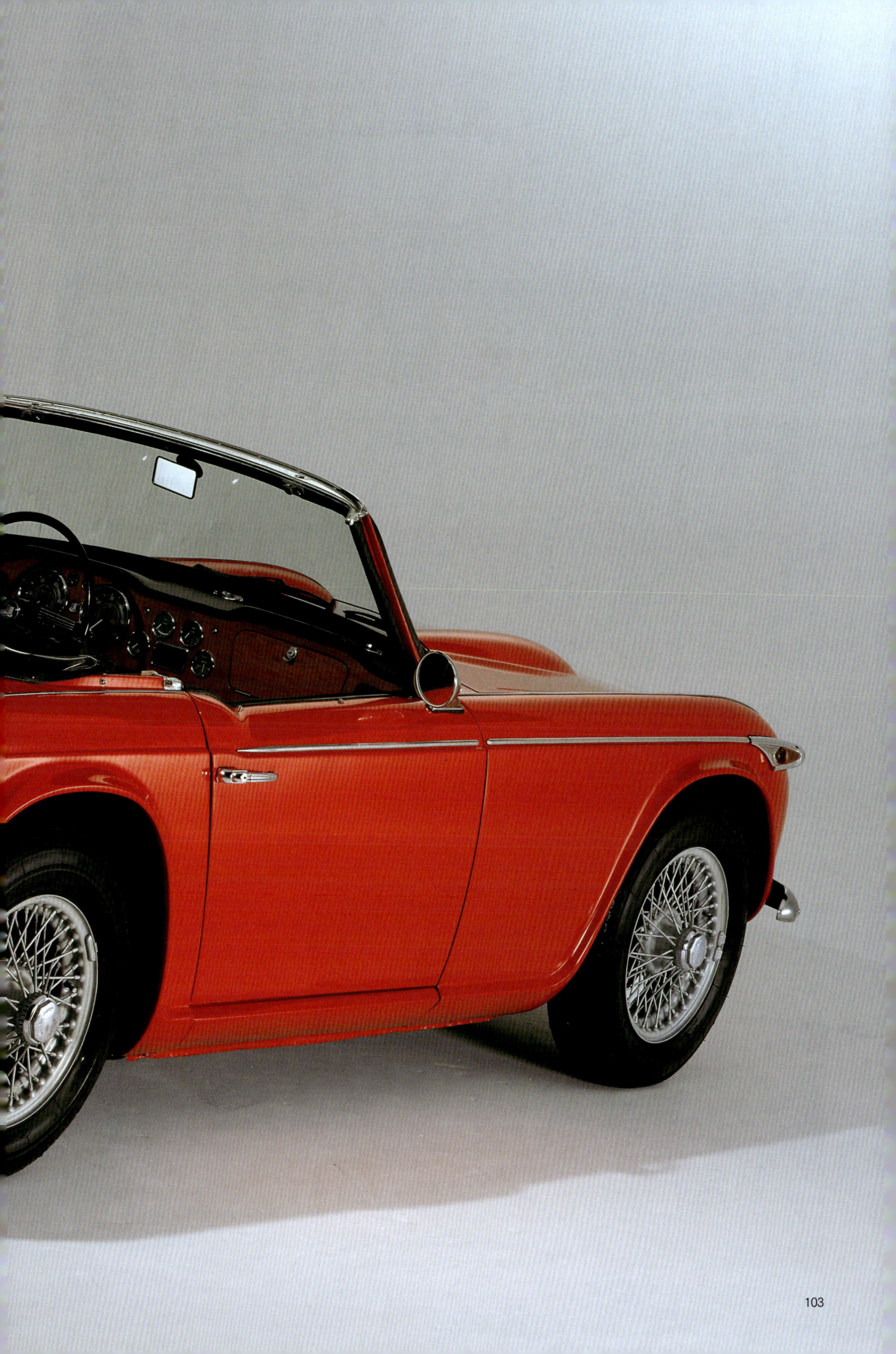

■いやし系

　前回はヒルマン・インプの巻であった。今回も英国車が登場している。そこでワタクシとしてはイントロに、なにか英国ならではの知られざる自動車関連名所でも紹介したいという気になっているわけである。

　英国という国に、僕は正式に居住したことはない。しかし仕事関係のなんだかんだで結局今までに合計1年ほどをこの国ですごしている。さてこの国のあまり紹介されざる自動車名所、これはいくつか思いつくのだが、とりあえずRACなんかはどうだろう。英国ならではという意味で、こいつは極めつけの名所だと思うのだ。

　RACと言えばRACラリーなどでも知られるがご存知ロ

ーヤル・オートモビル・クラブのこと。AA（オートモビル・アソシエーション）と並ぶ英国のロード・サービス組織である。会員になっとっきゃエンコしたとき電話すりゃ助けに来てくれる。つまり日本のJAFにあたる組織ということになる。が、実は話はそれだけではない。歴史をふり返るとその昔、RACすなわち「王立自動車倶楽部」の姿というのは現代のようなものではなかった。それはもっとずっと閉鎖的な、ごく限られた人々のための集まりだったのだ。

すなわちその発明期から1920年代ぐらいまで、自動車は社会のごく一部の上層階級の人々だけの持ち物だった。それもカネがあるというだけでなく「進取の気象に富みスポーツ・マインデッドな」特別にスマートな貴族の証しのようなものだったわけだ。それでこうした人々が寄り集い、「モータリングの楽しみを語り合う紳士社交の場」として19世紀の終わりに設立されたのがRACだったというわけ。この会に入会できる最大の条件は「自家用車のオーナーであること」。「王立」と名がつくのは時の国王エドワード7世（たしか）がやはりオクルマが趣味で「余はこの会が王立と呼ばれることを欲す」と宣もうたためとかで、しかしそのおかげでこの集まりにはさらなるハクがつくこととなり、旧世界の旧社会の旧人類にとって同倶楽部に属することはなかなかのステータス・シンボルと考えられるようになった……、と、今日の巨大なロード・サービス組織の姿からは想像もつかないがRACの発祥とはこういうものだったんだそうな。でもま、こうした由来もクルマの歴史の長いヨーロッパでのことであれば理解できないことではあるまい。

しかしモンダイはここからなのだ。実はこの旧旧づくしの原初の姿の王立自動車倶楽部なるものが今でもちゃーんと存在している、それも発祥当時とおそらく何ひとつ変わらぬ姿で、と言ったらどう思われるか。自動車なんてスマートな王侯貴族どころか労働階級の末端の女房子供だって無造作に乗りまわし、挙句には泥グツでドアをけっとばして閉めたりするのが当たり前となった今日、渋滞で身動きもとれぬロンドンの中心街に、このどう考えてもアナクロな倶楽部の荘重なる建物はたっている。

ただしロード・サービス組織としてのRACとコレとは別扱いで、このアナクロ倶楽部の方のメンバーになるには今日でもちょいと面倒な手順をふまなくてはならない。つまり新会員になるにはまず同倶楽部の現メンバー最低ふたりの推薦が必要で、しかるのちに理事会が審査しOKとなった人のみが新メンバーとして迎えられるシステムなんだそうな。

……なんかキビシソー、と思われるでしょう。ところが実はそうでもないというか、こんなのただのハッタリというか、まあチョロいものなのである。だって何を隠そう言うソタクシメだって一時期ここのメンバーだったんスから。その経緯は省略するが、とにかくワーキング・クラスの小生もこのアナクロな倶楽部に入り込むことを得、おかげで以下のような観察報告をものすことができたってわけなのである。

まず前述のように同倶楽部のメイン施設はロンドンの中心街にある。たしかにいかにも入りにくそうな雰囲気のエラそうな建物で、毎回会員証の提示をもとめられるわけではないが服装の規定はある。で、中に足を踏み入れると、さすがにハンパではありません。内装は「シャーロック・ホームズの時代から時が止まったよう」とか言うとありきたりの表現に聞こえるが、しかしこれが比喩でなく実際にそうなのだからしょうがない。また当然ながら非常にぜいたくなつくりで、壁を飾る複雑なモールディング、ぶ厚いカーペット、シャンデリア、ファイアプレイス。そこをめぐるいくつものクッションの抜けた古い巨大な革イス。執事然とした姿勢のよいスタッフたち。そこで葉巻をくゆらせつつ時間をつぶすいやに肌の真白々なロウ人形そっくりの正装のおじいさんたち。さあさ遠慮なく「モータリングの楽しみ」について語ってくれたまえ。しかし、インヤ、実際にはほとんど声を発する者とてなくものすごく静かな空間である。

上の階へ行くと図書室や会議室。この図書室は夜行くとローソクぐらいの暗さの、ひょっとしてエドワーディアン期の電球の買い置きをいまだに使ってやがるんじゃないかと思われるぐらいの燈りがポツリポツリとついているだけで、本なんか読んだヒにはものすごく目に悪そうである。ここではたいていおじいさんたちは気持ちよさそうに居ねむりしている。

地下には大理石づくりのプールがあり、その横手でちょっと物が食べられるようになっている。ここのクイモノがこれぞ純伝統的英国風ってもんなのか実にまずい。ある一角にはおそらく同倶楽部発足以来ずっとひっそりとその定

位置に置かれていたとおぼしきヒビわれた革装の巨大なゲストブック。よく見ればチャーチルか白洲次郎のサインぐらい見つかるんじゃないかと思いつつ、結局はちゃんと見なかったが。

ともかく、ここにいるとなんだか戦争も経済恐慌も植民地の独立も、そういう浮世の雑事は何もかもがなかったことのように、あるいはまだまだずっと先まで起こるはずのないことのように思えてきてしまう。ここではすべてがオールド・ファッションだが、ただ古いのではない。ドイツでもフランスでも古い建物がそのままの姿で残されているという例はもちろんいくらでもある。しかしそれらは歴史文化財的な意味で保存されているわけである。それに対して王立自動車倶楽部はどう見ても「本気」である。遺跡保存でもノスタルジーでもなく中へ入るとまさに過去が過去の空気も人間もそのままに現在進行しているようである。ああこれぞ英国、これぞアナクロ。すばらしい！

■ダラク論

さてトライアンフTR4。なかなか魅力ある車だと思う。またこの車を見ていると、この時代の英国の車メーカーには結構近代化路線をイッているものもあったんだな、と感心もする。左様、TR4のデザイン・コンセプトは当時相当に思い切った、進歩的なものだったのだ。フーンどこが？

少々説明すると、まずTR4はイタリアのジョヴァンニ・ミケロッティのスタジオでデザインされた。1950年代後半からしばらくの間、トライアンフはスタジオ・ミケロッティの最大のおとくいさんだった。

同じ頃、英国最大手のBMCはやはりトリノのピニンファリーナとデザイン契約を結んでいたが、トライアンフとミケロッティの関係はそれよりずっと密なもので、おそらく英国の車メーカーがこれほどイタリアの車デザイン屋と強く結びついた例は他に歴史上ないだろう。ミケロッティはTR4の他にもヘラルド、スピットファイア、2000、1300等々、長年にわたりトライアンフに数多くのデザインを供給し続けた。

両者の関係がここまでうまくいった裏にはある人物の活動があったことが知られている。すなわち両者の間にはレイモンド・フラワーズという名の英国人が一枚噛んでおり、この人がやり手のセールスマンだったらしいのである。

そもそもトライアンフとミケロッティの関係は1950年代半ばのある日、このフラワーズがトライアンフのエライさんたちの前で「今トリノに大変な天才デザイナーがいる。でも世界中の車メーカーが彼をさらおうとコシタンタンとしている！」と熱弁をふるったことから始まったと言われている。さらにモノの本によればその時彼は続けて「ワタシに3000ポンド渡せば今すぐこのイタリアンと契約して3ヵ月以内にヨダレものの新デザインを、それもクレイ・モデルなんかではなく走行プロトタイプの形で皆さんの前にご覧にいれる」と大見栄を切ったそう。そこで半信半疑で金を渡すと本当に3ヵ月後、カッコいいイタリアン・デザインのピッカピカのプロトタイプがトリノから届けられてエライさんたちは驚倒したそうな。

当時の3000ポンドがどれだけのカネかよくは知らないが、たいした高額ではなかったことはたしかだ。また自動車のデザインをゼロから始めて3ヵ月で走行プロトタイプ完成というのは常識では考えられない早業である。ただ唯一昔のイタリアでのみこんなことが可能だったのだ。造形的水準ももちろん高いし、こりゃ仲介人もかなり儲けたんじゃないか。ま、ともかくもこんな具合にスタートしたトライアンフとミケロッティのコラボレーション、TR4もまた両者の関係の成果である。まずはこうした事実を踏まえて、それでは先程述べたこの車が、当時としては進歩的コンセプトのデザインだったというのはどういうことかと言うと、何よりもそれは先代からのジャンプの大きさということなのである。

TR4の先代、先々代にあたるTR3とTR2は、デザイン的に両者ともほとんど同じ車だったが、これはハッキリと戦前から尾を引いた造形の車であった。すなわち英国にはご存知モーガンというシーラカンス級のスポーツカーがいまだに存在しているが、TR3、TR2はほぼあれと同世代に属する古い車であった。それは単に形が古いというだけでなく、サイド・グラスももたないベニア板のような薄いドアの切り欠きからひじを突き出して走るような、耐候性とか居住性といった女々しい方向には目も向けずに、バイクのように吹きっさらしの中で、時には雨風を全身で受けながら走るのこそが正統派という、戦前以来の昔風のスポーツカーの文法にのっとった車だったわけだ。

そのクラシックな"リアル・スポーツ"が売りの先代までに比べればTR4は乗用車である。いやよく見るとTR4は思想的には当時のヘタなセダンよりもよほど近代指向なところすらあり、たとえば三角窓を廃した代わりに室内にベンチレーション・システムを備えたり、トランクの容積をそれまでに比べれば次元の違う実用となり得る大きさにまで拡大したり、さらには幌のかわりにオプションでのちのポルシェのタルガ・トップの元祖とも呼ぶべき金属製の半オープン式ハード・トップまで用意したりと、全体的に近代・安楽・マイルド化傾向が顕著である。すなわちもうこれはスポーツカーと言ってもオジサン、オバサンだってラジオなんか聞きながらイージーに乗れる車なのである。

ところがご想像のように、こういう軟化を喜ばぬヒトビトはやはりいる。「ウムム、ダラクしおって！」というわけだ。果たしてTR4が発表されるやさっそくアメリカ市場

から厳しい文句が出た。ワイルドを旨とするランボーの親たちは「こういうメメしい車は造ってくれるな」と主張したのである。実は先代、先々代のTR3、TR2のほとんどはアメリカに輸出されていたのだ。そこでこの意見は無視することのできぬものとなり、U.S.ディーラー連の要請に応えてトライアンフはすでに生産の始まったTR4の横手でTR4のシャシーを流用しつつわざわざ古いTR3のボディをのせたTR3Bと呼ばれるモデルをしばらくの間つくらなくてはならないハメになったのである。

……美学の違いというか血液型の違いというか、しかしこれがTR4の「ジャンプの大きさ」ということなのである。先代との「世代の断絶」は深い。これをデザイナー風のコトバに直すと「TR4のデザイン・コンセプトは進歩的なものだった」ってな言い方になるわけである。まあよく聞くコトバだけどね。

■サバ

さてその基本コンセプトのみならず、スタイリング的に見てもTR4は当時の車ファッション界の中で充分に「ススンだ方」に属していた。BMCが手を組んだピニンファリーナを大御所とすればミケロッティは当時の伊クルマ・デザイン界の若手ナンバーワンである。その新進気鋭が腕をふるったのだから当然とも言えるが、TR4は同じ時代のイタリア製のファッション・リーダー的スポーツカー連と比べて少しも時代遅れという印象はない。戦後、1950年代を通じて英国車のデザインはおしなべてモーレツに保守的だったからファッション的にもTR4のとった「ジャンプ」は大きかったのだ。

もっとも、より突っ込んで見ればTR4はタテ・横・高さ・ホイールベースの寸法がどれもごく近い同世代のアルファ・ロメオ・ジュリエッタ・スパイダーなんかと比べれば遅れてはいないが、多少大味というか骨太というか、ああいう華、ああいうナチュラル・エレガンスには欠ける。しかしだからと言ってこれはTR4が劣っているということともちょっと違う。タイとサバみたいなものか。繊細な味わい舌ざわりのよさ、タイを食べればサスガと思うが、ではサバがそれに劣るかというとそういうことでもない。

サテTR4、その開発段階ではミケロッティはいくつかの異なる方向のデザインを提案していたことが知られている。その当時トライアンフでは社内開発コード名についてヘンテコな習慣があり、"Z"ではじまる4文字の言葉を色々さがしたりつくり出したりして開発中のプロジェクトにつけていたが、最終決定となったTR4のデザイン案は社内で"Zest"と呼ばれていたものだそう。

実はTR4のデザインについては最後の最後まで有力な2案が争った。と言ってもどちらにしてもミケロッティの手になるものだったが、まあ社内で何があったのかワシャ知らんがケンケンゴウゴウずいぶん揉めたようである。最後まで争った対抗案は社内で"Zoom"と呼ばれていたもので、ある時点まではこちらの方が有力でほとんど決定していたらしい。そのためトライアンフはこの"Zoom"のボディをファイバー・グラスで何台か製作し、それをかぶせたレースカーを1960年のルマン24時間に出場させたほどである。TR4の発表は1961年、前年6月のルマンはもう発表寸前と言ってもよい時期だ。

しかしそのご"Zoom"は急拠破棄され"Zest"案が浮上することとなる。両者の違いは主にフロントエンドで"Zoom"の方はもっとコンベンショナルな構成、ヘッドランプがフェンダーの先端に配置され両フェンダーの間に低いグリルが配されたものだった。

TR4の発表後もトライアンフはルマン24時間のために特製ボディのレースカーを製作することがあり、それらを"TRS"と呼んでいたが、それらもすべてミケロッティが手がけたものと言われている。1962年用に1台だけ作られた"TRS"はものすごくカッコイイ車だった。およそトライアンフと名のつく歴代の車の中で最もコーフンを呼ぶ最も美しい車はこいつだったと僕は確信するが、この頃ちょうどスタンダード・トライアンフ社は商業車メーカーのレイランドの傘下に入り、その際のディレクション変更のあおりをうけて同車は結局レースに出場することはなかった。ザムネン。

サテ英国というのはいろいろな面で保守的な国だと思う。車デザイナーの立場で英国人と話をすると、要するにこの人たちは「モデルチェンジ」ということをまったく望んではいないのではないかと、太古のベントレー3ℓやR-Rシルヴァー・ゴーストが今でも買えればそれが一番しあわせな人たちなのではないかと思わされることもよくある。さしずめRACのおじいさんたちなんかはその代表格か？ こういう気質でビジネス的にトヨタとかに立ち向かおうってのはだい無理があるんじゃないか？

歴史をふり返ると、ちょうどTR4の頃が英国自動車工業が世界の時流をリードし得る活力を保持していた最後の時代だったのだと僕には思われる。クラシックな自動車のヨサは僕にもわかるがその後の英国車の辿った道を思うと、ランボーの親たちの反発を喰らうぐらいの進歩的デザインを採用したトライアンフのエライさんたちはホントーにエラかったんじゃないかと感心せざるを得ない。

トライアンフの開発コードには前出のふたつの他にも"Zobo"とか"Zeta"、"Zebu"などというヘンな名が色々あったそうです。なかなかイイ。

CITROËN DS21 PALLAS

1955年にDS19としてデビューした当時のシトロエンの最高級モデル。最大の特徴はハイドロニューマチックシステムを搭載したことだが、その他にもスケルトン構造のボディや油圧式2ペダル4段マニュアルギアボックスなど、先進技術が満載されていた。写真の車は1968年型のDS21である。
全長：4875mm、全幅：1805mm、全高：1400mm、ホイールベース：3125mm。水冷直列4気筒　OHV2バルブ。2175cc、106ps／5500rpm、17.0mkg／3500rpm。縦置きフロントエンジン-フロントドライブ。サスペンション：独立 ダブルウイッシュボーン（前）／独立 トレーリングアーム（後）。

110

111

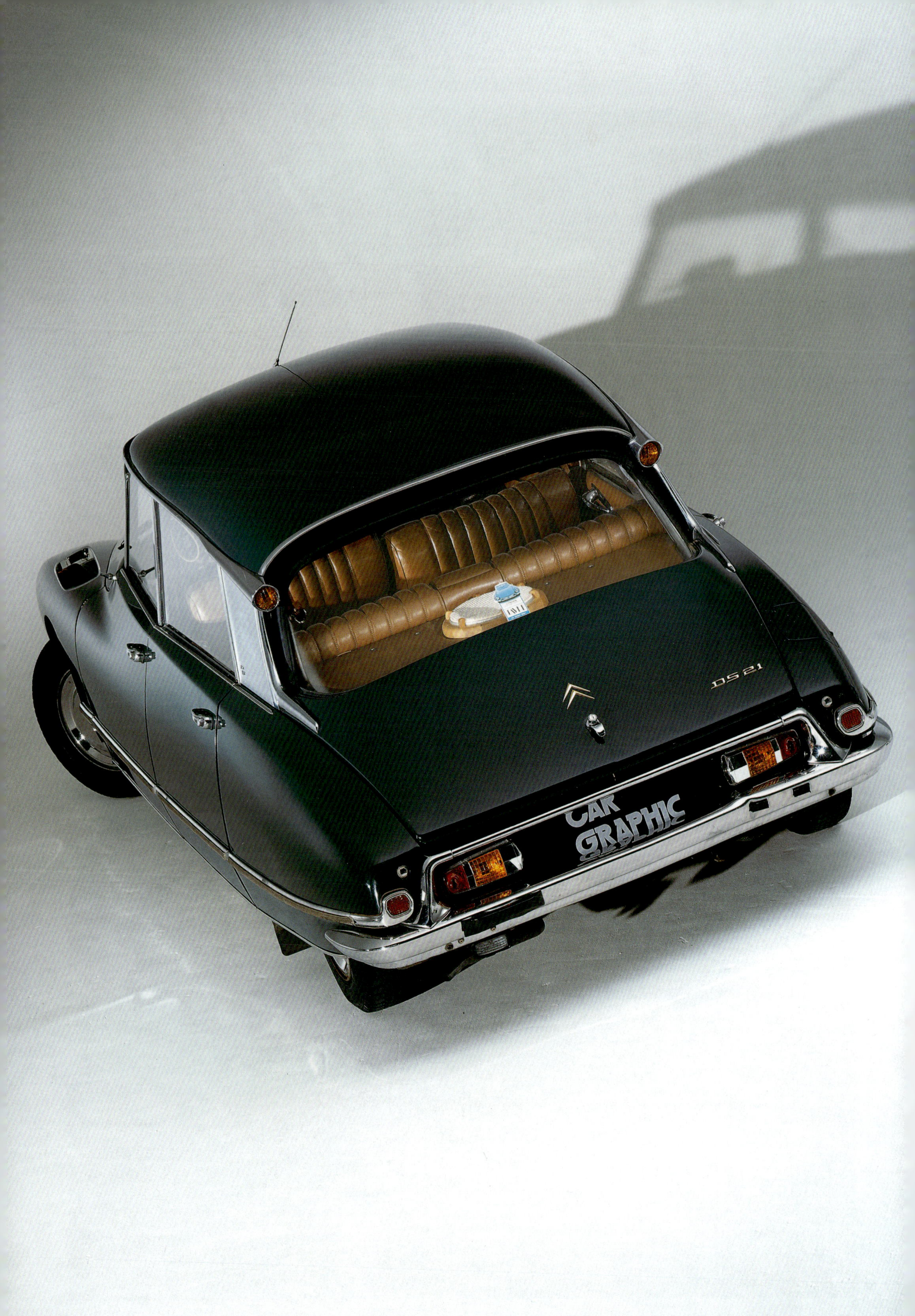
DS 21
CAR
GRAPHIC

シトロエンDSがここに登場するのは2回目である。この車の他に二度出演した車は今のところ1台もない。なぜDSだけが二度出てくるのか。編集部が前のことを忘れてうっかりこの車を手配してしまったから、なら面白レーのだが、残念ながらそうではなくワタクシがお願いしたのである。前回あまりにも書き足りないと思ったので特にオネガイしたわけであるが、しかしすでにわかっているのである。こうして2回登場してもらってもこの車についてはとても思うような解説などできるものではない。

　デザイナーの目で見てシトロエンDSという車は歴史上最も特筆すべき車の一台である。ひと目見てわかる、何というオリジナリティとモダーニティ！ しかしDSはただの「変わった車」、ただの「アヴァンギャルド」ではない。そのマスの配合とバランス、面の表情・コントラスト、動感、形のもつ雰囲気・情緒性といったことまで含めて、多くの面でこれほどのチョー高水準を達成した車デザインというのは歴史上ごく稀である。またこのカタチに隠されたような造形的計算のイミ深さにまで及ぶ内容をもった車はさらに少ない。個人的好みから言えば100点満点で軽く300点はいってしまう。アナオソルベシ。

　このスゴい車をデザインしたのはフラミニオ・ベルトーニ。この名前は以前は余程のマニアにしか知られていなかったが、現在ではかなり広く知られるようになったのではないか。ベルトーニはあのカロッツェリア・ベルトーネとは何の関係もない人だがイタリア人。出身はたしかミラノの北の、アルファ・ロメオの本拠地であるアレーゼではなかったかと思う。で、この人、本業は彫刻家だったのである。本業を続けつつ1930年代から約30年間にわたってシトロエンの造形係をつとめていた。ベルトーニは彫刻に使うような作業台の上で粘土を使って自分でモデルし車をデザインした。

　サテそんなわけで、さっそくだがモノをみてみよう。いったいシトロエンDSのカタチってどのように成り立っているのだろう。他に1台も似た車はないと言われ、車雑誌ではしばしば「宇宙船のような」などとも形容されてきたDS。しかし落ち着いて見るとこの車、実は基本的には意外やクラシカルな自動車形態をまともにフォローしたカタチであることがわかるのである。つまりDSのデザインの基本となっているのは1930年代後半以降の流線形のファッションなのである（1955年発表のDSプロジェクトの発端はすでに戦前からあった）。

　DSのシルエットはご覧のように強力な意志でストリーム・ラインにまとめられて、それが「未来的」と見られる理由ともなっているが、これはむしろ過去のファッションの反復、あるいは理想化と見た方がよいだろう。流線形時代後期の独立フェンダーがボディに一体化してゆく頃特有の前フェンダーがサイド・パネルに溶けこんでゆく処理や、後輪を深く覆うといったファッションがDSに見られるのはそのためだ。実際この車の開発段階のスケッチを見ると戦後の流線形ハドソンあたりからの影響が見てとれる。

　ただし、そこに強力なマジックがかけられている。他の流線形車が過去の遺物となってもなおDSだけが特別扱いされ、ずっと後まで「未来的」と解釈されてきたのはなぜなのか？ ウーム。

　てなわけで、ここからDSマジックを検証してゆくこととする。まずは基本的なハナシ。メカニカル・パッケージングの話をザッとする。たとえばこのフロント部ですね。ご存知のとおりDSはフェイスリフトをうけるまではシングル・ヘッド・ライトだったが、いずれにせよこの車がこんな異様なカエル顔でなく普通のラジエター・グリルをもつフツーの顔だったら、それだけで全体の流線形も「未来的」などとうけとられることはなかったのだろうと思う。

　プラン・ビュー（平面図）が半円に近いほどに丸く、サイドから見ると閉じたムール貝のように尖ったこのカエル顔は明らかにこの車の前半部の独特なパッケージのタマモノであり、パワートレーンを通常とは前後逆向きに積んだFWDレイアウト、また冷却風を前から直接あてず、バンパー下の空気取り入れ口からシュラウドを使ってラジエターに導くというヘソ曲がりな方式なくして、しようにもできなかったカタチだ。

　メカニズムが外観に与える影響としてはサスペンションが流体式であることも大きい。サスペンションがなんで外観に影響するんだ？ いやするんである。この車の後半部分の独特なプロポーションを内側から規定しているのが実は流体式のサスペンションなのである。すなわち自動車の後部乗員の着座位置は後輪サスペンションのバネやアームの取りつけ位置と密接に関係しており、後輪の中心点とリア住人のアタマとの位置関係はサスペンション形式によってほぼ必然的に決定してしまう。シトロエンDSの後輪がリア・シート位置に対して他のどんな車にもあり得ないほど極端に後退してユニークな外観を与えているのは、この車のユニークな流体式サスペンションあればこそのことなわけです。

　ちょいと先を急ぐようだがテクニカルなユニークさということで、この車のボディにストレスのかからない車体構造のことも挙げておこう。およそ乗用車でシトロエンDSほどロッカーのボックス・セクションが大きい車を僕は知らない。すなわちドアを開けると敷居の部分にビルの鉄筋並みの構造材が通っている。そこだけを見ればエレガントとは言えないがこういうシロモノが使われたおかげもあって、ボディの方にはいっさい応力をうけもたせる必要がな

くなった。この車体構造の影響は外観上グリーン・ハウスにはっきりと現われている。当時としては異例に大きなガラス面積と極端なまでのピラーの細さがそれである。

　まだまだ他にもあるが、要するにDSという車は骨格や内臓の位置や大きさが通常の車とはおおいに異なる。いくら流線形時代のデザイン・テーマを継承していてもここまで中身が違うととても同類とは見えなくなる。これがDSマジックの第一。マジックと言っても手先だけの小ワザではない。骨格や内臓が異様なら外観も自然と異様な形態をとることは宇宙人解剖ビデオを見ればわかるではないか。

■彫刻の先生はこわかったな
　サテ、もうちょっと突っ込んだ話をしたい。
　自動車雑誌などでたまに車のカタチが「彫刻的なデザイン」と形容されているのを見ることがある。で、この言葉はどうも「エッジがシャープに残されたデザイン」といった意味で使われているようである。1970年代半ばからしばらくの間、世の車デザイン・ファッションはエッジのシャープに尖ったものが主流を占めていたが、その後90年代にかけては逆にソフトな石鹸かジャガイモのような形がもてはやされた。すると「彫刻的」と形容されるのは前者ということになる。やはりノミで何かを削り出すようなイメージがあるのか。しかし当たり前の話だが、本当は彫刻ったって色々あるので、丸い彫刻、スベスベフニャフニャした彫刻だってあるわけだ。「カンガエルヒト」とか「ミロノビーナス」とかを思い出してほしい。別にエッジが尖ってはいないでしょう？　だから僕に言わせりゃ「彫刻的」という言葉は本当はそれほど単純な意味ではないのだ。

　サテ、さきも述べたようにフラミニオ・ベルトーニは彫刻家である。晩年までそちらの世界でもかなりの評価をうけていたようだ。それで僕は彼のデザインしたシトロエンたちを見ているとなるほどこういうのこそある意味本当に「彫刻的な車デザイン」と呼ぶべきものではないかと思わされる。何と言うか考え方がすごく彫刻っぽいんだな。ただこのことを説明するのはちょっと難しい。

　一例としてDSのパーティング・ラインである。DSのドアやボンネットやトランクのパーティング・ライン（カット・ライン）はただ技術的、エルゴノミカルな必要性を満たすだけのために引かれているのではない。どのラインも造形的に大きな意味をもつよう周到に計算して引かれているのである。たとえばこの車、サイド・ビューをうしろから前へ見ていくと後フェンダー、後ドア、前ドア、前フェンダーとパネルの長さが順番に長くなっていっていることがわかる。しかもその変化の割合は正確な等比級数にしたがっているようである（とするとリア・フェンダーは少々長すぎると思われるだろうが、これはフェイスリフトを

うけた際に長くされてしまったためで、オリジナル状態ではDSのリア・フェンダーはもうすこし短かったのです）。
　また3本のドアのパーティング・ラインについて言うと、一番うしろのラインはわずかな後退感を、一番前のラインは強い前進感を、そしてまん中に位置するラインはその中間的なニュアンスを表現している。こうしたことは機能的には特に意味のあることではないが、なんとなく造形的なオモシロさがあるわけで、いかにも彫刻系のヒトが考えそうなアイデアという感じが僕にはするのだ。

　ドアの周囲をめぐるラインでもうひとつ面白いのは下端の線。DSにあってはドア下端の低い水平線がすなわちボディのおしまいである。通常の車のようなその下を走るロッカー・パネルが存在しない。先程の巨大なボックス・セクションの構造材もドアの内側に隠されている。だからドアを開けるとサイド・ビューは視覚的な連続性を失なって横並びに並べた積み木からひとつを取り除いたような印象となる。これがまた視覚的にちょいと面白い。

　実はDSのボディ・パーツは前フェンダーも後フェンダーもネジをゆるめるだけで簡単にポッコリと取り外すことのできるモジュール的構造となっている。言うならば本当に積み木を横並びにしたような成り立ちになっているわけだ。そこでハハァとさらなるベルトーニの意図が理解できる。彼はドアのパーティング・ラインを延長しロッカー・パネルを廃することによって、この独特なモジュール構造を視覚的に表現し、その特性を強調しようとしたのである。……こういうところも考え方としてなんかとても彫刻っぽい（建築っぽいとも言えるが）カンジが僕にはするのだが、どうか。

　もうひとつ別の例を挙げよう。たとえば、お気づきだろうか、DSはあらゆる「フチどり」というものを極力廃除したデザインなのである。かつて、と言ってもそんなに昔でなく1980年代に入るぐらいまで、たいていの車のテール・ランプには額縁のようなクロームのフチどりがついていた。同様にヘッド・ランプ、方向指示灯、ウィンド・シールド下のベンチレーション用空気取入口、グリルの周囲等々、多くの部分に約束ごとのようにクロームのフチどりが附されていた。しかるに見ヨDSヲ。ずっと古い車なのにそうした「フチどり」が極力廃され、さらにはサイド・グラスすらフチなし（フレームレス）だし、三角窓（こいつにもたいていクロームのフチどりがあった）も取っ払われて実にスッキリしている。これだけでも近代感がまるでちがう。

　しかしフチどりをつけないことの造形的な意味は煩雑なラインをスッキリ整理するということのみではない。要素のフチがないということはボーダーラインを取っ払って異なる材質同士を直接接させ、「質感対比」という新手への道を開くことでもあるのである。シツカンタイヒ？　肥料の

一種か？

DSからその例を挙げる。全身を曲線と曲面におおわれたDSにあってひとつ、ここだけはまったくの平面という箇所がある。どこかな？　それはサイド・グラスがそう。この車、唯一横マドの面だけ完全な平面なのである。自動車のサイド・グラスにカーブド・グラスが一般的になるのはずっと後のことで仕方ないことだが、どこもかしこも柔らかにうねったDSにおいてサイド・グラスだけが真っ平らというのはデザイナーとしてはちょいと残念に思われるところだ。

ところがだ。ここにベルトーニの造形力の真のスゴさが表われている。彼はもちろん当初カーブしたサイド・グラスを望んだのに違いない。しかし技術的にそれができないと知るやムリに「調和」を演出することをせず、「対比」というテに切り替えたのである。一方はなめらかなカーブ、一方は平面。一方は金属、一方はガラスである。この不調和を逆に利用して「形態対比」「質感対比」という違った方向のデザインに見えるようにもっていったのである。ただ、言うのは簡単だがこの「もっていき方」は恐ろしく微妙で失敗しやすい。

それで、車をすこし上から見おろす角度から見るとよくわかるが、DSの浅くV字形に折れた2枚のサイド・グラスとその外側を走るやわらかなラインの対比、コレである。少なくとも僕にとってはこの部分はなんつーか、もう芸術である。静かな緊張感というのか、ガラスと金属のオブジェという感じがする。これこそまさに「彫刻的」ではないか。「現代彫刻のような」と言った方がよいならもちろんそれでもよい。サイド・グラスが「フチどり」のない素のガラス板であることが「対比」作戦決行のためには必須の条件であった。また2枚のガラスを浅いV字型に配置したのは後方に向かってすぼまる全体のプラン・ビューに合わせた結果であるが、これがもし折れていなかったら見た目の面白味は半減していたはずだ。この辺の計算の正確さには舌を巻く。

■エレベーターぐらい大きいのをつけろ

……とまあ、いくらひとりで興奮してもとても小生の筆力では表現できないのですけどねえ、先も述べたとおりDSという車、カタチの基本は古い時代からならったものなのである。しかしそれを「未来的」と見せてしまうマジックの第一が先程の「骨格・内臓」にあるとすれば、マジックのもうひとつはこの「彫刻的」という作者の考え方というか造形姿勢にあるのではないかと思う。ベルトーニが彫刻家だったという事実は、昔のシトロエン達のいくつものフシギなデザインの謎を解くカギのようなものではないかとも思う。

「彫刻的」な自動車デザインと言うと歴史的にはやはり作者が彫刻系だったブガッティのことが頭に浮かぶ。しかしブガッティってのは工業デザインと言うよりあれは本当の「彫刻作品」に近いもので、自動車界全般のファッションとか近代性ということともほとんど何の接点ももたず、したがって他車にもほとんど何の影響も及ぼさなかった。だからブガッティはいまだにファンの賞讃の対象だがDSのように「未来的」という誉められ方はされたことがない。それに対してシトロエンはDSを「20年先をいくデザイン！」と自らPRしたが「それは誇大広告じゃないか」とクレームをつける人はついに誰ひとりとして現われなかったという車だ。それで合計150万台も売れた車なのだ。「彫刻」と「彫刻的デザイン」ではどこかがナンカすごく違うんでしょうかな。

さてダソクを附す。DSのような車には神話がつきものである。ベルトーニや当時のシトロエン内部についてのちょっとしたウラ話みたいなものを知っているとマニア系のヒトビトにとても感心される。いや誰に感心されなくてもいっこうに構わないが、僕もDSに関するウラ話ならいくつか知っている。僕が勤めていた頃のルノーにはベルトーニを直接知っていたという人、またDS時代シトロエンにいて後にルノーに移ってきたというスタッフがまだいたからだ。

たとえばモデリングのチーフでジョゼという人がいた。ジョゼと呼ばれていたが本当の名はジュゼッペ、すなわちこの人イタリア人である。昔ベルトーニにモデラーとして雇われ、ずっと後にルノーに移ってきた人だ。ベルトーニはやはり母国語で喋れるイタリア人を多く雇ったのだろう。で、以下はそのリタイア直前だったジョゼから聞いた話。

DS当時、シトロエンの開発センターはパリ市内15区、ケ・ジャヴェル通りにあったが、ここの敷地はせまく建物も小さく、デザイン・エリアも手狭で現寸大モデルを運ぶエレベーターなども大きなものをつけることができなかった。サテDS開発中のある日、ある段階まで仕上がったモデルをこのエレベーターにのせるとお尻が出っ張ってしまう。つまりモデルが若干大きすぎて入らなくなってしまったのである。これでは運ぶこともできない。皆が困っているとそれを見たベルトーニ、「そんなことは簡単ではないか」とイタリア語（おそらく）で叫ぶとすぐさまモデルを引きあげテールを10cmほどチョップ！　ちゅうちょもせずに短く切り落としてデザイン変更してしまったという。

ウーム、てえことはきっと先程の等比級数の計算もこの時やり直したんだろうな。周到かと思うと無造作。悪く言やぁ単純。あ、そういえば僕の知ってる彫刻系のヒトってそういう人、多いけどな。シトロエン開発部はその後、郊外の広大な土地に引っ越しし今は市内には何も残っていないが、かつてのあの通りは今日ケ・ジャヴェル・アンドレ・シトロエン通りと呼ばれている。……それはそうと、やはり今回もダメでした。DSの「一番のスゴさ」について触れる前に枚数が尽きてしまいました（予定通り）。

CHEVROLET CORVAIR

現代では、1965年にラルフ・ネイダーが著わした"Unsafe at any speed"の告発対象としての知名度が高いシボレー・コーヴェアだが、1959年秋にデビューした時には技術的にもデザイン的にも先進的な、数少ないアメリカ車の一台だった。リアにきわめて低い空冷水平対向6気筒を搭載したそのランニングコンポーネンツは、数々のショーカーのベースにもなった。写真の車は1964年型、つまり初代コーヴェアの最終年度に作られた2ドアモデルである。
全長：4560mm、全幅：1750mm、全高：1300mm、ホイールベース：2743mm。空冷水平対向6気筒　OHV2バルブ。2680cc、95ps／3600rpm。縦置きリアエンジン-リアドライブ。サスペンション：独立 ダブルウィッシュボーン（前）／独立 スウィングアクスル（後）。

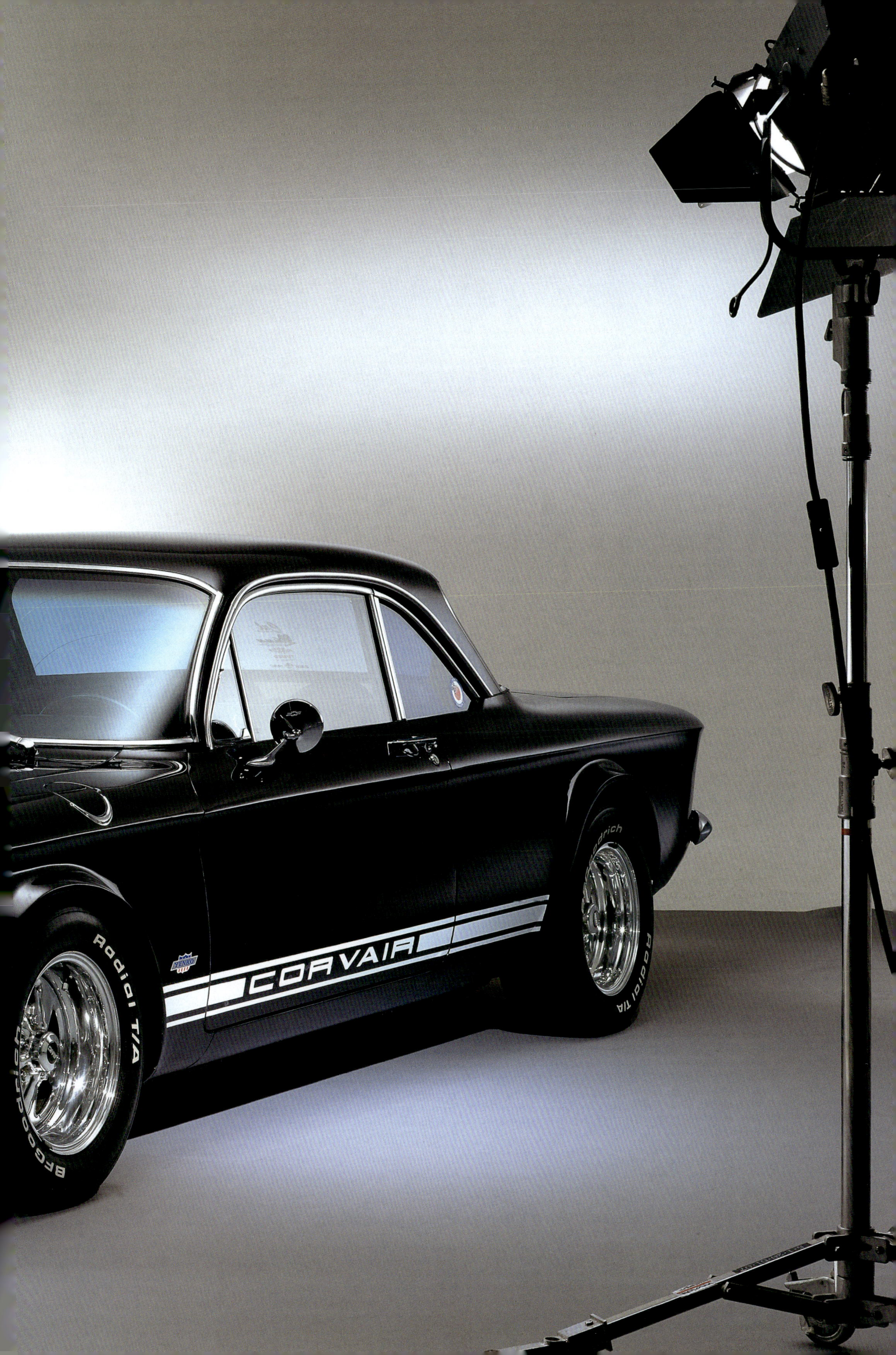
CORVAIR
Radial T/A

118

119

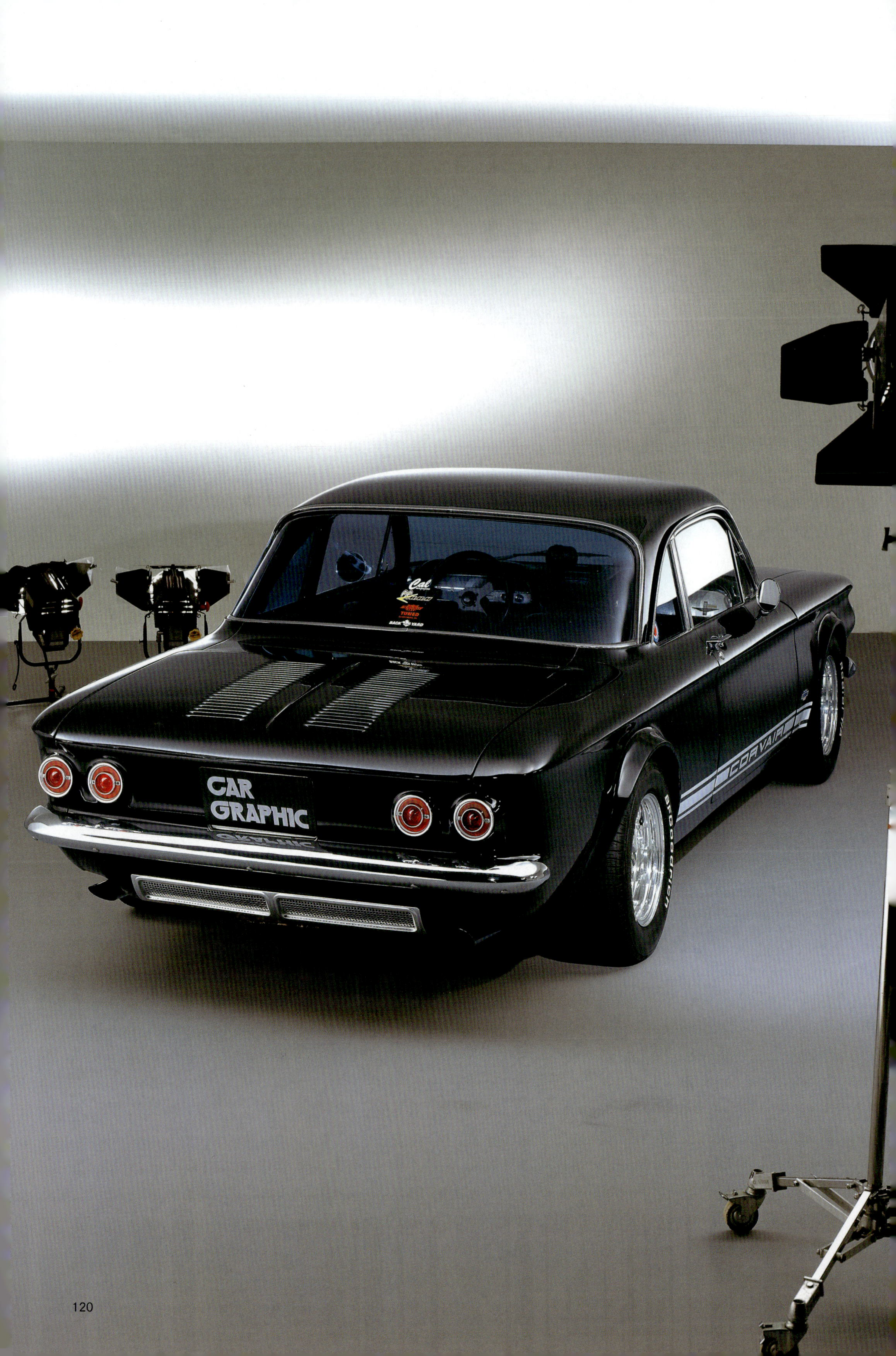
CAR
GRAPHIC
CORVAIR

■ファジー理論の実践

　デザインの専門誌など開くとよく目にするひとつの議論がある。"デザイン"と"スタイリング"とはどのように違うのか、というギロンである。「果たしてこのふたつの言葉の語義・定義をどのように定めるべきか？」で、結論はというと「フィロソフィやコンセプトに関わる基本的な造形」を"デザイン"と呼び、「見た目をよくするために工夫し細工を施したりすること」を"スタイリング"と呼ぶ、と簡単に言や、ま大体そういったあたりにこの話は落ち着くことになっている。ナルホドそう言われりゃそういうもんか。

　もちろんそれならそれでいっこうに構いはしないのだが、しかし実際には僕自身は上記ふたつの言葉、至極テキトーに使っている。本稿を書くにあたってもあまり考えなしに両単語をまぜこぜに使っており、これからもしばらくはこの調子でいい加減にいこうと思っている。

　で、「まったくなんつーヤローだ」と、そのことを誰かに突っ込まれたわけではないのだが、ちょいとこのいい加減さの言い訳ともなり得る雑談でもイントロに書こうかなと思うわけである。

　"デザイン"と"スタイリング"、ホント、いったい両者はどう違うのだろうか。そこでまずはデザインという単語の語義について考えてみる。デザインという語を我々は普段「モノの意匠」とか「意匠を考える」という意味に使っており、もちろんそれでひとつも間違ってはいない。

　ところがサンセイドウの辞書などを引くとデザインというのはそもそもは「設計する」とか「計画する」というのがその主なる語義であることがわかる。だから実際にごくフツーの一般のアメリカ人に「ワタクシはカー・デザインをやっています」と言えば、半分以上の確率で自動車の設計者、エンジニア、何らかの技術系の人間と解釈されることとなる。「そうじゃなくてデザイナーだって」「だから設計の人ですよね？」、実は世界的に見るならデザインという言葉が、我々にはなじみの「意匠」といったより美術系寄りの意味で使われるようになったのは意外なほど最近のことなのである。

　だから企業内の「デザイン部門」などもはじめからそう呼ばれていたわけではない。工業意匠という概念自体がほとんど知られていなかった戦前、フォードやGMのデトロイターたちが自動車業界で初めて社内にデザイン専門の部所を設立した時にはその名称をめぐって大きな問題が生じた。つまりこの部署を「デザイン部門」と呼んだのではただの「設計部門」としか理解されない。しかし、「設計」をする部署ならもちろん他にいくつもあるし、それで色々考えた挙句にこの新部署は「カラー部門」とか「アート部門」といった名称でたちあげられることとなった、ということが史実に見えている。

　さて"デザイン"という単語は言うまでもなく英語だが「意匠」という意味としては他の言語にも直の訳語がない。だからたとえば仏蘭西語でも"デザイン"はそのまま"デザイン"（イを強く発音する）と言えばよいので楽と言えば楽だが、では仏蘭西人の誰もがそれが何のことか知っているかと言うとそれはそうではない。いや、あの国ではたいていのヒトビトはこんな新手の外来語は知らないのだと考えていた方がよい。

　1980年代の後半、と言えばそれほど昔ではないが、その当時僕はルノーにデザイナーとして働いていたが、ワガ職場もやはり「デザイン部門」とは呼ばれていなかった。では何と呼ばれていたかというと「スティル部門」というのでありました。スティルとはスタイルのこと、つまり「スタイリング部門」ってことである。こうした状況はイタリアでも似たり寄ったりで、フィアットのデザイン部門は今でも"チェントロ・スティーレ"つまり「スタイリング・センター」ですね。

　ト、ここらで話は冒頭の部分につながっていく。すなわち"デザイン"と"スタイリング"の二者をどう分別・定義すべきかと厳密なこと言われても、そもそも"デザイン"というコトバ自体がヨーロッパ語を喋る人々の間でも我々が思うほどにはシカと認識されていないのが現状で、また"デザイン""スタイリング"の両単語はおうおうにしてミックスして使われているのも事実だ。スタイルとかスタイリングというと、たしかに工業製品よりもモード系ファッション系を思わせるところもあるが、考えるとそのモードの世界でもヘア・スタイルと言ったりドレス・デザインと言ったりで、件の2語は適当にミックスされて使われている。ダカラ、というわけではないが、まあ以上の如き諸事情もあることだし、当方としても"デザイン"と"スタイリング"はあまりキチンと違いなど考えずにいい加減に宙ぶらりんにしとけばいいや、と今のところはそう思ってるってわけなのであります。

■真似したくなる話

　ファジーなお話のあとは本題シボレー・コーヴェアである。ヒルマン・インプのページで「インプのデザインはシボレー・コーヴェアの強い影響をうけたもので……」といったことを書き、その時同時に「シボレー・コーヴェアが影響を与えた車は他にも何台もある」とも書いた。まこと、たった1台の車が他車に与えたデザイン的影響の大きさでシボレー・コーヴェア以上の車を僕は知らない。

　すなわちヒルマン・インプの他にもNSUプリンツ、シムカ1000、フィアット1300/1500、日野コンテッサ2代目やプリンス・グロリア2代目もコーヴェアの影響大だろうな。あとおまけに加えるならソ連のZAZ966はNSUプリンツをコピーしたらしいから、これも間接的にコーヴェアの影響をこうむった1台ということになるか。他にもまだ

あるがまあこんなところにしておこう。どちらにしても残念ながら他車への影響大ということについては今回出演の2ドア・クーペではなく4ドア・セダンの方を見ないとあまりよくはわからないと思う。

2ドア版と4ドア版の主な違いはグリーン・ハウスの形状にある。4ドアのグリーン・ハウスは後席にもっとヘッド・クリアランスを充分にとって屋根の後端がひさしのように突き出た、当時GMが他車種にもさかんに用いた手法によるものだった。ところが、「色々手を尽くしましたがどうも4ドア版はもっか日本に1台もないようで……」と編集部。ずいぶん探してくれたようでなんか悪かったな。

それにしてもコーヴェアのカタチがそれほどの影響を他に及ぼしたというのは何故だったのだろう。実はコーヴェアはフロップ(失敗作)というほどではないがセールス的には大成功した車ではなかった。コーヴェアがラルフ・ネーダーの安全論争に巻き込まれて痛手をうけたことは有名だが、それは代替わりした2代目時代の話であって写真の初代とは関係ない。でもそれがなくても、この初代もそれほど人気のある車ではなかったのだ。ではなんでそんな車のデザインを世界中がこぞって真似たのか？

そこでワタクシナリにそのわけを考えるに、まず当時はヨーロッパにも日本にもまだリア・エンジンの乗用車が多かったことが、当然のようだが一番の理由だろう。リア・エンジンのコーヴェアを見本にした車の多くはやはりリア・エンジンだったが、リア・エンジンの車というのはプロポーションは独特だわフロントにアクセントとなるグリルはないわでちょっと処理の仕方に困るものだ。しかも「こうすればバッチシとキマる」という造形ガイド・ライン、よいサンプルとなるような車が長いこと現われなかった。そこにリア・エンジンにして極めて迷いのない明快な造形意図をひっさげて登場したのがコーヴェアだったのである。これ、やはり注目されますね。

しかもそのコーヴェアの造形意図というのは限られた寸法の車をいかに長く広く見せるかに重点を置いたものだった。コーヴェアはGM初のいわゆるコンパクト車だがコンパクトなボディをいかに寸詰まりでないように見せるかがデザイン上の一大テーマとなっている。ところが日本も含めてまだあまり豊かでなかったアメリカ以外の国々ではその時代、小さな車をいかにデカく立派に見せるかはデザイナーの重要なシゴト、いや、各企業にとってこいつは時に死活に関わるほどの課題だったのである。そこにひとつの答えを与えたコーヴェアは、だからこりゃ嫌でも皆にどんどん注目される。

さて加えてもひとつ僕が思うのは、コーヴェアがそれまでなかば自動車デザインの常識のように思われていたジェット機風テール・フィンとかロケット噴出口風クローム・オーナメントとか、そういったものに頼らずともちゃんとファッショナブルな自動車がデザインできることを証明した実に久方ぶりのアメリカ車だったこと。これは「コンパクトな外寸をいかにスンヅマリでなく見せるか」という前記の点とも関連して、要するにこのコーヴェアが大型車をただ縮小するといった考えには立たずに、コンパクトな寸法をわきまえた上でそれに合ったデザイン処理を与えられた車だった、ということであると思う。

テール・フィンやロケット噴出口はアメリカの発明で、それは時代のファッションであったからそうしたフィーチャーをなんとか取り入れた欧州車、そして日本車も多かったが、何と言っても寸法がチッコイからそうしたフィーチャーは似合わないし、そりゃどうしたってV8 300馬力のアメ車のようにはカッコヨクならない。そんなどう背伸びしても肩を並べられぬ豊かさの象徴かつファッション・リーダーのアメリカンズが今度は自分たちの車に近い寸法のコンパクト車を、しかもその寸法にちゃんと適合したそれまでとは違う造形言語を与えて登場させた、それがコーヴェアだったのである。どうです、こいつは真似のひとつもしてみたくなるってもんでしょう。

■意外と繊細な巨人

それでは世のデザイナーどもがとびついたコーヴェアの鍵となる造形フィーチャーとは具体的にはナンだったのだろうか？ 答え。それはドア・セクションの上部をほぼ水平に走るこのラインだったのです。なんとファジーならざる答え。ホントかね。なぜこんなものが？、左様、たいてい車のサイドにはラインの1本ぐらい入っているものだが、ただこのコーヴェアのそれにはそうそう他にはない特徴があるのである。その1。このラインがボディ・サイドからつながったままでリアにもフロントにも連続的にぐるりと車の周囲を一周めぐっていること。その2。このラインが紙の上に鉛筆で引いたような厚みのない線でなく立体的な線であること。立体的なセン？、つまりドア面はこのラインの上方でポジティブにふくらみラインの下ではネガティブにへこんでいる。やわらかい光をうける上部とイイ感じの影を落とす下部というこのふたつの面がぶつかった点が結果的にラインとなっているわけで、紙の上に引いた鉛筆の線に対してこちらは紙を折りまげることによってできた折れ線、つまり立体的な線なのである。この両者は造形的にまったく異なる意味あいをもっている。

サテこの水平に走る光と影のコンビネーションはドア面に表情を与えると同時に車体を視覚的に強く水平方向に引きのばしてコーヴェアを長く広く見せる役割を負っている。このテーマが途切れることなく車の周囲をぐるりと一周しているということの意味は、この車がたとえどんな角度か

ら見られても常にフラットに水平に引きのばされた視覚効果を失わない、ということでもあるわけだ。

　フロント・エンドではこのラインはヘッド・ランプをクリアしたのち中央部で一段カクンと落ちてフェンダーとボンネットそれぞれの所在を暗示しているが、このカクンには普通の車ならラジエター・グリルが配置されるべき位置でラインを一段落とすことによってこの部分の平板な空き空間の面積をせばめて間のびしないようにカオを構成しようとの計算が隠されているわけである。いや色々とよく考えられていますな。「このテは使える！」日本でもヨーロッパでも、皆がとびついたのもやはりムリはない。

　他車への影響という話をはなれて坦懐に見ても、たしかにコーヴェアというのは魅力のある車だと思う。個人的に感心するのは主にクルマの後部で、ボディの後端がピンと尖って終わる終わり方なんか独特の動感があってなかなか綺麗だと思う。しかしさらに僕が惹かれるのはこの後半部を少し上から見おろしたビューで、ことに中央にリブが通りその両側にクーリング・スリットが洗濯板状にキッチリきれいに切られたフラットなエンジン・フード、これがジツにいい。余計なトリムや装飾も排されて金属の素材感が活かされている。こういうフードの下で空冷水平対向のエンジンがこの車を後ろから駆動していると思うと何か高度に洗練された自動車の魅力を感じる。本当にそんな魅力まで計算してデザインされたのかはわからないが、しかし少なくともリア・エンジン車の冷却気取入口をここまできれいに見せた車はそうあるものじゃない。

　大体1950年代から60年代初頭にかけてのアメ車というと、ただただ派手・ケバいだけと思われがちだが、よく見ると決してそれだけではない。特にGMデザインは面の扱い、三次元的なスカルプチャーの洗練においては明らかに他より頭ひとつ抜きん出ており、たとえ巨大なテール・フィンを立たせるにしてもそのフィンの生えぎわ、溶け込む部分など実に繊細な神経が使われていた。

　また、少々話はとぶが、たとえば彼らのパブリシティの質の高さのことなども僕には忘れられない。60年代初頭ぐらいのGM系のカタログを見ると、これは社内デザイン部のシゴトではあるまいが、とにかくアッと驚くほどアーティスティックでモダーン・デザインのものがある。イタリアの建築雑誌なんかで内容よりもグラフィック・レイアウト自体の方がずっとデザイン作品そのものといったカッコイイものがあるが、昔のGMのカタログにはまさに当時最新最高のヨーロッパのグラフィック・デザインに一歩もひけをとらぬものがよく見られた。

　コーヴェットという車もそうした彼らの洗練度、そして面に対する深い理解・豊富なノウハウから生まれた車に違いないと思う。先述のようにこの車はセールス的には大成功と呼ぶには程遠く、同じコンパクト車のセグメントでフォード・ファルコンに大きく水をあけられたが、デザイン的にはファルコンは世界の誰に影響を与えるでもなく「アレ？どんな車だっけ？」、今では初代マスタングのベースとなった車という以外ほとんど忘れ去られている。だからマスタングははじめ3段コラム・シフトだったんですね。いやし系。スバラシイ。

　それはそうと、よく言われるように仮に"デザイン"を「フィロソフィやコンセプトに関わる基本的な造形」、"スタイリング"を「見た目をよくするために工夫したり細工したりすること」とマ、このように考えるとしますね（まだ言ってる）。しかし実際のシチュエーションを考えるとどうもよくわからないのである。僕は「これはデザイン」「これはスタイリング」と別々の意識をもってシゴトしたことはこれまでに一度もない。強いて言えばデザインなる仕事は結局、すべて「見た目をよくする」ためにやっていることではないかと思う。だってどんなに基本的な造形だって、どんなコンセプトや高邁なフィロソフィだって、デザインに関するものである限りは結局、できあがったものの「見た目をよくする」ためにあるのでなくては意味ないじゃないすか。ということはすべては"スタイリング"ということになりますか。ま、他の分野のことはともかく、少なくとも自動車のデザイン（スタイリング、でもどっちでもいいが）とはそういうものだと思う。

　ただしこの「見た目をよくする」というのは必ずしもキレイなものをつくるとかスマートなスポーツカーのようなものをつくるといった意味ではない。自動車のデザインはそういうわかりやすい段階はもう思い出せないぐらいとうの昔に通り過ぎてしまったのだ。たとえばロンドン・タクシーはスポーツカーのようにスマートでもモダーンでもないし、形としてはかなりアグリーだと思うしとりたてて機能的でもない。さらに乗り心地は商業車みたいだし走ると古いディーゼルのあの黒煙を排出する。しかしロンドンのタクシーは「アレじゃないと承知できない！」とまで思っている人々が世界中にどれだけいることか。そのファンの数は星の数と競ると言われる。では果たしてその絶大人気の秘密はどこにあるのか？言うまでもない。それは明らかにあのクルマの「見た目」にあるのだ。すなわちこういうのが「見た目がよい車」の一例ということである。ホントーの「見た目のよさ」はいわゆる美醜とは関係ないのである。

　「見た目をよくするための工夫や細工」、しっかりやってほしいですね。どんな車にとってもこれ以上強い味方はない。……どういうものかこれがそうそううまくはいかないんですけどね。

LANCIA DELTA S4

1984年12月に発表されたランチアのグループBラリーカーのベースモデル。リアミッドシップに積まれた1.8ℓ直列4気筒ユニットにはターボと機械式スーパーチャージャーを組み合わせ、駆動系はファーガソン式フルタイム4WDを搭載するなど、コンペティションモデルとしてのポテンシャルは頭抜けていたが、86年のトゥール・ド・コルスで起きた事故をきっかけに、活躍の場は失われた。構造的な共通点はほとんどないが、オリジナルデザインというべきランチア・デルタは79年秋のデビュー。
全長：4005mm、全幅：1800mm、全高：1500mm、ホイールベース：2440mm。水冷直列4気筒　DOHC4バルブ。1759cc、250ps／6750rpm、29.7mkg／4500rpm。縦置きミドエンジン、フルタイム4WD。サスペンション：独立　ダブルウィッシュボーン（前／後）。

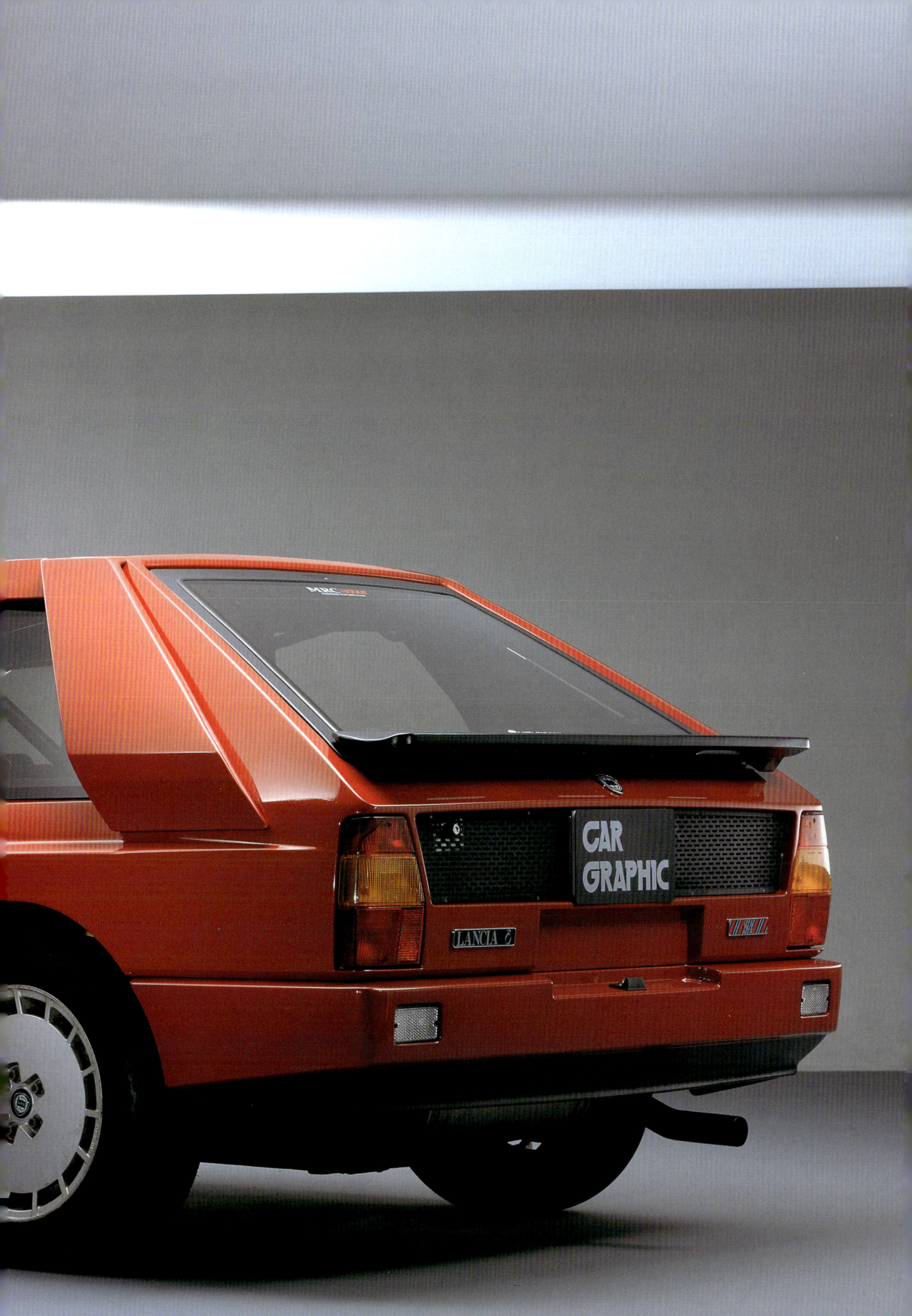
CAR
GRAPHIC
LANCIA δ

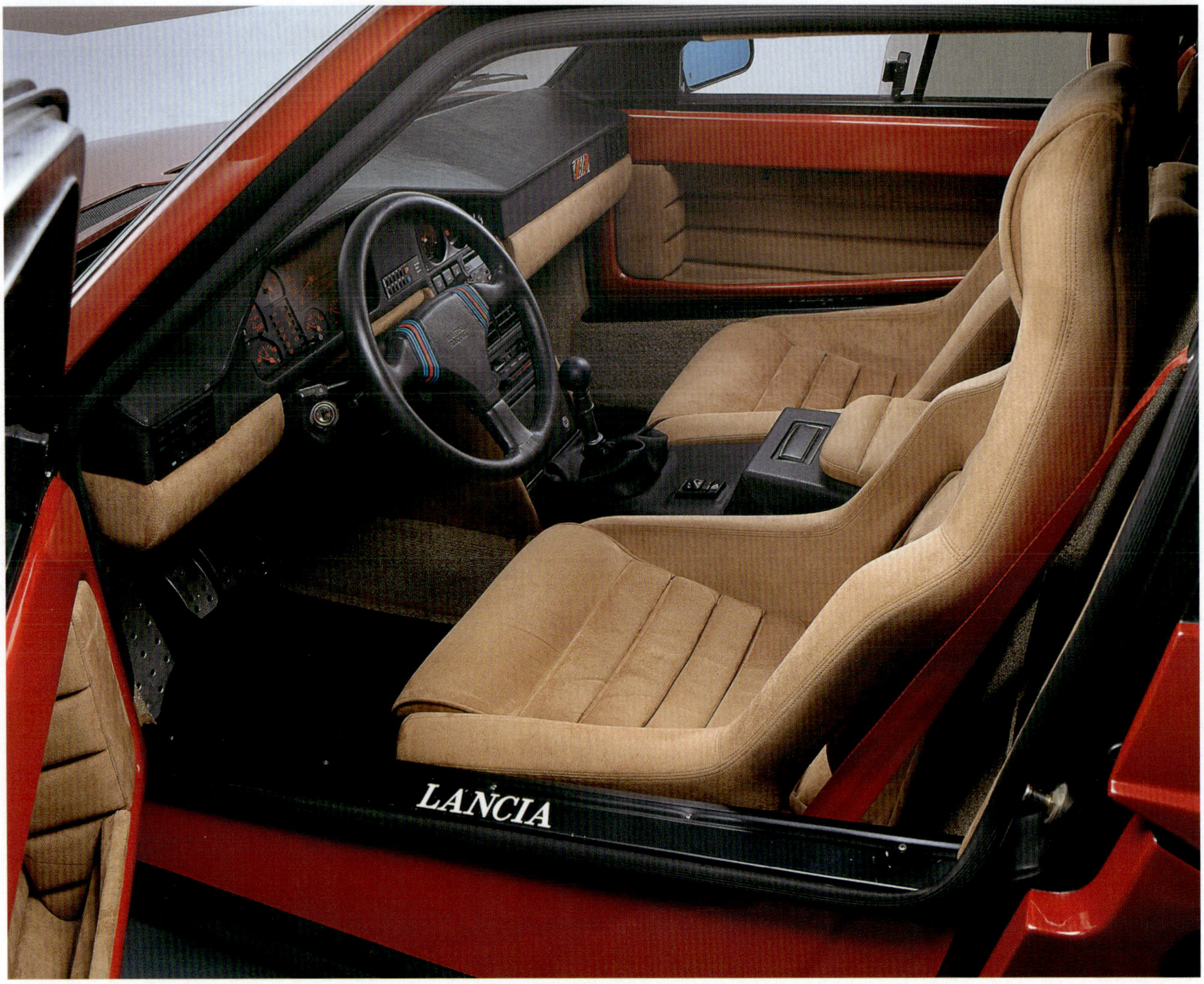
LANCIA

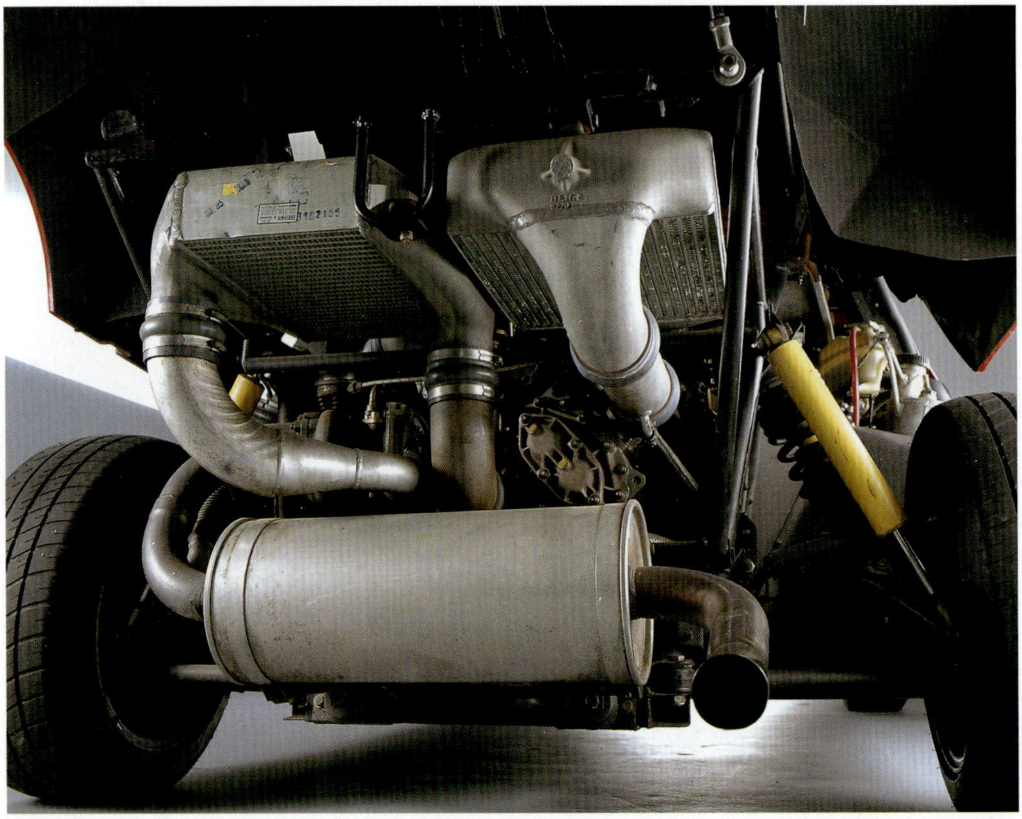

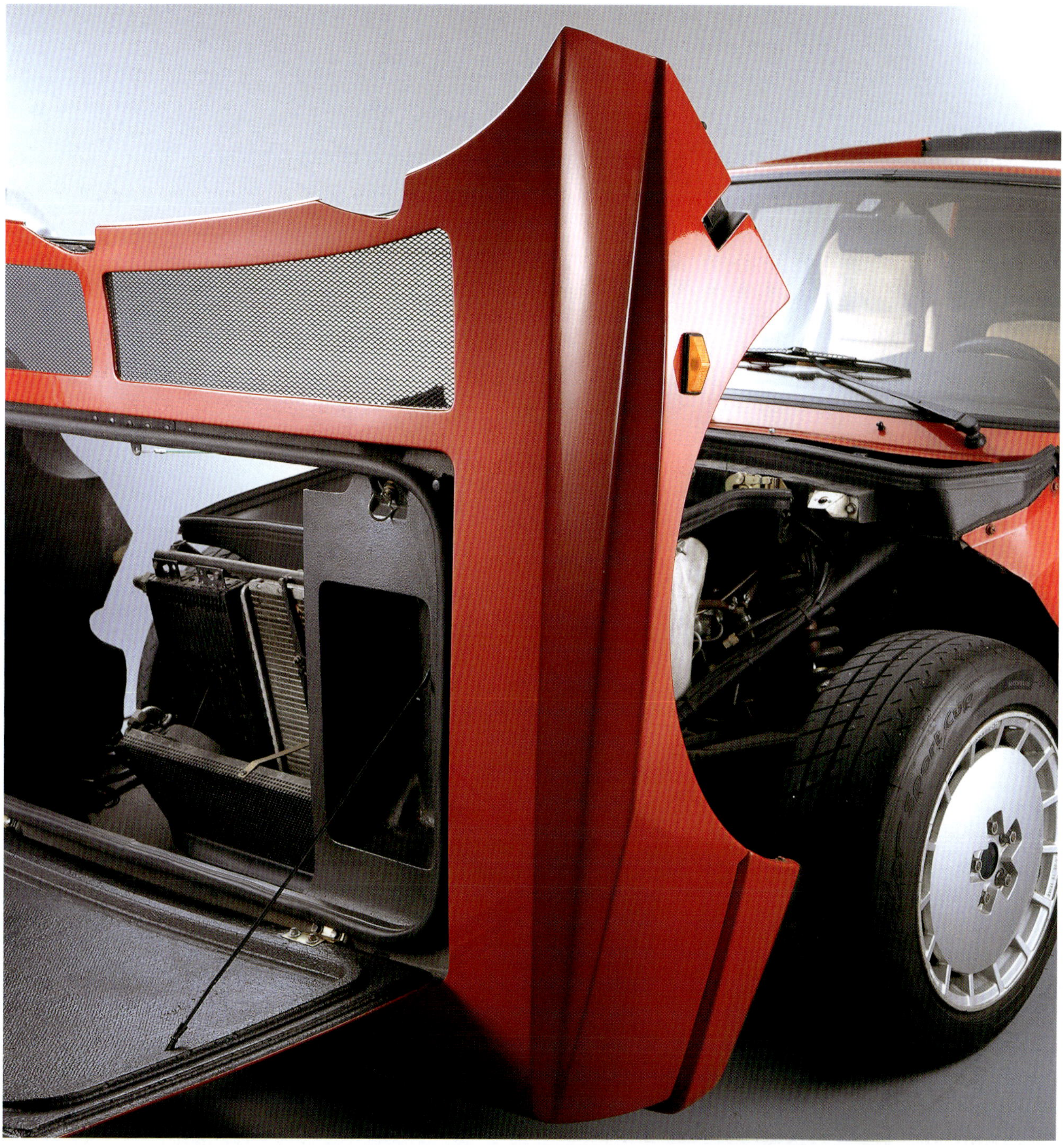

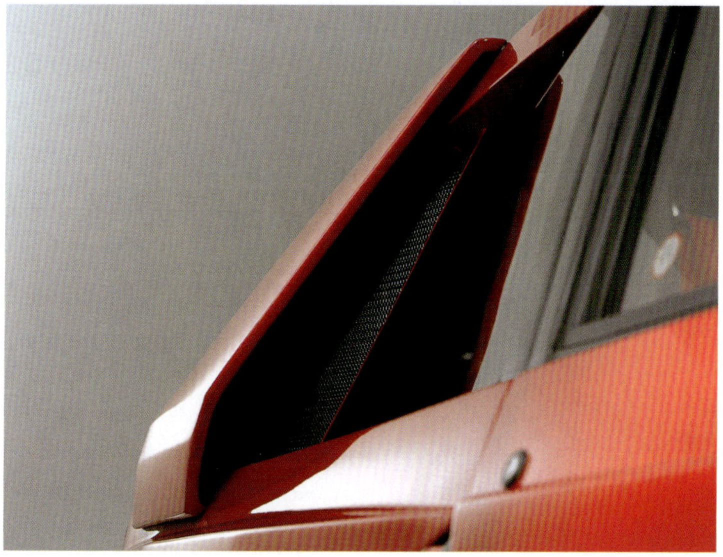

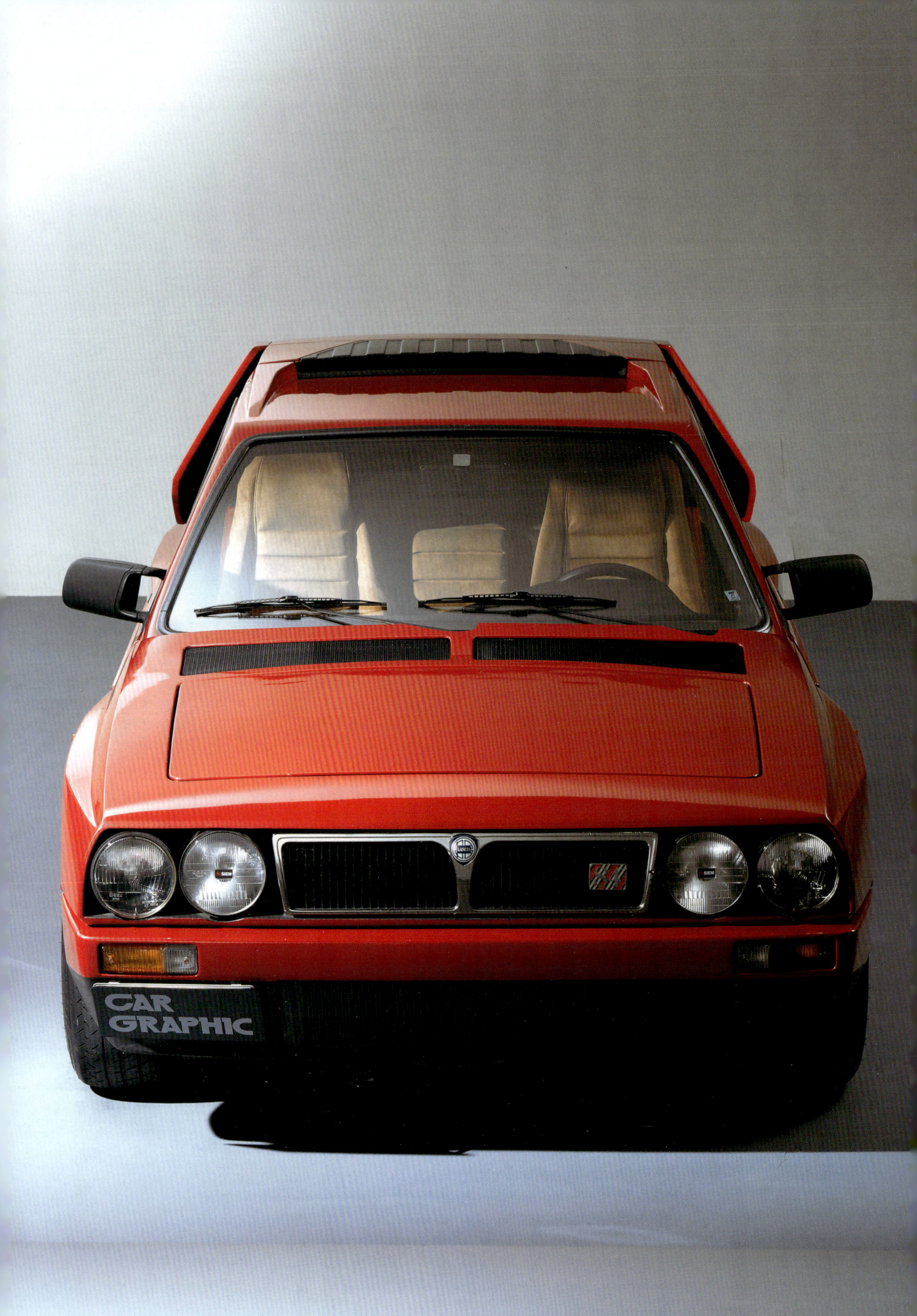
CAR
GRAPHIC

■期待されるバケモノ

　競走自動車の世界に少しでもかかわることができたことは、自動車デザイナーとしてとてもラッキーなことだったと思っている。それはもう20年余りも前のこと、僕のオペル時代の話である。オペルは学校を了えて初めて就職した会社で、そこで僕はデザイナーとしてルーキーの日々を送ったが、通常の生産車のプロジェクトの合間にちょくちょく自動車ショー用のコンセプトカーの仕事や、オペル・スポーツ部門の仕事が入ることがあり、それらは非常に楽しいものだった。

　その時代のオペル・スポーツ部門は世界ラリー選手権に挑戦しており、それが彼らの活動の主軸となっていた。ラリーの世界タイトルを狙うというのはもちろん片手間にできるようなことではない。大量のエネルギーと大量のオカネを必要とすることである。ところがその頃のオペル・スポーツが物量に支えられて大々的に活動していたかというと、それがそうではなかった。オペルという会社は決してスポーツ活動には積極的ではなく、その時代にもラリー屋たちが充分に支援されてるとは言い難い状況だった。

　それというのもかつてのGMには社内に「モーター・スポーツには手を染めない」という伝統のような不文律のようなものがあったからである。歴史をふり返るとライバルのフォードがル・マン24時間で何度優勝を重ねようとF1をどんなに席捲しようとGMがまるで知らんぷりして動こうとしなかったのも、まさにこの不文律があったためで、僕の時代にもこのポリシーはだいぶタガはゆるくはなっていたものの基本的には不変だった(もっとも今でもあまり変わっているようには見えないが)。

　そんなわけでGM欧州出店のオペルでも、会社は「ラリー？ やりたきゃ勝手にやってたら？」ぐらいのカンジで、したがってオペル・スポーツはワークス・チームとしてはホントに小規模なもので、彼らはマイン河ほとりのリュッセルスハイム本社工場の隅っこのあまった古い建物に間借りして、あまり目立たぬ活動を続けていたのである。

　こんな具合だから車の戦闘力も第一級とは言い難かった。その頃の我々のワークス・マシーンは生産終了近いオペル・マンタをベースとしたマンタ400、後2輪駆動で自然吸気の2.4ℓエンジンからフル・コンペティション仕様でもせいぜい270馬力という車である。この時代のラリー・フィールド最強の車はあのアウディ・クワトロだ。ときまさにハンヌ・ミッコラやミシェル・ムートンがこの新鋭四駆車で大暴れしていた頃だから、マァこいつはちょっとキツいですね。車自体もさることながら、アウディといったらラリー・プログラムと技術ポリシーや販売戦略がバッチリと結びついて、全社的意志でぜがヒでも勝たせようとやっていたのだからもう次元が違う。我々の力不足は明らかであった。

　ところがだ。そんなオペル・スポーツにも、自分たちも第一級戦力の車で対等に闘うことのできるチャンスがやってきた。FISAがレギュレーションを変更したのである。新しい規則によりワールド・ラリー選手権にそれまでのグループ4から移行したグループBと呼ばれる新カテゴリーの車で出場できることになった。そう、1983年のこと。いまだにラリー界で伝説的なあのグループBの時代が到来したのである。

　グループBはそれまでのグループ4に比べて改造の規制もゆるくホモロゲーションに必要な台数もグンと少ない。ホモロゲーションのことはそれまでのオペルにとって大問題だった。すなわちそれまでのグループ4に登録されるには最低生産台数400台という規定があり、"マンタ400"という車名もそこに出来ていた。しかしこの車400台など夢のような話で、ホントのところせいぜい240台程度しか生産されてはいなかったのである。それ以上つくっても買う人がいないのだから仕方ない。それをそれ以前まで使っていた"アスコナ400"と「中身は同じモンだからいいでしょ、いいでしょ？」と、アスコナとマンタを合計すれば400台以上だからと少々ムリなこと言ってFISAに認めさせていたのである。FISAもホモロゲーションについては他にも問題のあるメーカーはいくつもあり、あまりウルさいことを言うと出場者がいなくなってしまうのでかなり甘めに見ていたのである。

　これに対してグループBなる新カテゴリーはずっと楽である。ルール・ブックによれば「ベースとなるのは12ヵ月間に最低200台生産された車両であること」とされていたが、それに続いて「ただしその内の20台の特別仕様車をラリー・カーとして認める」という一文が附加されていた。しかもこのトクベツ仕様なるものの重量・出力については規制がなく、使えるテクノロジーや材質についてもほとんど制限がない。要するにこいつは「外見が生産車にちょっと似てりゃあとは何でもご自由に」という意味なのである。FISAってのもはじめっからそう書いてくれりゃわかりやすいんだがな。ともかく何だかなるべく極端な怪物のような車を作った奴が勝利を手にするであろうことが想像されるルールである。

　「20台」という特別仕様車の台数も、予想される事実上の純ラリーカーの製作台数として少ない数ではないが、これも実際には20台分のパーツをそろえて、その時点で書類上自動車として登録してしまう。シーズンが始まれば20台分のパーツなど自分たちで消費してしまうからこれも問題とはならないのである。つまり、これならできる。小規模のオペル・スポーツ部門でも、これならできる！

　というわけで新レギュレーションに合わせた新しい車が作られることとなった。とはいえやはり我々は出遅れ、デ

ザイン開発が始まったのはグループBが始まってすでに1シーズン半ほども過ぎた頃だったろうか。新マシーンのベースとなったのはオペル・カデット。生産型は前輪駆動だが、グループBの"トクベツ仕様"はカデット4×4と呼ばれ、その名のとおり四輪駆動だ。僕はこの車のデザインに深く関わった。

当時はラリー界ではまだ新機軸のパーマネント4WDドライブトレーンの設計がマシーン成否の非常に大きな鍵を握っており、カデット4×4のそれを設計したのはフリーランスの英国人技師（名前は忘れた）で、元ヒューランドにいたという人だった。この英国人は我々の車を自分で設計し、そして自分でタイコ判を押した。「ドコとドコとドコ」と、彼は有力ライバル・チームの名をいくつも挙げて「アナタたちの車はそのどれよりも速いことを保証します」と、いやにハッキリと明言した。なぜそんなことが言えるのか問うと「だって今言った車は実は全部自分が設計したものだから私にはわかっているのデス」 ホー。「あなたたちの車はほれ、ココとココとコレが新しい設計だからこちらの方が速いにきまっているのデス」ホホー。ホントかね？

しかしその頃ラリー車エンジニアリングの世界にはほんの少数のスペシャリストがおり、そのスペシャリストたちが色々なチームをわたり歩いて複数のマシーンを設計開発していたのは本当のことだ。つまり世界が小さい。プロダクション・カーの世界とはずいぶん違うそうした仲良しスモール・ワールドの、しかし高度に専門化した人々と仕事をするのは僕にとって非常に興味深く楽しいことだった。

さてオペル・カデット4×4の見た目・デザイン上の特徴はというと、競技車の広いトレッドと太いタイヤをおさめるために通常のようにホイール・ハウス部分を広げて暴走族風に幅広フェンダーにするかわりに、車体をまっぷたつにタテ割りにしてその間にスペーサーを噛ませでもしたようにボディ全体の幅を拡げてしまう構成をとったことにある。一種のクラウン・エイトですな。ただしその幅の拡げ方なるものが実にハンパではないから、横から見ればこの車一応カデットに見えるが前やウシロから見ればもうバケモノである。バケモノでよし。バケモノでなくてはとても勝ち目などない。

そしてターボ・チャージャー装着で550馬力ほどの出力を得たテスト車を、さっそく多くの他チームも使用するあるラリー車専用のテスト・コースに持ち込んで走らせてみると……「ヤッタ！」アッという間にコースレコードを大幅に塗りかえてしまったのである。しかもドライバーによると車の感触は非常によく、まだまだいけそうな感じである（参考までに言うと当時のオペルのテスト・ドライバーは第一線を退いたラウノ・アールトーネンだった）。

いや、ヒイキ目でなくカデット4×4は正真正銘すさまじく速い車だった。「あの英国人の言うとおり、コイツはいけるかもしれん」それまでもオペル・スポーツは巧妙なマネジメントとキアイによって実力以上の成績をあげてきたのである。これでもうすこし車に力があれば、とは我々の切なる願いだった。しかしこの時我々はオペルの名を冠する車としてはおそらく史上初の、超一級の競争力をもつコンペティション・カーが誕生したことを実感したのであった。「よし、バケモノよ行け！」フランケンシュタイン博士よろしく我々は叫び、かつてない大きな期待に胸をふくらませた。

■車でない車

というところで写真のクルマはランチア・デルタS4である。ナニ、今の話はどうなるのかって？ まぁおいおいそれはわかってくることでありましょう。さて本題のデルタS4、これもグループBカテゴリーのラリーカーとして1980年代半ばに登場した車である。

もちろんコイツも文句なくバケモノである。500馬力超と言われたデルタS4のコンペティション・バージョンはやはりスサマジく速い車であった。どのぐらいスサマジかったかというと、S4のラリーカーが0－100km/hを2.3秒で加速したという記録が残っている。ニーテンサンビョー！ 一般的なF1マシーンで同様の計測をしてもとてもこんなタイムは出せないはずだ。しかもこの2.3秒はなんとグラベルの路面で測ったものだというからちょっと信じられないような数値だ。ひょっとしてイタリア式ハッタリかな？ しかしランチア・ワークスのエース、トイヴォネンがデルタS4ラリーカーでポルトガルのF1コース、エストリルを走ったところ、1986年ポルトガルGPの予選順位で6番に入るタイムを出したというよく知られた記録もある。つーことはやっぱり「2.3秒」の方も掛け値なしなのではないか。

さてそんなバケモノのデルタS4。果たしてこの車の外観が形としてキレイかキレイでないか……なんてことはラリーカーの価値判断規準としてはあまり重要でない点だ、と誰だって思うに違いない。違いないがそれでもワタクシは言いたい。デルタS4はキレイな自動車とは言い難い！ ムフフ、大っぴらに言うと快感。しかしワタクシはそれ以上にキッパリ言いたいことがある。それはいわゆる形の美醜というのは"デザイン"という世界のほんの小さな、わずかな一面を占めているにすぎないということなのだ。

僕はこのランチア・デルタS4の発表時、初めてその姿を雑誌で見た時のショックを忘れられない。すごいインパクト、心底、これは稀に見るすごいデザインだと思った。何がスゴいのか。僕に言わせればデルタS4というのは「自動車の形でない形をした自動車」なのである。自動車が自

動車たるべき視覚上の記号性のようなものを完全無視したクルマ、少なくとも僕にはそう見える。これはスゴいことだ。もちろん皮肉など言っているのではない。好き嫌いで言えば僕はこの車の形は非常に好きなのだ。こういうデザインはそうそうあるものではなく、また意図してできるようなものでもない。

おそらくデルタS4の造形にはいわゆるスタイリストの手は入っていないのだろう。機能一点張り、とにかくラリーに勝てりゃ見た目なんかどうでもよいという考えで現場の人々がつくりあげた車だと思われる。もちろんそれはそれでよい。純粋機能的な造形であって、この車のひと目見て忘れられない強烈な印象も間違いなくその妥協なき機能主義に由来している。

ただ、こういう形のキレイさを追求しないタイプのデザインの自動車は他にもずいぶんある。たとえば軍用車であるとか、F1をはじめとする純レース用車の数々であるとかは皆キビシイ機能追求一本の造形のはずである。しかしデルタS4からは僕は何かそれらとは違う不思議な印象をうけるのだ。つまりF1などは、いわゆる典型的な「自動車の形」からは程遠い形をしているが、しかしそれでもそれらは非常にある種の「自動車美」を感じさせる、というところがないだろうか。「自動車らしい美しさ」のひとつの形がそこに見出せる、とは言えないだろうか。

しかるにデルタS4という車は形態的にはずっと乗用車に近い、というかこれは間違いなく乗用車に分類されるべき形をしているモノなのに、僕にはこの車から「自動車っぽさ」のようなものがとうてい感じられない。ではデルタS4が何に見えるかというと、これはどうもプロダクト・デザインに近い造形なのではあるまいかと思われるのだ。

プロダクト・デザインというのはテレビとかカメラとか電機ガマとか鉛筆けずりとか、そういった諸々のモノのデザインのことだ。一時プロダクト・デザインっぽい自動車デザインというのが流行ったことがあり今日でもそうした傾向の車はたまに出てくるが、それらはあくまでプロダクトっぽい手法を取り入れた「自動車デザイン」である。それに対してデルタS4はなるべく自動車らしく見せようとした「プロダクト・デザイン」という感じがする。何というユニークさ！

■そして……

さてワールド・ラリーのグループBの時代については多くが語られてきた。オペルの例に見られるように比較的小規模のチームでも第一級の車でエントリーできる可能性を開いたこの新ルールによって参加者は増し、ラリー界は空前の盛況を呈した。

しかし、考えてみるとラリーというのは非常に危険な要素をはらんだ競技なのである。公道を、あるいは森の中の小道や雪道を競技車が、時にそれはないだろうというぐらい接近して立ちつくす人垣の間を突っ走っていかなくてはならないこともある。いくらプロとてドライバーにも反射神経の限界はある。これで車がゼロヒャク2.3秒というような性能ならどうなるか。

そしてことは起こるべくして起きた。1986年、ポルトガルのラリーでフォードRS200が観衆に突っこむ大惨事、そして2ヵ月後のトゥール・ド・コルスで、今度は先述のトイヴォネンがデルタS4でクラッシュ、コドライバーともども即死という大事故となった。事故現場は人の入れないような場所だったため単独事故だったが、それだけに目撃者もなく、爆発音の直後、救急隊が駆けつけるとデルタS4は車体はまったく確認できない状態で、完全に焼けこげたスペース・フレームだけが転がっていたという。この事故のあとFISAはグループBカーの新規ホモロゲーションを即刻中止、翌1987年からははるかに市販車に近く、はるかにマイルドなグループAカーによる選手権とする旨を急拠発表した。

さてわれらがオペル・カデット4×4はどうなったか。前記のように同車の開発はスタートが遅れ、実車の完成はさらに遅れて結局、本格参戦となる前にグループBの時代は早急な幕切れを迎えることとなってしまった。すなわちカデット4×4はいくつかの自動車ショーに出品され、本番はたしかパリ・ダカール・ラリーに一回出走したきりでオホコということになってしまったのだ。まあ仕方ない。

それはそうとデルタS4が登場するまでのランチアが、生産車モンテカルロをベースとした"ラリー037"で選手権に参加していたことは憶えておられよう。ラリー037の方は元となったピニンファリーナ・デザインのボディもよかったが、リアバンパーが省略されてそこから内部のスペースフレームの一部や金属的な精密な機械類がキラキラとのぞくというドゥカティにも通じるような憎たらしいほどにカッコイイ車、非常なる「自動車美」の車だった。その037の代がわりとして出してきたのがこのデルタS4だったのだから……落差はでかい。しかし一般的な評価はともかく、僕は両者は180度違う意味ながら、共々に甲乙つけがたい素晴らしいデザインの自動車だと思っている。とまあ、このあたりがクルマ・デザインってものの奥の深いところなのであります。

ALFA ROMEO JUNIOR ZAGATO

1969年12月に発表されたアルファ・ロメオの小型2シータースポーツ。スパイダー1300ジュニアのシャシーをベースとし、当初は1.3ℓユニットを搭載していたが、72年に1.6ℓユニットを採用。写真はその72年型ジュニア・ザガート1600である。
全長：3990mm、全幅：1530mm、全高：1250mm、ホイールベース：2250mm。水冷直列4気筒　DOHC2バルブ。1570cc、109ps／6000rpm、15.9mkg／2800rpm。縦置きフロントエンジン－リアドライブ。サスペンション：独立　ダブルウィッシュボーン（前）／固定 3リンク・リジッド（後）。

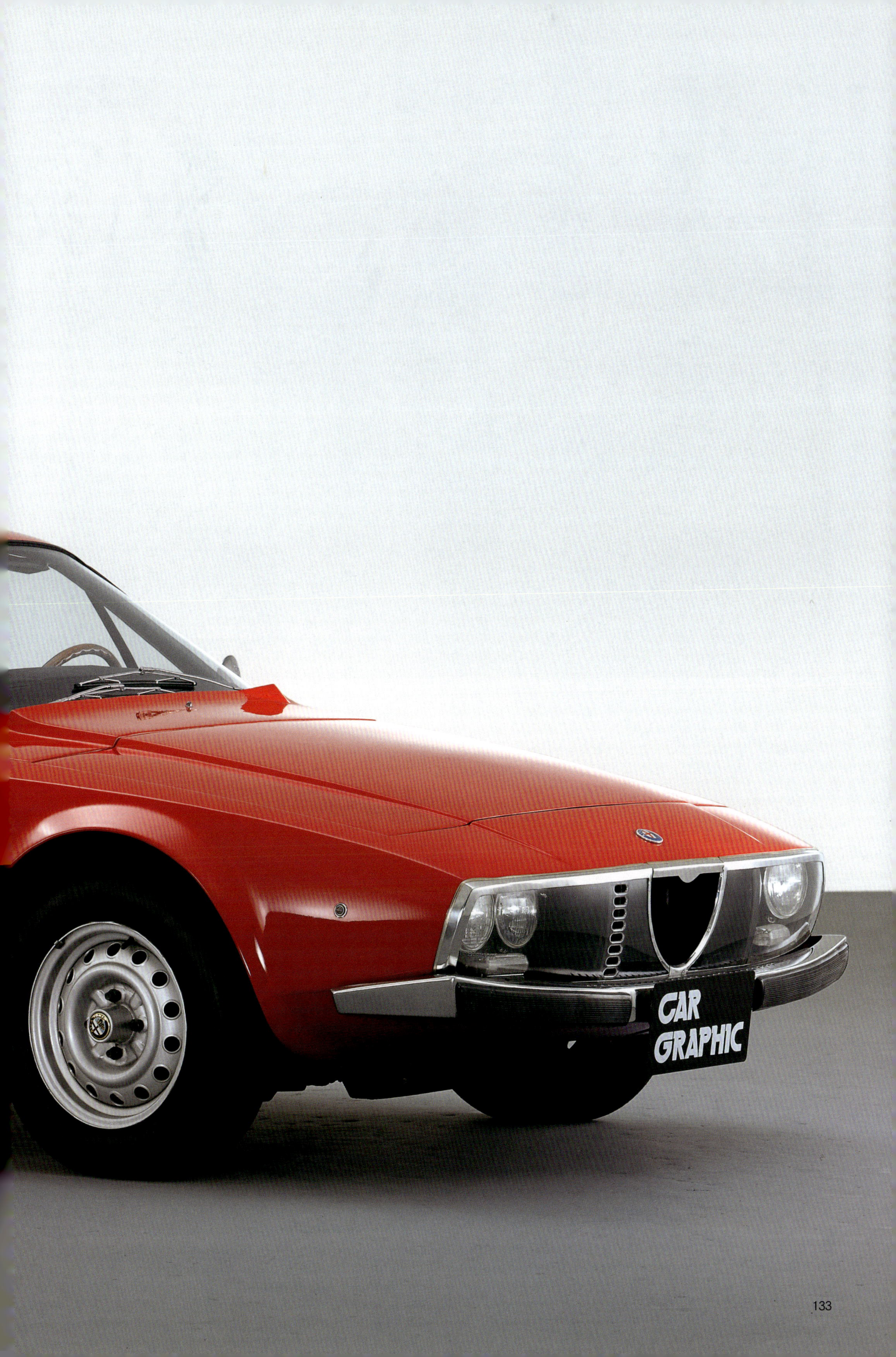
CAR
GRAPHIC

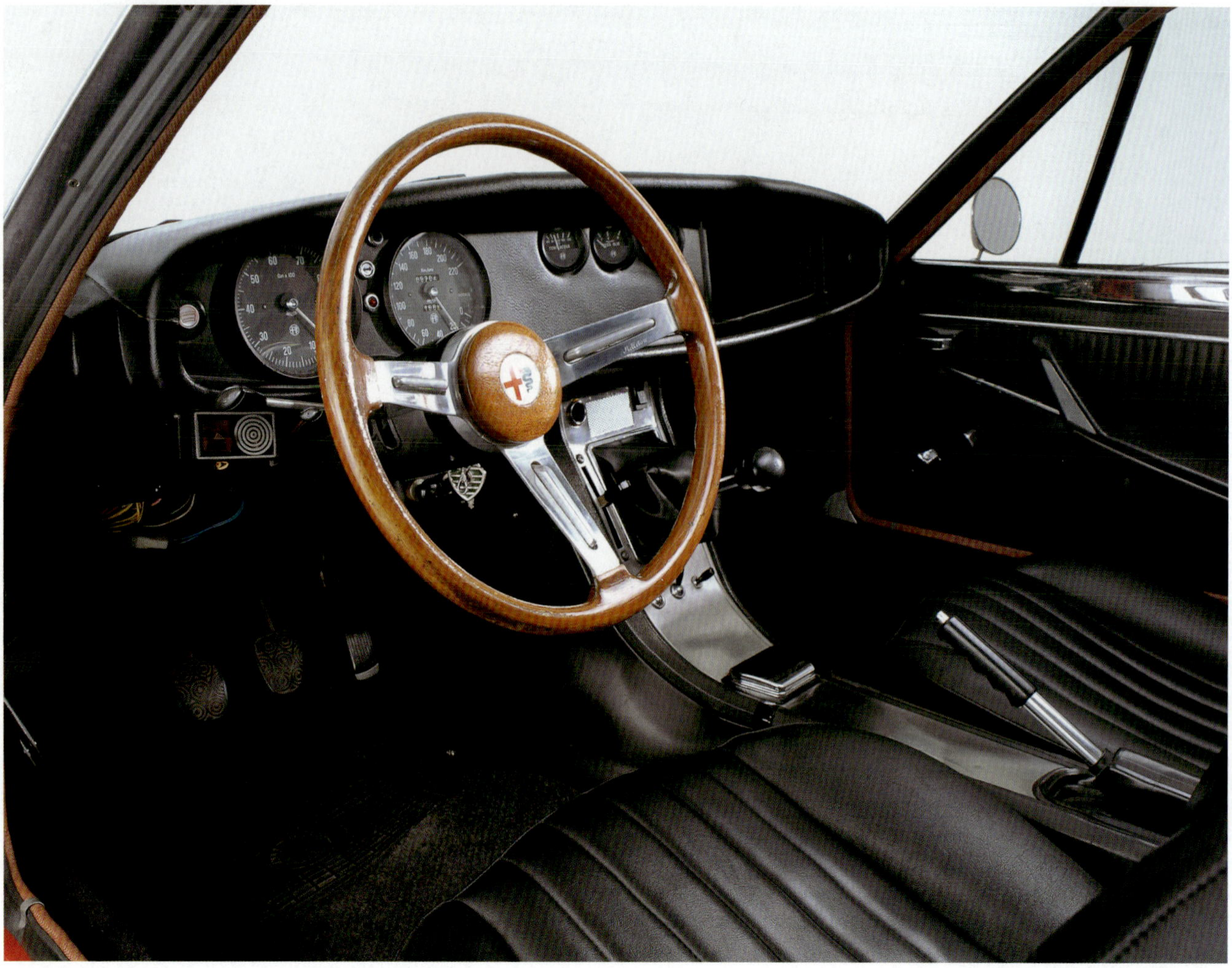

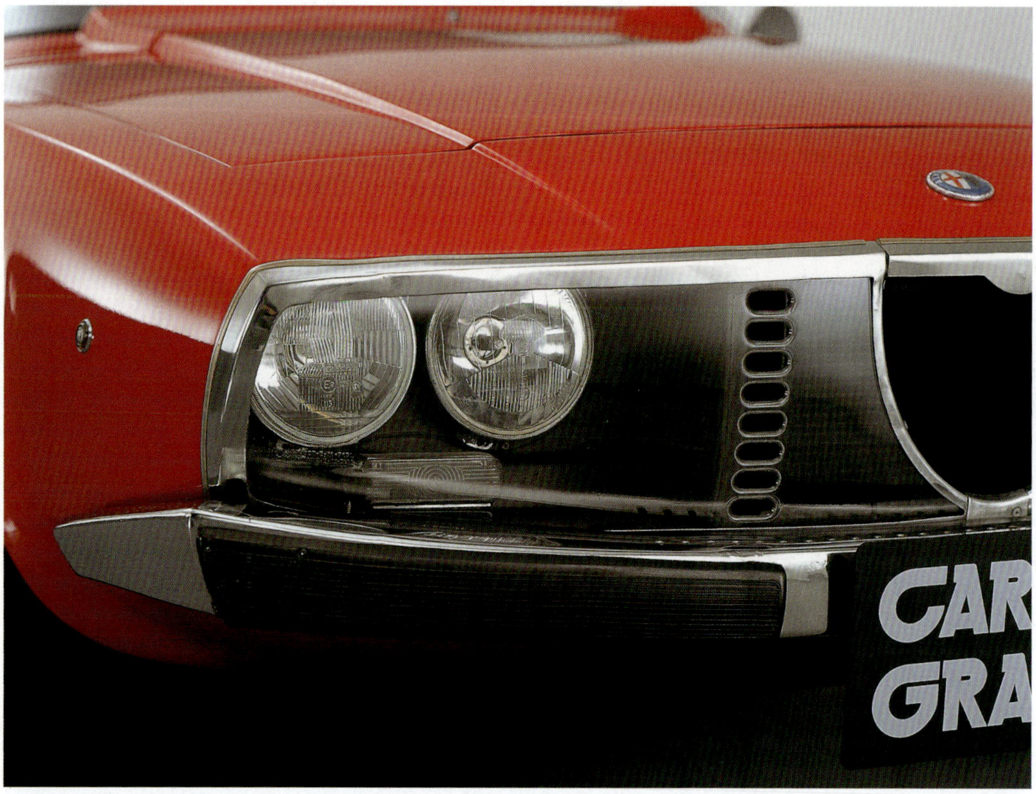
CAR
GRA

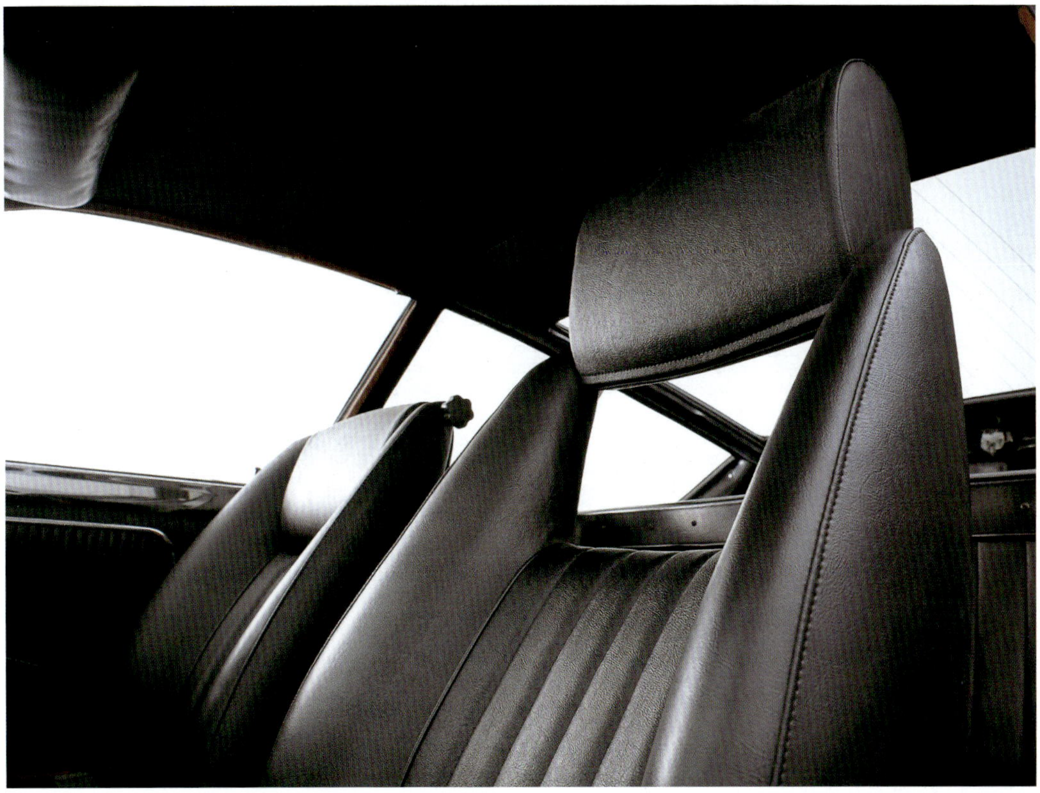

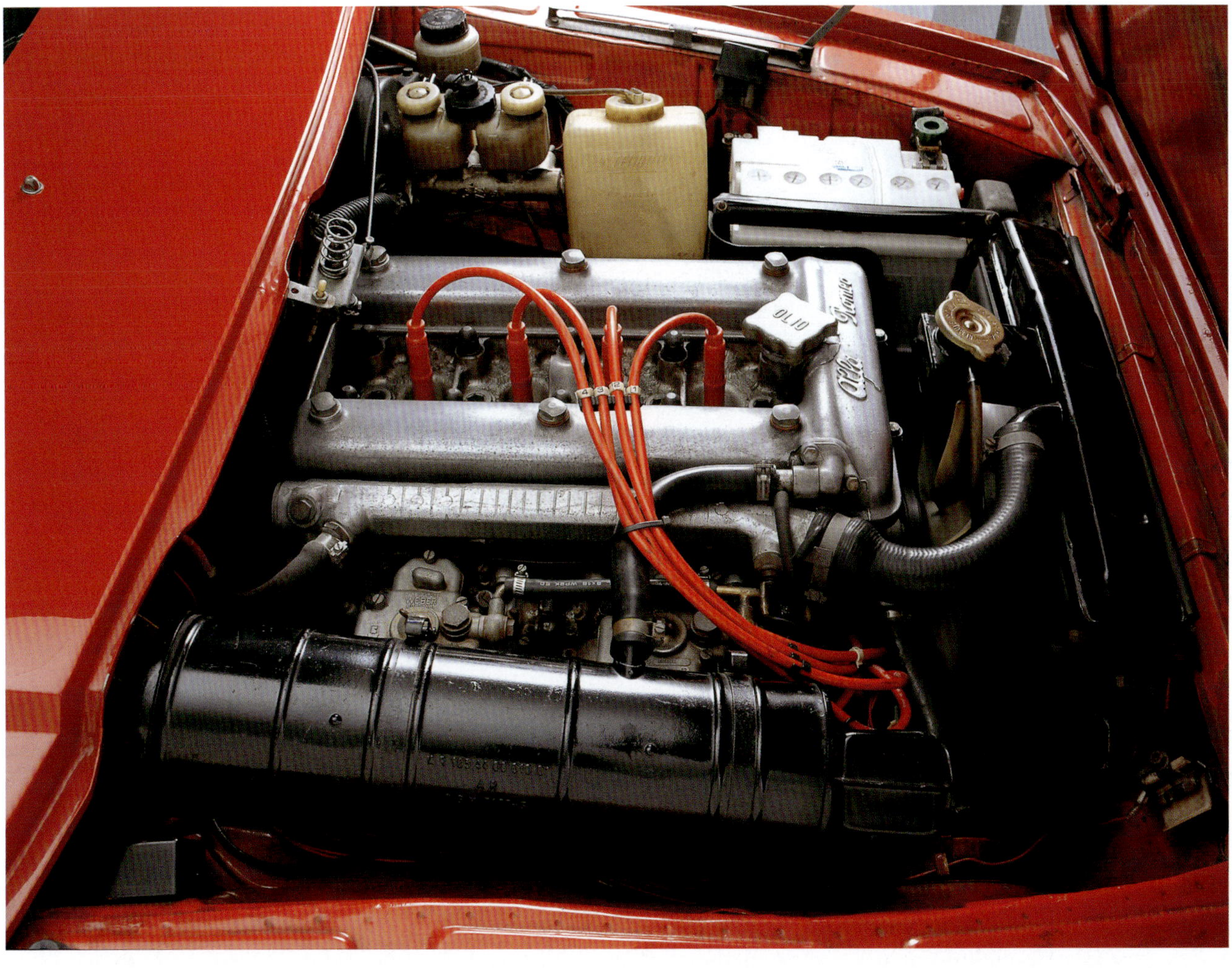
OLIO

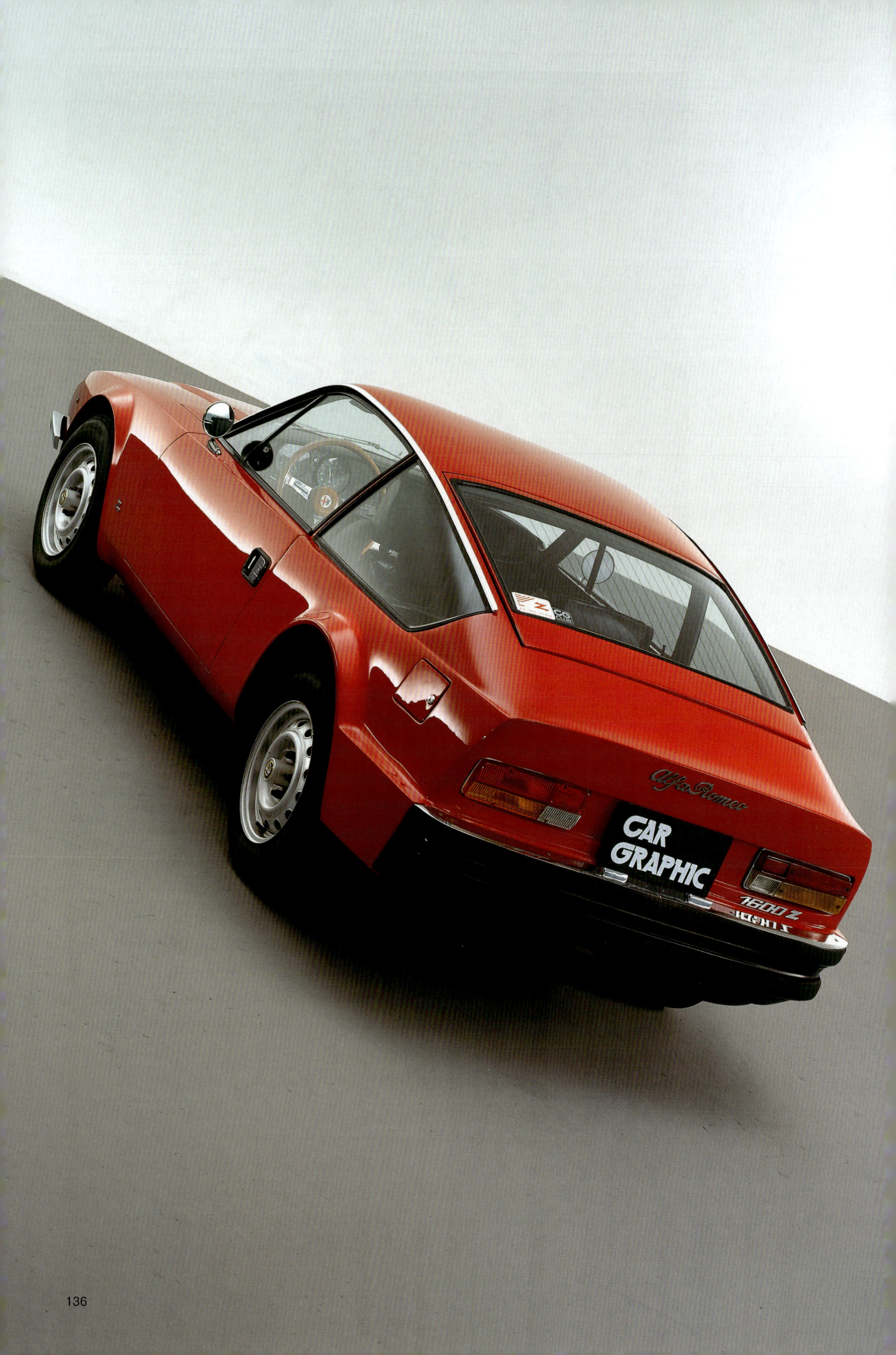
Alfa Romeo
CAR
GRAPHIC
1600 Z

■鋭意捜索中

　今回は今のところまだ出演車が見つかっていない。車種も決まっていない。というか、登場するのに妥当で、かつ撮影に耐える状態・程度の古い車が見つかれば何でもオーケー的状況なのだが、それが容易には見つからない。実のところワガ国にはそうした車ってそういくらでもあるわけではないのだそうで、すなわち編集部はいまだ鋭意捜索中でおられます。まことにご苦労さまとしか言いようがないが、一方のワタクシは車種の決まらぬまま、すでにこうしてボチボチと書き始めている。だいたい僕はモノを書くのがのろく、またこの原稿を書くのに費やせる時間はひと月のうちいつもひどくブツ切りで、しかも限られたものでしかないから、書ける時に書いとかないとヤバい。しかし考えてみりゃ別にいつもとかわりナシとも言える。どうせいつもイントロは登場車とまるで関係のないことばかりを長々と書くことになっているのだから、本題の定まらぬまま書き始めたからって内容的にはいつもと変わりはしまいて。なんかわれながらうまくできとるな。

　サテそんなことはともかくとして、ワガ国に状態のよい古い車は多くはないと今書いたが、思うに少し昔の日本ならそもそも本書のような企画は考えることすらできないユメのようなものだったはずだ。つまり日本に古いコレクターズ・グルマが増え始めたのはそれほど昔の話ではないわけで、ご存知のとおりそれ以前のわがクニに「レストアされた過去の名車」なんて結構なものは、それこそ本当にごくごくわずかしか存在していなかった。

　かつて、「さるコレクターがすごい車を輸入した」とその車、たしかアバルトのOT1300だか2000だかが、カーグラフィック誌の表紙まで飾って鳴りものいりで紹介されたことがあったが、あれは1970年代の半ばぐらいのことだったろうか。アバルトが1台入るということがその当時の車ファンにとっていかに大ニュースであったかの、これ以上の証しはないだろう。今日びのジャパンならもちろんこんな騒ぎにはならない。アバルトどころかもっともっと超エクスクルーシブな車、世界に2〜3台しかないたとえばブガッティ57SCアトランティークあたりが仮に輸入されたとしても、「輸入されたから」というだけの理由でCG誌表紙にまで登ることは今ではちょっと難しいのではないか。昔と比べりゃえらい違い、ずいぶん豪勢になったものである。

　……とは言っても、もちろんこの世は広いから上には上がいる。ヨーロッパで言えば古い車のコレクターが多い国と言ったらまずは英国だろう。いかに日本でクルマ収集家やその周辺の世界が大きくなってきたとはいえ、英国なんかに比較すればまだまだプロ野球と三角ベースぐらいの差がある。

　だいたい英国って国ではそれほど熱心な自動車マニアでなくとも古い車に乗る人は多く、また高級アンティーク・カーを所有することはステータス・シンボルとして社会的にも重要な位置を占めている。人々は機会あるごとにそうした車を持ち出すからときどき街中で戦前の車が走っているのに出くわしたりもする。

　そんなであるから古い車を扱うディーラーやレストアラーの数も多い。英国のレストアラーで僕が見た中で一番すごいと思ったのはP&Aウッドというロールスとベントレーを専門に扱う店で、ロンドンから小一時間のショップを訪ねると、そこは小さな自動車会社と呼んでまったく差し支えない規模の工場で、つながって建てられたいくつもの棟のうち、メインとなるところには何十台とも知れぬ1920年代、30年代のファンタムⅡ、Ⅲだのブロワー・ベントレーだのがずらーり、新品同様にレストアを終えて並べられていた。他にも敷地内にはミュージアムのような独立した一棟もあり、そこには目玉展示品としてなんとスピットファイア（車でなく戦闘機の、もちろんホンモノ）がバーンと置いてあったが、ありゃ相当儲かってんな。

　まったくこうした状況を目にするにつけこの国（国内の注文ばかりではないだろうが、それにしても）のアンティーク・カーの需要がいかに大きく、いかに市場が活発で、大きなカネが動いているかを思い知らされるのである。が……その英国とてアメリカに比べればまだまだ小さい。いや、正確な数字など知りはしないが小さいはずだと思う。たとえばかつてネバダ州リノにあったハラーズ・コレクションなんて、個人所蔵にして収集車数2000台とか3000台とか言われてたんですぜ。もっとも戦争前なんて台数的に言えば世界のクルマ生産量のほとんどすべてがアメリカ車だったわけだから、今でもあの国に古い車がケタ違いに多いのは当たり前なわけではあるが。

■スパゲッティ・ア・ラ・カルト

　などとヨモヤマを書いているうちに伝書バトが帰ってきた。コンゲツの車が見つかった。それはアルファ・ロメオGT1600ジュニア・ザガート（ジュニアZ）であるとのこと。ハハア、時間がおしつまった割にはずいぶんイイ車を掘り出してきましたね。ワタクシのヒジョーに好きな車である。なぜ好きか。カッコイイからにきまってる。

　しかしその話に入る前にちょいとばかしレキシ的考察などを。多少自動車史的な見方をするならばこういうことが言えるのかもしれない。すなわち同じコンポーネンツを用いて異なるコーチビルダーに異なるキャラクターのボディをデザイン／架装させるというのがヨーロッパ自動車界の昔からのひとつの伝統であったとすると、今回のジュニアZなんかはさしずめその伝統線上の最後を飾った一台と言えるのではないか。つまりコーチ・ビルディングの最後の

砦であるイタリアでも、1960年代に入るともはやそれまでのようにカロッツェリアが生産車とは別のカスタム・デザイン車をほんの少量手作りして、カタログの端っこに加えるなんてことはさすがに難しくなる。

しかし、ではそうした伝統的なセンがまったく断たれてしまったかというとそうでもなく、たとえばアルファ・ロメオでいうならジュリエッタのクーペはベルトーネ、スパイダーはピニンファリーナ。ランチアのフラヴィアで言えばクーペはピニンファリーナ、カブリオレはヴィニャーレ、スポルトはザガートにそれぞれ担当させるといったように、異なるカロッツェリアによる造形テイストの違いによってモデル・パレットの幅を広げるといった方法がイタリアでだけはまだ一般的に行なわれていた。で、1969年発表の今回のジュニアZは、そうした線上の最後のクルマの一台ととらえることができるわけである。

さてこのジュニアZのデザインを担当したのは車名に表わされているとおりカロッツェリア・ザガートであるが、こうした話が出たついでに1960年代当時のイタリアン・カロッツェリアの主たる面々のデザイン傾向について大ざっぱに見てみようか。60年代はイタリアのカロッツェリア連が造形的にとてもノッていた10年間だった。

じゃ、まずはピニンファリーナから。ひと言で言うならかつてのピニンファリーナは古典的自動車美の代表者的性格をもっていた。正統派。コンサバと言っても間違いではない。ただ、御大の設立者、初代ピニンファリーナ氏が亡くなったのがたしか1966年のことで、あるいはそのことによる影響があったのか、ちょうどその時期から60年代末にかけて、同社はそれまで試したこともなかったような大胆な立体性に富むコンセプトカーを次々と連発した。僕に言わせればその挑戦的なクリエイティビティによってこの時期、彼らは彼らの黄金時代のひとつを築いたのである。もっともいくら斬新なことをやっても「正統派」然としたスタイルからは逸脱することはなかった。そのことがエラかったとも言えるし、同時に「そこに限界があった」とも言えるが。

では次にベルトーネ。カロッツェリア・ベルトーネの持ち味はピニンファリーナよりもう少し動感の強い、若い感じのするものだった。ただしベルトーネの名物御大だったヌッチオ・ベルトーネが車のカタチに対して具体的ビジョンをもっていた人だったとは僕には思えない。だからこの会社のデザイン傾向は、そのときどきに雇うデザイナーによってコロコロと変わった。ただラッキーだったのは偶然のように同社によいデザイナーが入ってきたことで、あのジウジアーロはそもそもベルトーネのイラストレーターとしてこの世界に入り、のちにデザイナーに転身。さらに数年をそこですごした人だ。すなわち若く才気あふれるジウ

ジアーロの活躍のため、60年代前半はベルトーネにとってもやはりひとつの黄金時代となったのである。

さて1960年代のピニンファリーナとベルトーネに続くイタリア第三勢力とはどこか。おそらくそれはギアだったろう。スタジオ・ギアは今から数年前に消滅したが憶えておられるだろう。同社は1970年代にフォードの資本下に入り、それ以降はもっぱらフォードのコンセプトカーを製作していた。ちょっと変わっていたのはそのロケーションで、この会社はトリノの中央駅真裏、東京で言やぁ新宿駅南口のような、常に電車の音と振動の絶えないやけにぎやかな場所にあった。ふつう車のデザイン・スタジオてなものはあまりそんなところには作らないものだが、ま、それはともかく、フォード傘下に入る前のギアには前述のジウジアーロがベルトーネを辞した後、自らの会社を設立するまでの短期間在籍したのである。その間に彼はマセラーティ・ギブリ、デ・トマソ・マングスタ、イソ・リヴォルタ・フィディアをはじめその他にもいくつものショー・カーをデザインした。そして僕はこの時期こそジウジアーロが最も冴えに冴えていた時期ではなかったかとも思うのだ。つまり鬼才の冴えた活躍によってギアも60年代イタリアン・デザイン界の忘れられぬ存在となった。

写真の車アルファ・ロメオ・ジュニアZを手がけたカロッツェリア・ザガートは、その当時ミケロッティなどと並んで前述の三強に続く第四勢力的ポジションにあった。ただザガートは昔からもっぱらスポーツカー、レースカー専門のボディ屋であり、またトリノでなくミラノの在であることもあってか、何となく他のカロッツェリア群からは距離があるような感じもする。ザガートも60年代にはアルファ、ランチア、アバルト等のトップを成す高性能スポーツカー群を手がけて一時代を築いた。またこの会社のデザインはなぜか日本人に非常に好まれるという特性があるようで、ザガートの評価が世界で最も高いのは間違いなくジャポネの車マニア間においてであると思う。

さてジュニアZはそれまでアルファ・ロメオがザガートに担当させていたSZ、TZといったシリアスなコンペティション・カーとは趣の異なるもっと都会的で洗練されたシャレたキャラクターを目指したもので、そして前述のとおり僕はこの車がとても好きである。ジュニアZの造形が素晴らしいのは第一に立体のコントラストが際立っているためだ。すなわちナイフで削ぎ出したようなシャープな前半部が後ろにゆくにしたがって流線化し、面的な丸味を帯びてゆく。この変化、コントラストが互いに互いを引き立て合って大きな効果をあげている。具体的に言うと角っぽい断面のグリーン・ハウスのサイド・グラス面が後方に向かって次第にねじれて上面のリア・グラスとの連続性を強め、最後にはダ円断面のようにスムーズになったところでスパッと切

り落とされておる。このアーキテクチャーはフェラーリ・デイトナなどにも見られるがなかなか見事なものだ。

　それから次にサイド・ビューについて。今日の目で見るとこのサイド・ビューがそれほど特殊なものとはおそらく見えまいが、そのことが逆にこの横ビューが1960年代のクルマとしては極めて新しいものであったことを証明している。すなわち自動車のサイド・ビューは60年代はもとより70年代半ばまではまだまだ基調は水滴型であることが当たり前だったので、このジュニアZほど躊躇なく現代的なクサビ形を基調としたサイドは当時は珍しかった。この点ではジュニアZは前出のフェラーリ・デイトナよりもずっとススンでいる。このジュニアZと商品的にもまた造形上でもよく似た車としてホンダCR-X（特に2代目の）が思い出されるが、両者の間には十数年もの時間差があることを考えてほしい。

　あともうひとつ、ワタクシとしては何か言わずにおれないのはこのフロント・エンド。このフロントの意匠もジツにイイ。ヘッド・ランプをクリア・プラスチックで覆うというよくあるアイデアから出発して、ならばいっそフロント全体をその材料で覆ってしまえという大胆さにまで発展したものだろうか。で、またこの中央に位置するアルファの楯グリルのもっていき方が面白い。普通フロント・グリルってものはプレーンな空間に足し算的に何かを貼りつけたり加えたりするから「あ、グリルだ」と認識できるわけだが、ジュニアZの場合は、逆にフロント全域に貼りつけたプラスチックから引き算的にグリルの形に何もない空間を残すことによってアルファの楯型グリルを可視化している。何やら逆転の発想風の考え方が実にシャレているではないか。

　さて60年代後半、アルファ・ロメオにはすでにかのジュリア・スプリントという見栄えもよろしい小型クーペがあり、その車は人気も高くよく売れていた。ではなぜ彼らは同じコンポーネンツを用いていかにも市場で競合しそうなジュニアZという今回の車をカタログに加える気になったのだろう。

　……1930～40年代の昔、アルファ・ロメオは今日のフェラーリに比肩するような大変な高価格車であった。ベア・シャシーを買った顧客が用途や趣味に合わせてボディを好みのカロッツェリアに別注文することも珍しくはなかった。1960年代のジュリア・スプリントとジュニアZの2車はたしかに今日的マーケティングのアタマで考えれば競合車種ということになる。でもこれは歴史あるアルファの昔風に近い"マーケティング"の産物なのである。すなわち二者のうち一方はベルトーネの、一方はザガートのボディを被せた車でお客は好みのカロッツェリアの好みのデザインを選ぶ。ちょいとゼイタクな気分である。つまり、これが「コーチ・ビルディングの伝統、カスタム・コーチ・ワークの伝統」とつながるセンということである。

　ところでそんなゼイタク品のジュニアZ、新車当時いったいいくらで売られていたのだろう？　ちょっと興味ありますね。そこで1972年のドイツにおける価格を調べてみたところジュニアZ1300はおよそ1万7000マルクであったとのこと。同じ年にフォード・カプリ2300GTが約1万マルク、VW-ポルシェ914の2ℓが約1万3500マルクであるから、これってやはり相当に高価な車であったことがわかる。ゼイタク気分を味わうにはやはりカネもかかりますわな。

　また生産台数はジュニアZ1300と後期の1600、全期間合計しておよそ1500台。すくない！と言うのは簡単だが、この車が昔の特権的な車だった時代のアルファの最後の継承者と考えればこれでも多すぎるぐらい、なのかもしれない。モヒカン族の最後！

　蛇足。イントロのヨモヤマ話のつづきのようなものを少し。かつての日本ではこの本のような企画は考えることもできなかったと書いたが、昔のワガ国には古い「名車」などまるで少なかったぶん、車マニア連のユメもロマンも強烈だった。ユメが満たされ同時に渇望もなくなった今日はある意味幸福な時代ではない。しかも今後も昔の名車がどんどん増えるとそうした車の稀少性はさらに薄れ、するとユメもロマンもさらにさらに小さくなり、ついには誰もふり返る者もなくなり、すると本書のような企画は昔とは逆の理由でやはりできなくなってしまう可能性もあるのではないか。いやこれは極端な推論だが、しかしどうも「名車の残像」なるものは天体のバランスのような至極微妙なバランスの上に存在しているのかもしれない。

　レストアラーのP＆Aウッド訪問後、あるところで今度はそこのオーナーであるウッド氏が運転する第一次大戦前のR-Rシルヴァーゴーストの横に乗せてもらった。そのあまりの静粛さとスムーズさはまさに信じ難い思いがした。昔の車作りって侮れない、どころじゃないことを思い知りました、小林先生。

CITROËN CX PALLAS

1974年に発表されたシトロエンの大型セダン。オーバーラップした時期もあるが、事実上DSの後継車であり、ハイドロニューマチック・サスペンションやセルフセンタリング式パワーステアリング（オプション）などの主要メカニズムはDSのそれを受け継いでいた。写真は1983年式のPALLAS。
全長：4660mm、全幅：1770mm、全高：1360mm、ホイールベース：2845mm。水冷直列4気筒　OHV2バルブ。2347cc、125ps／4800rpm、20.1mkg／3600rpm。縦置きフロントエンジン－フロントドライブ。サスペンション：独立 ダブルウィッシュボーン（前）／独立 トレーリングアーム（後）。

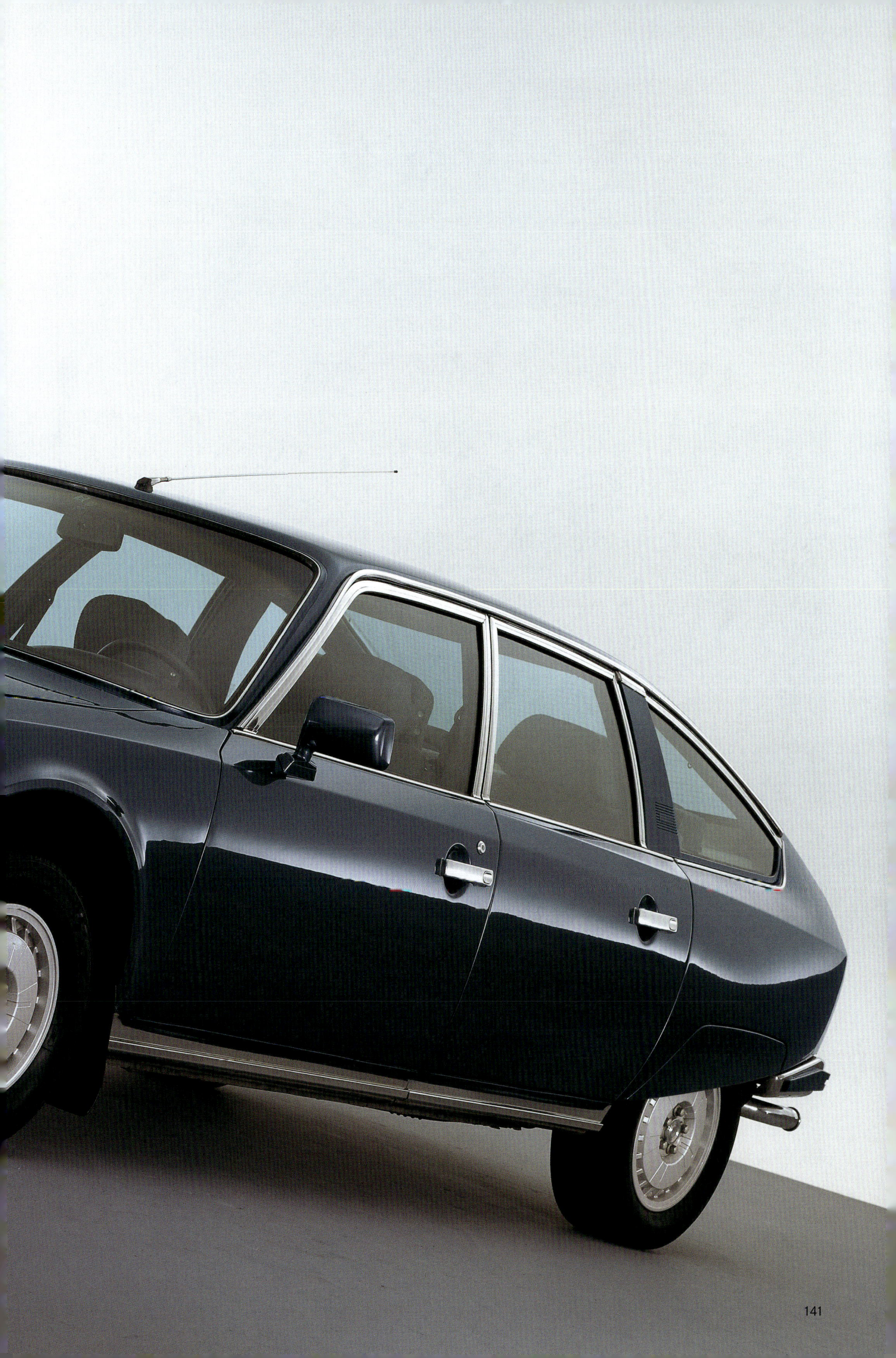

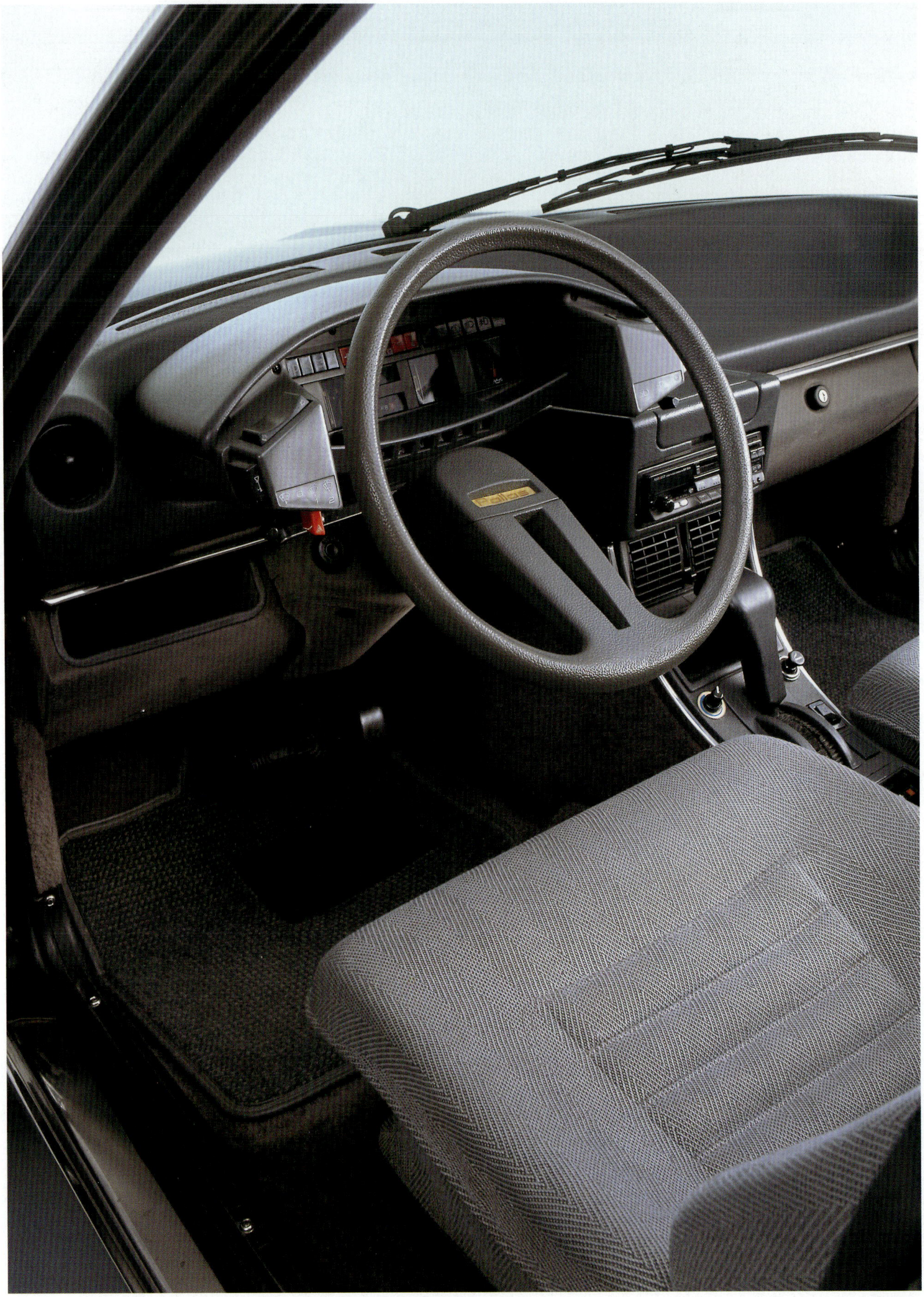

CX Pallas IE
CITROËN
CAR
GRAPHIC
automatic

Microlon XA
DEVELOPED FROM AIRCRAFT ENGINES

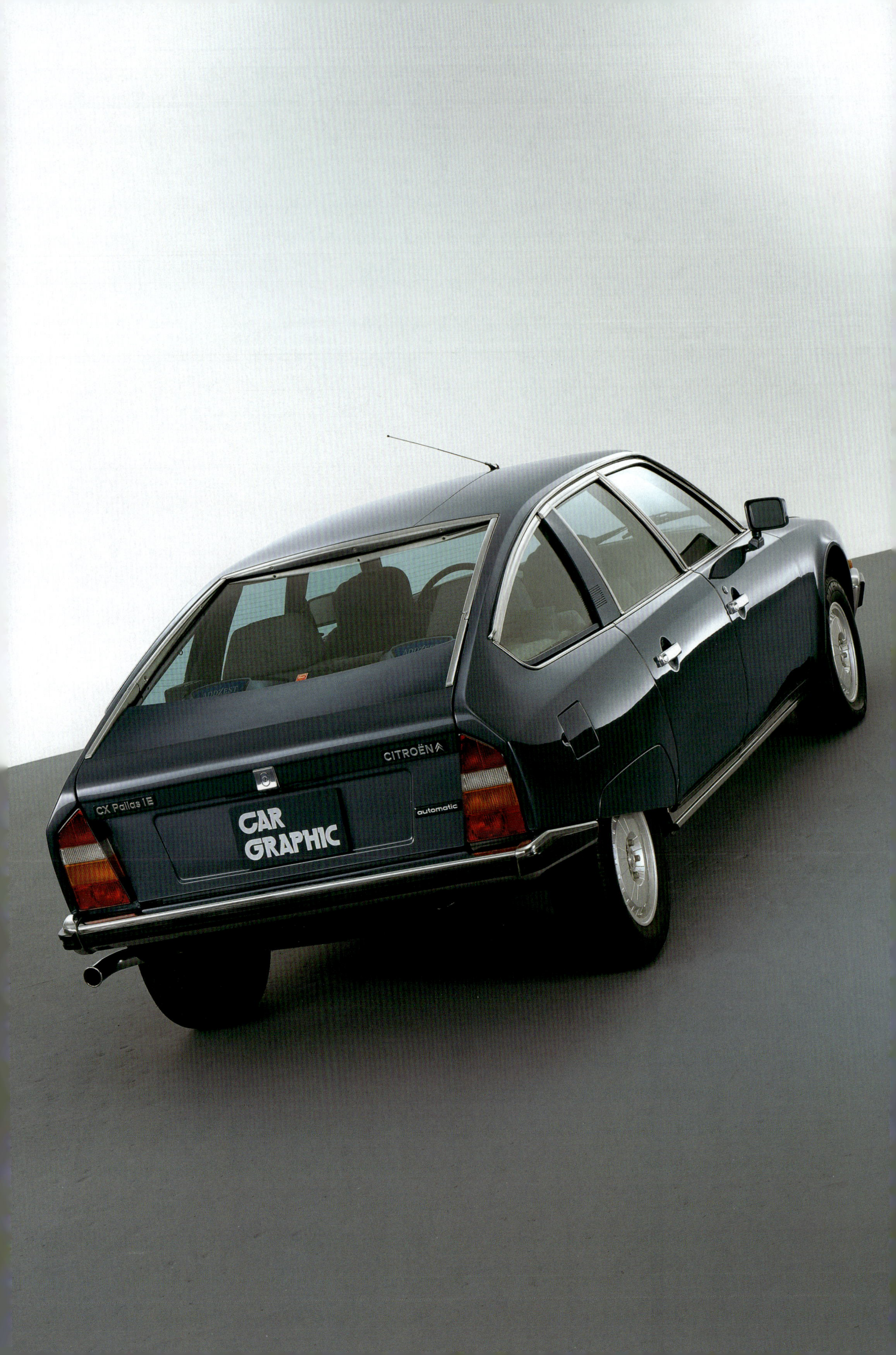
CITROËN
CX Pallas IE
CAR
GRAPHIC
automatic

■クセモノ伝

バブルの時代に日本の保険会社がゴッホの「ひまわり」を何十億もの金で買って話題になったことがあった。今でもあの絵はそんな値段をしているのだろうか。いや仮にいくらか値落ちしていたとしても、それがとてつもなく高価な絵であることに変わりはない。ゴッホの「ひまわり」と言えば誰もが知る人類文化遺産級の代物である。いったいこういうとてつもない作品を産み出すことができるのはどういう人間なのだろうか。やはりそれは平々凡々たる人などではなくて非常に特別な人間なのだろうと思われる。

しかしそうした人々というのは特別な才能の裏返しとして、えてして大きなカタヨリをも持ち合わせているものだ、といったことも我々はよく見聞きする。すなわち世の中うまくすべてがオーケーとはなかなかいかぬもので、たぐい稀なる芸術家などというのは世間の常識に照らせば性格円満な善良な人物とはまいらぬ場合が多いもののようなのである。ゴッホにしてもその一生を見ると、実際に周囲にいた人たちにとってはえらく手のかかる困ったオジサンだったのではないかと思われるフシがおおいにある。

ゴッホはよく「炎の人」などとも呼ばれるが、とにかく激しい人、極端なる人である。たとえばよく知られた話に「耳の話」がある。それはこの画家が南仏のアルルに暮らしていた時のことで、その地で共同生活をしていた画家仲間のポール・ゴーギャンが出て行ってしまったことから「激しく絶望したゴッホは激情にかられカミソリで自分の耳を切り落としてしまった」というのである。イタソー。でもマそこが「炎の人」なわけですから。あと、ある女性に結婚を申し込み、イエスという答えをもらうまではこれだ、とその目の前で蝋燭の炎に自らの掌をかざし続けたという話もある。アツソー。もう文字通り「炎の人」である。

ゴッホは最後は麦畑の絵を描くと筆をピストルに持ちかえて自殺してしまうことになるが、彼が本格的に絵に集中し始めてからそこに至るまでせいぜい4年かそこらのこと。その「生き急ぎ」からもゴッホなる人の考えること、することの激しさ、極端さがうかがわれるように思う。

が、でもどうです、こんなちょっとした逸話からもこの人がまわりにいる人たちにとっちゃエラく困ったオジサンだったことは察しがつくってもんでしょう。

で、こういう人は、もちろん一方ではものすごく純粋な人だったのだという見方もできるのだが、少なくとも僕はこういうオジサンを知人の集まるパーティなんかにつれて行きたいとは思わない。大勢との協調性などとても期待できないし、どんな理由で何を言い出し何をしでかすかわかったもんじゃないからだ。しかしゴッホの描いた絵となればもちろん話は逆だ。大いにウェルカム。彼の描いた絵は人類の文化遺産とまで目され、取り引きされれば天文学的な値段がつく。

いったい「芸術性」というのは人間のいかなる部分から産み出されるものなのだろう。いやゴッホは極端な例としてここに挙げたが、一般的に言っても絵描きに限らず世のあらゆる芸術系・表現系の人たちというのは、すぐれた人ほどアクの強いところも兼ね備えている場合が多いとはよく言われることだ。で、どうもこのことはデザインの世界でも例外ではないようで、すなわち僕は今までにアマタのデザイナーを見てきたが、やはり人を振り向かせるようなデザインをする人、エッと思わせる作品をものす人はそれなりに人間としてのアクの強さも発散していることが多いものだ。

……といったあたりでボチボチと話は本題に入ってゆく。Oというフランス人デザイン部長が、かつて国営時代のルノーにいた。O氏は僕が同社に入るよりだいぶ以前にそこを去っていたので僕には直接の面識はない。しかしO氏に関する話はルノーに古くからいる人たちにどれだけ聞かされたかわからない。そうした皆の話によるとこのO氏、やはり随分とアクの強いお人だったようで、社を去って何年も経っているというのにその評判はなはだ芳しからざるものがあった。で、皆サンのワルクチを記すとたとえばこんな風である。

Oはルノーのデザイン部長となるや外部の多くの有名デザイナーたちとやたらと契約を結んだ。その中にはプロダクト・デザイナー、カラー・デザイナー、グラフィック・デザイナー、果ては服飾デザイナーや建築家まで含まれておりナゼそんなもの車のデザインに必要なの？ というものも多かった。ただ共通していたのはそれらがすべて「有名な」デザイナーたちだったということだけで、しかもデザインを上層部にプレゼンテーションする段になるとO部長は必ずこうした外部有名デザイナーの支持にまわり、インハウス・デザイナーの作品は決してサポートしようとはしない。でも常識的には企業のデザイン部長の仕事というのはその逆をすることなのだ。社内のプロポーザルについては他でもない部長自身に責任があるわけだし、そちらをプッシュするのでなくてはおかしい。しかしO部長の場合、社内の誰かのプロポーザルが選ばれそうになると逆にあらゆる手段でそれを妨害・阻止し、あまつさえ当時社内に目立つ仕事をする腕のよいデザイナーがいたが、なんとOはこの人をムリヤリにクビにしてしまった。

……くり返すがこれらは皆サンの口から聞いたことでそこにどんな事情がからんでいたのかはわからない。しかしその時代、ルノーの製品が出る車出る車、外部デザインのものばかりだったのは事実だし、そのクビになった人というのがベルトーネに移ってそこで有力な生産車を何台もデザインしたその人であることも僕は知っている。まあとに

かく、これではО氏の社内の評判、よくなりようがない。
　しかしいったいО部長はなぜこんな不可解な態度をとり続けたのか。それを尋ねると古株のひとりだった僕の上司はちょっと首を傾げて、しかし冷静にこう言った。「やはりОは自分で自分のことを過大に評価しすぎていたのではないか。それで自分が相手するのにふさわしいのは世によく知られた有名デザイナーたちだけぐらいに思い込んで、社内の部下がそれ以上のよい仕事をすることなど到底耐えられなかったのではないか……」。
　以上はО氏に関して僕が聞かされた話のほんの一部でしかない。もっとエグツない話もいくらでもあったのだがもうそれはいい。まあとにかく、まるで子供でございます。アクが強いというかひとクセあるというか、ゴッホほどすごくはないにしてもこのオジサンも知人のパーティにはつれて行かない方が安全なような気がする。
　しかしこのО氏、それではその「作品」の方はいかがだったのだろう。その芸術性というか造形センスというか、果たして彼の人としてのアクの強さにつり合うほどの高レベルに到達していたのだろうか？　そう、そもそもなぜこういう話を始めたか。つまりО氏のお作品を今ミナサマはご覧になっているわけであります。すなわち今回のクルマ、シトロエンCXこそは他ならぬО氏の手になるデザイン作品の一例なのである。いかがかな？　芸術のカホリ漂っておりますかな？　О氏はルノーに来る前にシトロエンでやはりデザイン部長をしていた。О氏はかつてシトロエンで2CVやDSをデザインしたあのフラミニオ・ベルトーニのアシスタント的立場にあり、ベルトーニが退社するとその後を継いで同社のデザイン部長となっていたのである。

■えぐれたサイン
　というわけでシトロエンCXである。さてこの車に表われているはずのО氏のセンスとはいかなるものだろう。
　CXはひと目見て流れるような線と面のなかなか美しい車だと思う。また、とても「フランスの粋」を感じさせる車だとも思う。そのデザイン水準は文句なく高い。CXがのびやかな印象を与えるのは第一にこの車が「長さ」方向に引き伸ばされた車だからである。5m近い全長、それだけではなくホイールベースもダックスフンド的に長い。ただそれだけではなくちゃんと工夫もしてある。この車のドアの下端に注目いただきたい。ボディカラー部分がドアの下端までで終わり、ロッカーパネルはわざと視覚的に分離されて異なる材質が与えられている。このロッカー部の処理は先代DSの独特なドア下端部に対するオマージュであると同時にCXの車体を実際の寸法よりも細身に、さらに引き伸ばして見せる効果をもたらしている。こんなあたりさすがО部長、クセモノだけのことはある。

　ボディサイドの上部にはプレスラインが入っているがこれはちょっと変わってますね。フロント・フェンダーから後方に向かって下降してゆくラインは途中で終わってしまい、そのすこし上を平行して走るもう一本のラインがそれを引き継ぐようにボディの終わりまで続いている。この2本のラインのくり返しは多少煩雑な印象を与えるが、実はこれも先代DSに対するオマージュなのである。DSのフロント・フェンダーはやはりボディに溶け込んで終わるもので、その上を走るAピラー根元から発するラインがちょうどこんな具合にボディの終わりまで続いていた。
　と、ここでラインの話が出たのでそこにもう一度注目してみよう。この車に見えるプレスライン、どれもがかなりくっきりとしたシャープなものばかりである。今見たボディ・サイド上部の2本の平行なラインにしても紙を折ったような、あるいは粘土の塊をナイフか何かでサッと削いだような鋭いニュアンスのものだ。この「ナイフで削いだような」感じのラインは他にもルーフの角やヘッドランプの周囲にも見られる。
　またCXで最も人目を引くフィーチャーと言えばこの車の凹んだリア・グラスだろうが、これだって粘土の塊から大きなスプーンで一部を削ぎ取った形と言えるわけだ。と、そう言えばドア・ハンドル背後の正円に近いへこみ部分などにもいかにもスプーンでえぐり取ったようなニュアンスが与えられていることに気づく。
　実はこの「ナイフ・スプーンで削ぎ・えぐった形」というのがО氏が作品に残したサインのようなものなのである。О氏がシトロエン時代に手がけた車はCXの他にもGS、SM、アミ8、ディアーヌ等、いくつかあるが、そのどれにおいてもО氏はこの「削ぎ・えぐった形」というのをひとつの共通したテーマとして追いかけていた。こうした特定の形に対するコダワリ、そして車の車体をひとつのオブジェとして扱う如き態度からはО氏の造形作家的な面、言ってみれば「芸術家」っぽい一面が感じられる、とも言える。

■ウツワの問題
　しかしそうしたことは差し置いてもО氏がデザイナーとして相当のモンであることは、これはもう明らかなことである。凡庸のヒトではない。なぜってこのCXをはじめとして前記氏が手を下したとされるかつてのシトロエン各車、どれひとつ取っても忘れようにも忘れられないような車ばかりではないか。エキセントリックなものを好む世の古くからの同社のファンはО氏に感謝せねばなるまい。О氏時代のシトロエンはどれもが印象強烈。といって抵抗なく誰もが呑み込めるようなただキレイなだけの生やさしい車ばかりではない、見る者の心にツメを立てるというのか、まあクセモノ車である。やはり作品とは作者の反映なんでし

ょうかな。しかし何であれ「いつまでも忘れられない、記憶に残る」というのはデザインの価値として実に得難い貴重なものだ。ああいう存在感のある車たちはそう滅多な人間にデザインできるものではない。

ところがヨノナカ上には上がいる。すなわちこの印象強烈なCXにしても、あのDSの後継車だと思うとちょっと力不足ではないかと僕としては思わざるを得ない。CXはその登場より20年前に、先代であるDSがデビューしたとき世に及ぼしたのと同等の大ショッキング効果を期待されて登場した車なのであり、シトロエンも当時はまだそうした世間の期待に応えようという革新派としての意地を存分にもっていた。しかるにCXが世に出たときDSほどユニークな車という印象はなく、あれほど世間の注目を集めることはできなかった。

でも驚きが薄かったことだけではない。僕にはCXがコンセプト、造形力一般から雰囲気・かおりのような面までをも含めて、多くの点でDSほどの高みに達しているとは到底思えない。DSと比較されては荷が重すぎるだろうがそれがこの車の避け得ない宿命ってもんスからね、O部長。やっぱりこりゃあヨノナカ上には上がいるということなのである。

しかしそう考えるとクセモノO部長をもってしても太刀打ちできない作品を創り出したOの先任者フラミニオ・ベルトーニというのはどんな人間だったのだろう。やはり相当のクセモノ？ 果たして知人のパーティにはつれて行けるオジサンだったのか否か。そう言えば先述の僕のルノーの上司はベルトーニを個人的に知る人だった。もっと話を聞いとけばここにも書けたんだけどな。

……突然だが日本の話をする。日本の社会は「和」の社会であると言われ、たしかにフランスやドイツなんかに較べれば少なくとも表面的にはその通りだと思う。ワガ国では企業が人を採用するときなども周囲の人間との協調性はとても重視されるようで、あまりマルくないトンガリのある人は歓迎されない。そりゃそうだろう。これは企業としては充分に理由のあることだ。

しかし考えると、企業の会社員と言っても職種・職能は色々あるわけで、デザイナーだって自動車デザイナーなどはたいていはちゃんと面接して企業に会社員として就職していくわけである。……日本の自動車は世界中の車と世界中の市場で競合する運命にある。国内メーカーばかりがライバルではない。するとデザイン面から言えば「和の国」からははるかに離れたどこか外国の、それこそO部長みたいな人、いやそれ以上のスゴいクセモノの生み出した強烈なデザインにも対抗しなくてはならないはずなのである。人を振り向かせることもできない車では相手にもならない。デザインとはそういうものなのだ。

アクの強いとんでもないクセモノ、才能はあるがとても知人のパーティなんかにはつれて行かれない、そういうデザイナーが面接に来たとして、「和の国」のクルマ大企業に採用する器はありますか？

思うにCXの中で最もカッコイイのはブレーク仕様じゃないでしょうか。あの車は素晴らしい。僕に言わせればCXベルリーヌを100点とすればブレークは150点ぐらいいく。シリーズの中でとび抜けてよい。デザイン的に言えば、ブレーク同士を比べるならこれだけはCXはDSに勝てるだけの内容を持っていると思う。CXブレークの後部は長大だ。その荷室部分はいかにも四角い長い空間で、何か自動車以外の乗り物、たとえば鉄道の客車でも見ているような錯覚すら起こさせ、それがとても未来的な印象を与える。

ところがこのCXブレークの後部をさらにストレッチして後輪を4輪とした車が存在した。一般には売られていない特別仕様である。かつて、フランクフルトの街からたまに夜遅く、12時か1時頃家路につくとき、このそれこそ電車のように長大な特別仕様のCXとすれ違うことがあった。パリ・マッチだったかユーロップ・アンだったか、新聞社の赤い大胆なストライプが入っている。つまりこれはフランスから毎晩、朝刊の早刷りをのせて飛ばしてくる車なのである。おそらくフランクフルトの中央駅まで行きそこからドイツ全国に配送されていたのだろう。風を切ったよごれがつき、何百キロもの暗い道のりを荷を満載して今急行してきた、いかにもそういう感じがした。またこの役割にこの車以上うってつけの車などあり得ない、そう思わせる強い何かが感じられた。そこにひとつの「自動車の美しさ」を発見したと言っても決してオーバーではない。僕の見た最もカッコいいシトロエンCXはあれだったのだと、今でも思っている。

PORSCHE 914

ポルシェとVWの共同開発による最初のミドエンジン・スポーツカー。1969年秋のフランクフルト・ショーでデビュー。VW411系と同じ2ℓ水平対向4気筒を積む914の他に、911Tと同じ2ℓ水平対向6気筒を積む914/6も当初から存在した。73年にはパワフルな2ℓ4気筒ユニットを積む914/2.0や2.0Sが追加され、76年まで生産は続けられた。写真のモデルは76年型の914/2.0Sである。
全長：3985mm、全幅：1650mm、全高：1230mm、ホイールベース：2450mm。空冷水平対向4気筒　OHV2バルブ。1970cc、100ps／5000rpm、16.0mkg／3200－4000rpm。縦置きミドエンジン－リアドライブ。サスペンション：独立　マクファーソン・ストラット（前）／独立　セミトレーリングアーム（後）。

CAR GRAPHIC

150

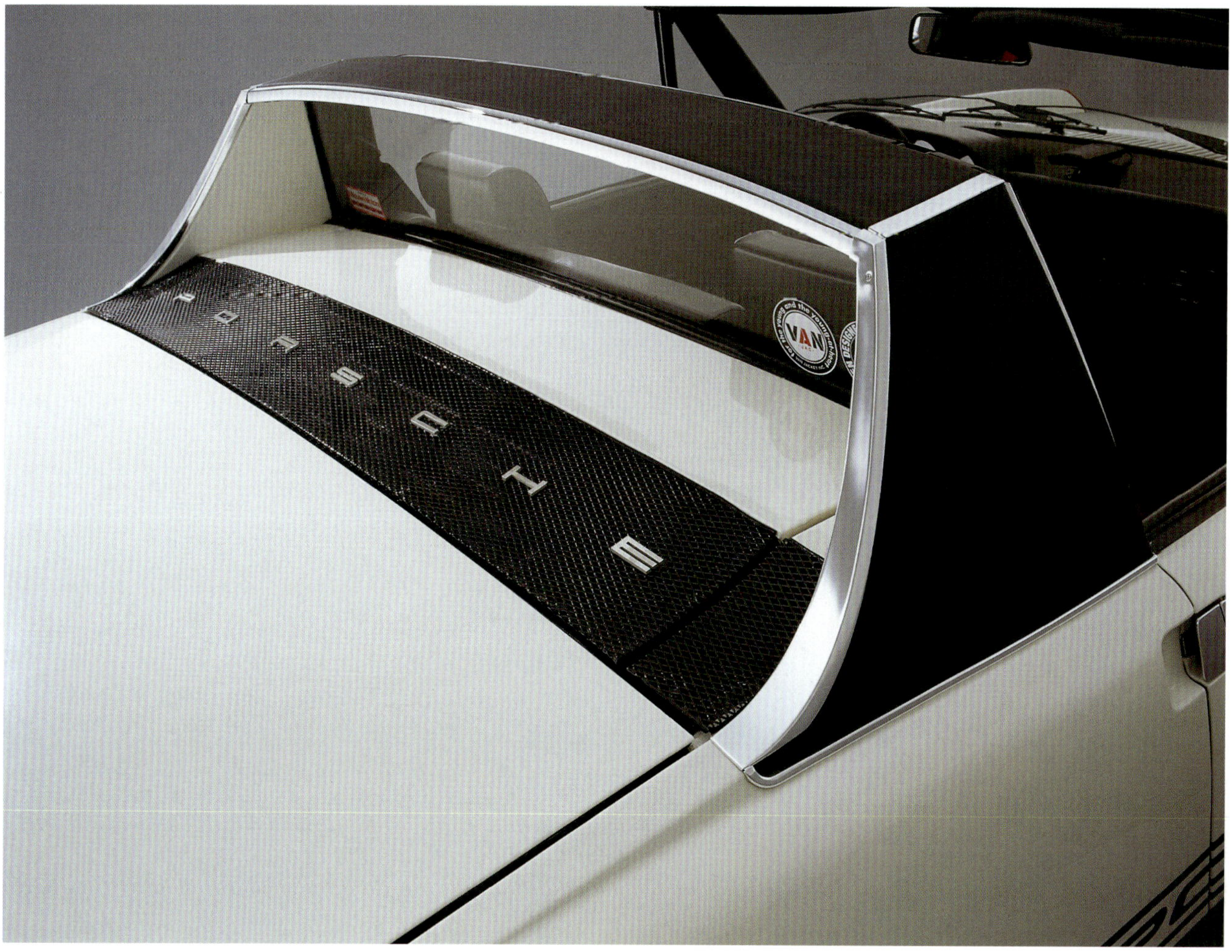
PORSCHE
VAN

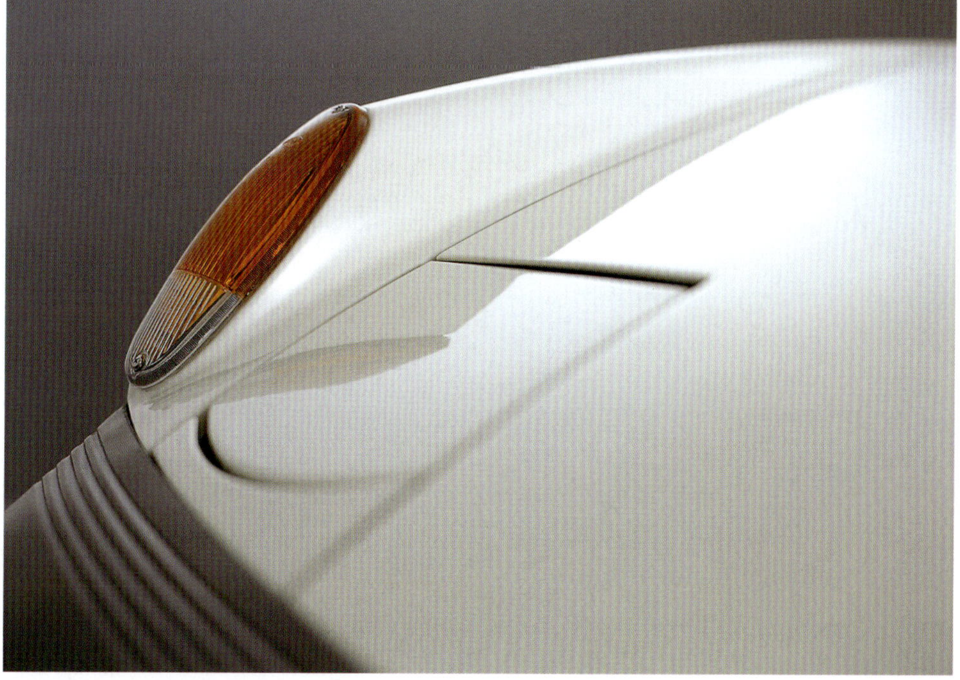

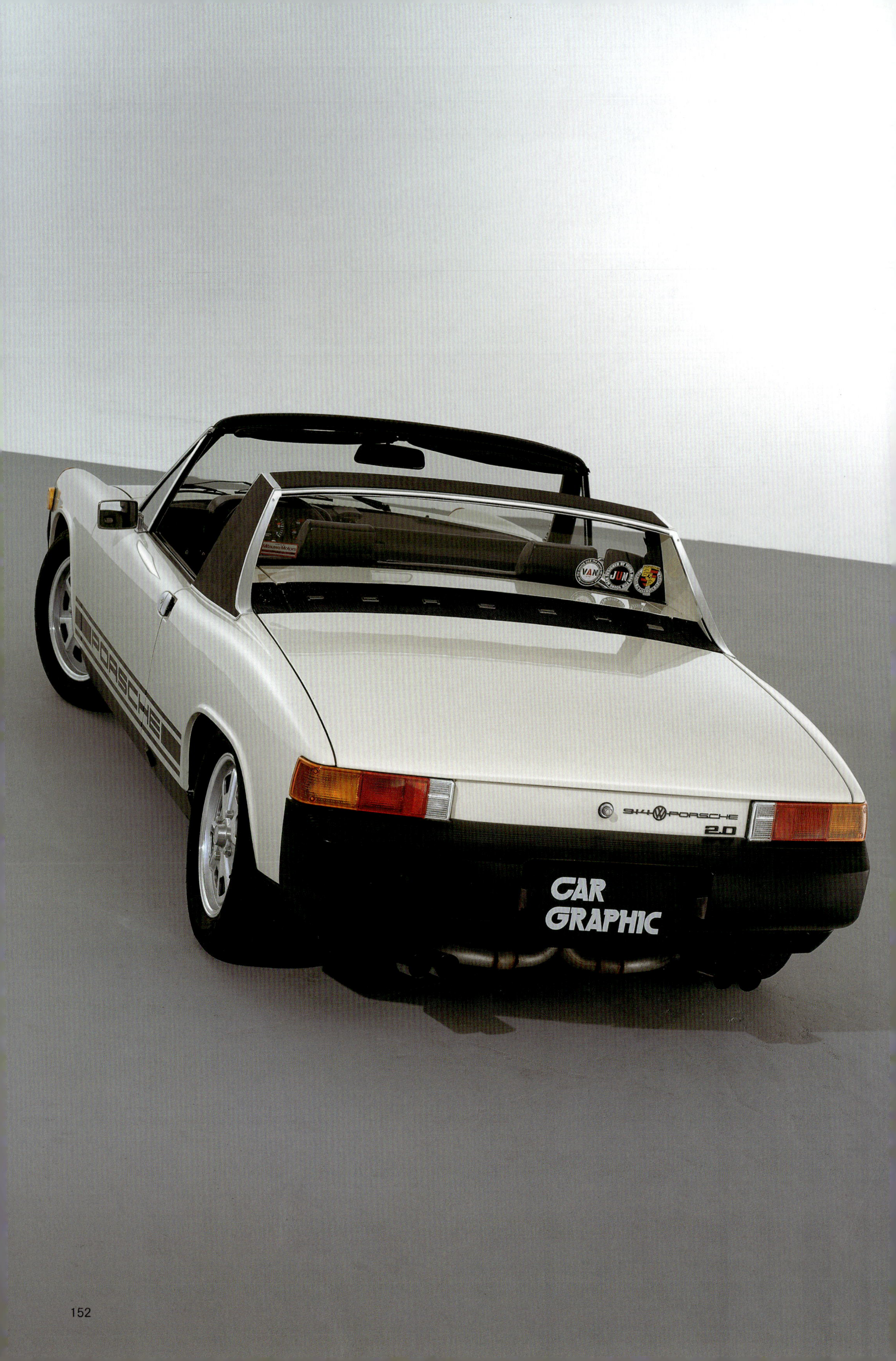
PORSCHE
914 PORSCHE
2.0
CAR
GRAPHIC

■傘のホネ

　かなり以前だがテレビの深夜番組で笑える映画を見た。それは1960年代初期の作と思われる白黒のアメリカ映画で、まあひどい安物の映画ではあるが、それがデトロイトのカー・デザイナーの物語だったのである。脚本なんかも実にいい加減で、そこに描かれていたのは実態から激しくかけはなれた"カー・デザイナー"の日常、その中でも特に僕が瞠目したのは、仕事が終わっていっせいにオフィスから出てきたデザイナーたちが自分の車に乗り込む場面だ。なんと彼らの乗り込む車がいずれも市販車とは似ても似つかぬ特別車ばかりで、それがジェット機のハネをとったようなSFロケット・カーみたいな車ばかりなのである。主人公の"カー・デザイナー"氏も戦闘機様のキャノピーをハネあげて自分の車に颯爽と乗りこむやかたわらの同僚にウィンクし、「かわいコちゃんはこういう車に弱いんだ」。

　ああ、心温まる映画を有り難う！ ワシも仕事は車デザイナーなんだがかわいコちゃんはどこにおるんかニィ。それにしてもクルマ・デザイナーというと自分の車としてどんな車を選ぶもの、乗るものと世の人々は思うものなのだろう。だいたいからして車のデザイナーというのは、職場での立場は立場として、仕事を離れてもあの映画に出てきたヒトタチのようにちゃんと「デザイン・見た目」に対するユメとコダワリを持ち続けているものなのだろうか。

　それに関してすこし具体的に、たとえばこういうことはどうなのだろう。自動車雑誌のテスト・リポートで「コノ車は見た目のためにヘッド・ルームを犠牲にしているのはケシカラン」といったことが書かれていることがある。ホー、じゃあ室内空間にとっちゃ理想的な直方体のグリーン・ハウスの車でもつくったら本当にホメてくれますか？ まさか今度は「これでは見た目が悪い」なんてこたぁ書きゃしないでしょうな（脅し）。

　とま、それはともかく、では車デザイナーが仕事を離れてヘッド・ルームのきつい車に乗ったときにどう思うものか。テメエの頭がつっかえつつもやはり見た目のためにはコレデイイノダ、と考えるものなのか、はたまた自動車雑誌そっくりそのままの言を吐いてイカるのか。

　このことを自分ゴトとして考えると、どうもワタクシは「デザインの味方」でもないし、かと言って「ヘッド・ルーム、室内効率の味方」でもないように思う。そういうコト以外にも大切なことはあるように思う。何の味方かと言われればワタクシは「自動車の味方」みたいなものだと自分では思っている。何のこっちゃ？

　コトの説明のため、差しさわりなきようううんと古い車を例に出すが、たとえばジャガーXJ6の第一世代（1968年発表、でしたか）はまさに今の問題の典型で、スムーズなルーフ・ラインとひきかえに後席ヘッド・ルームが犠牲にされた頭がかなりキツい車だった。そしてやはりその点がプレスから批判の対象となっていた。ついでに言うなら同車についてヘッド・ルームと共によく批判されていたのはダッシュボードの意匠で、これはダッシュの中央に同じ形のゲージと同じ形のスイッチが数え切れないぐらいズラーッと並べられたもので、視線移動量も大きすぎたし、だいいちどれが何だかわかりにくく使い勝手はたしかによくなかった。

　それで発表後数年にしてまずこのダッシュボードが変更をうけて近代的に使いやすくなり、またのちにはさらに大きな変更が施されついにリアのヘッド・ルームも広くなった。ただしこのときにスムーズに丸かったルーフ・ラインの後端は少しもちあげられて角っぽくなった。さてこの変更をどう見るか？

　ジャガーのやった変更を職業デザイナーの目で見るなら僕はそれが悪いシゴトだったとは思っていない。しかし自分用に乗りたい、欲しいのはどちらかということならそれは圧倒的に第一世代のオリジナル・バージョンの方で、変更後のモデルにはワリィが何の興味もない。それはXJ6という車とあのオリジナルのスムーズに丸くおわるエレガントなルーフ・ライン、そしてあのキザにクラシカルだったゲージとスイッチがズラリと並んだダッシュボードは切り離すことのできない、1セットのものだったと思うからだ。使い勝手は、そりゃよくはないだろうけど。

　英国へ行くとこの国特有のステッキのように細身の紳士用傘が売られている。見た目はエレガントである。しかしそれほど細く作れるのは中のホネがどれも皆極細だからで、もちろん風の強い日にはこんな傘は使えたものではない。でもだからといってホネを太くしたら全体も太くなってしまうから結局このタイプの傘の存在理由そのものがなくなってしまう。だから「風の強い日に傘をさしたいと思う人はこういう傘は買うべきではないのだ」としか言いようがない。他にもっと頑丈で、違う意味でカッコもよい傘はいくらでもある。

　ジャガーXJ6の第一世代のスムーズなルーフ・ラインもダッシュボードもこれだったのではないか。批判するのは簡単だが、あれは捨ててしまうにはあまりにもこの車の存在理由と強く結びついた造形要素だったのではないか。ジャガーというのは大衆車ではない。これがイイ、好きだという人たちだけが買う車で他にも便利なよい車はいくらでもある。……トま、このへんが「自動車の味方」としての考え方でしょうか。無論シゴトとなると僕もこんな優雅なことばかり言ってはいられない、と同時に、それでもこういう見方をプッシュするのも僕のシゴトの内ではあるのだが。第一どの車も同じ方向で、同じ規準で評価してたらどの車も同じになってしまいます。

■アタマ・デザインということ

　とはいえデザイナーと言ってもいつもこんな風に車を眺めてばかりいるわけではない。ワレワレだって走るのは大好きなのでご安心を。デザイナーでレースをやってる人も僕はずいぶん知っている。親しい同業者でかつてフルタイムのプロ・レーシングドライバーだったという人もいる。その男はフォーミュラ・ロータスに乗っていた頃エディー・アーヴァインだのイワン・カペリだのに負けたことはなかったとよく言っている(自己申告)。

　実はドイツでは各自動車会社のデザイナーだけが集まって行なわれる会社対抗カート・レースなるものもオーガナイズされており、これは当初まったくのお遊びのつもりだったものが、回を重ねる毎にこういうモノの常として次第にシリアスに目を吊りあげるヒトビトが現われはじめ、このレースのために毎週コースを貸し切りにして本格トレーニングを積む会社や、ついには自社のテストドライバーをチームの中に混ぜて送り込んでくる会社まで出てくる始末。これはちょっとルール違反だが、走ってみるとこのプロドライバー氏、デザイナーたちの間に入って目立って速いということはなかった。ウム、それでオマエのレベルはどのあたりなのかって？　ムフフ果たしてどのあたりなのでしょう。

　さて写真の車はVWポルシェ914である。先程は色々とゴタクを書いたが、実際には僕はジャガーXJ6を買おうと思ったことはない。しかしVWポルシェ914は、随分昔のことではあるが、一時買おうかと考えたことがある。ま、結局は買わなかったが。

　デザイナーとしての視点から申すなら、正直なところ僕は914という車がデザイン的にそれほど高いレベルのものとは思っていない。素人っぽいと言うか、あまり経験のない人がやったデザインのように見える。かのポルシェ家のファミリー・メンバーのひとりが「914はワタシがデザインした」と公言しているが、おそらくそれは真実に近いところだろう。

　ただこの同じ人物が「911もワタシのデザインです」と主張しているのは僕には信じられない。911と914では形に対する理解度がだいぶ違う。やはり911の方がレベルはずいぶん上ではないか。ひとりのデザイナーがまったく異なる形の車をデザインすることは充分に可能だが、「形に対する理解度」というのは急に変化するものでも、また上にも下にも調節できるものでもない。

　僕はVWポルシェ914は「頭」によるデザインだと思っている。これはこの場合あまりポジティブな意味で言っているのではなく、この車のカタチは「考えるばかりで筆をもつ手が縮んでしまっている」というか、とにかくひらめきのようなものが感じられない。エンジンはここでドライバーはここに座って、外したタルガ・トップはここにキチンと収まるようにして、ア、それと荷物もなるべく積めた方がいいし、とそういう頭で考える段階で手一杯で、まだまだシャレっ気もエレガンスもユーモアも醸造される余裕が生まれていない感じがする。デザインというのは「頭」からさらに先がまだまだあるのだ。ト、すこし話を急ぎすぎたかな。

　もう一度、サイド・ビューから見ていこう。この車のサイド・ビューは漢字の「凸」の形をしている。エンジンをシャシーの中央に寄せたミドシップ・レイアウトに対するひとつの自然なシルエットではある。しかし基本的にこれは動感・前進感に乏しい横ビューだ。またこの車、上下に分けて見るとグリーン・ハウスはロワー・ボディのマスと一体化しようとはせずに視覚的にあくまで別体品という見せ方にされている。いやそのこと自体は構わないのだが、それにしてもこのグリーン・ハウス、うしろから見るとまたエラく角張ってますな。このロールバー部分は横から見たときのそり具合といい僕にはなんとなく神社の鳥居を思い出させる。で、そこに張られた黒い材質、これはビニール・レザーですか。フロント・エンドなんかやけに無表情だし、何と言うかこうした諸々がデザイナー的には「なんかちょっとな……」という気がしないでもない。

　ドイツ産のこの車にイタリアものの持つようなトキメキや情感をもとめる気ははじめからない。しかしドイツ車にはドイツ車のエレガンスというものがあるし、またスポーツカーと呼ばれる自動車にはそれを見ただけで多少なりともヒトのアドレナリン分泌を促進するという薬用効果も期待されているのである。

　もっとも914のシャシーのプロポーションはよい。914は着座位置の低い、非常に全高の低い車で、また幅のとても広い車でもある。各部の造形がどうであれ914がとりあえずスポーツカーに見えるのはこのシャシー・パッケージングのおかげだ。言い方を変えるとこれだけのシャシーがあればもっと力のある、もっと人に訴えるデザインはできるはずだ、と僕には思える。

■ファミリーの血

　しかし先程も述べたように、僕は914を欲しいと思い、買おうとしたこともある。テメエの車にしたいという意味ではお気に入りの一台だったのである。すなわち「デザインの味方」モードから「自動車の味方」モードに切り替えるとだいぶ見方が違う。この後者のモードにおいて僕はある意味914こそが「最後のポルシェ」だったのではないかとまで、ジツは思っているのである。最後のポルシェ？　これはおそらく一般的ポルシェ純血主義のヒトビトにとっては逆であろう。VW411の2座席版ごときにポルシェのバッ

ジなどつけてくれるなと言いたいところかもしれない。
　……今書いたように914のデザイン完成度は「マアマアぐらい」だと思う。しかしこのデザインにも優れたところはある。それはオリジナリティだ。僕は914のカタチのオリジナリティは賞賛されてしかるべきものだと思っている。思えば911以降のポルシェは自ら作り出した強力な「911重力」につかまってしまって、デザイン上何をやっても結局は旧き佳き911のカタチに戻ってくるようになり、やがては911をなぞることが「一般の理解を得る唯一の手段」とすら考えられるようになってしまった、……ように見える。もちろんここに至るまでにポルシェとしても色々とデザイン策を講じはしたのである。あのフロント・エンジンの924も928もポルシェの目論見としてはこの2台によって911を世代交代させたかったのだろうと思われる。しかしご存知のようにコトはそうは推移しなかった。やがて928も924（シリーズ）も生産終了を迎えたとき、911は基本的に昔のままで相変わらず順調に売れ、造られ続けていたのである。924、928はどちらも技術的には悪くない車だ。しかし"ポルシェ"というのは特別なブランドなのである。コノ世が「技術的に悪くなければ人々がその車をポルシェとして認めてくれる」というような単純な場所ではないことは、それほど強度の「自動車の味方」でなくてもわかるだろう。正真のポルシェとして人々に認知されるには血中ポルシェ値（po値という）を上げなくてはダメなのである。それには「ポルシェの素」をデザイナーはふりかけないといけません。924も928も、一見して「ポルシェの素」をまったく置き去りにしてきた車、のように僕には思えるが。

　そこへゆくと914は技術的にはともかく、意外やこちらこそ実は本物のポルシェだったのではないか。この車における「ポルシェの素」含有量は多く、911と914は明らかに兄弟であると僕には見える。それにしちゃ911に似てないけど。ソノ通り。血中ポルシェ値というのは「911に似ている度合」のことではない。人間だって外見上似てない兄弟というのはよくいる。でも会えばなんとなく兄弟だとわかる。共通しているのはもっと雰囲気的なオーラみたいなものだ。第一ホンモノはオリジナルをなぞったりしないものだし、なぞる必要もないものだ。

　「でも914なんて中身がVWだから……」というムキももちろんあるだろうが、しかし歴史を辿るとポルシェというのは元々そういう車だったのだ。現代のそれとは違い、そもそもポルシェという車はオーストリアの草深い山中でVWのコンポーネンツをできる限り流用してつくられた軽量・小型そして低馬力のツーリングカーだったわけで、914なんてのはそのちょっとヤボったいところも含めて、そのよき精神的後継者みたいなもんじゃないすか。

　その後ポルシェがひたすら大馬力・高性能を目指し、かつ豪華な車へと変身していったのは周知のことだ。初代914 1.7の性能を調べると0－100km/hに13秒半ほどもかかったらしい。この会社が大馬力・高性能・そして豪華を目指したのは企業としては必至の選択で、もしもゼロヒャク13ビョーの車をずっと造り続けていたらもちろん今日ポルシェという会社は影も形もなくなっていたに違いない。ポルシェがポルシェである意味は昔と今では同じものではないのだ。その意味において914という車は、この会社の原初・オリジナルの精神を伝える最後の一台だったのではないかと思えてくるのだ。やっぱし創業者血族の一員がデザインした車、なんですかな。そしてそのあたりを思って僕もちょっとこの車を欲しくなったというわけなのだ。

　ただし僕がこれまでに欲しくなった車、買おうとした車はいっぱいある。本気で探して試乗もして、ポケットの中でサツタバを握り買う寸前までいきながらナゼカ買わなかった車というのはこれまでに何台あったかわからないぐらい、というのが本当のところ。その意味で914は特別な車ではない。

　ただ、そうした買おうと思った膨大な自動車群の中で純粋にデザインで買おうと思った車というのはほとんどない。ただ、これはデザインなど気にしないという意味ではなく、逆に自分で欲しくなるほどのデザインの車がほとんど存在しないからなのである。デザインなど、キビしく見ようとすればいくらでもキビしく見ることができる。それで実際には自分でデザインした車のどれかに乗ることになる。これならデザイン上良いところも悪いところもよーくわかっているし、不満があろうが何だろうが納得せざるを得ないから、一種安心で落ち着いていられてイイのである。車デザイナーの役得といったらこんなところでしょうか。あの安物のアメリカ映画に出てきたようなハッピーな人たちは、実際にはいない。かわいコちゃんなどもちろん寄りついても来やしないのです。

SAAB 92

第二次世界大戦中に企画され、1947年に発表されたサーブによる初の乗用車。当時きわめて先進的だったフルモノコックボディ構造や航空機のノウハウを注ぎ込んだ流線型デザインなど、技術的にも高く評価されているモデル。エンジンはDKW マイシュテルクラッセを範にした2ストローク2気筒を横置きする。空力を優先するため、ラジエターをエンジンの前ではなく後ろに搭載したのも特徴のひとつ。初期型はモノコックの剛性を確保するためトランクリッドさえなかった。写真はトランクリッドが開くようになった後の1953年型92Bである。
全長：3950mm、全幅：1620mm、全高：1450mm、ホイールベース：2470mm。水冷直列2気筒2ストローク。764cc、25ps／3800rpm、7.1mkg／1500rpm。横置きFWD。サスペンション：独立 ダブル・リーディングアーム（前）／独立 トレーリングアーム（後）。

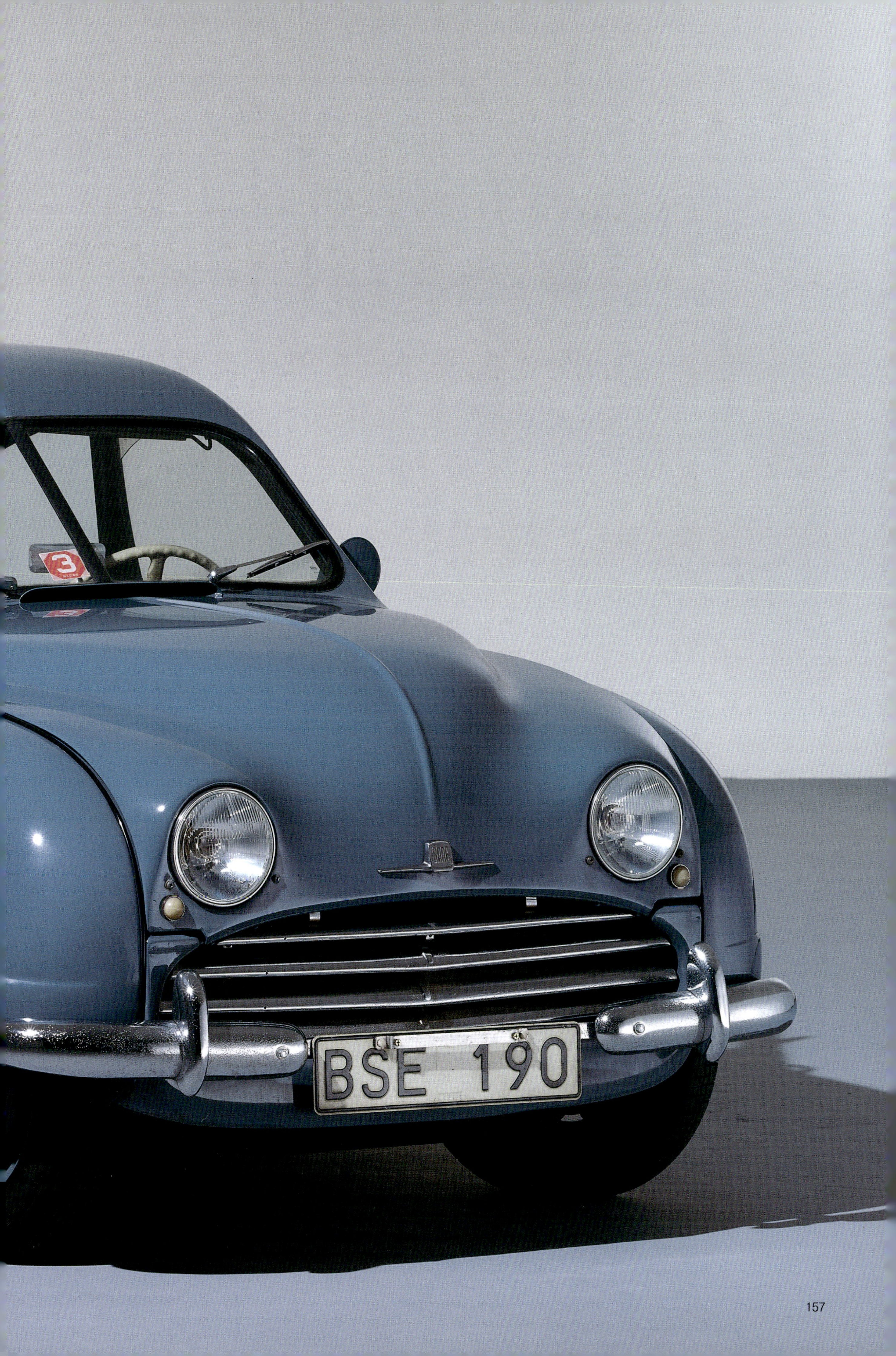
BSE 190

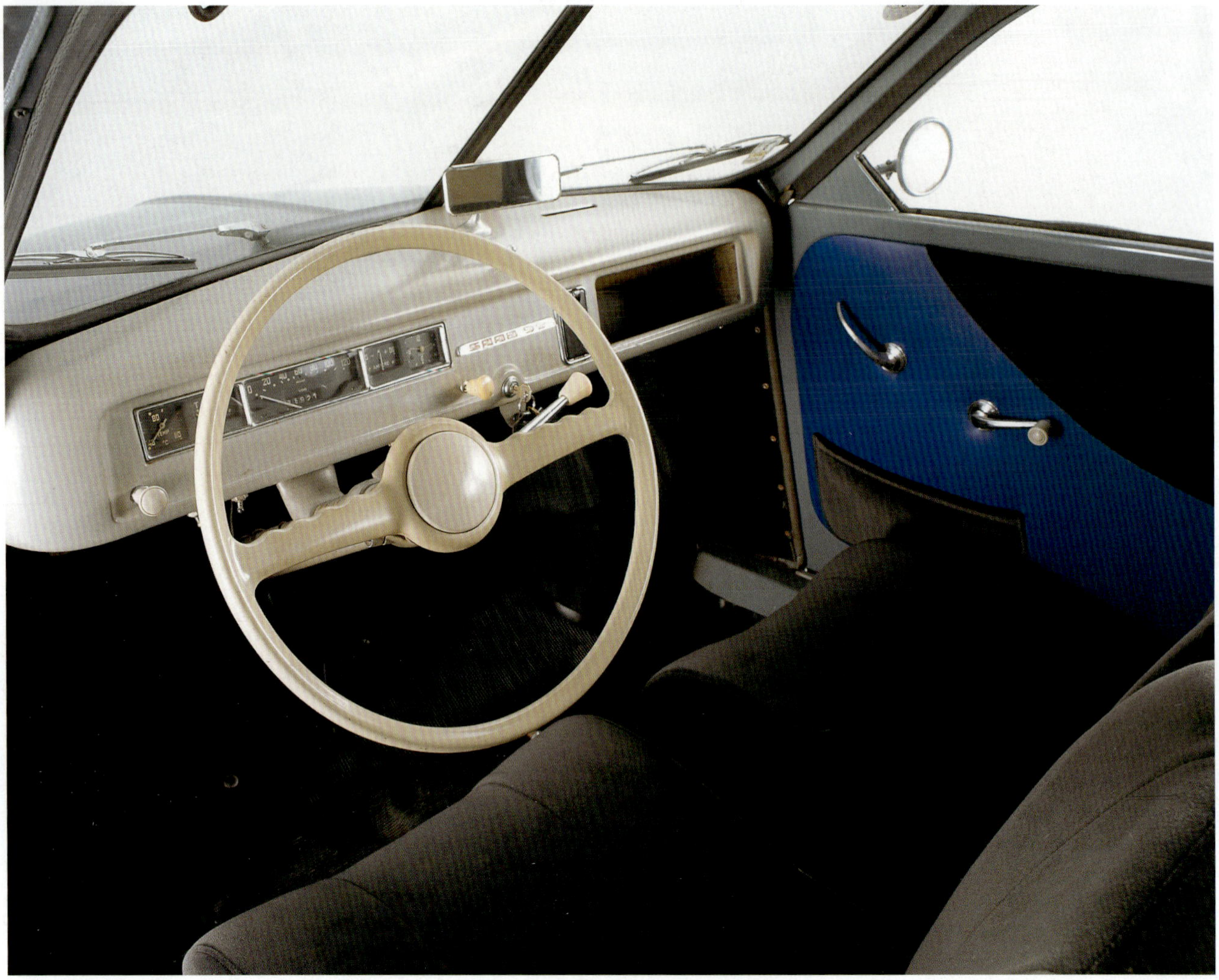

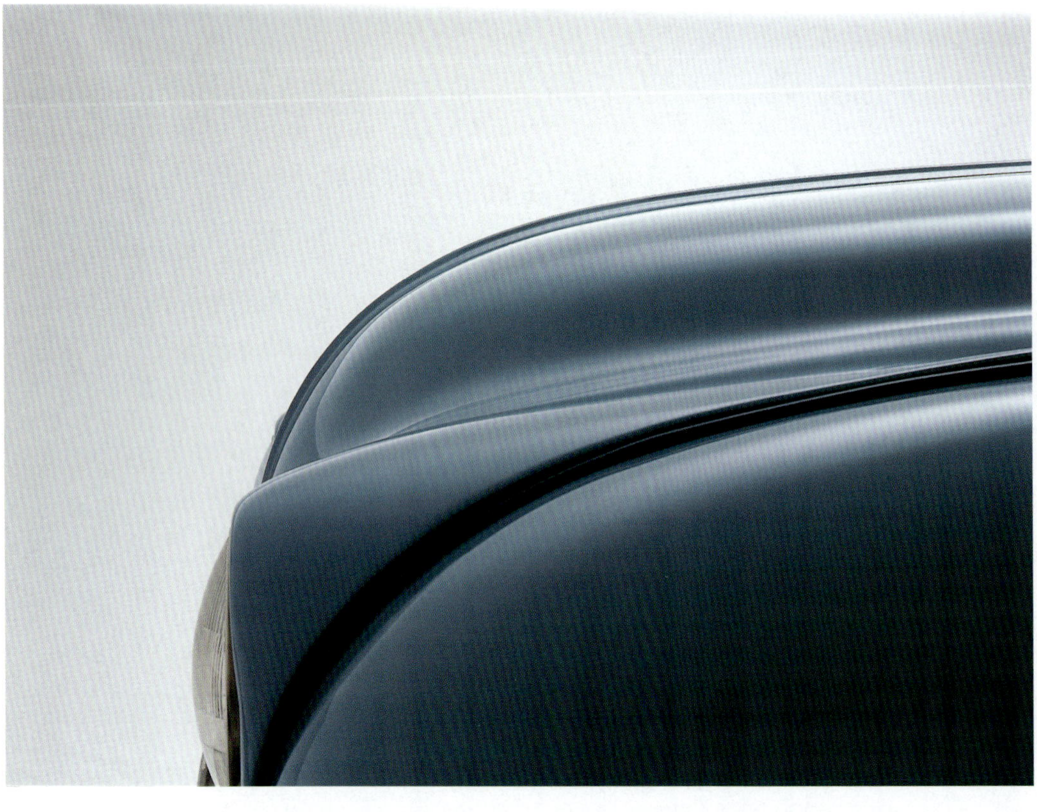

159

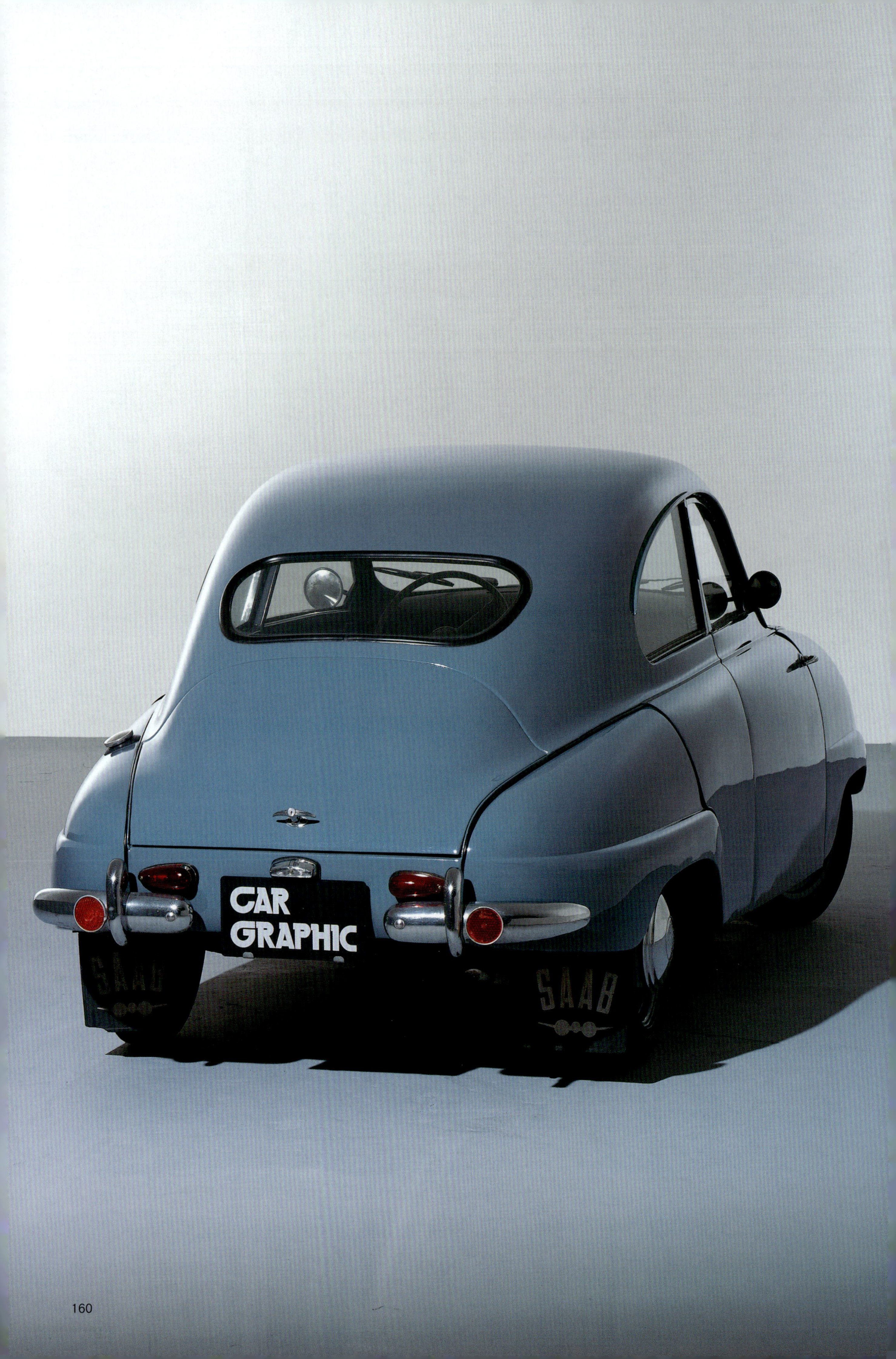
CAR
GRAPHIC
SAAB

■ゼッタイ買う

　VWポルシェ914の巻では914はかつてワタクシが自分で買おうとしたこともある車である、といったことを書いた。買おうとしたこともあるということは結局買いはしなかったという意味でもあるが、914が一時自分の気に入りの車であったことはたしかだ。

　もっともこの車以外にも少し古めの車を気に入って買いそうになったことはこれまでにずいぶんある。たとえば仏蘭西に在住していた頃に、僕はシトロエンDSがムショーに欲しくなった。それで新聞の中古車欄を毎週マメにチェックして何台か試乗したのち目ぼしをつけた1台を買いに行った。この時は上着の内ポケットに札タバを入れて本当に買いに行ったのである。ところがオーナーのもとに到着すると、ちょうどその車は直前に来た人によって買われてしまったあとで、期待が大きかっただけにこれには少々ガッカリして、何となくヤル気がそがれて結局その後も買わずじまいになってしまった。

　DSが欲しいと思ったのはデザイナーのハシクレとしてこの車の造形的出来映えのあまりの素晴らしさに感動してのことであったが、考えるとデザインがヨイからという理由で買おうと思った車はこのDSだけである。914、DSの他にもまだまだわが「買いそうになった車」のリストは長く続くのだが、それらはホントなーんとなく、シカとした理由もなく雰囲気的に欲しくなった自動車たちなのである。

　そうした中には日本ではあまり知られていない車、仮に知られてもまず人気は出なかったであろうというヘンな車もずいぶんある。たとえば、プジョー304カブリオレなんて車をご存知だろうか。刑事コロンボの乗っているあれはプジョーの403カブリオレだが、僕の言っているのは304カブリオレである。304はコロンボの車よりはずっと新しい70年代の車で、今からふた昔ほど前のヨーロッパではこれの中古が多数出廻っていた。

　プジョー304シリーズにはタダの304と数馬力だけエンジンを強力にした304Sがあり、タダの304の方はコラムシフトだった。それで、僕の欲しかったのはこのコラムシフトのカブリオレ版である。この車のデザインも気に入っていた。と言ってもあまり真っ当な意味においてではなく、この頃のプジョーはエクステリアのデザインはピニンファリーナが担当していたがインテリアはどこのどなたがやっておられたのか、304のダッシュボードの意匠は見るからにプラスチック丸出しの木目プリントが小さく区切られてトランプのように無数に横並びに並ぶというひどいフランス安物趣味で、この救いようのないキッチュな安物感が味となって、僕はいたく気に入っていたのである。

　304カブリオレの後席はないに等しいが、前席2座の中央のスキ間はごく狭く、キチキチなら3人が並んで座れる。すなわち初夏のウララカな一日、幌屋根を降ろして自分は真ん中に足でも組んで座り、両脇には女性をはべらせてその肩に腕なんかまわしながらコラムシフトでユルユルと運転してもらう、といったあたりがこの車の最も正しい使用法なのだと思われる。まことにヨロシイ。こういうけっこうな車はそうあるもんじゃありません、というわけで僕はこの車が俄然欲しくなり一時本気でさがした。何台か試乗もしたが、そのうちサメてしまったのか結局これも買わずじまいになった。いっぺん乗っときゃよかったと、今これを書きながら少し後悔しているが。

　もっともこんな具合で僕はプジョーだけでも他に204ベルリーヌと504クーペをそれぞれあやうく買いそうになり、305ブレークというのは実際買ってしばらく乗っていたことがある。もちろん他のあらゆるメーカーのクルマの中にも同じように気に入って買いそうになった車は数多く、またその中にはポツリポツリと実際に買った車もあるのである。

　さて古い車の話はそれとして、では将来的にはどうか。実は僕にはゼヒとも自分用に欲しいタイプの車がある。言うならばわがユメのパーソナル・カーである。別に技術的に難しい車ではなく、造ろうと思えば造れるはずなのに今のところこんな車を市販しようというメーカーは世界に存在していないというフシギな種類の車なのである。それは1000ccぐらいのエンジンで走る小さい車、軽自動車に毛が生えたぐらいの小さな車で、ところがナント価格は高級車並みという、そういう車が僕は欲しいのである。

　小さいのに高価、というのはなぜかというとこの車には見えるところにも見えないところにもよい材質の高品質の部品ばかりがふんだんに使われており、そうした品々が手間暇惜しまぬ仕事で組みつけられている。よい部品・よいシゴトのおかげでドアなんか閉めたときにも身震いするようないい音、ぜいたくな音をたてて閉まるという、そんな車なのである。

　高品質のパーツばかりを集めて手間暇惜しむことなく作った高価な小型の自動車、と言うと極端な例だが、たとえばレース用のフォーミュラ・カーなんていうのはそういう車だろう。ただあれはレースに勝つためにすべての努力がそそがれた車であるのに対して、わがユメのクルマは一般路上を当たり前の速度で走るため、ただ徹頭徹尾気持ち良く走るためにフォーミュラ・カー並みの智恵とエネルギーがそそぎ込まれた車なのである。これは単に装備が豪華であるということとはもちろん違う。シートが革装であることもダッシュボードがウッドであることも別に必要ではない。また伝統もブランド・ヒストリーも要らない。これはムダのない、しかし本当の意味で"エレガント"な車、とにかくセンスのよい車なのである。

　どうです。うーんワシはゼッタイ欲しいぞ、こういう車。

こんな車が登場したあかつきには僕は真っ先に「モヨリのディーラー」に駆けつける。試乗する。そして次の日にはさっそく札タバを握りしめて再びディーラーへ。……ただしそこで急に気が変わらないという保証はないけどな。実際買うのか買わないのか。過去をかえりみるとどうもそのへん、自分の決定のゆくえが自分でもモヒトツ読めないんですがね。

■エレガントな回答

　サーブ92である。ワタクシの大いに気に入りの車だ。こんな車が今日あったらゼヒ欲しいものだ（懲りない）。実際サーブ92には今のわがユメのパーソナル・カーと通じるところが大いにある。エンジン排気量は約750cc、ボディ外寸はワガ理想よりも多少大きいがとりあえずは小型で、その中に技術者・製作者たちのスマートで質の高いシゴトがいっぱい詰まっている。

　いや、これはイメージの問題かもしれないが、昔のサーブと言うといかにも質の高いオリコウそうな車に思える。何と言ってもスウェーデンの飛行機会社の作品である。そう、彼らの本業はヒコーキ屋である。今回の車サーブ92と同時期に彼らがデビューさせたサーブ90と91というふたつの製品があるが、こちらはどちらも航空機なのである。車とヒコーキの両道を行く、というとわが国のスバルをはじめこうした成り立ちの企業は歴史上にもいくつかあるが、サーブはその社名からしてフルネームをスヴェンスカ・アエロプラン・アクツェボラーゲト（スウェーデン航空機株式会社。現在では改名されたが）といい、正にそのものズバリのこの名称の頭文字をくっつけてSAABとしているわけである。

　もっとも、社名の由来は知っていてもサーブという企業の発祥や歴史的背景について僕はあまり知るところがなかった。そこで今回ちょいとインターネットであたってみたのでそれを紹介すると、そもそもサーブという会社は1937年、ヨーロッパに戦争の気配が迫りつつあった時代にこりゃ国内で軍用機を造れた方がいいんじゃないかとする当時のスウェーデン政府の後押しで設立されたものなのだそう。それで初期のサーブはもっぱらアメリカやドイツの軍用機のコピーをつくっていたというが、1943年頃になると早くも戦争が終わることを見越して同社は大きな方向転換を模索し始める。そのとき軍用機に代わる製品として出たアイデアのひとつが自動車、他にもオートバイやまたプレハブ建築業や台所用品製造業などというナイスなところも検討されたのだそうだ。サーブ社のプロジェクト・ナンバー"92"が缶切りや泡立て器でなく自動車となったのは、まあたまたまそうなったようなものだったのだろう。

　さてサーブ92のデザイン開発にはひとりのフリーランス・デザイナーが大きく関わっていたことが知られている。そのデザイナーの名をシクステン・サソンといい、スウェーデンの工業デザイナーの草分け的存在としてこの世界では知られた人だ。サソンという苗字は珍しく、僕はユダヤ系の名前だろうとずっと思っていたが、実はこれはこの人の職業用の名で、本当の名はアンダーソンというまったくフツーの名前であったことを後で知った。

　それはともかくこのサソン氏、サーブの他にもスウェーデンで多くのプロダクト・デザインを手がけ、同国の著名なるカメラ、あのハッセルブラッドにも関わっている。またサソンはデザイン業のかたわら自動車雑誌等のためにテクニカルなイラストレーションを多く手がけており、そうした彼のイラストをいくつか僕は見たことがあるが、これが技術的知識に裏づけられつつも実に想像力豊かで、そして何より絵として素晴らしい。とにかくあまりに上手いのでビックリしました。この人、どうも何だか相当の人物のようである。

　さて。先程サーブ92はわがユメのパーソナル・カーと大いに通ずると書いたがこれは本当にそうなのである。造形について言うなら僕はサーブ92のような車こそ真に"エレガント"と形容されるべき車であると思う。サーブ92って、ひと目見て何を連想しますか？　この車を見て僕が連想するのはたとえば「亀」である。この車って亀に似ている。カメがエレガントか？　それがこの場合にはそうなのである。

　サーブ92の車体は飛行機の機体構造とも似たモノコック構造であるが、亀というのもやはり自然界におけるモノコック構造のカラを持った生き物なのである。自然界のモノの形は最大の効率を発揮するようにできている。だからそれに似た形のサーブの車体はやはり効率がよいということになる。この場合の「効率」とはどういうことかと言うと、サーブ92の車体強度は極めて高く、その捩れ剛性は同時期の平均的アメリカ車の4倍にも達し、当時世界最高水準と言われていた。しかも軽量である。軽くて強い。効率がよいとはこういうことだ。

　また強度の問題の他にもうひとつの「亀を思わせる形」の利点、それは空力のよさということだ。これはひと目見て理解されるだろう。亀は空を飛ばないから「空力」ではないがやはり水の中で抵抗を受けにくい流線形をしている。空気の抵抗も水の抵抗も流体力学の原理はもちろん同じことだ。サーブ92はまさに石鹸かなにかを速い水の流れの中に1週間も置いて引きあげたようなピュアな流線形をしている。具体的に言うならサーブ92の空気抵抗係数は0.35だという。0.35というのは仮にこの車が1980年代後半に生産されていたとしても世界の全生産車中空力ベストのトップ5には入ったというぐらいの数値、とんでもない優秀な数値である。

　流線形の乗用車は昔は数多かったがあれはファッション

であって実は実際に空力性能がよい車というのはごく少なかったのである。しかも自動車の空気抵抗は全長が長いほど減らすのが容易なもので、つまり全長4mに満たない小さなサーブ92がこんな数値を達成しているのはなおさらご立派ということになる。

空力がよければスピードも出るし燃費もよい。すなわちこちらの面でも大変高効率な形、カメの如く自然の理に逆らわぬゴリヤクはアラタカなものがある。さすが飛行機屋がつくった車でこうしたムダのないオリコウな形こそを本当の"エレガント"な形と言うべきであろう。

しかしである。サーブ92は決して効率だけを追求したドライな車ではない。効率ならエンジニアたちの得手分野だが、前述のようにこの「亀風」はデザイナーの、それもかなり芸術的センスにすぐれたデザイナーの創作なのだ。僕はこのあたりこそがこの車の最も面白いところだと思う。

自動車デザイナーと言ってももちろん色々なタイプの人がいる。エンジニアに近いタイプの人から純芸術家風の人までいる。サーブ92はいかにもエンジニアっぽい車だがシクステン・サソンという件のデザイナーの経歴を見ると、この人、何とももともとはパリで石工としての訓練を積んだ人なのだそう。それが工業デザイナーとなり、技術方面の知識はずっと後に独学で得たものだという。

サーブ92の流線形もよく見るとなるほどただの風洞実験の産物ではない。まずこの車、立体造形としての各部のマスのバランスが素晴らしい。サイド・ビューなんか一点のスキもない。どこをとっても1cmたりとも動かし難いほどに線と線とが引き合い支え合って、ちょうど平衡がとれた天秤のような実に完成されたプロフィールであると思う。

また自動車としての動感・前進感もただ流線形に頼るのではなく、計算され、うまく演出されていることがわかる。それはたとえばAピラーのアングル。現代の車を見慣れた目にはそれほどとは思えまいがこれは当時としては非常に傾斜の強い、すなわち前進感の強いAピラーである。またそれに対して次のBピラーが軽く前傾していること、傾斜の向きは逆だがやはりこちらも前進感を強める要素となっている。このBピラーの前傾は後席の乗降性を犠牲にしてわざわざこのような角度を与えられたもので、例外的に強いAピラーの後傾とバランスをとる役目ももっているがもちろん偶然の産物などではない。それから、前後ホイール・アーチ上のヒゲのようなプレスライン。この車のホイールが深く覆われているのは空力のためだが、この「ヒゲ状」が視覚的に前進感を強めるためのモチーフであることはおわかりだろう。

また少し話はずれるがサーブという会社は当時新しい会社で、しかも"92"は彼らがつくったはじめての自動車である。だからこの車にはヨーロッパ車デザインの常道、「一族の血統を示す伝統のグリル」みたいなものは見られずフロントは低い横バーのグリルでビジネス・ライクだが、そのこともこの車の場合にはよかったのではないかと僕は思う。飛行機屋らしい合理性・近代性と大時代的なグリルによるモニュメンタリズムは基本的に相容れないものだと思うからだ。もっとも"92"の次の世代の"93"以降はサーブも「伝統のグリル」みたいなものを創り出してそれを守っていくようになるのだが。

それにしても……サーブ92の生産開始は1949年だがプレス発表はその2年前、1947年の夏に試作版がすでに公表されていた。サーブは"92"の開発にあたり計20台にのぼるプロトタイプを製作、テストを重ねていたことが知られているが、生産車の亀風デザインは早い時期から最終型に近い姿で出来上がっていた。サーブ92のデザイン開発が始まったのは第二次大戦末期、1945年のことだったのである。

容易に想像されるようにその時代、自動車メーカーといえども世界の他社が計画中の新車に関する情報など手に入れるすべはほとんど皆無だった。ことに新興のサーブにとっては、スウェーデンというロケーション自体が世界自動車地図の中心からだいぶ離れていることもあって、来るべき時代のデザイン傾向やトレンドをさぐったり推測したりすることは非常に困難だったと思われる。世界大戦の長いブランクののち果たして自動車たちはどのような装いで登場してくるのか!?もうビックリ将棋である。デザイナーのサソンにとっては地図なしで目的地にたどり着かなくてはならないような状況だったと言える。そんな難しい状況の下で彼の出した答え、それが今このページに写真の出ているこういう形のこういう車だったということである。

ユニークな回答である。サーブ92は今日見るとちょっと変わった車に思えるが1949年当時の世界でもかなり変わった車だったのである。しかし何というイイ車であろうか。合理性と審美眼、ヒトの智恵によって形作られたカメのような車であり同時に宝石のような車ではないだろうか。

シクステン・サソンが通らなくてはならなかった情報ゼロに等しい時代というのはたしかに困難な時代である。しかし同時にそれってデザイナーにとって創造力と造形力がモロに試されるなんと面白い時代、何という自由な時代だったのだろうと今日に生きる僕としては思わざるを得ない。目的地に行くのに地図が与えられないのだから、コリャもうおのれの信ずる道をとにかくどんどん進む以外にない。まさにそんな風にしてできたサーブ92がイイ車でないわけがない。うーん、こんな車ワシはぜひとも欲しいぞ。札タバは用意した。モヨリのディーラーに駆けつけ……買うのか買わないのか？フッフッフまあ見ていなされって。

VOLKSWAGEN TYPE2

第二次大戦中からドイツの国民車として企画され、戦後はアメリカやヨーロッパなど世界中の小型車市場を席捲したタイプI（ビートル／ケーファーの愛称で知られるあの車）のメカニカルコンポーネンツをベースに作られた多目的車。日本ではデリバン（デリバリーバンの略）などと呼ばれることが多い。公式デビューは1949年11月で、当初のボディ形状はパネルバンのみだったが、乗用のマイクロバスやピックアップなども続々生み出された。エンジンはもちろんVWタイプ1と基本的に同じ空冷水平対向4気筒。1131ccから始まり、最後は2ℓまで拡大された。写真は1960年型の1200である。
全長：4300mm、全幅：1720mm、全高：1910mm、ホイールベース：2400mm。空冷水平対向4気筒。1192cc、30ps／3400rpm、7.7mkg／2000rpm。縦置きリアエンジン-リアドライブ。サスペンション：独立 ダブル・トレーリングアーム（前）／独立 スウィングアクスル（後）。

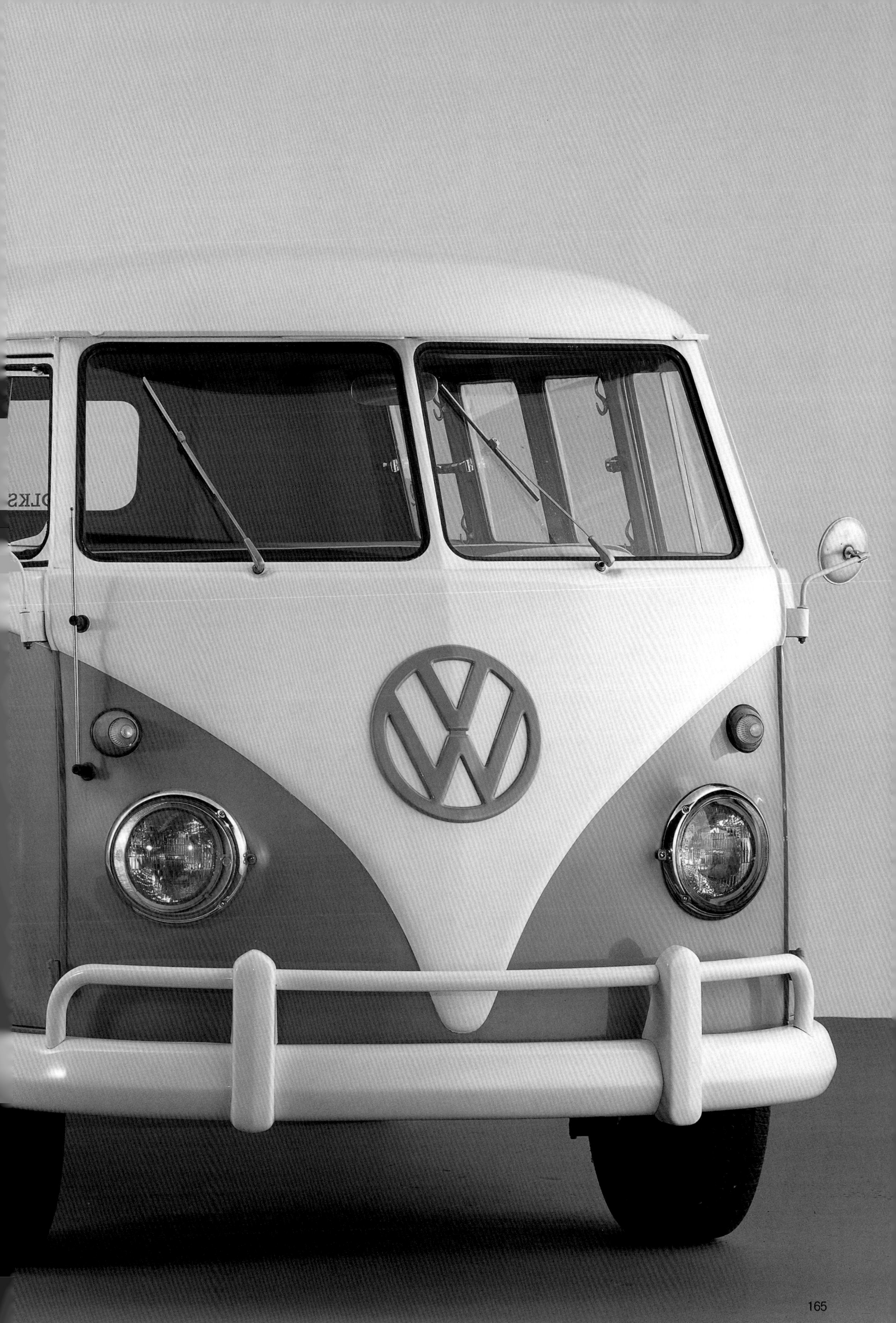

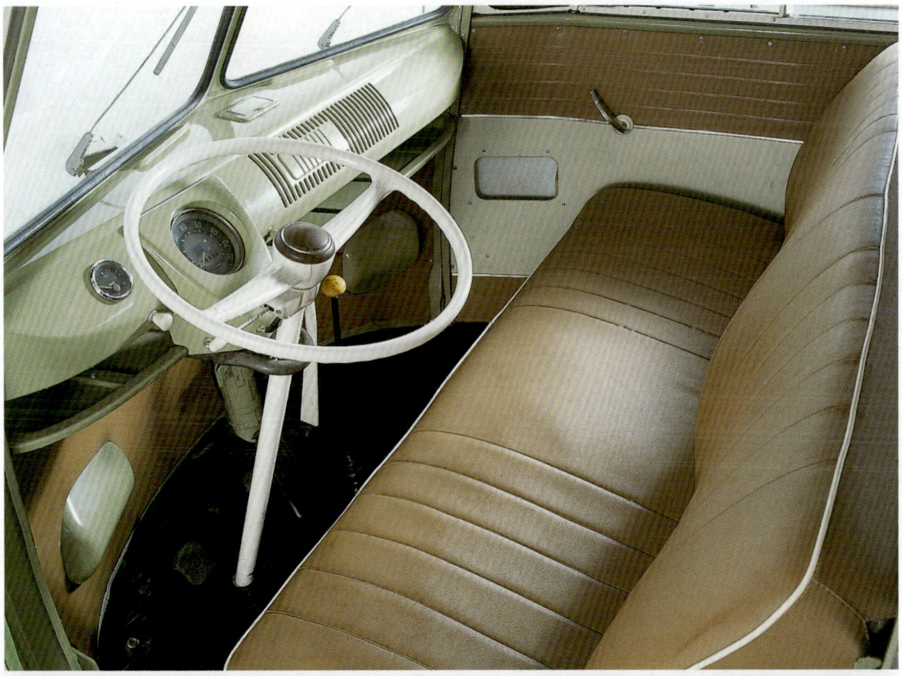

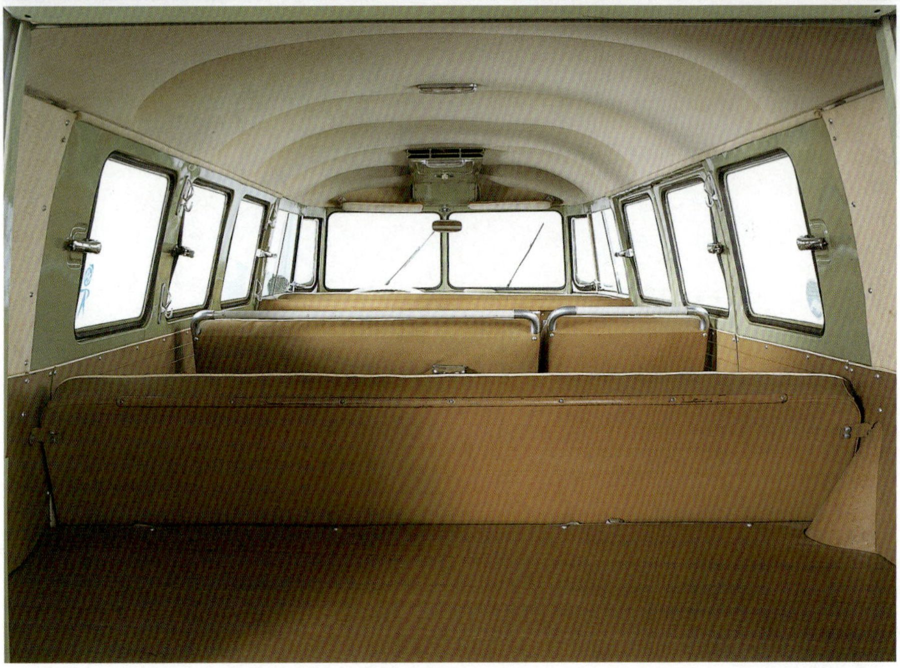

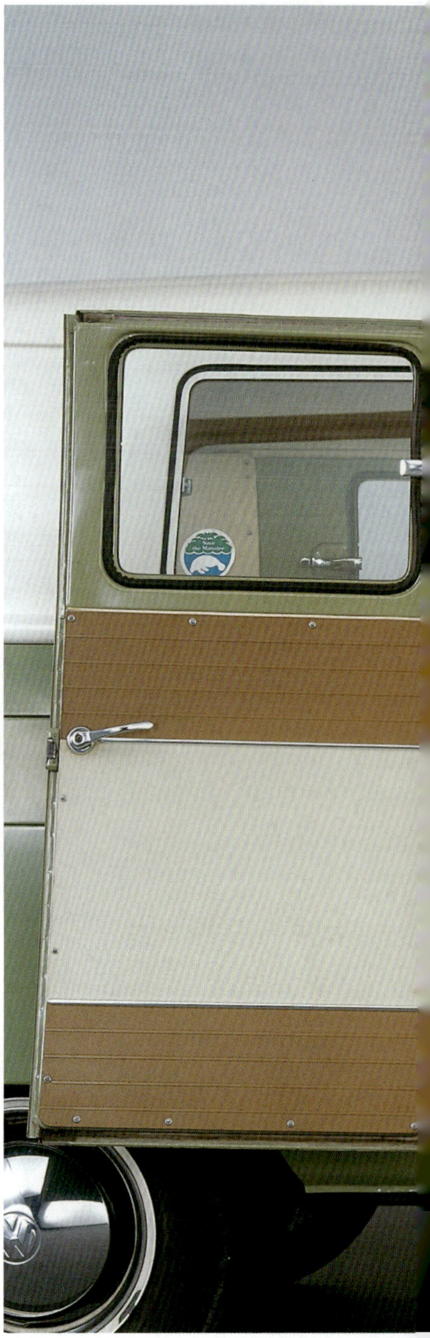

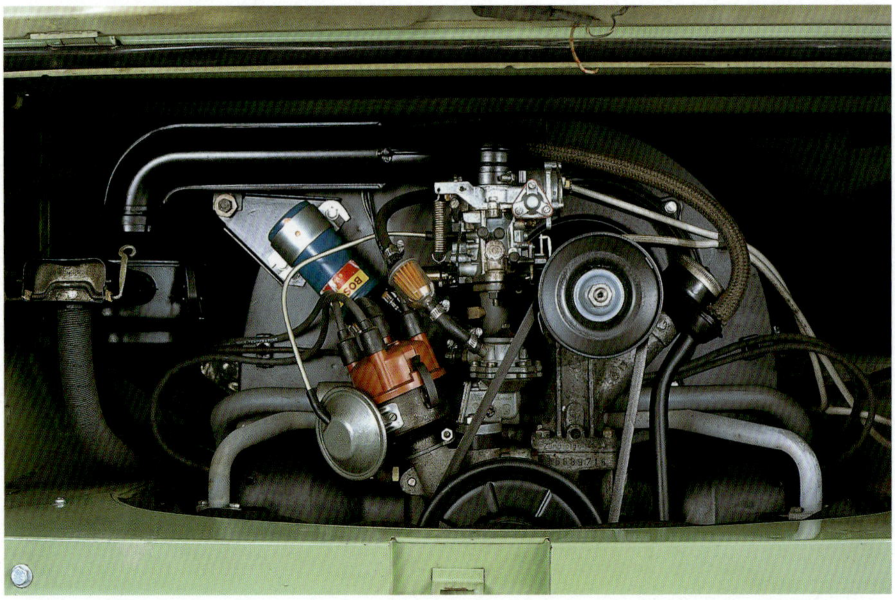

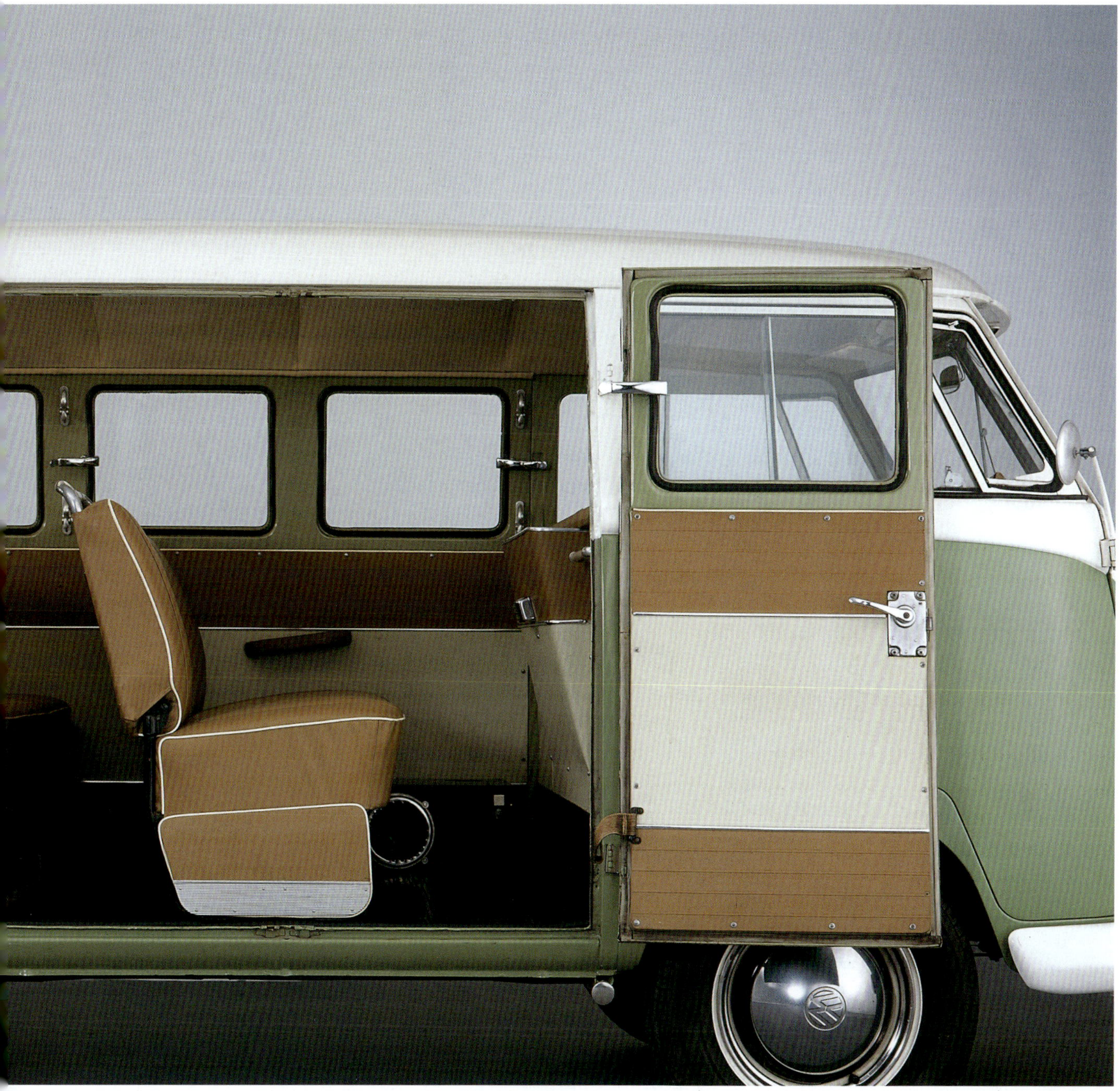

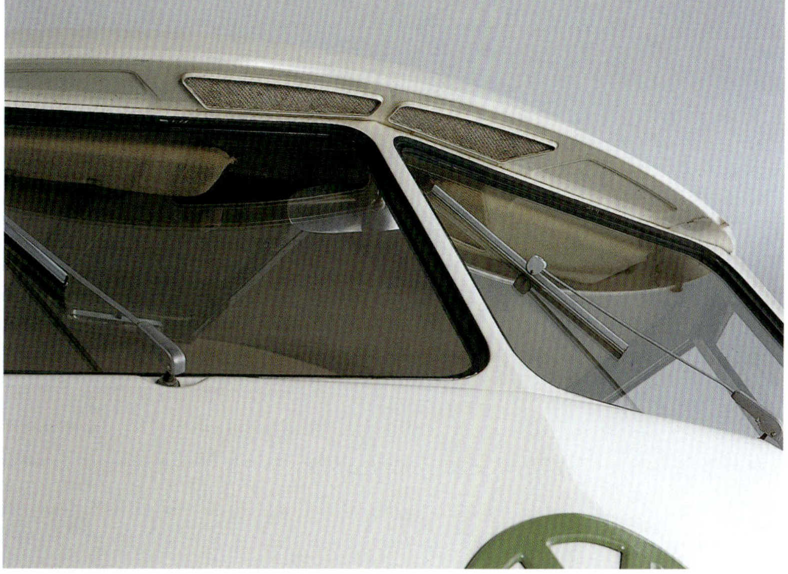

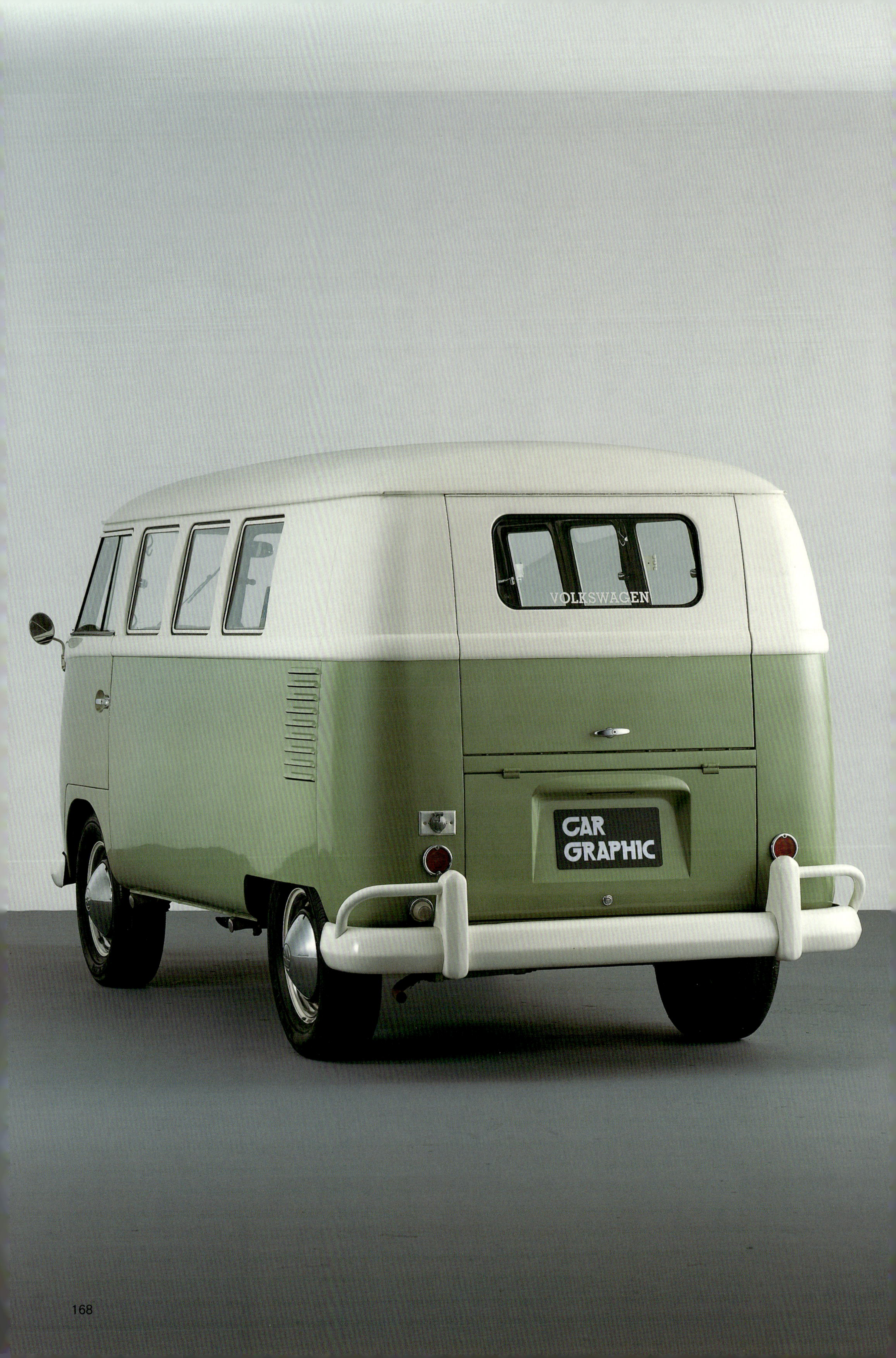
VOLKSWAGEN
CAR
GRAPHIC

自動車ファン／マニアをもってなる読者各位は果たしてこういうことに気づかれたことがありましょうか。すなわちドイツ・フランス・イタリアといった欧州大陸の国々で生産されるステーション・ワゴンのほとんどは、ナニナニ・ワゴンといった単純なモデル名で呼ばれてはいないということを。何のことか？ 左様、よく思い出していただきたい。欧州の多くのワゴン車はたとえばカローラに対する"カローラ・ワゴン"といったようなわかりやすい呼ばれ方はしていない。たとえばアウディなら"アヴァント"、オペルにおいては"キャラヴァン"というのがワゴンを意味し、同様にしてVWは"ヴァリアント"、メルセデスは"Tヴァーゲン"、ヨーロッパ・フォードは現在は"トゥニラー"がワゴンの意。昔のフィアットの"ジャルディニエラ"やシムカにおける"ランチ"なんて語もそれにあたる。

　なんで皆でわざわざ勝手な名前つけるんだ。考えるとちょっとフシギではあるまいか？ でもその理由は単純なことで、実は欧州大陸の国々にはステーション・ワゴンにあたる言葉があまりはっきりした形では存在していないのである。だからほとんどのメーカーが独自の呼び方をあみ出してワゴンの意にあてている。"ワゴン"にあたる語がハッキリした形で存在しない、ということ自体フシギではあるが、ま、そうなのだから仕方ない。

　ではそもそも"ステーション・ワゴン"なる単語はどこで発生したのかというと、この語のルーツはアメリカである。かの国で汽車で到着した荷物を駅から他所へ運搬する車をステーション・ワゴンと呼んだのがはじまり、という説もある。この米国語に対して英国では同じボディ型式をエステート・カーとかブレイクとも呼んだりするのはご存知のとおり。実はこの"ブレイク"という英国語がフランスではそのまま外来語として流用されて、プジョーとシトロエンはかなり以前からそのワゴン版に特別な名前など付けずにナニナニ・ブレイクと呼んできたため、一般的にも通りがよくなっている。

　さて、この一件に関するドイツの話を少々続ける。ドイツ語にはステーション・ワゴンに相当する言葉がないわけではなく、"コンビ"という語がその意味で用いられている。コンビ？ ふたり組お笑いコンビ。いや、いささかお手軽なひびきの言葉ではあるがドイツ語の辞書をひくと"コンビヴァーゲン"という語がステーション・ワゴンのこととして出ていることもよくある。それでも先程見たように、自社のワゴン車を"ナニナニ・コンビ"と呼んでいる車メーカーがドイツにないのはやはりこの語の認知度が万全とは言えぬからではあろうが、ちょっと今回ワタクシ、この"コンビ"なる独逸自動車用語の発祥・オリジンにこだわってみる。この言葉はそもそもどこから由来したものだろう。なぜワゴンがコンビなのか。厳密な考証などは独逸ゲンゴ学者ならぬ小生の手になど負えるコトではないが、ひょっとしてアレが語源・ルーツかな？、と思うことがないでもない……。

■革命的、なところもある

　さて今の話の始末はおいおいつけるとして、今回の車はVWトランスポーターである。いやいったい何と呼んだらよいのだろう、この車には呼び名がずいぶん色々とあり、本国ではVW・Bus（ファウヴェー・ブス）という呼び方が最も通りがよいが。

　少し詳しい人だとこの車をVW・Typ2などとも呼ぶ。あまり耳慣れぬ名かも知れないが、しかしこの"Typ2"というのが実はこの車の正式名称であるらしい。"トランスポーター"なる名が正式に登録されたのはオリジナルの発表からなんとおよそ40年後の1990年のことだそう。Typ2（テュプ・ツヴァイ）とは「2型」の意で、フォルクスワーゲンはまずビートルを完成し、そしてその次に作ったのがこの車だからという理由でこの名称が決まったのだそう。えらく単純なヤツらだ。で、今回は何かと独逸語が乱れ飛んでいるのでついでに言うならフォルクスヴァーゲンというのは「人民の車」という意味である。人民の車二型！ なんとりりしい名前。

　さてこの「2型」の出生についてはひとりのオランダ人の関与が知られている。その名をベン・ポンといい、この人は戦後いち早くフォルクスワーゲンに目をつけ、そしてツバをつけてドイツ以外では世界で最初にその販売権を取得し、続いてアメリカ市場での代理権をも取得した人物であったはずだ（おとうさんもうけましたね）。

　つまりポン氏はエンジニアでもデザイナーでもなくビジネスマンだったわけだが、VWトランスポーターはこの人のヒラメキから生まれたんだそう。ポン氏が注目したのは倉庫や工場で使われるプラットフォームの前端にドライバーが乗る式の簡易運搬機、それを見て「コイツのもう少しマシなものを作れば売れるかも」と、手帳にその姿をザッとメモしてVWの人に見せに行ったのだそう。するとそれをひと目見たワーゲンの人はヒザを打って何と素晴らしいアイデア、コレハイケルと……まぁこういう話というのは少々ドラマチックに後でデッチあげられるもので、僕は丸呑みに信じているわけではないのだが、ただこの時にポン氏が見せたと言われる手帳の絵は今でも残っており、僕もその写真をどこかで見たことがある。ザッと描いた、イタズラ描きのような絵である。サイド・ビューの全体を囲む四角い箱のような線が実際のVWトランスポーターのシルエットとたしかにオーバーラップはしている。

　要するにポン氏のイタズラ描きが示唆しているのはワンボックス型ということだ。でも、ちょっとここで疑問が起

こらないか。ワンボックス型というのは当時本当にそれほど驚くようなアイデアだったのだろうか。工場の運搬機を見ないとヒラメかないような、VWの人も思いつかなかった革命的発想だったのだろうか？

話は少々予定外の方向へ進むが、ちょいとこのあたりのことについてワタクシ言及しなくてはならない。VWトランスポーターには今日でも多くのファンがおり、それだけにこの車については書かれたものも多い。ただそうしたものを読んでいて時々気になることがある。というのは、このVWトランスポーターをワンボックス・スタイルの元祖であるかのように解説した文章を目にすることがあるのだ。で、うるせーオジサンみたいなことを言うようだがこれは事実に反する。ワンボックスの車はこの車の出現当時、むろん今日のように多くはなかったが、前例は古くからあり、VWがその発明者ではない。

中でも写真のVWトランスポーターと考え方が近かったのは、たとえばシトロエン・テュブだ。シトロエン・テュブ（"H"とも言います）というのは例の波形をつけた平面パネルで構成されたフランチックなデザインで知られるステップ・ワゴンだが、あのよく知られたユニークな外観の車は実は"テュブ"の第2世代にあたる車なのである。初代シトロエン・テュブは当然ながらもっと昔に、戦争前から存在しており、それはすでにドライバーをシャシーの前端に追いやったシーティング・レイアウト、低床式でスライド・ドア付きの荷室、前輪駆動といった技術フィーチャーを備えた車で、しかも外観はあの戦後型よりずっと純粋なワンボックスに近いものだった。

VWトランスポーターはこうした先達を大いに参考として設計されたものと思われ、したがってそれほどオリジナルな革命的ヒラメキだったとも思われない。ポン氏がアイデアを提供したというのはそのデザインやレイアウトよりも、何と言ってもこの人、当時の大手ディーラーなのだから言うこと聞いといた方がいいだろうとまだ弱小だったVWが判断したという、何かそんな程度のことではなかったかとゲンジツ派の僕は想像する。

しかし以上のことはVWトランスポーターに何も新しい要素がなかったということではない。他の面、マーケティング的な面ではこの車がパイオニアとなり自動車界に新風を起こしたという点も確かにあると僕は思う。それは商業車専用としか考えられていなかったワンボックス型を一般向けの自家用車としても市場に送り出した、という点なのである。これはさすがのシトロエンもやらなかった。つまり今や隆盛を極めつつあるファミリー向けワンボックスカーの元祖・家元のひとつがVWトランスポーターであったことは間違いない。

正確に言うと、VWはトランスポーターのフロアの上に座席は前のみであとはガランドウの荷物専用車やピックアップ・トラックをはじめいくつかのボディ・バリエーションを用意していた。その中にパセンジャー専用バージョンがあり、それがサイズ的にも価格的にも手ごろで充分に一般家庭のファミリーカーとして使えるものだった。これが結局それまでにない新しい市場を切り開く車になったというわけだ。

さてさて。トランスポーターのこうしたボディ・バリエーションのひとつに、後席を持ちつつもそれらを容易に取り外して荷物車に早変わりできるという複合的バージョンがあった。これはふたつの用途の組み合わせ版、つまりコンビネーション・タイプである。そこでVWはこのタイプを短く"コンビ"と呼んでいたのである……。

さあどうでしょう、冒頭の話題、"コンビ"なる独逸単語の語源、ルーツはあるいはこれだったのではないか。先述の如く、現代ドイツ人はステーション・ワゴンをさして"コンビ"と呼んでいる。VWトランスポーターはもちろんステーション・ワゴンとは呼べないが後席を手早くたたんで荷物車に早変わりできるという特徴、「ふたつの用途のコンビネーション」という考え方は両者に共通している。

ついでに言うならVWトランスポーターの6〜7人乗りの完全なパセンジャー専用バージョンをVWは"ミクロ・ブス"と名付けていた。英語読みすりゃマイクロ・バス。すなわちマイクロ・バスという一般化した名詞のルーツはより高い確度で、やはりこの時のVWの命名にあったのだと思われる。

■本当の光る点

肝心のデザインについては触れずにきてしまったが、ここでやっと少しだけその話をする。ただしVWトランスポーターの形・デザインの合理性とか優れた機能性云々といった話はすっとばす。ワンボックスが室内容積とか空間効率においてすぐれているのは当たり前すぎる話だし、この車のそうした面におけるヨサはもう充分に知られているだろう。だからここではあまり語られない面、もちっと美術的というか、造形的・ファッション的観点からセメてみようと思うのである。

VWトランスポーターのデザインってそうした見方をしても充分に高水準のものだ、というか、この車の本当のヨサはむしろそちらにあるのではないか。この車のデザインにはいくつもの光るポイントがある。その第一はモダニティだ。VWトランスポーターは1949年に発表された車なのである。もうすぐ60歳（！）になる車にはとても見えない。60年前の車と言ったらまったくのクラシック・カーにしか見えないのが当たり前なのに、VWトランスポーターで古びたところといったらV字形に折った分割式の

フロント・スクリーンぐらいなもの、これは当時ここに曲面ガラスを使うとコスト高になりすぎるのでこうしたわけだが、このスクリーン以外はこの車、ほとんど今だって通じそうなぐらいに新しい。

この歳をとらない理由はボディ全体形がスミを丸めた単純な直方体に近く、余計な出っ張りやへこみのない純粋幾何形態に近い形であること。次にリア・エンジンであるためフロント・グリルがないことが二大要因であると思う。純粋幾何形態は歳をとりようのない形だし、またグリルというのは過去、年代によって処理のしかたが非常に変化してきた。一般的に商業車のデザインは乗用車より古くならないものだがグリルを見ると一発で歳がバレることが多いのだ。

さてVWトランスポーターの造形のピカッと光る点、次に僕が挙げたいのはこの車の微妙な張りをもった「面」である。これは小生、子供の頃からずっと思っていたことだが、かつての日本のワンボックス・カーの大多数は面の張力が弱い、蹴とばすとボディのへこみそうな紙でも折ったような印象があったものだ。それに対してたまに路上で見るVWトランスポーターは鉄板の厚さ、金属の堅さが外から見ただけでわかるように思える。こんな車に頭突きでも喰らわそうものなら、あちらがへこむどころかこちらが脳挫傷はまぬかれない、そんな印象がある。このヒミツはこの車の面の曲率とカドの丸さ、その両者の組み合わせ方にある。

ワンボックス・カーというのはどれも要するにデカいトースターみたいな形をしてるわけだが、トースターも手で押しただけでペコンと安い音たててへこむものが大半である中で、アメリカ製のサンビームのトースターなんてのは見るからに重みのある頑丈そうな形をしている。VWトランスポーターは同じトースターでもあれであろう。もっともサンビームは手に持つと実際にすごく重い。あの外皮は鋳物でしょうかな。

VWトランスポーターのデザインについてもう一点ヒカる点を挙げるならこの車の顔。このフロント・エンドは素晴らしい。グリルの存在しない面積の広い空間を大胆なグラフィック構成でひとつも間のびなどさせずにキメている。中央に位置する巨大なVWのエンブレム、その左右を走るVの字型の曲線のモチーフ。後者はVWビートルのトランクとエンジン・フード(初期型)に見られたプレス・ラインのモチーフを応用したものだろう。とにかくなんと大胆で自由な発想のグラフィックスなのだろう。しかもそれを2トーンで塗り分ける。ますます大胆である。ドイツの工業デザインというと理づめ機能主義で生真面目な印象があるが、それはドイツの人々のもつほんの一面にすぎない。彼らのもつオシャレ感覚、粋、楽しさ、ユーモアといった面がこの思い切ったフロント・エンドにはよく表われていると思う。珍しいほどに遊び心にあふれた商業車デザインである。

今回は"コンビ"というコトバの発祥をめぐって幾百里、かなりのまわり道をしたが、実はフォルクスワーゲンという会社は意外やネーミングに関しては過去にずいぶんと面白いものもあみ出しているのである。たとえばVW181という車を憶えておられるだろうか、ビートル・ベースだから四輪駆動ではないがオフロード風のオープン・ボディ車である。181はアメリカにも輸出されたがそのデザインが第二次大戦中のドイツ軍のキューベルヴァーゲンを想わせるもので、どうもそのイメージを払拭しようとしたのか、彼らはU.S.用にこの車に思い切りオフザケ・ヘンテコな輸出名をつけた。それはVW"the Thing"というのである。"the Thing"とはもちろん「物」のことだが、この言葉、しばしば「何とも呼びようもないアレ」というニュアンスで使われる。

ずっとのちにつくられたホラーSF映画でズバリ「the Thing」というタイトルのものがあった。たしか南極基地か何かの閉鎖された空間で怪物が人を襲いまくる話で、ただその怪物どんな物にでも姿を変えられるのでどこにいるのかわからない。恐慌におちいった人々が何とも呼びようもないその謎の怪物を"the Thing"と呼ぶ……と、どうです、こんなニュアンスをもつこんな言葉、自動車の名前に使いますかね、普通。しかもこれってフルネームで考えると「人民の車・何とも呼びようもないアレ」となって前半のナチス第三帝国時代に命名されたいかめしい苗字と後半のオフザケ名前のあまりの落差がさらにオカシイ。それにしてもわれこそは「人民の車」なりと堂々と名乗れるような崇高な理想に燃えた自動車は現在の世界にはそうそうない。そんなあまりに立派すぎる自動車はない方が人類平和のためによいのかもしれない。

ALPINE A106

ジャン・レデレが興したアルピーヌ社の最初の生産車。1955年のミッレミリアにデビューし、750ccクラスを制したことで同社がフランスを代表するスポーツカー・コンストラクターとして成功する足がかりを作ったが、いわゆるロードカーの生産が始まったのは翌56年。メカニカル・コンポーネンツは当時のルノー4CVを基本としている。写真の車はヒストリックカー・ラリー用に仕立てられた物で、エンジンや内装を中心にモディファイを施されているが、以下のスペックは初期の生産型のもの。
全長：3700mm、全幅：1450mm、全高：1270mm、ホイールベース：2100mm。　水冷直列4気筒。747cc、21ps／4100rpm。縦置きリアエンジン-リアドライブ。サスペンション：独立 ダブルウィッシュボーン（前）／独立 スウィングアクスル（後）。

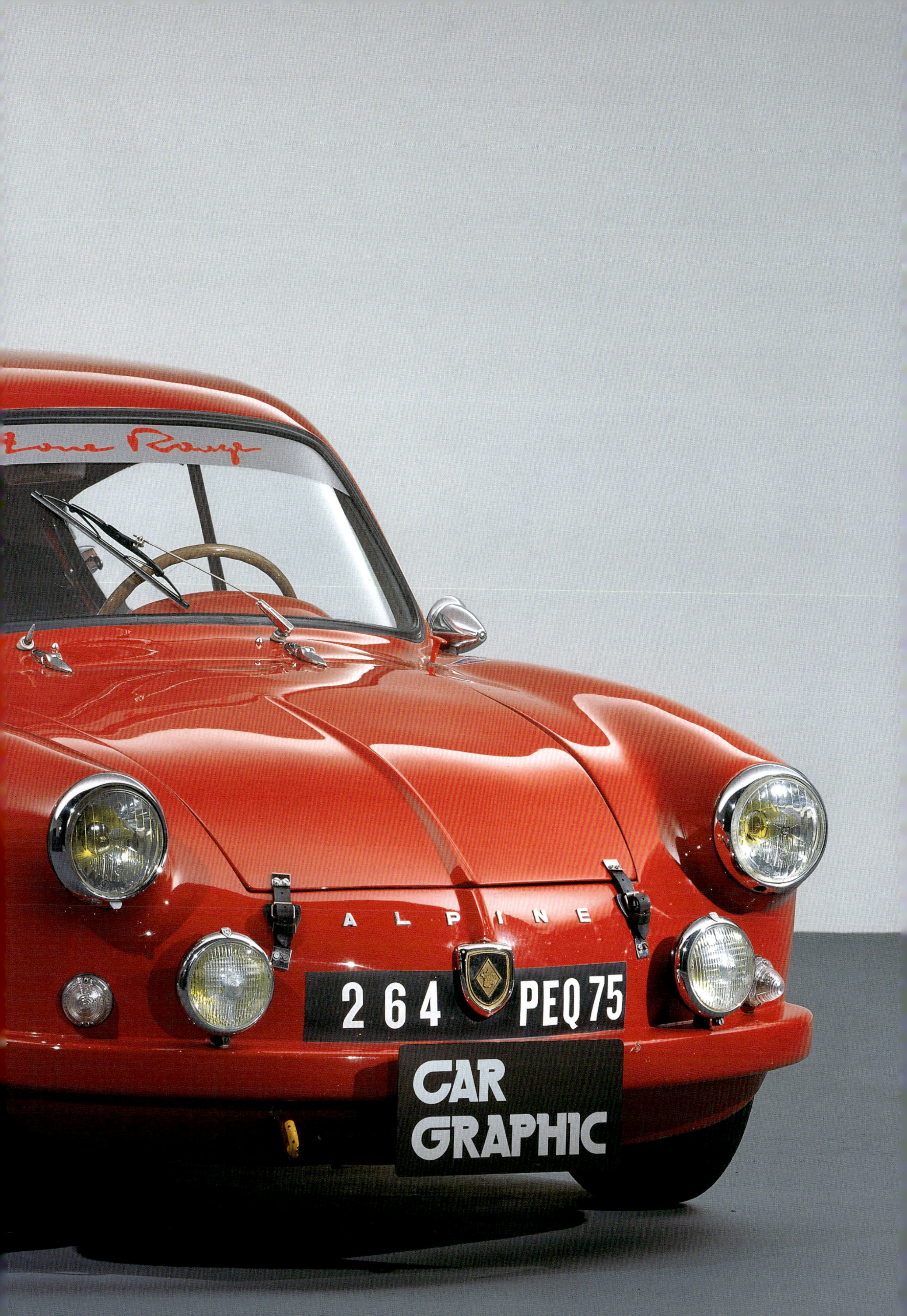
ALPINE
264 PEQ75
CAR GRAPHIC

174

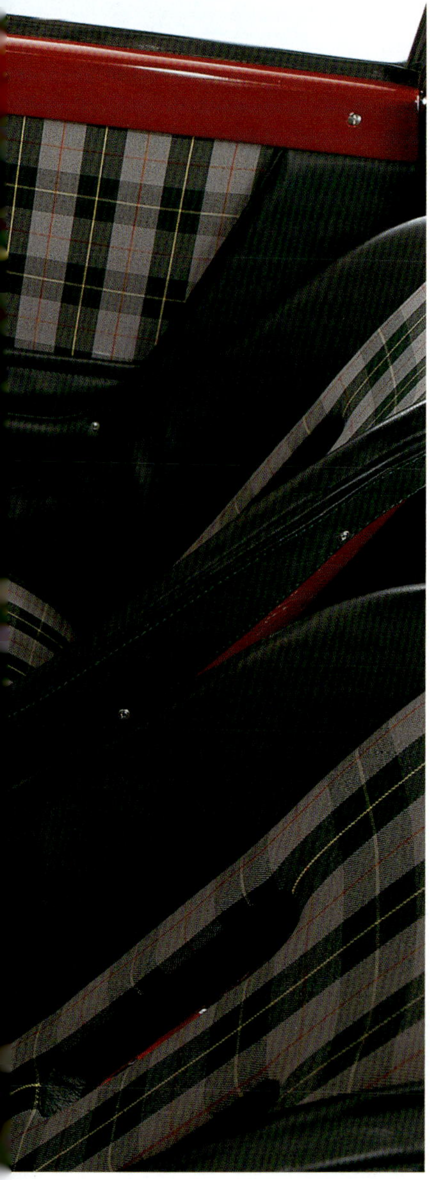

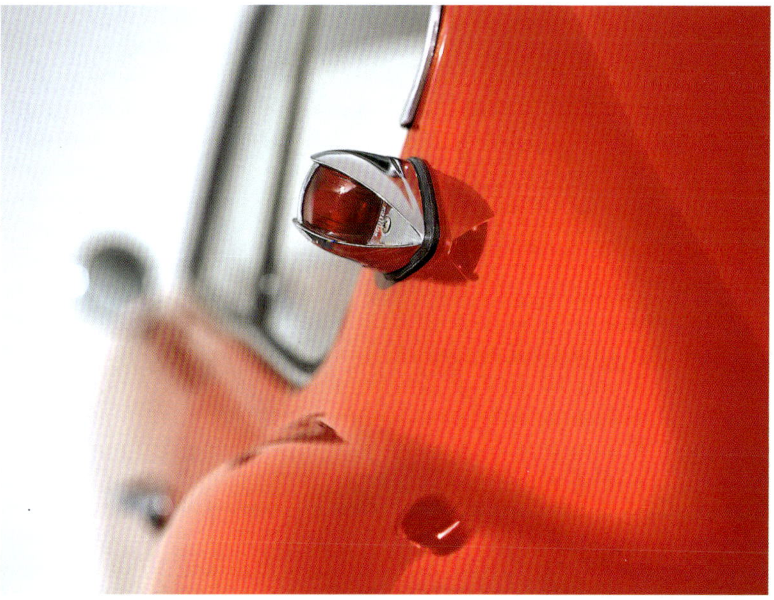

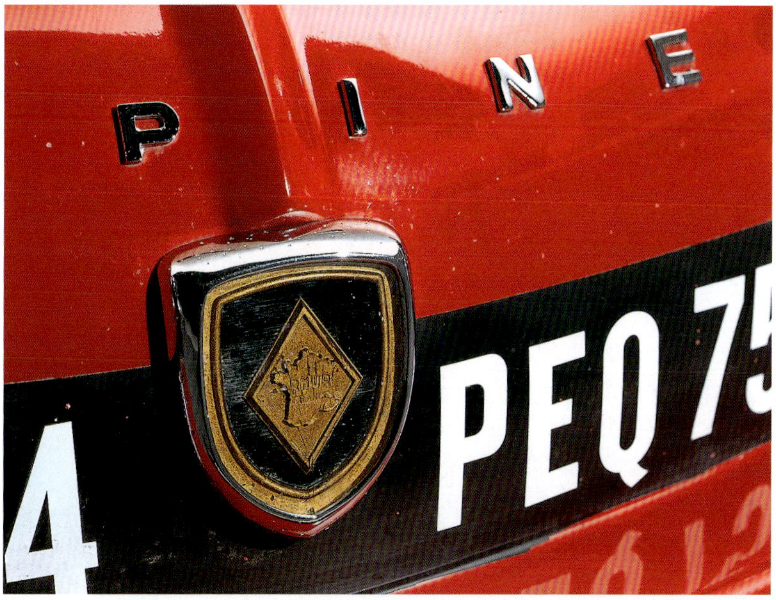

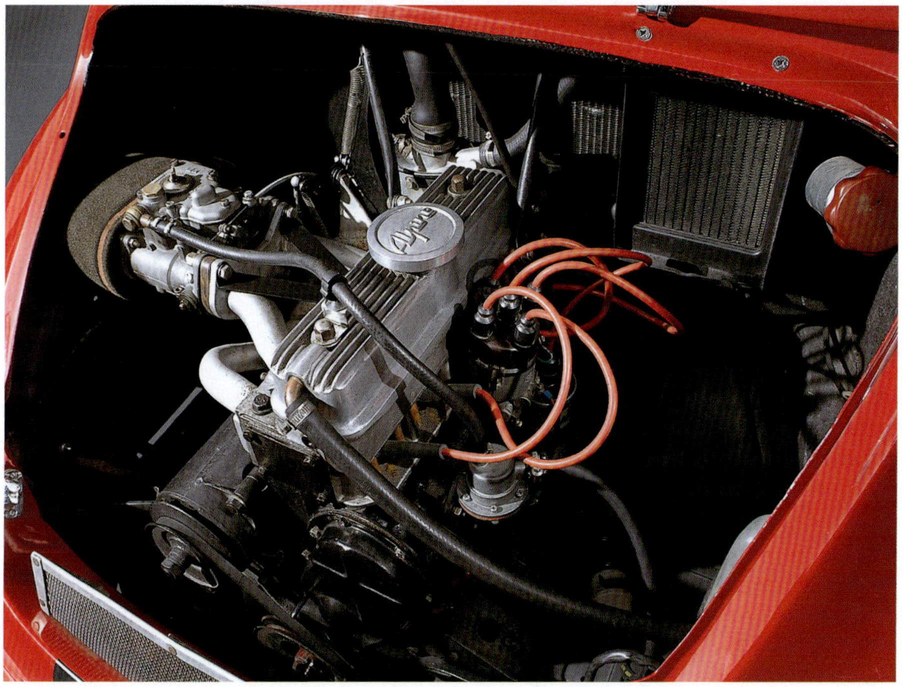

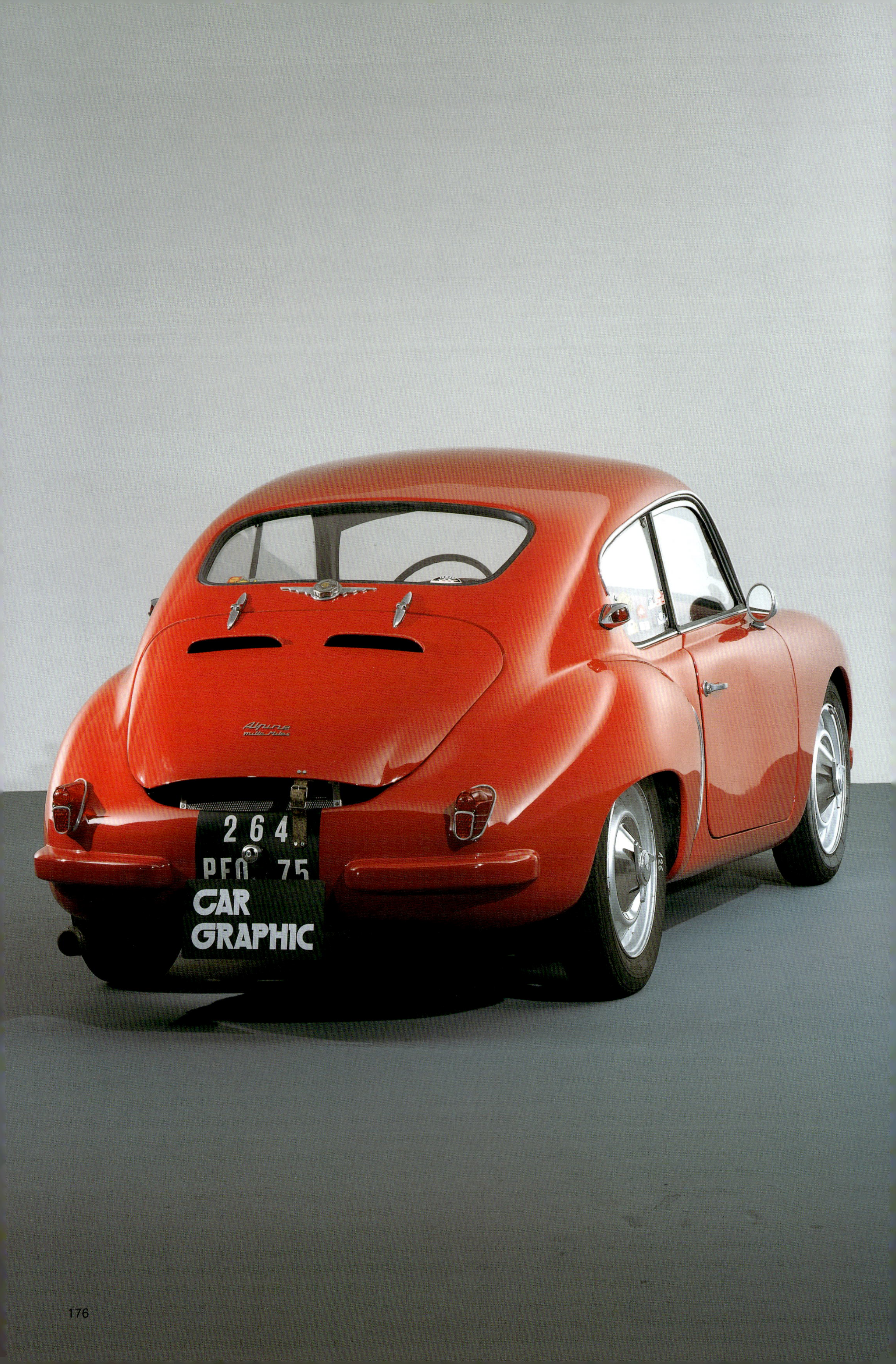
264
CAR
GRAPHIC

■南西地域の歴史散歩

　各国の自動車工業の中心地と言えばアメリカならデトロイト、英国ならコヴェントリー、イタリアならトリノ。日本やドイツにはこれが中心と呼べるような街はないが、強いて言うならシュトゥットガルトなんかはドイツでは「自動車の街」という感じがする。しかしいずれにしても、以上は「昔はそうであった」と過去形で言うべきことなのだろう。すなわち上記の各都市にたしかに今でもそれぞれの国を代表する自動車メーカーが本社を置いてはいるが、実際の生産拠点はあちこちに散らばっている。つまり今日では世界の多くの自動車企業は本拠地以外の土地でもクルマを生産しており、自国の外にもデカい工場や開発センターをかまえることが普通のこととなっている。こうなってくると社会科の先生も「自動車工業の中心地はドコとドコ」みたいな単純な教え方はもうできなくなる。

　またなかには以上述べたようなこととはまったく別の意味で、もはや「自動車工業の中心地」とは呼べなくなってしまった街もある。英国のコヴェントリーはかつてはたしかに同国の自動車産業・オートバイ屋などが多く集中した街ではあったが、今日のようにそのほとんどが消滅してしまっては「中心地」も何もない。生産拠点を世界各地に拡張するメーカーも増える一方で消え去るメーカーもある。思えば自動車工業をめぐる現実には随分と厳しいものがある。

　とはいえ厳しいタタカイの犠牲者は何も英国だけではない。たとえばアメリカだってかつては色々なところに「自動車の街」があったのである。この国ではGM・フォード・クライスラーの3社がデトロイトの在であるため、そこだけが自動車工業の中心地のように思われているが、過去にU.S.A.に出現した自動車メーカーの数は1000社を優に超える多きにのぼるのである。まあそのほとんどは2～3年で店をたたんでしまったような小規模ショップではあったが、1900年代初頭から20年代までさかのぼれば、この国にはかなりまともな規模の、かなりまともな自動車メーカーだけでも恐るべき多数が存在していた。で、それらの多くはカナダ国境に近い五大湖の周辺の街々に工場を構えていたが、デトロイトもそんな街のひとつ、すこし詳しく言うならこの街は五大湖のうちのエリー湖とヒューロン湖の間に位置する街である。

　しかし時と共にメーカーは整理され、吸収・統合されて最終的に生き残った3強の集まっていたデトロイト市のみがこの国の「自動車工業の中心地」ということになり、モータウンなどと呼ばれるようになる。なんてぇかイクラから生まれたボウフラみたいな稚魚のうち、何匹が大人のシャケにまで育ったかというのにも似た、低生存率のU.S.A.自動車工業史なのである。

　さてそれはそうとである。先程はわざと挙げなかったのだが、フランスはどうなのだろう。フランス共和国には果たして「自動車工業の中心地」と呼べるような街はあるのだろうか？ それが、実はあるのである。あまり語られることがないようだが、フランスのクルマ産業の中心地はパリなのである。パリという街は決して大きくはない。パリ市の面積は世田谷区の3倍程度と聞いたことがあるが、そんな小さな街が、華の都で、美食と芸術とファッションの都で、ノートルダム寺院やガイセン門やエッフェル塔をはじめ王宮からスラム街までのすべてがつめこまれて、おまけに自動車工業まで集まっているというのか。ところがそれがその通りなのである。もう少し正確に言うならパリ市の南西部およびそこに接する郊外の地域にこの国の歴史上の自動車企業の大半、数百社にのぼる車メーカーが集中して現われたのだ。

　そんなわけでその地域をブラブラとすれば短時間で長いフランスの自動車の歴史を辿ることができる。たとえばパリの街の地図の6時付近、13区には今でもパナールの工場がたっている。パナールは世界最古の自動車会社のひとつである。この13区には他にもドライエが工場を持っていたし、またそこから西にちょいと走ればすぐにシトロエンの創業の地(15区)に達する。シトロエンのすぐ近所には戦後の商業車メーカー、デュリエがあった。またプジョー・ディーラーのダールマもすぐそばに現存している。ダールマは達磨じゃなくて、戦前にプジョー402ダールマというものすごくカッコいいスポーツカーを作っていた会社。いや会社というよりダールマは昔も今も一軒のプジョー・ディーラーの名なのである。

　さてそのとなりの16区は高級住宅街として知られ、僕はここでアラン・ドロンなんかを見かけたこともあるが、なんとそんな住宅地にもかつては自動車会社がいくつかあった。戦後の例で言うなら50年代にアリスタという小メーカーがこの16区にあり、その地域の名をとったアリスタ・パッシーという車を造っていた。その16区から西へ進むとパリ市は途切れてブローニュ・ビヤンクール市に入る。ここにはルノーがある。ルノーはこの地に今でも厖大なファシリティを有しているが、その同じビヤンクールにも昔はいくつもの自動車会社が共存していた。たとえば航空用エンジンでも知られたサルムソンはこの街にあったメーカーだ。そしてそこからさらに郊外へと進んでゆくと、この国の自動車関係企業、関係遺跡の数はさらに加速度的に増えてゆく……。

■あの人は今どこに？

　1980年代後半の数年間、僕はルノーで働いていた。その当時ルノーのデザイン部門は5kmほどの距離をへだてた大小ふたつのスタジオに分かれていたが、そのどちらも所在地はピッタシと件のパリ南西郊外に入っていた。僕が

主に働いていたのは小さい方のスタジオで、そこには食堂の設備がなかったため昼メシはいつも我々、となりの会社の食堂におじゃまして食べていた。となりの会社とはあの気化器屋のソレックスである。ソレックスの食いもんはまぁあまり大したことはなかったけどな。昔から車メーカーが多いから周辺にはこうしたサプライヤーや、その他関連の新旧・大小さまざまの企業や店も集まってるわけだ。

さてそんなある日、僕はその付近の交差点で信号待ち中にうしろから来た車にブツけられたことがあった。軽くではあるがこちらの車のオシリはへこんでしまい、そのまま乗っていても別にかまわなかったのだが、丁度その車売ろうと思っていたところだったので直すことにした。

で、さっそく一番手近の板金屋に車を持ちこんだ。そこらによくあるようななんてこともない店である。気にもせずに車を預けての帰り、店の名前を見てアレッと思った。Pourtoutとある。……マサカ。ところが気をつけてよく見ると間違いなくそのマサカなのであった。カロシエ・プールトゥ！ このコキタネエ小さな板金屋は1930年代の昔、フランスで最も高名なカロシエのひとつであった！ 僕は本当に信じられない思いがした。プールトゥというのはジョルジュ・ポランというスタイリストと組んで数々のタルボやドラージュやドライエに目のさめるような流線形のボディを架装して話題をさらったビッグネーム、当時の世界の自動車デザイン界で最も重要な存在のひとつだった。そう言えば先程のカッコいいプジョー402ダールマのボディを担当したのもこの店である。「さっき聞いた見積り、割と安かったけど間違いじゃあるまいな」 ああ、かつて世界の王侯貴族が競って特製ボディを注文した名店が、今では大衆的お値段で僕の乗る安物車のオシリを直してくださろうというのである！

フランスにも消滅してしまった自動車メーカー、自動車関連諸企業の数は多い。いや、「ほとんどすべては消滅してしまった」と言う方が正しい。そうでなくては数百社の車会社がひしめいてパリ南西郊外は今ごろ大変なことになっていたはずだ。時を超えて今日生きのびている自動車関係企業は宝くじに当ったようなもの。英国との差は紙一重でしかない。企業努力ではどうしようもない大津波的運命が何度フランス自動車界をおそったことか。前記のスタイリスト、ジョルジュ・ポランは大戦が始まるとレジスタンスに参加し、のちにドイツ軍に捕えられ銃殺されて最後をとげたという。

カロシエ・プールトゥの名は今日では忘れられている。昔日の影もない過去のスターである。しかしともかくも今でもこうして存在して営業を続けている。それを思うと「ヨクゾゴブジデ」、僕は心の中で祝福を贈らざるを得なかった。大企業へと成長したわけではないがこれもサケとなり得たイクラのひと粒の姿である。後日修理がおわって車を取りに行くと、あまりシゴトは上手くはなかったけどな。

■サバイバル・マニュアル

車のことを書かなきゃ書かなきゃ、と一応は思いつつ前書きがやたら長くなりやした。いつものことではあるが。さて今回の車はアルピーヌA106である。随分珍しい車が日本にはあるものです。アルピーヌという会社の所在地はパリ地方ではなく北仏のディエップという街である。出身地から言えば例外的なフランス車と言うべきであろう。この会社の発祥はそのディエップ市のルノー・ディーラーの息子が飛ばし屋で、レースに凝って自分用にルノー4CVのチューンナップを始めたのが始まり。ルノー4CVというのはご存知、かつて日野自動車がライセンス生産したこともあるポピュラーな小型セダンだ。

さて件のドラ息子、名をジャン・レデレといい、正式にアルピーヌ社をたちあげたときまだ30歳そこそこだった。アルピーヌはのちに戦後現われた小スポーツカー・メーカーとしては異例の成功を収めていくが、その始まりはこんなつつましいもの、その最初の市販車がA106ということになる。飛ばし屋の作とは言っても初代A106のスタンダード版は750cc、21馬力、最強力バージョンでも38馬力というから昔は何でもつつましかったようで。A106の多くはレースに使われたが、こんな車でルマンなんて走ったらあの長いストレートでねむくなるだろうに。余計なお世話だが。

さてこのA106、モノノ本によるとデザインはイタリアのミケロッティということになっているようだ。一応そうなってはいるが、でもどうかな。ワタクシにはこのへん、よくはわからない。A106のデザインについては背景となるストーリーがある。前述の如く若いジャン・レデレはルノー4CVのチューンからコトを始めるが、すぐにそれだけではおさまらなくなり、特製のクーペ・ボディをのせたスペシャルカーを2種類製作することになる。彼がミケロッティにデザインを依頼したのはその時のことである。特製クーペはどちらもレースやラリーにエンターされ、また自動車ショーにも出品され、さらには2作目の方はそのデザインを気に入ったアメリカの実業家がレデレからライセンスを買って少量生産したこともあるためよく知られている。しかしそれはまだアルピーヌ社設立前の話、すなわちレデレにとってこの特製クーペはどちらも後の生産型アルピーヌA106の先行試作車という位置づけになる。

ところが実際にA106がデビューしてみるとどういうものか、そのデザインは試作車のどちらとも異なるものなのであった。写真の車とレデレ特製クーペとの間には外見上かなりの隔たりがある。その違いをひと言で言うなら試作版の方はやはりもっとイタリア風であり、もっとモダーンでスタイリッシュでもあり、小粒ながらも当時のフェラーリやマセラーティにも通じるシリアスなスポーツカーそのものという精悍なルックスの車だったのだ。それに対して

A106生産型の方は、こう言っちゃ何だが、こりゃまぁかなりのファニー・ルッキングではないか。特にグリーン・ハウスの背が高い上にやけに幅広で頭でっかちに見えるところ、そうした上屋に対して車輪がちっこく見えるところなんかカワイイ。つまりこの車、全体に視覚的バランスがよろしいとは言い難い。本当にこの生産型もミケロッティの手になるものなのだろうか。ひと目見ただけでもミケロッティならもう少しうまくやるだろうと僕には思えて仕方ない。「いやワタシはシリアス風よりこのカワイイ方が好きなのだ」という人も多いだろうが、それはまた別の話である。

ただ、よく考えると生産型A106ではちょっと感心させられるところがある。すなわち穿った見方をすればA106のうしろ半分のデザインは「戦略」としてはかなり上手いテだと思うのだ。戦略って? それはまずこの車のリア・フェンダーは全体と一体化せず、半分独立したようなニュアンスのものとなっている。そしてそのリア・フェンダーの前方部にはラインに沿った縦長のエア・インテークが開いている。またそこからリア・エンドにかけては全体にご覧のとおりの流線形である。実はこのあたりのデザイン、当時すでに多少クラシカルなもので、前述の試作車のイタリア風デザインはもっと進歩的でこれとはまったく異なるものだった。

ではこの古めファッションの後半部がなぜウマい「戦略」なのか? それは今述べた造形フィーチャーのすべてがルノー4CVと共通するデザインテーマだからなのだ。つまりアルピーヌA106は単純にスタイリッシュ/モダーン路線に走ることはせず、また誰にもわかり易いフェラーリ・マセラーティ的記号性に追随するというテも使わず、故意に元となった大衆車のルノー4CVのことを見る者に適度に思い出させるようなデザイン方向性を採ったわけである。これがどういう効果をもたらすか。考えてもほしい。地方小都市の吹けば飛ぶような新興ショップがちっこい車を世に出したのだ。よくある素人の手作りスポーツカーのひとつとしか人々は思ってくれない、というか、A106は現にそういう車以外の何物でもなかったわけだ。しかしそんな車でもルノー4CVという当時のベストセラー・カーとデザイン的に関係づけることによって、人をふり向かせることができるかもしれない。おそらくヒトビトは「アレッ?」と思うであろう。「この車、何かルノーと関係してるらしいぞ」と。さらには「これってすこしマトモな車なんじゃないか」ぐらいは思ってくれるかもしれない。これもひとつのマーケティング手段としてのデザインであろう……。

いや、これはもちろん想像であってジャン・レデレが本当にそんな風に計算してデザイン決定を下したのかどうか、それはわからない。しかしA106のこの4CV似のデザインにはたしかにアルピーヌという会社がその後、弱小スポーツカー・ショップとしては異例の成功を収めてビッグネームとなっていった、その理由が象徴的に表われていると僕には思えるのだ。つまり歴代のアルピーヌ各車は常にルノーという背景を隠すことなくむしろ自分たちの看板として表に掲げてきた。常に「ルノーと共に語られるアルピーヌ」というイメージを築きあげてきた。そのことこそが彼らが成功した理由であろうと僕は思う。すなわちこうしたやり方を長年続けるうちにどういうことが起こったか? この地方の小ショップはジワジワと人々に認知されると共に大ルノーにとっても無視できぬ存在となり、ついにはルノーがスポーツ方面のイメージをプロモートする際には逆に自らアルピーヌの名を語るようになり、その看板を掲げるようになり、彼らはルノーにとって実になくてはならぬ存在となっていったのである。

「バンザイ、これで生きのびられる!」と、それでレデレがそう叫んだかどうかは知らない。「常にルノーと一緒」というあり方が彼の望んだアルピーヌの姿であったかどうか、本当はわからない。しかし事実としてこの会社は生きのびた。事情はどうあれ、これって稀有なことなのである。戦後アルピーヌとほぼ同時期のヨーロッパにいったいいくつの似たような背景をもつ、似たように小規模のスポーツカー・ショップが出現したことか。ロータス、TVR、マーコス、ジネッタなんてあたりはまだまだメジャーだが他に思いつくままに挙げてもキーフト、ターナー、フェアソープ、エルヴァ、ロッチデール、デロウ、アシュレイ、コノート、オスカ、バンディーニ、スタングリーニ、ヴェリタス、デンツェルetc.etc.……。で、いったいこのうちの何社が今日現存しているか? 考えるまでもない。「ほとんどすべてが消滅」してしまったのだ。つまりこんなアマチュア的趣味的自動車の世界にも、先程見たようなあのキビしい生存競争はシッカリ展開していたのである。

そうした中でアルピーヌは今でもディエップの街にちゃんと存在している。今日ではその株式のかなりの割合をルノーが所有してはいるが、それでもちゃーんと独立した企業としてルノー・スポール関係の諸車を生産しているのである。昔々、この会社の最初の売り物A106がルノー4CV似のデザインを採ったことと彼らがこうしていまだに商売を続けていられることがまったくの無関係であるとは思わない。どうもミケロッティの作とは思えない無器用な、完成度も高いとは言えないこのデザインを採用したことが実は大正解だったのだと思う。いやーデザインってほんとーに難しいもんですね、というかそんなに先々の影響まで予測することは不可能だから、これはもう運にめぐまれたのだとしか言いようがない。実はデザインにとって「運」は切り離せない要素なのだが、それはまあいい。

というわけでイクラがサケとなるのがいかに難しいかというお話でした。僕はスジコの方が好きですが。

CISITALIA 202

イタリア人実業家、ピエロ・ドゥジオが第二次大戦後すぐに興したレーシング／スポーツカー・メーカーであるチシタリアにとって、最初の生産車がこの202である。鋼管スペースフレームにアルミのアウタースキンを組み合わせ、僅か870kgという軽量を実現した。発表は1947年9月。パワーユニットは当時のフィアット1100の基本を受け継いでいる。全長：3400mm、全幅：1450mm、全高：1250mm、ホイールベース：2400mm。水冷直列4気筒。1089cc、55ps／5500rpm。縦置きフロントエンジン-リアドライブ。サスペンション：独立 ウィッシュボーン＋横置きリーフ（前）／固定 半楕円リーフ・リジッドアクスル（後）。

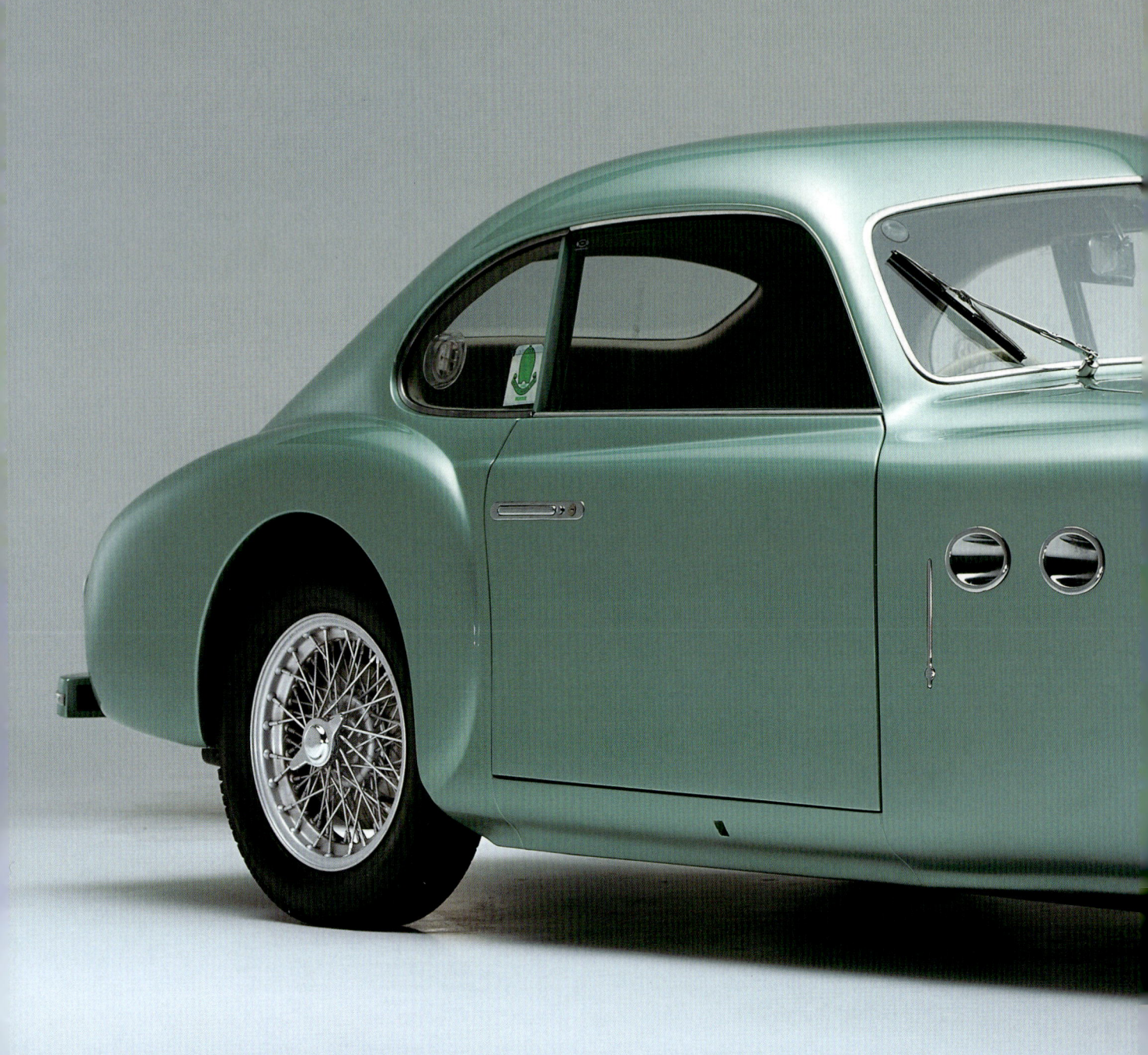

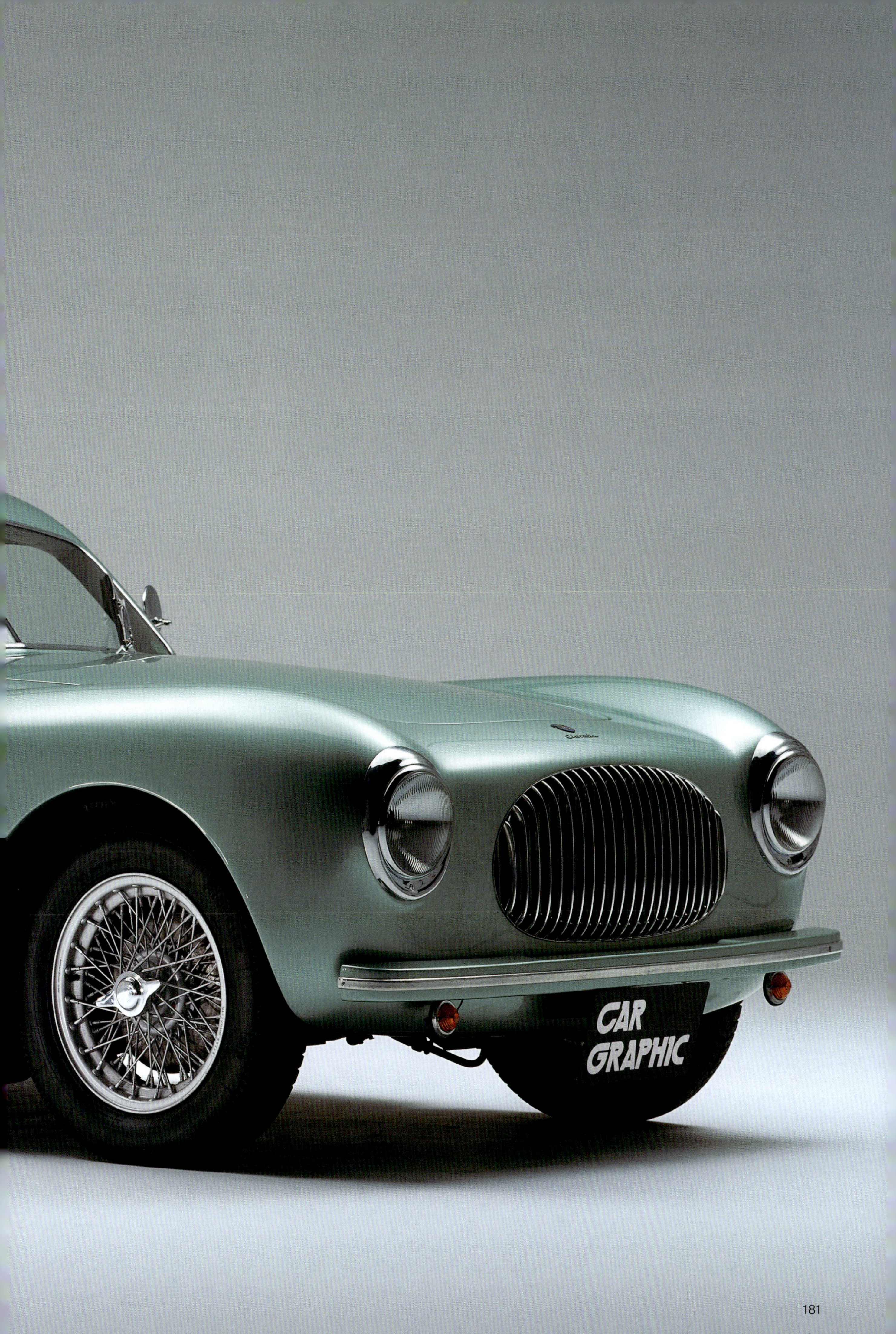
CAR
GRAPHIC

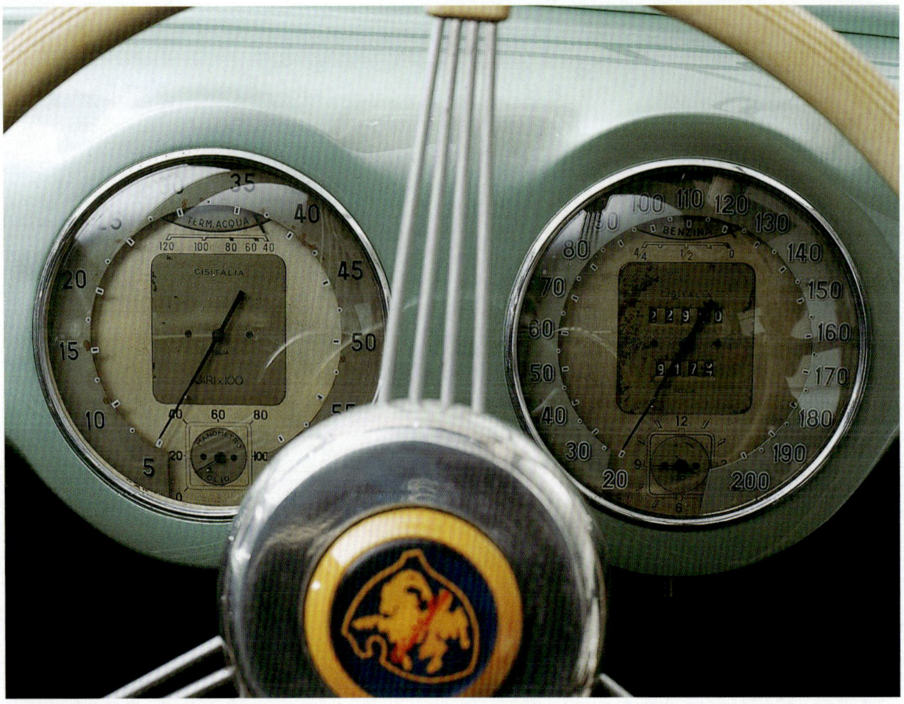

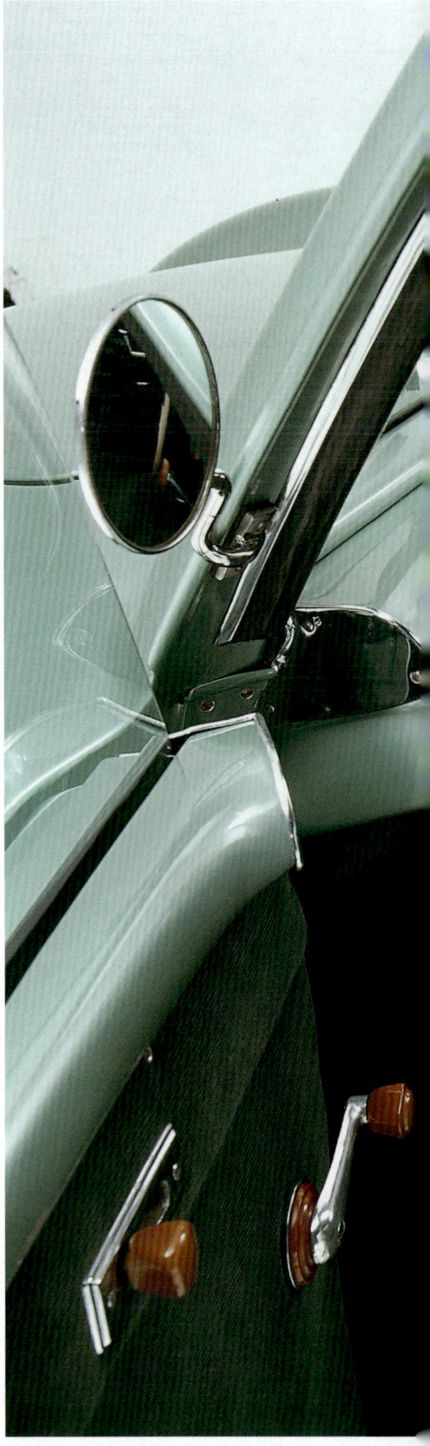

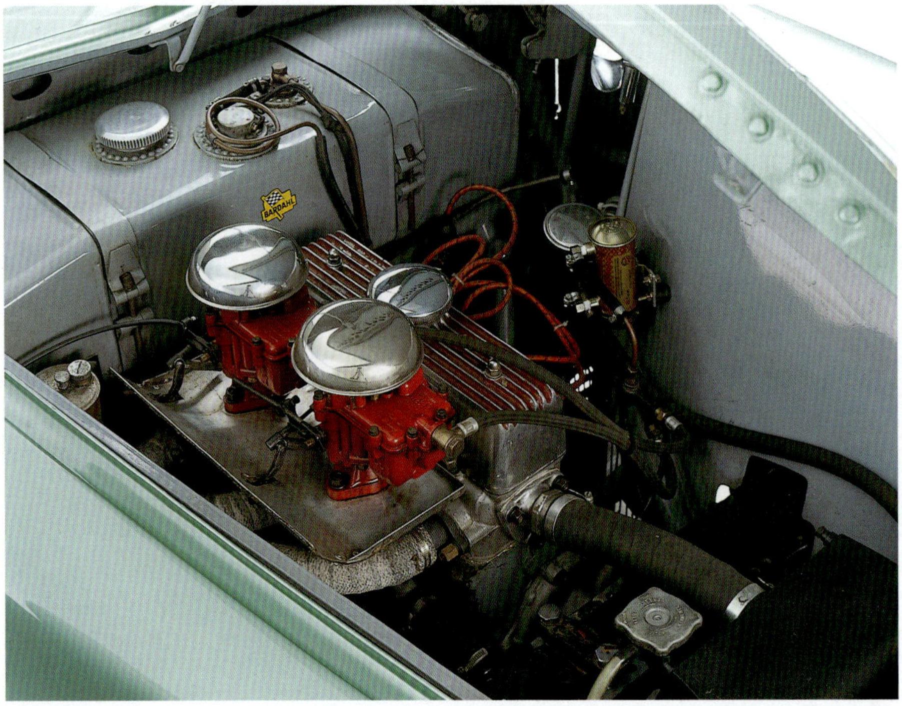

183

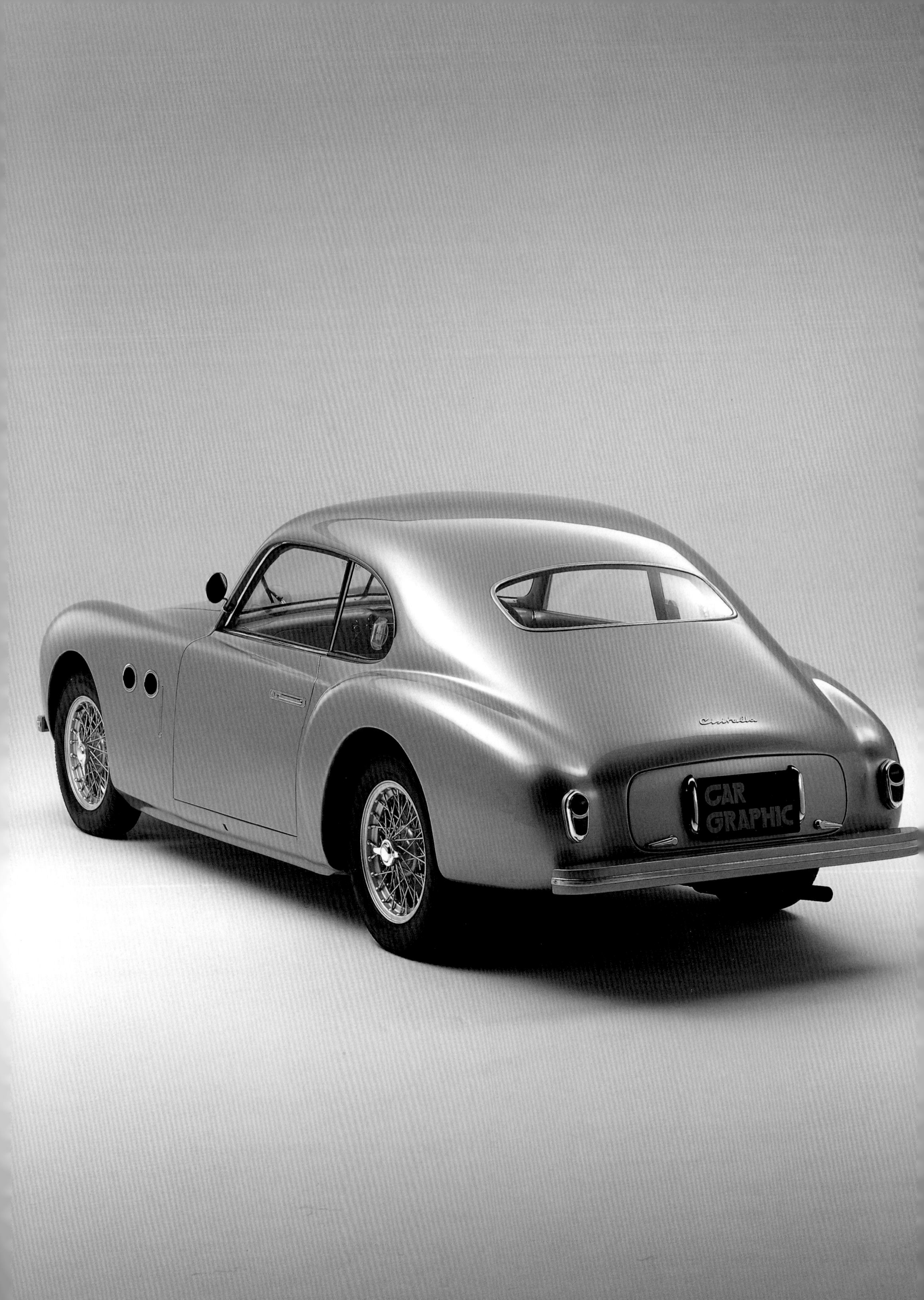
CAR
GRAPHIC

■今日もボールペンのインクが減る

　コンカイはまだ車が捕まっていない。でもそろそろ書き始めないとマズい。何と言っても当方、文を考えるのがノロい上にその書き方が原始的・非効率的そのものだからそうそう待ってもいられないのである。

　いかようにして当「ザンゾー」の原稿が物されているのかというと、僕はしょっ中ノートを1冊持ち歩いている。そのノートは日常のメモ帳がわりであるが、同時に原稿のための走り書き用としても流用されている。そいつを仕事の合間、コーヒーを立ち飲みするとき、地下鉄に乗るときなどにとり出してはゴソゴソと書く。つまりひどくブツ切りの時間を使って走り書きしている。そうして最後にそれをまとめ、清書して送るわけである。

　清書、と字で書くとスガスガしいが、ワタクシの原稿は字はきたなく修正の跡も生々しく、とっても読みにくい。編集部はそれを解読し打ち直しして印刷のためコンピューター入力しなくてはならない。で、あんなガタガタな小生の原稿が果たして読めるのかと心配もしたが、さすがは東洋美術関係の出版物でも知られた二玄社、ウチには古文書解読の専門家がいるから平気ですとのこと。いやはやまったくお手数おかけしやす。

　さてかくの如く、本書の原稿はそもそも手書き。完全なるアナログ手法でボールペンにて手で書かれている。で、CG広しと言えど今どき手書き原稿を渡すのは僕しかおるまいと思っていたらナント、田辺サンは手書きだと聞いた。まだそんなアナログな人がいるのかとそれを聞いたときは思わず笑ってしまったが、もちろん当方に笑えたギリなどない。

　ただし思うにアナログにはそれなりのよいところもある、というか今日およそ何につけアナログ方式を続ける人々の中には、ただ「新しいキカイモノに弱いから」という単純な理由だけでそうしているのではないゾ、と言いたい人も多くいるのに違いない。と、ここで成りゆき上「今日の自動車デザイン現場におけるデジタル手法 vs アナログ手法」といったことについて思うことを書いてみよう。

　何やらテーマがいきなり大きくなったが、今日クルマ・デザインの世界ではどこのメーカーでもデジタル・アナログの両方法がミックスされて使われている。個人的なこと言わせてもらうなら、コンピューターも自動車デザインのツールとしてのそれについては、僕は今のところあまり信用をおいていない。なぜ？　その理由をプロセス順に追って説明すると、まずデザインというのはモトを辿ればたいていはイタズラ描きのようなところから始まるのである。たいていのデザイナーはイタズラ描きしながらアイデアを生みアイデアを固めていく。これは人に見せるためではなく自分用に描くものだが、現代ではそんなイタズラ描きでもコンピューターを使って描くことができる。

　ところが「エンピツを素手で握って紙の上に線を描く」というアナログ的行為と「何かを思いつく。着想を得る」ということの間には関連があるのではないかと思うことがしばしばある。僕自身、シゴトバでは毎日短時間でもイタズラ描きを欠かさないようにしている。これは必要があろうとなかろうと、使い途があろうとなかろうと、とにかく何かしら新しいアイデアを思いつくためのもので、まあアタマをデザイナー・モードに保っておくためのウォームアップのようなものだ。

　で、こうしたコトを長年続けてきて思うのだが、紙とエンピツのアナログ手法の方がやはり結果がよい、つまりアイデアが出やすいように思われる。手の振動が上に伝わってアタマをほどよくマッサージでもするんですかなあ。いやマウスを操作したって手は動かすし、他にもペンとスケッチ・ブックのような、理屈上はアナログとまったく変わらない感覚で絵の描けるコンピューター・ツールもあるのだが、理由はわからないが、ただ経験的にホンモノの紙とエンピツの方により「発想を促す力」のようなものが多く備わっているように僕は思っている。

　次に、プレゼンテーションとなって皆でレンダリングを壁に張り出す段となるとアナログ／デジタルの差はさらに歴然とする。やはり手で描いたものには何かがある。実際問題として現在世界の自動車メーカーのデザイン・スタジオで描かれるレンダリングはおそらく98％ぐらいまでがデジタル、つまりコンピューターのスクリーン上で描かれプリント・アウトされたものだ。コンピューター・スケッチには高度な技術など要らないし、間違えたら修正は簡単だし、サイズだって好きなだけ引き伸ばしゃいいし、結構なことばかりなのである。いや、理屈上は結構なことばかりに思えるのである。

　ところができあがったものの「印象」を比較すると、理屈ではどうしようもないところがある。すなわちプレゼンテーションの場にもし誰かが1枚でも手描きの作品を張り出したらどうなるか。見る人の十中八九はまずその1枚に引き寄せられていくはず、というか僕の経験ではこれはもう間違いなくそうなった。やはり手で描いた絵とプリントされたものでは発散するエネルギーみたいなものがまったく違うのではないかと思われる。もちろんデザイン・レンダリングの場合、絵としてのヨサよりもそこに描かれたデザインのよしあしが問題なわけであるが。

　さて平面からいよいよ本番、立体造形、モデリングの段階となる。モデリングは基本的にはモデラーによる手作業であるが現代ではそこに加えてデジタル技術も切り離せないものとなっている。すなわち映画のCGにも使われるようなツールを使って自動車をまずスクリーンの中で形作り、

そのデータに基づいてクレイを削り出すシステムが存在するわけである。このシステムは開発時間を節約し、会社にとって非常に大きな利点を提供する、はずである。その利点はデジタル・スケッチがどうのなどというのとは比較にならないほどに大きい、ように思われる。

で、意外に思われるかもしれないが、仕事場では僕はこのコンピューター・モデリング技術に真っ先にとびついて一番にそのやり方を習った。しかし色々な試行錯誤の末にその限界を知って「コレを使ってよいのはココとココだけ。ごく限られた範囲のみ」と、言わば見切りをつけたのも一番早かった。

今にして、あのすべては現代の自動車デザイナーが多かれ少なかれ必然的に通る道を自分も通っただけだったのだと思っている。実はヨーロッパの自動車会社の中には全社規模で人間の手によるモデリングを廃止して、一時本気ですべてをコンピューター・モデリングに切り替えようとした会社もあるのである。その会社、今では人間のクレイ・モデラーを雇い直そうと必死になっている。ところがそれが容易にはいかない。経験のない「モデラー要員」ならいくらでも雇えるのだが、モデル技術をおしえることのできる熟練した人たちがもうリタイアしてしまっているのだ。仕方なくその会社、モデラー要員たちを外部のモデル会社に出向させて何とか技術をとり戻そうとやっきになっている、……気づくの遅いってーの。

やってみればわかる。コンピューター関係のデザイン・ツールはどれも効率的で「理屈上」は利点ばかりに思える。考えれば考えるほどそう思えるのだが、実際となるとそもそもデザインというものには理屈じゃあないところが多すぎるのだ。別にワタシは田鷲警部のようにコンピューターに偏見を抱いているわけではなく（マニア向け比喩）、他の人がオレはコンピューターの方がうまくデザインできると言うならそれはその人にとってよいこと、まったく同慶の念を表するにヤブサカではないのだが。

■どこがすごいのだろう？

などと言っている間にようやく水平線の向こうにノロシがあがった。ついに車をとっ捕まえたという合図である。で、何、今回は、チシタリア202だって？結構じゃないですかー。自動車デザイン史上最も重要な車の一台だ。

チシタリアというのは本来ならとっくの昔に忘れ去られていてしかるべき、戦後現われ5年間ほどで消滅したイタリアの小メーカーである。それが自動車史を語る際に外すことのできない存在となったのは主に今回のこの車のデザインのゆえ、そのあまりの世界的評価の高さゆえなのである。何と言ってもこの車はニューヨーク近代美術館が永久展示品として選んだほどの車なのである。いやもちろん選ばれたのは車の中身ではなくこのデザインなのだが、とにかくそれでチシタリアの名も自動車史に確実に残ることとなった。

……と、ここまで読んであらためて写真を眺め直された方もいるかもしれない。どうですか？ スゴいデザイン、と思われますか？ いやおそらく「へー、コレのどこがそんなにスゴいの？」と思う人も少なからずいるのではないか。まったくの話、このデザインっていったいどこがそんなにスゴいのだろうか？

しかしそうした話題に入る前にひとこと説明をはさむなら、この車、デザインしたのはカロッツェリア・ピニン・ファリーナ。ピニン・ファリーナがピニンファリーナと今のようなひとつながりの名となったのは1961年以降のことなので、ここではこう二分割で書いておく。この車でチシタリアも有名になったが彼らはもっと有名になった。この車がなかったら今日まで続くピニン・ファリーナも存在し得なかったと断言してまったく過言とは思われないほど、彼らにとってこの一作は大きな意味をもつ大成功作だった。

さて話を戻して、さっそくこの車っていったいどこがそんなにスゴいのかである。チシタリア202は今日見ると、おそらく誰の目にもそれ程特殊なデザインの車とは映らないのではないかと思う。サイド・ビューなんて1970年代ぐらいまでのファストバック・クーペといったらどれも大体こんなプロポーションをしていたものだ。だから「チシタリアって要するにそれのちょっと古いヤツってことなんじゃないの？」と我々が思うのは当然で、実際そうした観察はまったく正しいのである。

しかし逆に、まさにそのことこそがこの車のデザインのスゴさを証明している、とも言える。すなわち1946年生まれのこのデザインは近代ほぼすべてのスポーツ・クーペ・デザインの一大元祖・一大家元、ひいては戦後型乗用車デザインの大モトとすら呼んでもよいものなのである。つまりこの車ははじめから多くの車たちの中で目立たなかったわけではなく、この車の後を追いかけこの車を手本とした者があまりにも多く、またそれらがさらに多くの後続に影響を与え、それがまたさらに……ということが長年くり返されていったため、結果的に当大元祖・大家元クンがかえって当たり前に見えるようになってしまった、ということなのである。どうです、これってやはりスゴいことでしょう。

ではこのチシタリアという車、具体的にそれまでの車デザインとどう違ったのか。詳細に述べる余裕はないのでザッといくが、第一にはfull widthということである。フル・ウィズという自動車の形は簡単に言うならフェンダーがボディと一体化したスタイルのことである。ご存知のようにかつて自動車の前後フェンダーはボディ本体からは独立した要素で、その前後の間をランニング・ボードでつないだものも多かった。これに対し、ボディが全幅いっぱいまで

広げられてすべての要素がひとつの箱形の中に一体化した近代的なスタイルがフル・ウィズである。チシタリアは完全なフル・ウィズのボディを持つが、その上に前後フェンダーを軽く暗示するような浅いラインが見られる。これはこのスタイルがまだ新しく、長年見慣れた独立フェンダーが急になくなってしまったことによる人々の違和感を軽減するために故意につけられたものだ。

ただしこれはフル・ウィズがピニン・ファリーナの、或いは今回のチシタリアの発明・創始だという意味ではない。こうしたスタイルの車は1930年代後半からすでにレースカーを中心にボチボチと現われ始めてはいたのである。チシタリアはこの当時最新のトレンドの推進者ということである。

さて、次に挙げたいのはフェンダーとボンネットの位置関係だ。この車、フロント・フェンダーの峰がボンネットよりも高く、ヘッド・ライトがグリルよりも高く位置している。それがどうしたと思われるかもしれないが、それまでの自動車デザインではこの位置関係は逆で、ボンネットの方がフェンダー・ラインより高く左右ヘッド・ライトがグリルより低く配置されることが常識だったのだ。チシタリアはその常識をくつがえして世界で最も早くノーズの低い近代的な自動車の姿を世に紹介した一台であった。これについてはチシタリアが新興メーカーで背の高い「伝統のグリル」を持たなかったこともちろん好都合だったわけだが。

他にもまだまだある。たとえばチシタリアは全高に対するグリーン・ハウスの丈の比率が大きく、ガラス面積が今日の自動車のそれに近い。これ、当時としてはものすごくマドの広い車だったのである、等々……。

しかしである。ただアレが新しいコレも新しいというだけなら実はそれほど大したことではないのだ。さらに言うならデザイナーというのはだいたいどこの会社でも同じ時期には同じようなことを考えるもので、当時ひとりピニン・ファリーナだけが他より何年も先を行くアイデアを開発していたということはまず考えられない。

では、チシタリアのデザインの大影響力はどこから出てきたのか、このデザインの本当の価値とはどういうところにあったのだろうか？　それは単なる「新しさ」ではなく、最新のフィーチャーをことごとく取り入れながらもそのすべてを完全に消化して「戦後型」というひとつの乗用車の「形式」を完成させたところにあるのだ、と僕は考える。

「形式」などと言うと難しく聞こえるかもしれないが、要するに先程も述べた如く当時はフェンダーもヘッド・ライトもやっとこさボディのマスひとつに集約された時代、まだそうしたスタイルが奇異にすら感じられた時代なのである。その「やっとこさ」の時代にこの車にあってはすでに一体化されたあらゆる形の要素が破綻なくチミツにバランスされている。そして、どの面もどの線もがバラバラな主張などせずに統一された造形意図で全車一体の形の強さとなってそれが明快に表現されている。チシタリアはエレガンスと動感が不自然なく両立した品のよい実に美しい車である。戦後、新しいトレンドを発見しつつあった世界中の自動車デザイナーたちはこの車を見て将来の方向性に確信を得たのではないだろうか。「アア、これでイケル！」と、行き先の定かでない道に踏み出そうとしていたところに突然上等な地図を与えられたような気がしたのではないだろうか。「形式を完成させた」とはそういうことで、チシタリアの最大の功績、その影響力の由縁はそこにあったのだと思う。

じゃあ、順序が逆になったがこの車の車名について。チシタリアは完全にハンドメイドの少量生産車で同じ202にも色々なボディ・スタイルがある。そのうち今回のピニン・ファリーナ製クーペのみを指す名称は特にないようだが、"チシタリア202ベルリネッタ・グラン・スポーツ"と言えばだいたいこの車のことを指すようである。

先程チシタリアは中身はたいしたことないように書いたが、これは半分はそのとおりだが半分はそうでもない。チシタリアというメーカーの究極目的はグランプリ・レース界への進出にあり、当時のフェルディナンド・ポルシェの設計事務所がそのマシーン開発に参与していた。202のスペースフレームのシャシーはそのグランプリ・マシーンの流れを汲むものとも言われ、つまりこの車の中身のそうした部分はたいしたものなのである。しかし一方エンジンや足まわりはフィアット1100のそれを流用しており、つまりそちらの部分はあまりたいしたことないと言える。

少量生産のチシタリア202は恐ろしく高価な車で、価格は当時ジャガーXK120のおよそ倍だったという。今回のピニン・ファリーナのクーペの生産台数は諸説あるが170台ぐらいらしい。戦争直後の混乱の焼跡世界で無名の小メーカーが170台だけ作った車を何人の人が知っていたというのだろう。しかしこの170台は見過ごされることなく結局その後何十年もの自動車形態の発展に大影響を与えることとなった。よいデザインは土を掘りおこしてでも皆が発見してくれる。ただしその一方では何百万台も造られ世界中の人間が毎日何十回も目にする上に雑誌・TVで大宣伝されても誰に何の影響も与えないデザインもある。

BENTLEY R TYPE CONTINENTAL

第二次世界大戦後、ロールス・ロイスとベントレーが事実上同形車両となった直後、ベントレーRタイプ・サルーンをベースにH.J.ミュリナーがデザインとコーチワークを行なった高性能2ドアクーペ。1952年から55年にかけて208台が生産された。エンジンのパワーはこの当時から「必要にして充分」と称されていた。
全長：5249mm、全幅：1817mm、全高：1600mm、ホイールベース：2540mm。水冷直列6気筒。4566cc。縦置きフロントエンジン-リアドライブ。サスペンション：独立 ダブルウィッシュボーン（前）／固定 リーフ・リジッド（後）。

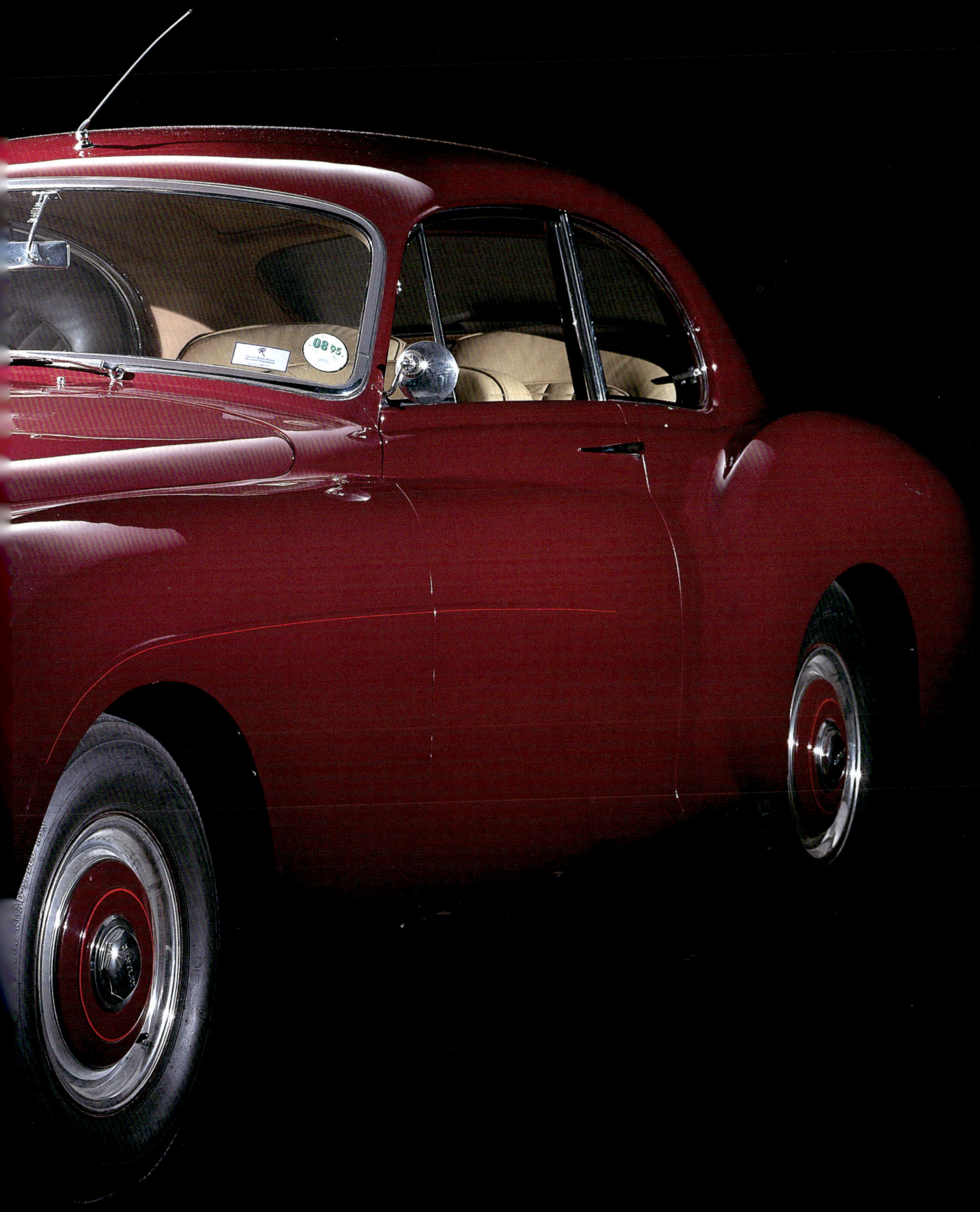

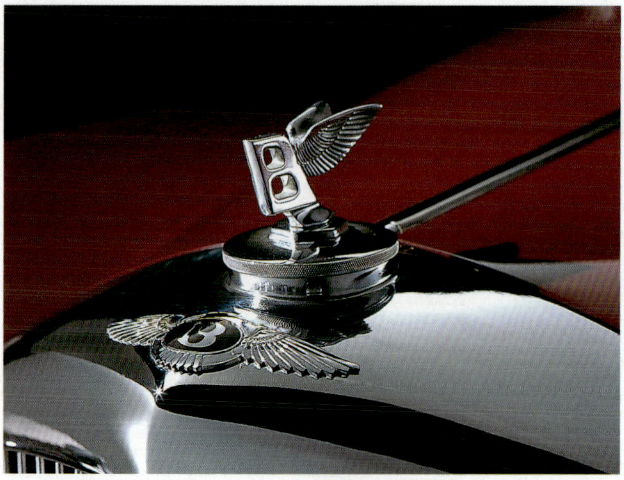

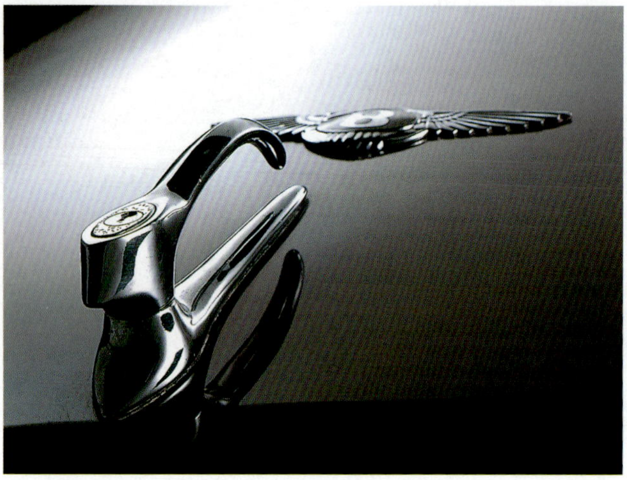

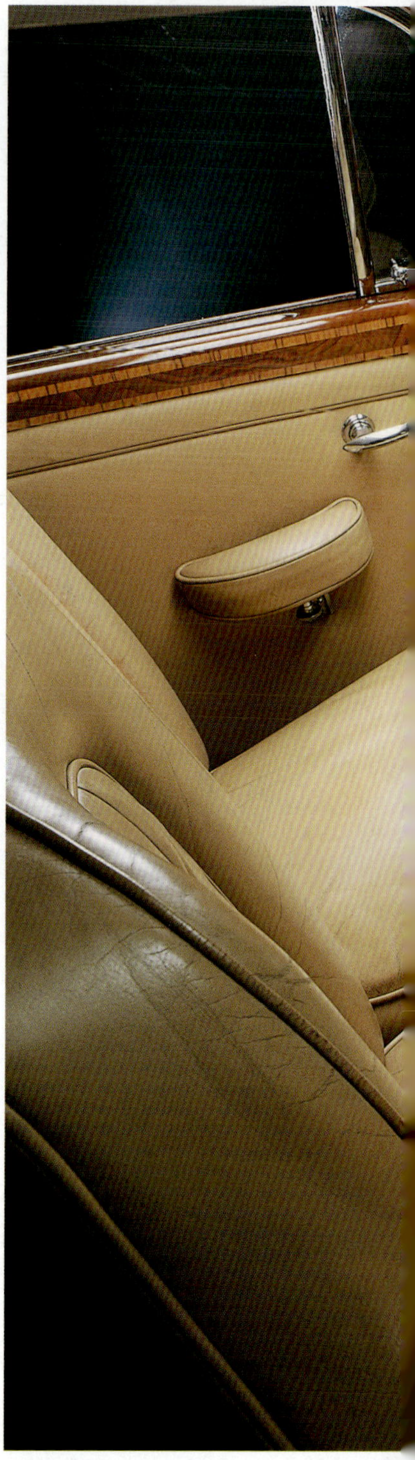

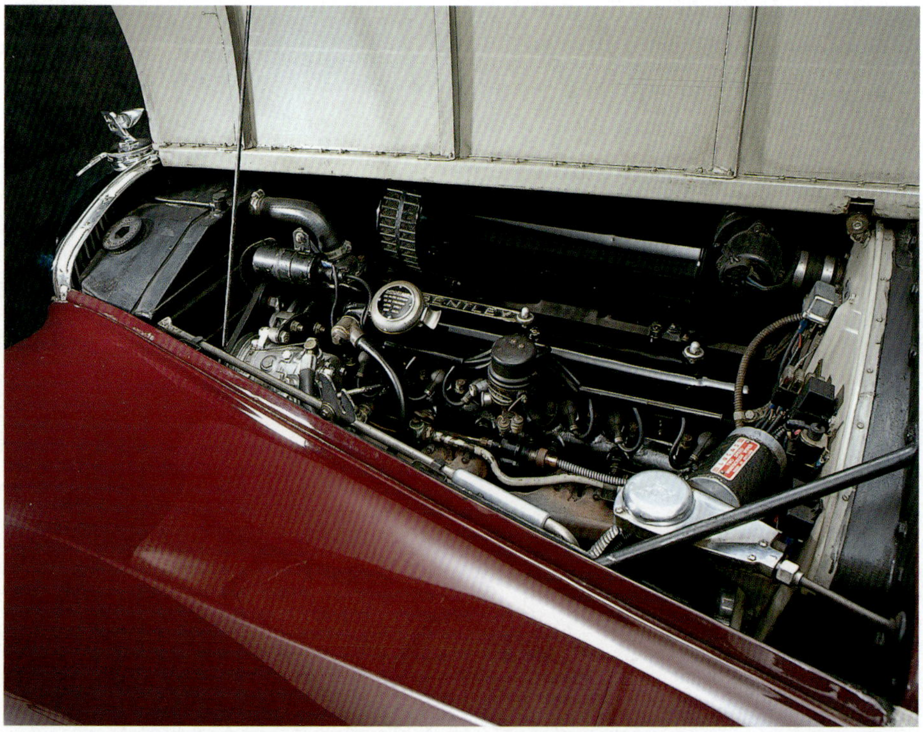

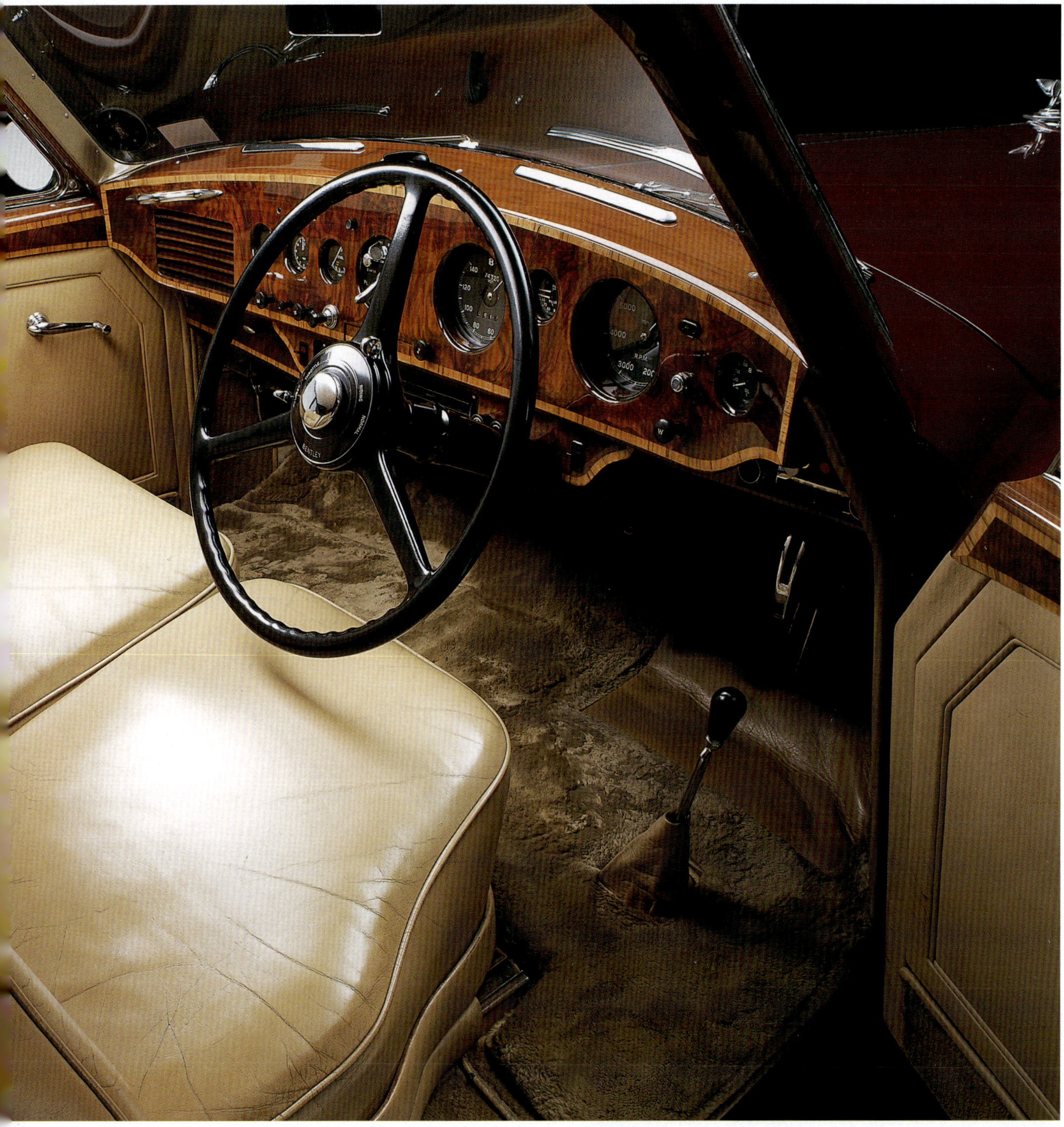

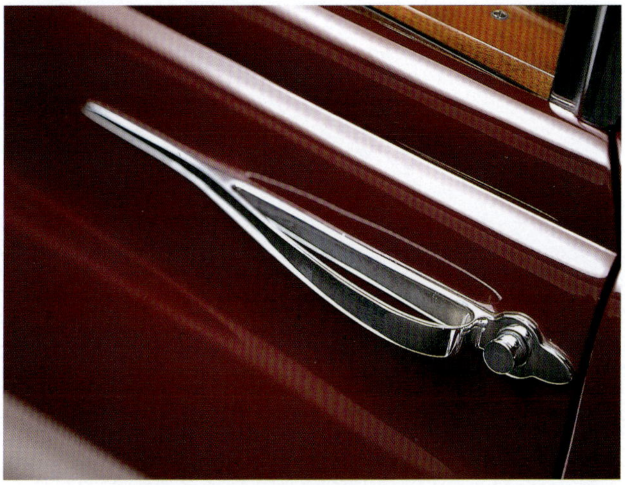

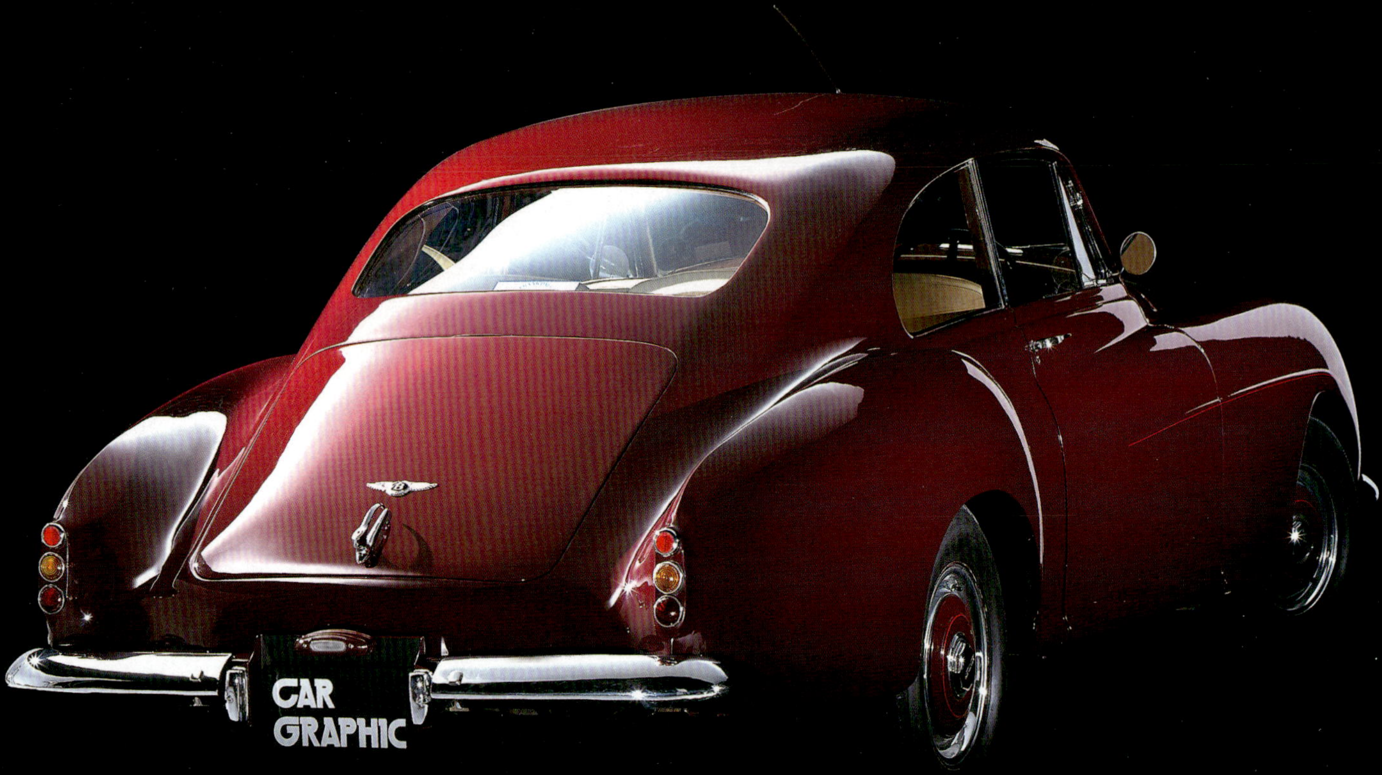
CAR
GRAPHIC

■道の種類について

「ドイツの道路」と聞いて世の人々がまず頭に浮かべるのはこの国の"アウトバーン"のことだろう。アウトバーンとは自動車専用道路、高速道路を意味するドイツ語だが、これほど外国でよく知られたドイツ単語は他に多くはありゃしない。

さらに自動車好きの人々の中には「アウトバーンはドイツ高性能車の生まれ故郷・聖地」といった特別な思い入れを抱く人も多いようだが、ここまでアウトバーンがよく知られ特別視されるようになった大きな理由がこの道路の「速さ」にあることは間違いない。そう、アウトバーンが「速度無制限」の道路であることは世界的に有名な事実である。実際には多くの路線に速度制限が設けられてはいるものの、区間によって或いは時間によって制限解除となれば200km/h出そうがマッハ1でパトカーを追い抜こうがそれはアウトバーンでは違反ではない。

それで僕もドイツ生活初心者の頃はこの「速度無制限」が珍しく「コノ車は最高何キロ出るのかな?」的運転も時々したものだ。ちなみに僕のアウトバーン速度記録は某車で出したメーター読み290km/h強だが、当然のこととして大部分のヒトビトはそんなに飛ばしているわけではなく、実際のこの道路の流れの速さはスピード・リミットのある近隣の欧州諸国のそれと大差ない。

さて、「オレなんか○○キロも出しちゃったんだから」的段階を卒業するとアウトバーンという道路の持つもっと本質的な大きな価値が理解されてくる。それは「この道路が生活上至極有用で効率のよい道である」という、当たり前と言えば当たり前の価値のことなのだが、アウトバーンはドイツの生活上ホントーになくてはならない道なのである。アウトバーン網はドイツの国中に発達しており、どこの街へ行くにもたいてい利用できる。ドイツは日本のように一極集中型ではなく全土に中都市が散らばった国だからこれが必要となる。急いでいる時には速く走る自由があるし、万一シリアスな事故が起きた時にも救急ヘリコプターが全国どこにでも何分以内とか(忘れたが)で飛んでくる。それで全線無料なのである。それでドイツではどこに行くにも大抵「クルマで、アウトバーンで」というのが最も便利な交通手段となるわけである。

ところでアウトバーンをおりて「下の道」に入るとドイツの道路ってどうなっているのだろう。実はこの国では国道・イナカ道など一般道の方も結構スゴいものなのである。すなわち一般道には速度制限があるものの、そのリミットというのが全国一律基本的に100km/hなのである。つまり森の中、畑の中の片側一車線のイナカ道なんかでも何の標識もなければドイツでは時速100キロまで出して構わない。

実は今から20年ほど前まではこの国では一般道にも速度制限がなかったのである。でも「やっとできた制限速度が100km/hだった」という方が余計にこの国のクルマの速さを連想させないか。ただしこれもスピード制限の標示のあるところではもちろんそれに従わなくてはならないのと、あと市・町・村の境界(やはり標識がある)の内側では基本的に50km/hが制限速度なのでお気をつけください。

さて、アウトバーンと一般道、ドイツの道路に共通して言えると思うのは先程も述べた「利便性」ということである。言葉をかえればドイツの道路が「効率追求型」であるということでもある。そのためにフツーのオトーさんオカーさんでも、別にアラン・プロストとかツカハラ・ヒサシのような人でなくてもその高効率を平等に享受できるようにドイツの道路は造られ、整備されているわけだ。道路民主主義ですねねこれは。

民主主義と言えばドイツでは納得のできない速度制限を設けることなど生活権の侵害として誰も容認しないし、またボロボロのガードレールとか錆びた交通標識の存在なども彼等は許さない。かと言って税金をあげることはもっともっと容認されないが、ともかくドイツでは道路とは効率よく安全な交通手段を提供するためのもの。明快である。車を運転する者として、また納税者のひとりとして「道」にこれ以外に望むべき何かがあろうか?……ところが。そんなドイツの道路に慣れて国境を越えると同じヨーロッパ内でも微妙に雰囲気が変わる……。

英国でそのことにはじめて気づいたのはかのストーンヘンジを見に行った時のことだった。古代巨石文明の遺跡として知られるストーンヘンジはロンドンの南西百数十kmの距離にある。イナカである。高速道路をおりてイナカ道をさらに何十分か走ってゆく。

「絵に描いたような」という形容は英国の田舎を見た人が考え出した言い方ではないか。そのあたりも何百年来そのままに立つ農家がポッポッと点在する緑の平野が視野一面に続くばかり。それは初夏の日の午後であったが、まぁ走っていて気持ち良くてたまらない。とてもリラックス。車までいかにも楽々走っているように感じられる。やがて遥かな野原のかなたにあの巨石建造物が見えてきた。でもストーンヘンジは観光資源でもあり、そこには駐車場もあるし巨石をそばで見るには入場料も払う。で、ともかくもこれを見学し終える。

しかしその後もすぐには帰る気にならず、今度は目的もなしに今までとは違う方向にイナカ道を走ってみる。ああ、やっぱり気持ちいい。うーんリラックス。……ちょっと待て。何か変じゃないの?というか何でこんなやたらに気持ちがいいんだ?と、ワタクシここでやっと気づいたのです。気分がいいのはたしかに風景や天気のせいでもあるのだがそれだけではない。どうやら「道路」のせいでもあるこ

とに気がついたのです。

　注意してみるとその道というのはなにかとても自然な感覚の道だった。それはA地点とB地点の間に定規をあててそこにアスファルトをピタリ敷きつめたというような人為的・計画的な印象の道路ではなく、地形が盛りあがれば道も上るし凹めば下がる、盛りあがりが大きすぎるようなら適当に迂回し木が立っていればそれもゆるやかによけていく、そんな道だった。

　どんな国の道だって道ってのは基本的にそういうものには違いないのだが、英国のイナカ道はいかにも地面のリズムに合わせるようにうねっている。その全然ガンバらない地面まかせがやはり自然の産物であるところの人間の持つ体内リズム感覚と同調するのか、まるで自分の呼吸に合わせて道がうねってる如くに錯覚されるような、とても運転していて溶け込める感じの道路だったのである。

　真っすぐの道よりもさらにストレスの少ない道があったんだな、とその時僕は思った。真っすぐの道とはただ目的地に早く到達するための道、つまり効率追求型の道という意味である。ドイツの道はすべて真っすぐ、であるわけはないが、英国のイナカ道を走るとたしかにドイツ型とはとても対照的な「道の良さ」というものを感じずにはおれない。もっともストーンヘンジの辺って言やよくミステリー・サークルとか現われるあたりだからな。あれはなんかヘンテコなエネルギーが降りそそいでハイにさせられてただけなのかもしれんけどな。

■印象派対分析派

　んなわけでベントレーRタイプ・コンチネンタルである。戦争以降今日までに英国でつくられた車の中で間違いなくベスト・ルッキング・カーの一台であると思う。Rタイプというのは1946年発表のベントレー・マークVIの後ガマとしてそのリア・オーバーハングをストレッチして52年に世に送り出されたモデル。その2ドア・クーペ版が今回のコンチネンタルということになる。

　さて今回の出演車のような外観のクルマを見たらヒトはどんな風にそれを他人に伝えるものなのだろう。「美しい車。優雅なサイド・ビュー。絹のドレスを引きずるようなリア。高級感に満ちた伝統的フロント・エンド……」クルマを鑑賞してこんな具合にその印象を語り合えばそりゃもう一台で何度も楽しめるってものである。いやただ「この車カッコイイ！」とこれだけだってもちろんよい。

　ところがデザイナーというヒトビトはカッコイイ車はたしかに「カッコイイ」ととりあえず喜びはするのだが、どうもそれだけではおさまりがつかない。そこから商売柄、どうしても考えてしまうのである。つまり、「コノ形はどういうマスをどのように組み合わせてできているのか。線の流れは、面の曲率は、コーナーのつなぎ方は、はたまたクロームの入り方はどうなってるのか等々」、そういったことを頼まれもしないのに分析してしまう。

　これは料理人がどこかの料理を食べて「ワー、オイチイ」と喜ぶだけではゼッタイ済まずに「これはどんな材料をどう組み合わせてどのように火を通してあるのか。はたまたスパイスは……？」と舌の上で分析科学してしまう（に違いない）のと同じことだ。どちらもせっかくの嬉しい興奮に自ら水を差してしまうに等しいことなのだが、冷静に分析もできずに喜んでばかりじゃ、デザインもおそらく料理も自分でやることなどできやしない。

　それで、ここで改めてベントレーRタイプ・コンチネンタルである。佳き車。美しき車。優雅にして華麗。まことにそう思うのである。そのことに実に感じ入る次第である。しかしそれはそれとして。ここで今の分析的なるサメた目の方をスイッチONにして眺めるとどういうことがわかるか？

　エート、前回の当「ザンゾー」の出演車は何でしたっけ。そうピニン・ファリーナ・ボディのチシタリア202ベルリネッタだったんですね。それでワタクシは「チシタリアこそは多くの後続にデザイン上、多大な影響をもたらした車デアル」といったことを書いたわけですが、いやあさっそく来ましたね。すなわちこのRタイプ・コンチネンタルなんて車はまさにチシタリアの影響を大きくこうむった車の一台なのである。サイド・ビューの構成やグリーン・ハウスなどは両者ほとんど同じと言ってよいぐらいのものです。

　と、しかしそんなことを言うと「意外！」と思う人もいるかもしれない。ベントレーとチシタリアじゃ「ちっとも似てない」と言いたい人も多いかもしれない。実は何を隠さん、CG編集部の方もそうだったのです。編集部から電話で「次の車はベントレーRタイプ・コンチネンタルです」と告げられたのは1ヵ月前、ちょうど当方チシタリアの巻を書いている最中のことだった。それで僕はその時反射的に「じゃあ2回続けてほとんど同じデザインの車ですね」と、そう言ってしまった。で、相手の「そうですね」という同意の声が聞こえてくると思いきや「エッ、そうですか？ 似てますかね」とトテモ意外なコトを聞いたという様子のオドロキの声。

　でも考えればそれも当然のことだったのである。チシタリアとベントレーではたしかに全然「感じ」の異なる自動車である。線や面が物理的にどう構成されてようと、印象からいえばこの両者はどうにも結びつかない。この場合の「印象」というのは純粋に見た目だけからくるものだけではないだろう。チシタリアはフィアット1100のエンジンを使ったレースにも出られるイタリアン軽量スポーツカー。一方のベントレーは4.6ℓの重量級。エゲレスの金持ちがラジオから流れる楽の音を聞きながら空中浮遊するための豪華ラウンジ。車の性格としてこれは両極端に近く、両車の

間には大きなギャップがある。すなわちそんな知識があればあるほどに両者はイメージ的にますます結びつかなくなるのに違いない。

しかし先述の如くのデザイナーの分析科学的サメた目で見るならやっぱりコンカイの車とゼンカイの車とは基本的に極めて近い形の車と言わざるを得ないのである。具体的に、Rタイプ・コンチネンタルがチシタリアと似ているのは、まずは全体のシルエットが共にトランクのノッチのまったくないフル・ファストバックであるところ。前後のフェンダーがfull widthのボディに一体化されつつもその存在が浅いレリーフで暗示されていること。そのフェンダーが下降していくさま。ボリュームをもったリア・フェンダーがうしろにゆくにしたがってフィン状に変化していくところ。しかし中でも一番似てるなァと思わされるのはグリーン・ハウス。ベントレーのグリーン・ハウスはその全体形も、またうしろでビーンズ形に丸く終わるサイド・グラスのオープニング・ラインもチシタリアによく似ている。

ただし今挙げたようなデザイン・フィーチャーは当時ひとつの定形として定着していたもので、そのトレンドに乗った車は他にも数多く存在した。ベントレーだけが特にチシタリアの影響をうけたということではない。でもこの両者が似てるかどうかと問われたらそれはやっぱり「相当よく似ている」としか僕には言いようがない。

では今度は逆に、これだけ同じアーキテクチャーを共有しながらなぜ多くの人の目にベントレーとチシタリアは全然違った車に見えるのか、である。ひとつには先程の自動車としてのイメージの違いのことがあるがもちろんそれだけではない。やはり両者は明らかに視覚的印象のまったく異なる車なのだ。でもその違いとは物理的にはごくわずかな差なのである。先に挙げた二者の共通点に比べれば本当、最後の味付けの違いといった程度のことである。それはたとえば両者のシルエットは共にフル・ファストバックではあるがベントレーの方がちょっとだけ流線形指向が強いこととか、ドアやリア・フェンダーの面の丸みが若干強いこと、リアのオーバーハングが比率的に長いこと等々である。

ところがその各々何センチずつといったわずかな違いが組み合わさるとまったく異なる印象の車ができあがる。その効果はとても大きく、何よりもこの程度のことで完全イタリアン・スタイルだった車が非常に趣の異なる英国調デザインに姿を変えてしまうのだから面白い。そう、さらにそこにベントレーのグリルを付けてリアのホイール・オープニングにスパッツを被せると、もう衣摺れの音の聞こえるようなエレガントな英国高級調の空気はますます動かし難く純然たるものとなる。もうこれではこの車がチシタリアと似た者同士と言ってもマサカと思われてしまうのは無理もない。

これはまあクイモノで言やギョーザとラビオリみたいなもんでしょうね。ギョーザとラビオリはサメて考えればほとんど同じようなものなのだが、ちょいとした味付けの差でまったく印象の異なる食い物となっている。そしてこの両者をごっちゃにする人というのは現実にはひとりもいない。でもイタリア産のチシタリアをラビオリとすれば、ベントレーはギョーザってことなるな。ウムちょっとギョーザはひどいか。

世のヒトビトは自動車を見てそれを他人に伝えるとき「カッコイイ車」「カワイイ車」「ダサイ車」「アグリーな車」といった風に表現する。つまり車のデザインを語ることとは形容詞を使って見た目の「印象」を語ることなのである。「印象」ではなくて物理的事実を述べるのなら「今日見た車のドア面の曲率は900Rだった」とか「あれはバンパー上12cmにヘッドライトがある車だ」みたいなことになるが、そんな風に自動車を語る人はまずいないし、こんなことを喋り合ってもひとつも面白くない。

しかしつくる側にとってのデザインというのはそんな形容詞ナシのあくまで具体的なサメた世界なのである。つまりデザイナーがモデラーさんに指示するときは「ココをあと10mm低くして」とか「ソコは500Rのテンプレートを水平にドラッグして」という風に具体的に言わなくてはいけない。「すごーくカッコよくしといてください」とそれだけ言って本当にそうなるなら仕事も楽なのだが。「でもどうやって？」ということになると話は至極具体的にならざるを得ない。しかもベントレーとチシタリアの例に見るように線や面というのは何センチか動かしただけでモノの印象を大きく変えてしまう。だから機械のように冷静客観的にモノを見れなくてはイケナイノダ！ 僕が方眼入りのコンタクト・レンズをはめて生活するようになったのはそういうわけなのです。と言って信じる人はいないでしょうから安心ですが。

英国にはストーンヘンジ周辺以外にも気持ちのよい道がいっぱいあった。この国でイナカ道のさらに脇道を走ってると道路の真ん中を柵が横切っているのに出くわすことがある。しまった、知らない間に誰かの私道にでも入ったか？ いや、どうもそうとは思えない。でも先には進めない。ひき返すか。いいえ、そういう時は車から降りて自分で柵を開けて車を進め、再び降りて柵を閉めたら先に進んでいってよいのです。なんじゃこれは。そういうところは羊がよく道に出てくる場所なのです。その羊たちがどこかへ行ってしまわないよう公道にいきなり柵がしてあるわけです。ああなんとよい道であろうか！ 僕は英国のイナカを愛す。

RENAULT 8 GORDINI

ルノーの第二次世界大戦後の急速な復興の源となったルノー4CVは、1960年代初頭にFWD小型車である4にとって代わられたが、その一方で上級モデルにはリアエンジン・レイアウトを受け継がせることにした。その結果生まれたのが8である。写真のモデルは本来ファミリーセダンであるR8をベースとしてツーリングカーレース／ラリー用にモディファイしたR8ゴルディーニ1300である。

全長：3995mm、全幅：1490mm、全高：1350mm、ホイールベース：2270mm。水冷直列4気筒。1255cc、103ps／5500rpm、11.9mkg／5000rpm。縦置きリアエンジン-リアドライブ。サスペンション：独立 ダブルウィッシュボーン（前）／独立 スウィングアクスル＋トレーリングアーム（後）。

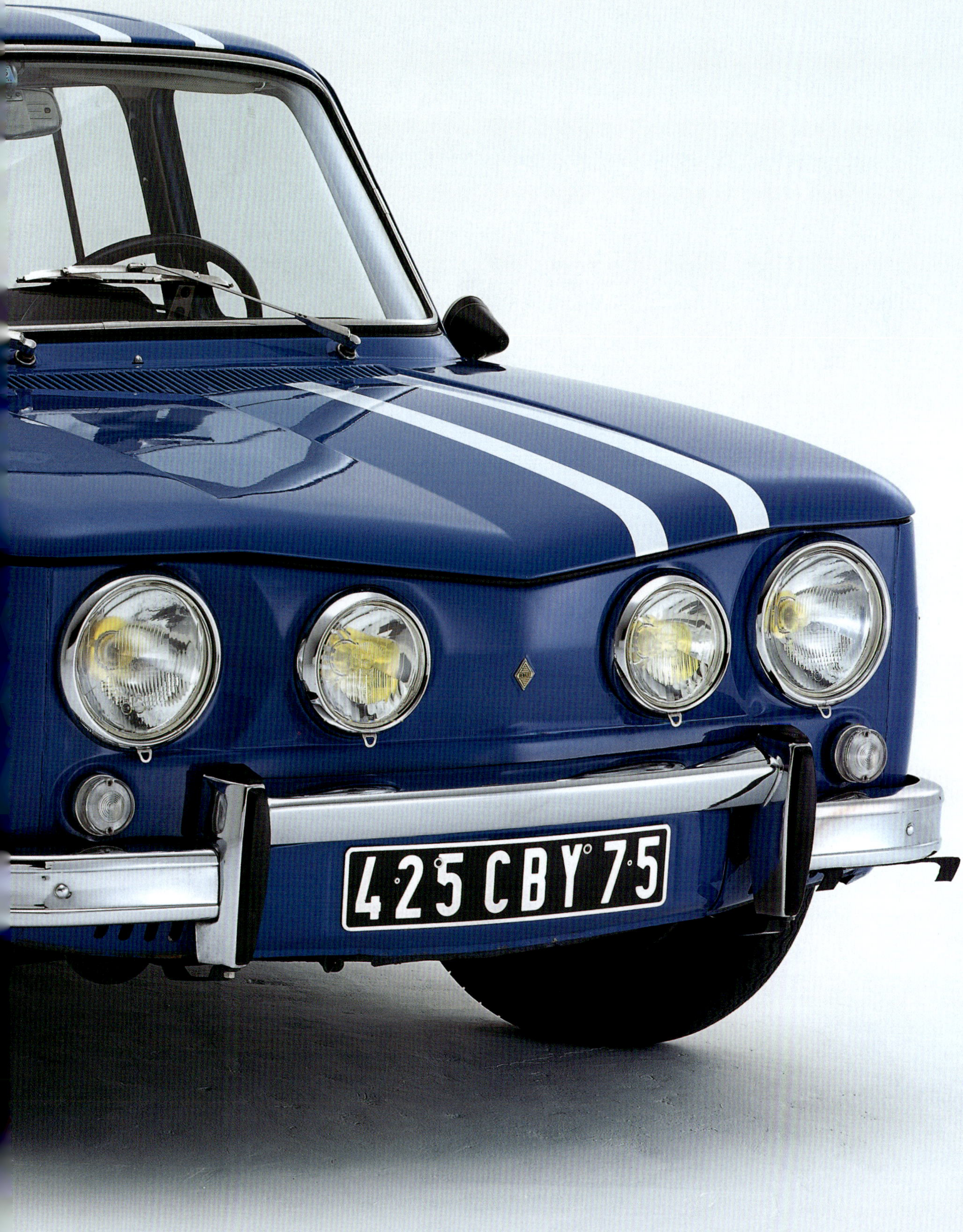
425 CBY 75

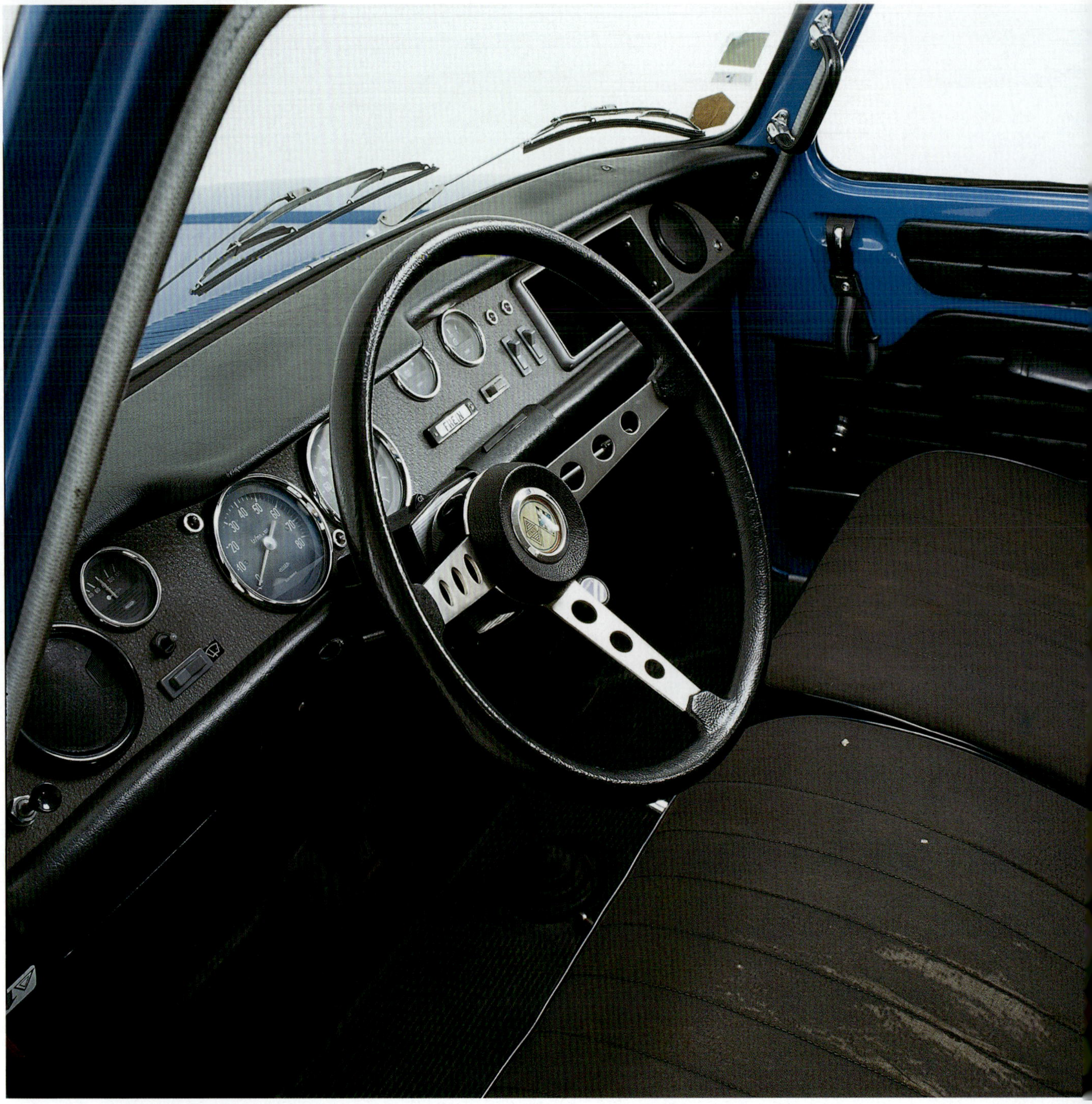

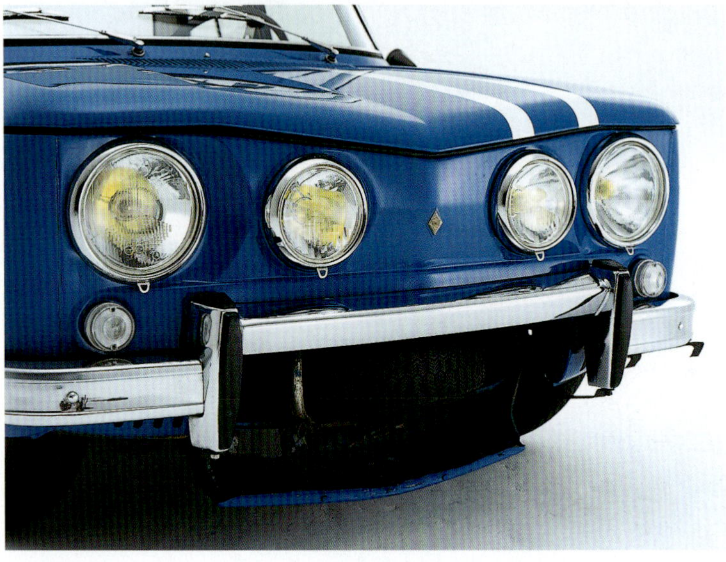

199

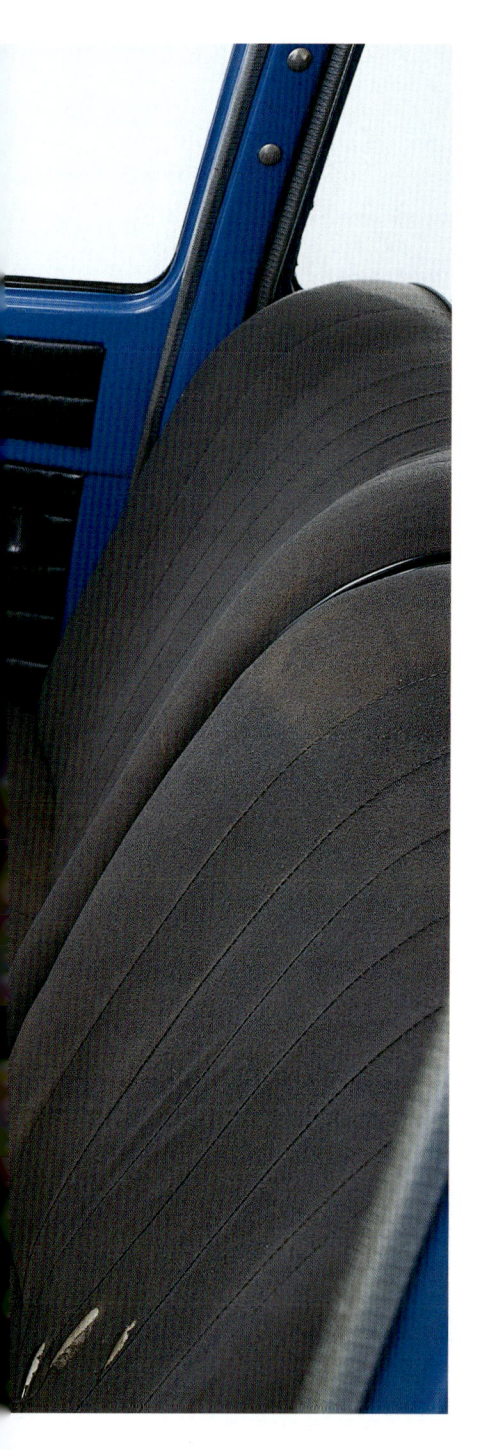

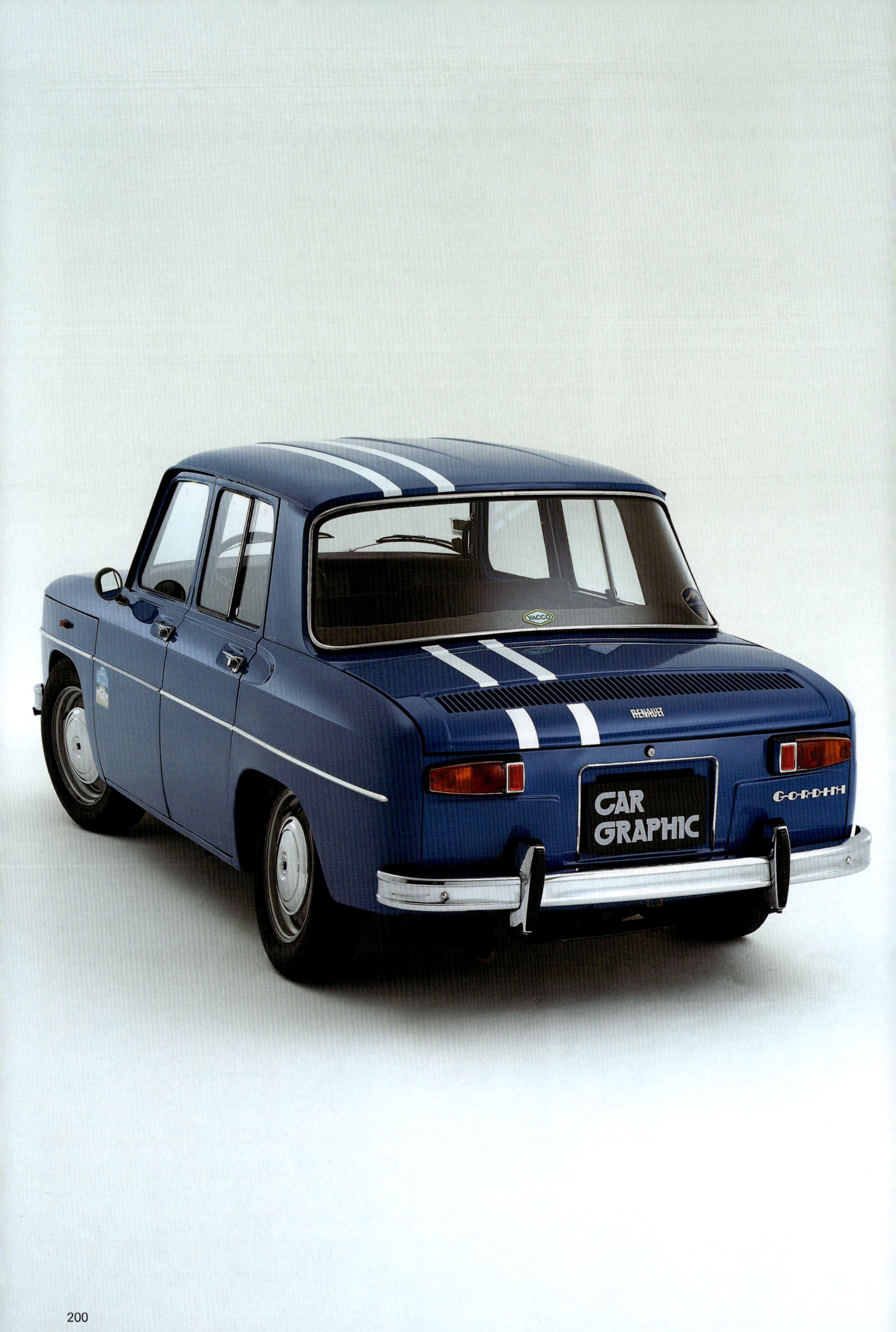
YACCO
RENAULT
GORDINI
CAR
GRAPHIC

■ペースト状の勝負

　コンカイはルノー8ゴルディーニです。まあ本当に編集部は毎度毎度色んな車をとっ捕まえてくるものです。でも結構大変そうです。今日びの日本、古い車の集まりなんかもしょっちゅうどこかで行なわれているし、1ヵ月に1台このコーナーに使うクルマを引っ張ってくるぐらい苦労はなかろうと思ったら大間違い。実際にこうして一台一台昔の「名車」を見つけ出してそれを撮影するというのはCGの威力をもってしても並大抵のシゴトではないようである。

　また車のチョイスもあるようでいて実のところはとても限られている。というか、現在ワガ国に生息する昔の車は車種の分類から言うならちょっと極端なものばかりが多いのである。どういうことかというと、今日びのジャパンでは「昔の名車」なるもの、特殊な車、珍しい車、エクスクルーシブな車はわりと見つかるが、逆に何十万台何百万台とつくられたような車は実はごく少ないのである。

　古い名車などというものは多かれ少なかれ愛好家のコレクション品であるからただの大衆車よりもマニアックな車の方が中心となるのは当然と言えば当然なのだが、しかしミナサマ、そもそもこの「ザンゾー」に登場する車というのはどういう車が望ましいと思われるか。車種の如何にかかわらず撮影に耐えられるだけの良好な状態の車であることは最低条件だが、それに加えてワタクシとしてはデザインを語るにはなるべく「素」の車の方が都合がよいのである。

　「素」の車とは、たとえば後付けのフェンダー・フレアとかスポイラーとか付いた車だと本来の形がわかりにくいでしょう。バンパーなど元々あったものを外されるのも困る。つまりデザイナーの造形意図が最もストレートに伝わるという意味では、ホイールも替えていないような「素」のスタンダード版に勝るものはないのである。

　で、この例で言うなら、ホントーは当方としてはルノー8ゴルディーニよりは「素」の、普通のルノー8の方が造形関係の説明はずっとしやすい。R8ゴルディーニというのは言うならばスタンダードなR8の改造車みたいなものだからである。デザイナーの意図はスタンダード版の方にはるかによく表われていると言わざるを得ない。

　しかしそんなゼイタクは言ってられない。先述の如く、ワガ国に存在する昔の自動車の大半は車種的にヒジョーに片寄っているのである。R8ゴルディーニというのは生産台数から言ったらフツー版ルノー8何百台に対して一台というぐらいの特殊バージョンだったのだ。でもだからこそ今日ジャパンではそれは捜せば割と見つかるが、一方ルノー8というのはもうもう発見至極困難なのである。ちなみにこれまで当「ザンゾー」に登場した車のうち、程度のよいものを見つけるのが最も難しかったのはルノー5とアルファスッドであったという。どっちもこの前までそこらじゅう走ってたのにな。いや、いくらでも走っていたからこそ今では見つけるのが難しいということだ。マ、何にせよ「ザンゾー」の出演車はあまり計画だてて選ばれているわけではない。先々まで計画をたてられるほど豊富な車のチョイスはどちらにしてもないわけで、車種の決定は月々の成り行きにおおいに左右されている。

　ところがだ。どうもこんな成り行きまかせで決まる主演車にルノー系が多いように思われるのは気のせいだろうか。なんか、ついこの前もアルピーヌA106が出たしな。ルノー系は見つけやすいのだろうか。ということは、日本にはルノーのファンが多いということなのだろうか。このへんよくはわからないが、ルノーのことなら僕は人の知らないウチワのことも多少は知っている。ちょいとそれでは、ここでルノー・デザイン関連の話でも書こうか。

　何度も書いたことだが、1980年代の後半、僕はルノーで働いていた。オジサン的にはそれがそんなに昔のことだったようには思えないのだが、その頃と今ではルノーのデザイン部門はずいぶん変わった。すなわちルノー・デザインは当時と現在ではその所在地も違うし、いまやだいぶ近代化・国際化され、規模も大きくなった。

　しかしそういう変化はそれはそれとして、一介のデザイナーとして日常の「作品づくり」に直接影響を及ぼす技術的なことで言うなら、モデルづくりの素材が変わったことなどは非常に大きな変化と言える。すなわちルノーは今でこそ世界の他の多くの車メーカーと同様にクレイを用いてデザイン用のモデルを作っているが、僕のいた頃はまだそうしたモデル群は石膏を使って製作されていた。石膏モデリングはヨーロッパ自動車界の非常に古いメソッドである。勿論実際にモデルの製作作業に携わるのは専門のモデラーの人たちで、デザイナーというのはその傍らに立って指示を与える立場にある。だから素材が何であろうとデザイナーのすることは変わらないようなものなのだが、実際にはやはりそうカンタンなものでもなく、こちらもおおいに思考パターンを変える必要があったのである。

　少々テクニカルな話題になるが、クレイ・モデルと石膏モデルの製作プロセスの違いをひと言で言うなら「線と面の順序が逆」ということなのである。ナンノコッチャ？　説明すると、クレイ・モデルというのはまずは「面」から作り、そこに後から「線」を加えていくのが原則なのである。たとえばプレスラインが入ったドアをモデルしようというときにはまずテンプレートをドラッグして大きく面をつくり、さらにハイライトを調整してしかるのちにその面の上にラインを入れていくのが基本的な手順となる。

　ちなみにクレイの面にどうやってラインを入れるかというと、クレイ・モデリング専用の粘着テープなるものがあるのである。そのテープを引っ張って成形された面の上の

しかるべき位置にしかるべきカーブ（直線でもよいが）を描くわけだ。この際にテープを引っ張るのがデザイナーの役目、それに合わせてまたクレイを削っていくのがモデラーの役目ということになる。

　さてこうしたクレイ・モデリングに対して石膏モデリングではまず「線」の方から先にキメてゆき、その後で面をつくる。ドーヤッテ？　石膏というのはご存知のようにパウダー状で売られているがこれを適量水に溶かし攪拌して放っておくとやがて固まって石のようにカチカチになる。ところがこの液状が固まりはじめて石のようになるまでの間にほんの2〜3分だが「ペースト状」の時間があるのである。

　で、先程のドア状のプレスラインだが、まずはこのペースト状態の石膏をモデルのサイドサーフェスとなるべき部分に手早くペタペタと塗りつける。少し経ってそれが固まったら木やプラスチックの長い板状のツールを用いて幅のせまい帯状の面を全長に成形する。さてこの帯の上に正確なきれいなラインを入れるのがデザイナーの役目となるのだが、今度は例の粘着テープは使えません。石膏モデルにはラインは鉛筆で入れるのだ。エンピツで、先程の長い板状のツールをしならせて定規のように用いれば長いカーブでもまずまずきれいに入れることができる。

　話は少し逸れるが、この時に使うエンピツってのがスゴいもので、ルノーでは芯が6〜7mmもありそうな極太の青エンピツの先をさらに丸くして使っていた。実は僕はルノーの他にもイタリアのモデル・メーカーでシゴトをしたことがあるが、どういうものかこちらでも同じ超極太の青エンピツが使われていた。とにかくあまりに先っちょがブっといので正確なラインなど引けやしなのだが、ナーニ、仏・伊の2ヵ国でシゴトするときにゃ何にせよあまり細かいことは気にしない方がいいんである。

　さて話を戻して、帯状の上になんとかラインを引いたら、その次に位置すべきラインあるいはヘリを同様に作って同様に青エンピツで線を引いて決める。ふたつの帯状面の上に線が引かれました。するとモデラーはノミを使って青エンピツのラインのところまでキッチリと両帯を削り取る。これで2本のラインができました。でもドア面はまだない。そこで次に先程よりも大量の石膏を水に溶き、ペースト状になったところで今できた2本のラインをレールのように使って好みの曲率のスイープをそこに走らせれば、どうです、アッと言う間にきれいな面ができてしまうではないですか。

　とま、以上はごくベーシックなサワリではあったが、石膏モデルではこんな具合にクレイとは逆にまず線やヘリをキメてしかる後に面をつくる。「線と面の順序が違う」とはこういうことで、当然デザイナーもそれに応じてアトサキを逆に考えなくてはなりません。「後悔先に立たず」という格言は時としてどちらにもあてはまりましょうが、先に悔やんでは後悔になりません。ウーム、何を言っているんだ？

■主に「顔」の話

　さて改めて、ルノー8ゴルディーニである。"ス"のルノー8の「改造車」である。両者のデザイン状の違いは主にフロント・エンドにあるが、そのことについてはあとで述べる。ルノー8"ス"の発表は1962年。同車はその時代における典型的なリア・エンジン小型大衆車だった。

　思えばこの時代というのは今日までの百ウン十年に及ぶ自動車史の中でもリア・エンジンという駆動レイアウトが最高に猛威をふるった時代であった。VWを筆頭にルノー各車、フィアットの各車、シボレー・コーヴェア、シムカ1000、NSUプリンツ等をはじめとして日本の軽自動車群に至る数多くのリア・エンジン車がその時代の世界には存在した。ところが1960年代も終わりに近くなるとリア・エンジン車は急速に消滅に向かい、代わって前輪駆動車が小型車世界の主流を占めるようになってゆく。ただ、ルノーにあって面白いのはリア・エンジンのR8のデビューが同社初の前輪駆動ハッチバック車、あのルノー4よりも後だったことだ。今日から考えればこれは技術的退歩だったようにも思えるが、小型大衆車におけるリア・エンジンと前輪駆動の得失はもともと非常に拮抗したものなのだろう。

　しかしデザイナーの立場から言うならこの両者はだいぶ違う。とにかくリア・エンジン車のデザインというのは他のどんな駆動形式の車よりもずっと難しいはず、と自分でやったことはまだないのだが、それがヒジョーなる難物であることは容易に想像がつく。何たってリア・エンジン車というのは一番カサ張る背の高いエンジンという物体が車の最後端に配置されているからそう呼ばれるわけである。そんなものサイド・ビューのバランスがとりやすいわけがない。通常なら比較的造形的自由度の大きなトランク部分がこれではちっとも自由にならないしリアのオーバーハングも必然的に長くなりすぎる。ああ困ったもんじゃ。

　しかしリア・エンジンでそれよりもっと大問題なのはラジエター・グリルがフロントに存在しないことである。フロントにグリルがないとツラが間のびする。マノビの好きな人はあまりいない。いや、でもそんなことはこの問題に関するまだまだ初歩の段階なのである。すなわち車の正面を飾るラジエター・グリルというのはマノビをふせぐだけでなくデザイン上その車の「性格づけ、キャラづくり」といったことに大きな役割を果たしているのである。そのことはロールス・ロイスやアルファ・ロメオのフロントを思い出せば容易に理解されようが、別にあそこまでいかなくとも高級車を高級らしく、スポーツ車をスポーティにとデザイン的に性格づけるためにフロント・グリルの意匠は極めて有効な働きをする。

またそれに関連してさらに言うなら、グリルというのは自動車造形の「ストーリー性」ともとても深く関わっている。そう、デザイナー的見方をするなら自動車のボディというのはフロント〜サイド〜リアと連続して語られるひとつのストーリーなのである。平穏無事なところもあればドラマもあり、そしてクライマックスがある。デザイナーはクライマックスを盛り上げたいために周到にカタチを構成し伏線を張りめぐらせたりもする。ところが多くの場合、ストーリーのクライマックスを担うことになるのが他ならぬフロント・エンドなのである。やはりフロント・エンドこそは体全体の中の顔にあたる部分であり、ここにクライマックスをもっていきたくなるのは自然なことだ。

　しかるにである。リア・エンジン車というのはそんな「顔」の真中央にくるべきグリルという要素がスッポリ抜けているのだからこりゃシマらない。これではストーリーがストーリーにならないではないか。リア・エンジン盛んなりし時代のデザイナー諸氏はいったいこの問題をどう解決していたのでしょう？　いや、やはり解決策など容易には見つからなかったのだ。だから実際リア・エンジンの車にはクライマックスのない「盛り上がらない」車がいくらでもある。すなわちとにかく印象が弱く食い足りない感じの車がいっぱいあるわけである。

　さてルノー8の話に戻るが、この車もフロント・エンドまわりの造形には苦労していた。今回は"ス"のルノー8の写真はないが、R8"ス"はフロントに面取りしたようなエッジの鋭い面を多用して何とか空間を引きしめようとし、さらに加えて両ヘッド・ライトの間にクロームのバーをわたしてルノーの菱形エンブレムを顔の中央にではなく、うんと右に寄せた大胆な非対称に配置して、盛り上がりにくいフロント部を何とか盛り上げようと苦労していた。フーム、色々と考えましたね。でもそれでグリルの存在しない単調さが充分救われていたかどうかはやはり疑問だったが。

　さて、やっとここで今回の出演車の話になるが、この車ルノー8ゴルディーニは前記の如く、"ス"のルノー8と比べてフロント部が変えられている。ルノー8の造形上最も苦労したとおぼしきフロント部であるが、バージョンアップにあわせてやはりヤツラ変えてきましたね。どう変えられたかというと、ご覧のとおり、まずこの車はフロントマスクに"ス"にはなかった一対の補助灯が埋め込まれている。しかもそれに加えてメインのヘッド・ライトの方も"ス"のそれよりずっと直径の大きなものに替えられているのである。目玉のオヤジである。つまりR8ゴルディーニにあっては盛り上がりにくいフロントはとりあえずライトで埋めつくすことによって盛り上げることにした、ということである。

　色々言うには言われぬ苦労をした"ス"のルノー8に比べて、こりゃまたずいぶんカンタンお手軽なテであるが、でもこれはこれで実のところある程度の効果をあげていると僕は思う。すなわちところ狭しと並べられたライト類のおかげでツラの間ノビは避けられ、またライトがいっぱいついているとそれだけでいかにも走りそうな、即ラリーとか出られそうな車に見えてくる。つまりこれはこれで「高性能・ホンキっぽい」といったこの車のキャラづくり・性格づけには充分に貢献していると言える。

　フロント・エンドの話ばかりが長くなったが全体についてもざっと触れておこう。ルノー8というのはまあ見ての如くドカベンみたいな形の車である。R8の一代前を担ったルノー・ドフィーヌは曲線と曲面に包まれたなかなかの傑作デザインであったが、そういう車のあとでは逆にこういう単純な箱型が新鮮なものに思えたのだろう。古くからの熱烈なフランス車ファンなどはこうしたルノー8を見てフランスチックなデザインと理解したくなるのかもしれないが、サメた目で見れば基本的にこの箱型は無国籍デザインと呼ぶべきものであろう。

　それにしても、ハコならハコで構わないのだが、もうちょっとどこかをしぼるとか何とかしたらよかったんじゃないか。つまり前フェンダーを少ししぼり込むとか、ボディの裾をしぼり込むとかすればもっとだいぶ軽快な印象が得られたはずだと思う。スカルプチャーに目を移すと、フロントのトランクリッドが中央でV字形にへこんでいるのは前記"ス"のR8の面とりしたようなフロント部から残されたものでなかなかユニークで面白い。でもその一方でたとえばサイドの、ベルトライン下の"し"の字形にえぐれたモチーフなんかは別になくても全体の印象に影響は与えまい。言い方を変えればこの"し"の字型はあまり造形的効果をあげていないということだ。あとは枚数の関係でちょっと省略。

　ルノー8はその生産当時、日本にも輸入された。その数は本当にビビたるものだったが、当時ニホンのどういうニンゲンがこんな車を買ったのか？　ワタクシよく憶えております。実はそんな稀少なるルノー8の一台を購入したのが本書出版元、二玄社であったことを。小生がヨワイ10歳ぐらいの頃のCARグラフィックには時々このルノー8が出てきた。そんな昔に珍しいルノーを購入した二玄社にカルロス・ゴーンは謹んで金一封でも添えて感謝状を贈るべきであろう。そしてそんな昔にカーグラを読んでいたワタクシに二玄社はやはり金一封を……。

MAZDA FAMILIA

K360と呼ばれる三輪トラックで戦後の自動車生産に乗り出した東洋工業(現在のマツダ株式会社)は、1960年にR360クーペの生産を開始し、63年のファミリア・バンと64年のファミリア・ワゴン／セダンによって本格的な乗用車クラスを生産することになった。この初代ファミリアは20万台以上が生産されるヒット作となる。技術的にはモノコックボディとフロントエンジン-リアドライブを採用するなど当時の標準的な成り立ちを持つ。

全長：3635mm、全幅：1465mm、全高：1395mm、ホイールベース：2140mm。水冷直列4気筒OHV。782cc、42ps／6000rpm、6.0mkg／3200rpm。縦置きフロントエンジン-リアドライブ。サスペンション：独立 ダブルウィッシュボーン(前)／固定 半楕円リーフスプリング(後)。

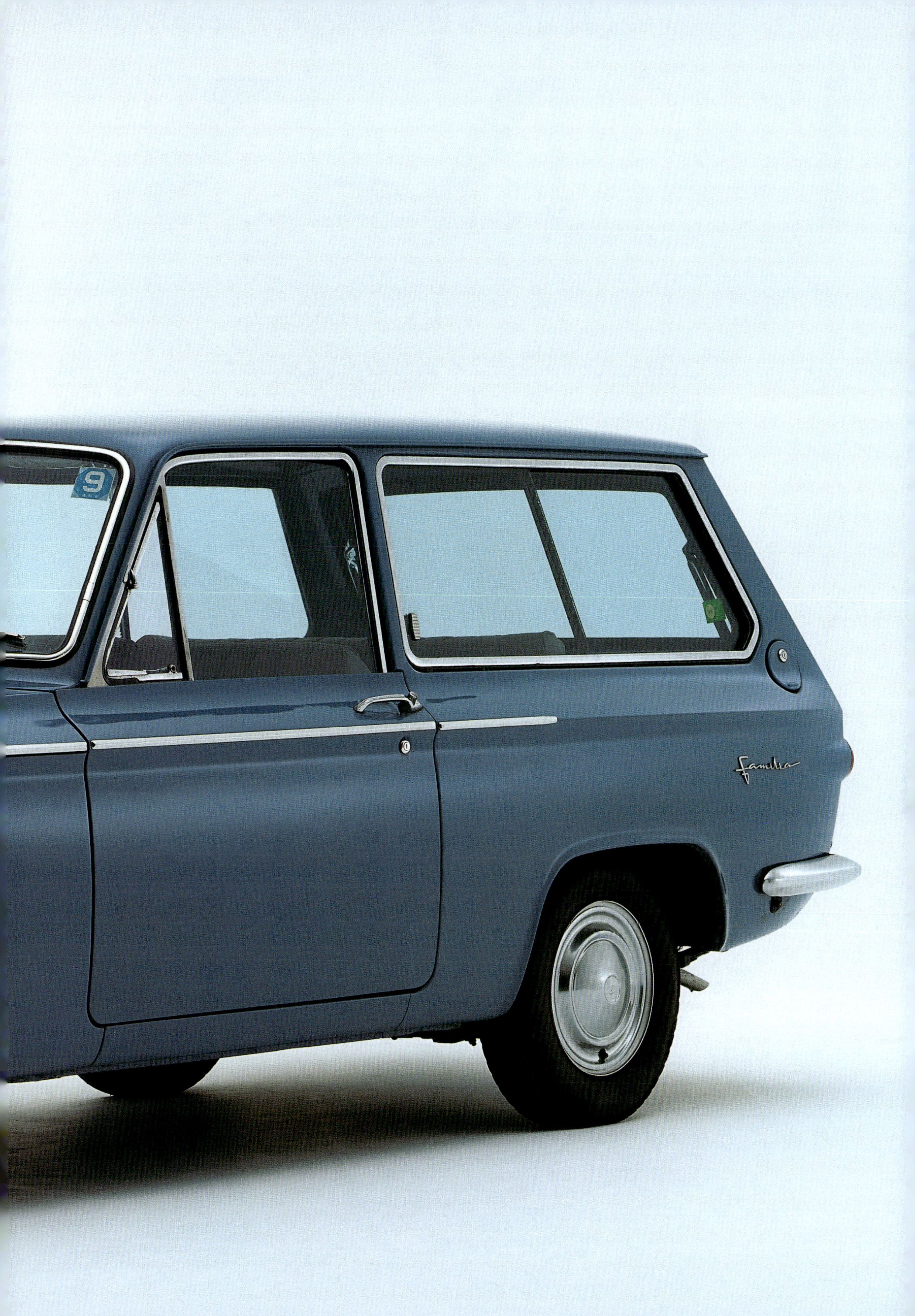
familia

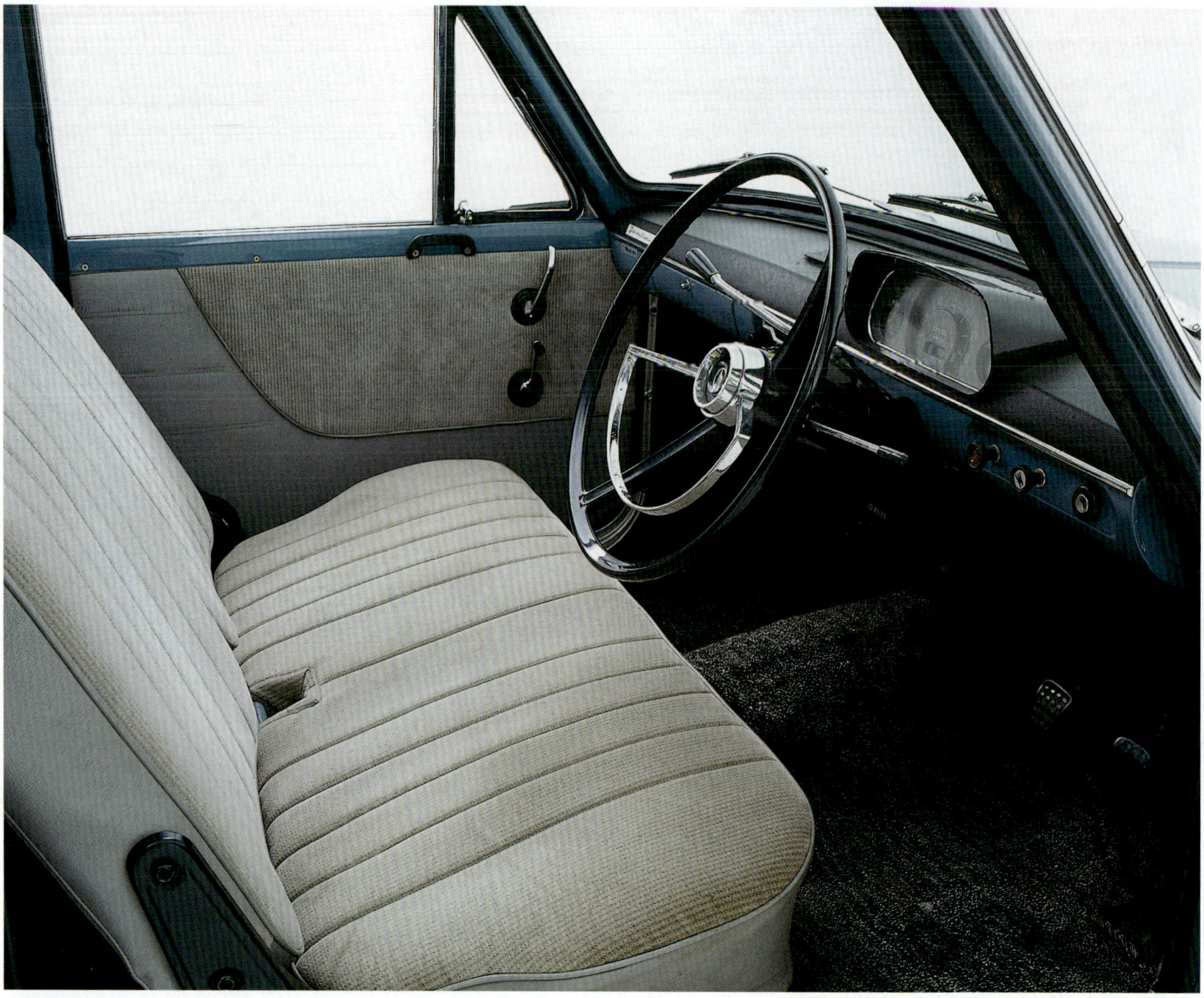

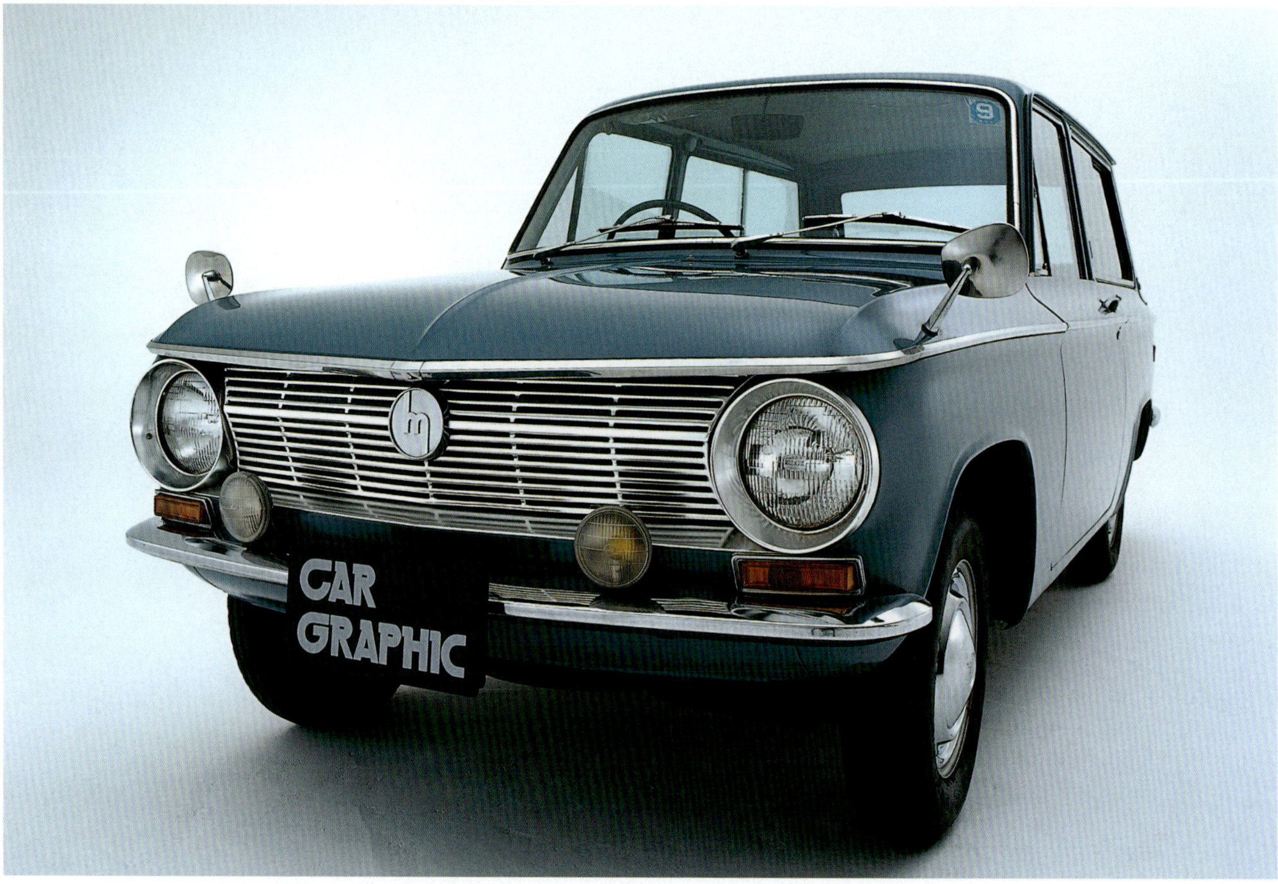
CAR
GRAPHIC

207

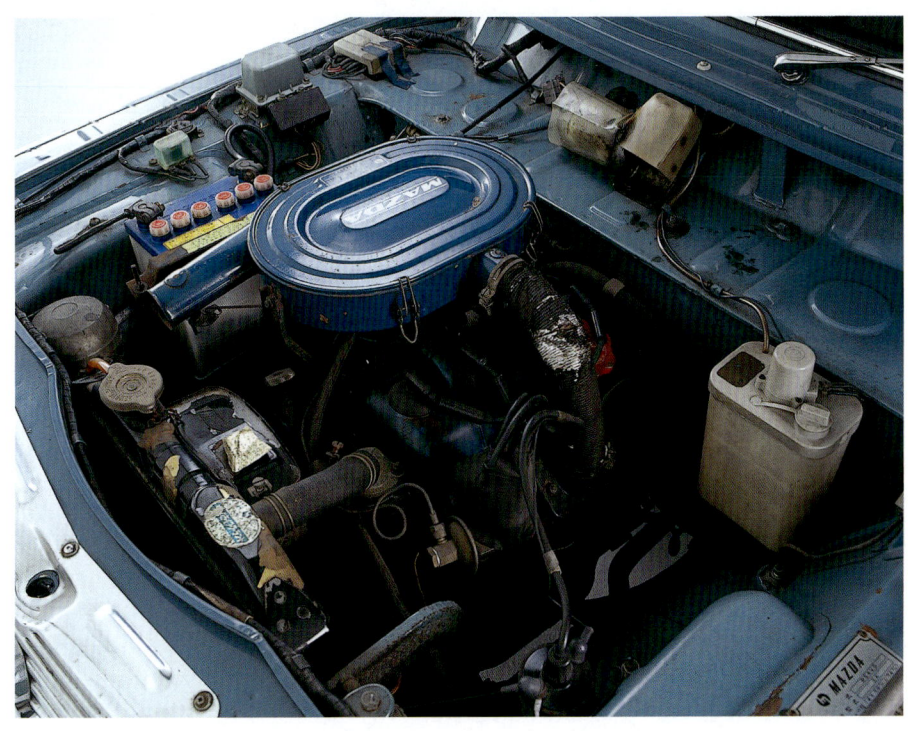

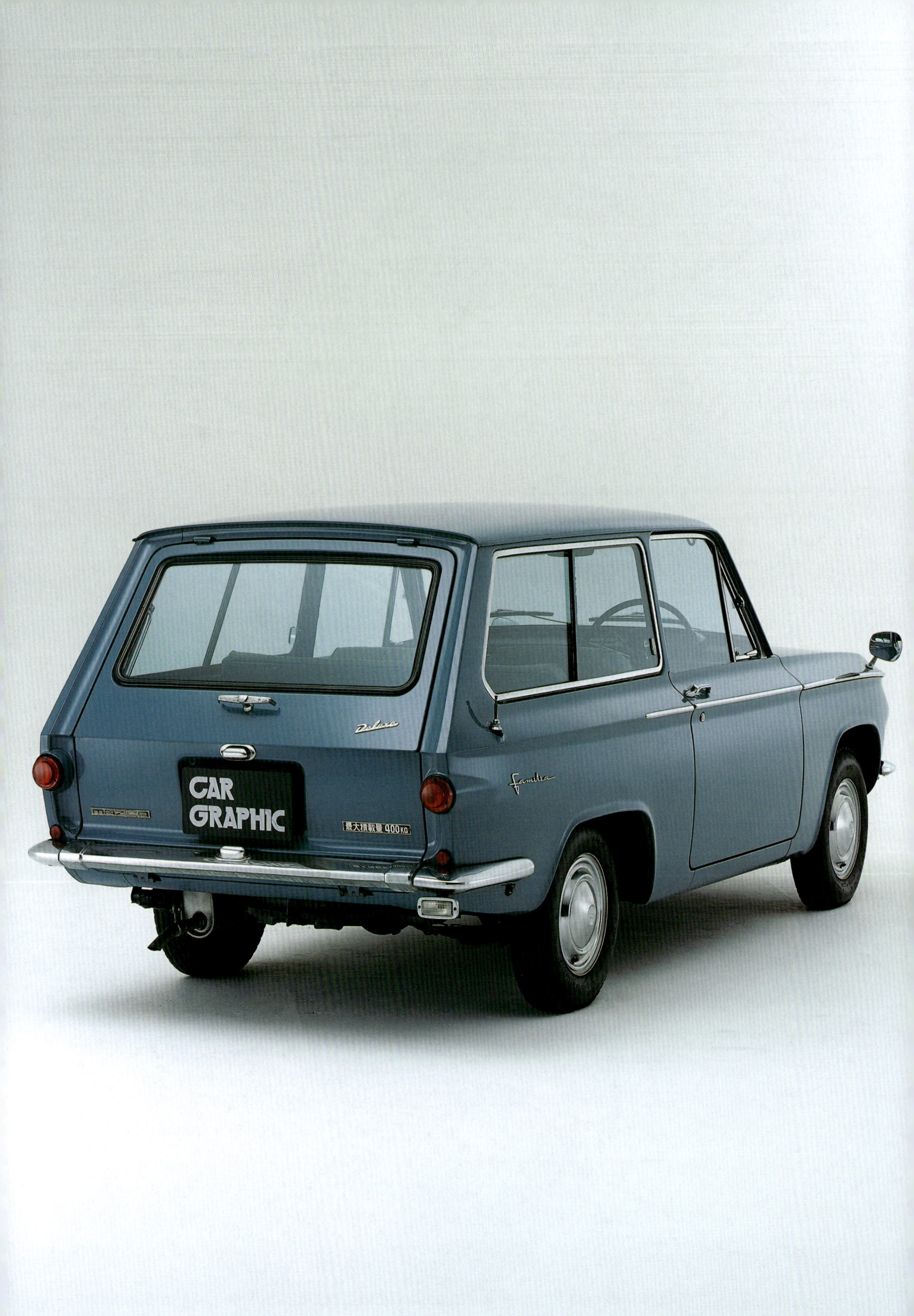
CAR
GRAPHIC
最大積載量 400KG

■なりたくない職業

　ヨーロッパのどこかの国へ行ったはいいが英語が通じなくて困った、という話はよく耳にする。まったく、たとえばフランスとかイタリアとか、至極メジャーな国のくせに片言の英語も通じないということがよくある。もちろんヨソの国を訪ねたならこちらもその国の言葉で喋るのが一番に決まっているし、もとより英語が世界共通語であるわけではないのだから文句を言える筋合いなどない。しかしだからと言って旅行の毎に行く先々の国の言語をすべて学習してゆくわけにもいかない。そんなことしてたら「ヨーロッパめぐり一週間」なんてのに行くためにまず3年ぐらいはコトバの学校に通わなくてはならないことになってしまう。そこで、まあ、英語で、ということになる。

　ところがやっぱり現実は思ったほどアマくはない。世界で最も教育水準も高く社会の開けた地域のひとつに違いない西ヨーロッパでも英語など全然まるで知らないという人はゴマンといるのだ。ゼンゼンマルデシラナイ？ 左様、外国人観光客と関わるような職業の人を別とすれば、たとえばフランスには"ワン・ツー・スリー"といった超ベーシックな英語だって何のことか知らないという人はいくらでもいる。いや知らない方がむしろ普通と言ってもよいのではないか。これは決して誇張ではないし、またよく言われる「フランス人は自国語に対する誇りのゆえに英語を知っていても喋ろうとしない」といった怪しげな説とも何の関係もない。

　「フランス人の自国語への誇り云々」という上記の如き説はまことしやかに世界各地で囁かれているが、僕の知る限りまったくのガセである。フランス人だって英語を話せる人ならむしろ積極的にそれを話そうとする。しかし実際問題として彼らの多くは"ワン・ツー・スリー"さえ知らないのだ。もとよりフランスは地理的に英国と隣同士。歴史的にもごく関わりが深いわけだがそれでもそんなものなのである。だからさらに遠くイタリアだのスペインだのとなると人々は英語からさらに遠ざかり、さらにこうした国々の田舎へ行くほど英語の通用度は限りなくゼロに近づいてゆく。

　さてしかしダ。実は話はここから始まるのだ。以上のようなゲンジツであるから、それでは我々日本人はこと英語力に関する限り少なくともフランス人やらイタリア人やらには勝てる、優位に立てる、とそう言ってよいものかどうかという話なのである。我々は皆エーゴの学習には苦労しており、学校でももちろん「義務」として何年間もこれを習わされる。そのかいあって我々には少なくとも"ワン・ツー・スリー"すら知らない人たちに比べればはるかに高い英語力が身についているはずである。

　ところがヨロコぶのはまだ早い。フランス人やイタリア人らが英語に弱いのは要するに彼らがそれを習わないからなのである。何かの理由で彼らがエーゴを習い始めたらどうか。実はそうなると彼らは恐ろしく速い。それこそアッと言う間に、たとえゼロから始めてもたいていの人ならまあ1ヵ月も習えば結構喋れるようになってしまう。なぜヤツラ、そんなに速いのか？ その理由は簡単、要するにヨーロッパの言語というのはどれもがつながっていて互いに兄弟のように近い関係にあるからなのである。つまりフランス人が英語を習うなんてのは我々からみれば外国語というより方言を習うようなものなのである。今はたまたま多くのフランス人が「方言」を習う必要を感じていないだけなのだろう。

　そこで目を転じて今度はヨーロッパ大陸で英語がよく通じる国とはどこかと見渡すとそれは北欧の国々、オランダ、オーストリア、ドイツ、ベルギーといった順だろうか。こうした国々と先程の仏・伊といった国々を比べれば英語通用度にはたしかにかなりの差がある。でもこの差は学校のカリキュラムの違いによって生じたものだ。習いさえすればエーゴぐらい大抵のヨーロッパ人ならすぐにできるようになる。オランダの人たちなんてまあその英語の流暢なること驚くべきものがあるが、これも結局前述の如く、ヨーロッパの言葉がどれも兄弟的関係にあるからなのだと納得せざるを得ない。

　サテ、それで我々は果たしてヨーロッパ大陸の諸人民に対して英語力において優位に立つことはできるのだろうか？ どちらにしてもひとつ言えるのは、我々と彼らとではやはり基本となる言語背景がおおいに違うということである。で、結局ワレワレ、英語の学習には苦労し続けることとなる。

　ところがです。ものごとすべて一方通行ではあり得ない、ムフフフフ。つまり逆にヨーロッパ人民諸君が何らかの理由で日本語を習うことになったらどうか。そりゃナマ半可でない苦労をすることになる。そういうハメに陥った西洋人はヒサンである。日本語（あるいはよく知らないが東洋人の喋る言語全般）とヨーロッパの言語の違いというのは、文法が違うとか語彙が違うといったようなアマッチョロイ次元のものではない。コトバとは何なのかという根本のコンセプトからして両者ではまったく異なるものなのではないかぐらいに僕はつねづね思っている。たとえば漢字というものを単純な表音文字のアルファベットしか知らない西洋人にどう説明すればよいのだろう。漢字というのは同じ字でも使い方で読み方が変わったり、また意味がまるで変わってしまったりする。

　こんな経験を実際にした。このごろ欧米ではグラフィック・デザインに漢字をあしらうことがちょっとだけだが流行っており、漢字のプリントされたTシャツを着た人など

も時折見かけることがある。で、ワガ知り合いの独逸人もそんなシャツの1枚を購入、書かれた文字の意味を尋ねて僕のところにそれをもってきた。「本」という字が図柄と共にプリントされている。で「この字はブックのことである」と説明する。ところがそのとき1本、2本、3本といった用法が頭に浮かんだので「でも同時にこれは長い物を数える単位でもあるのだ」とつけ加える。「エ？日本では長い物をブックを使って数えるのか？」「いやそりゃ関係ない」と言いつつ「本」は「モト・元」という意味でもあることに気づき「それでさらにはビギニングとかオリジンということでもある」「？？？」ところがそのとき折悪しく「本物」「本当」とった言葉が重ねてノーリをかすめてしまい、「で、その文字はtrueという意味でもあるわけだ」「？？？ おいオレのシャツに書いてあるこの文字はいったい何て意味なんだ！」「だからブックだって言ってるだろ」「オニョレからかってるな！」

……もうまるでデタラメを言っているとしか思われない。そのあとも詳しく説明すればする程に相手は混乱するばかり。ああ僕は日本語の先生にだけはなりたくない、というのがとりあえずの結論である。

■伊太利亜調

マアそんなこんなで西洋人で日本語を喋れるという人はごく珍しい。漢字を理解してもらおうなどとはハナから望まないにせよ、片言でも日本語を喋れる西洋人というのがすでにして極めて稀有な存在なわけである。ところがダ。そんな欧米の社会の意外なところに割合から言うなら平均よりはるかに高い確率で日本語を喋れる人々が集まっているという意外な分野あり。何を隠さん自動車デザインの分野がそれなのである。現在僕のシゴト場にも周囲に6〜7人は、まあ流暢と言うにはほど遠いにせよ片言の日本語を喋れる人々がいる。ハテサテいったい何故欧米の車デザインの世界にニホンゴを喋れる人が多いのであろうか？ ヒント：彼らの多くがニホンゴをおぼえたのは広島でのことなのである。そうです、つまりこの人たちは元フォードにいた人たちなのですね。フォードのデザイン部門は世界各地にスタジオを持っているが、日本では広島のマツダに彼らの活動拠点がある。ご存知のようにマツダとフォードは浅からぬ関係にあるがフォードはデザイナーやモデラーをグループ内で世界各地にローテーションしている。それで同社には1年2年といった長期にわたって広島に住んでいたという人が昔からずいぶんいるのである。

そしてそうした人々の中にはのちに他社に移った人も多く、結果的に欧米の方々のクルマ会社で「ニホンゴのすこしできるデザイン・スタッフ」に出会えるという状況が現出したというわけ。またそうした人々の多くは家族と共に広島に暮らしていたために「子供は日本語が完璧に喋れるようになった」などというケースも数多く、こうなると日本語普及委員会のヒトビトにとってマツダの存在は、はなはだ大きいものと言わなくてはならないのである。

さて今回の出演車はそんなマツダの基礎をつくった重要な車の一台だ。すなわち、初代マツダ・ファミリアこそは東洋工業にとってはじめての5ナンバー乗用車である。ただし、ハハア、出演車はセダンではなくバンですね。実は編集部も探しはしたのだが初代ファミリアのセダン・バージョンは期日内には手配できなかった由。

しかしバンにはバンで重大なる歴史的意味あり。というのはこのバンこそが実は真の「初代ファミリア」なのである。すなわちマツダ・ファミリアという車は1963年10月にまずバンから先に登場し、セダンはその後を追って半年後に発表となった。マツダの小型車の歴史は正に今回のファミリアのステーション・ワゴン版から始まったのである。

といったところで、サテさっそくデザイン・トークに入るが、あらためて見るとこれは何とも率直で真っ当なデザインの自動車ではないか。窓面積が大きく運転しやすそうだし、また10のものを20に見せようみたいな無理な造形をしていないから見ていて気持ちがイイです。それでいて決して退屈なデザインではなく形がキッチリとまとまっている。

またこの時代のマツダというのはずいぶんヨーロッパ車みたいだったんだな、ともこのファミリアを見ていて思う。たとえばこの車がシムカだと言われてもそんなに違和感はないのではないのか（当時のシムカと比べればファミリアの方がずっとカッコいいが）。このヨーロッパ調という点について述べるなら、当時のマツダはイタリアのベルトーネとデザイン契約を結んでいた。この時代の日本のクルマ工業は全般的にデザイン分野をイタリアのカロッツェリア群に大きく負っていた。日産がピニンファリーナと、日野がミケロッティと、ダイハツがヴィニャーレ、いすゞがギアとそれぞれ契約を結んでおり、プリンスも単発的にミケロッティやカロッツェリア・チゼイ（元ベルトーネのフランコ・スカリオーネの会社）とシゴトをしていた。その中でマツダが手を組んだのがベルトーネである。実に悪くないチョイスである。その当時のベルトーネにはキャリア最初期のG.ジウジアーロが在籍してバリバリと才気あふれる作品を連発していた非常によい時代である。

もっとも生産型のファミリアのどこまでがベルトーネによるものでどこからがマツダの手になるものなのか、それは僕にはわからない。ただこの初代ファミリアにはファッション的に当時のヨーロッパの同クラスのどんな車にも決して遅れをとらぬ近代的なデザイン・テーマが、ひとつの迷いもなくシッカリと貫かれている、といったことだけは確実に言える。

当時最新のファッションとは、たとえばこの車のドア上部には直線的なクローム・モールディングが入り、これが（セダンでは）車の周囲をぐるりと一周めぐっている。これはシボレー・コーヴェアが生み出した当時一世を風靡したデザイン・テーマである。さらに言うならこの車のフロント・エンド。フロント全面がグリルで占められそこに大径のヘッド・ライトを配したこの構成は当時斬新なものだったが、これは1962年型のプリマス・フューリーの影響ではないかと思われる。しかしそうした部分部分はそれとして、全体的には前述の如く、やはりこの車はヨーロッパ調、それもイタリア調である。

　この時代の日本車のデザインがイタリアンに傾倒したことは先程書いた通りだが、この初代ファミリア当時のマツダのイタリアへの入れこみ方は中でもスジガネ入りだった。そのことをよく示すのがファミリアのロゴである。これは以前一度書いたことではあるが、昔のマツダ・ファミリアにはボディを飾る"Familia"のクロームのロゴに3種類があった。それらはどれも筆記体文字でその書体のどれもが大変イカシたもので、それらが年代によりモデルによって使い分けられていた。今回の車でもそんなロゴのひとつがリア・ホイールアーチの後ろ上部、テール・ランプに連なるように見えている。

　しかし実を言うとこの"ファミリア"の書体はいずれもランチアのそれをそっくり真似たものだったのである。すなわち当時のランチアにはフルヴィア、フラヴィア、フラミニアという3つのモデルがあり、それぞれが異なる筆記体のモデル名ロゴを戴いていたが、マツダはその3種類の書体をそのまま真似てファミリアのロゴを3種類作ったのであった。Familiaと前記3つのランチアのモデル名とでは綴りが似ているからこの作戦は実にうまくキマった。ト、マ、これも今や昔の物語であるが、ことほど左様にマツダにはイタリアに注目しそれに倣った時代があったということの傍証ではある。

■資本主義の発達
　イタリアの有名カロッツェリアとのコラボレーションから生まれた日本車群は、セールス面ではどれもがそこそこに売れはしたもののそれ以上の大ヒットと呼べるような大きな成功を収めることはできなかった。が、純粋に造形的に見るならさすがによいものが多かったのである。マツダの製品で言うならファミリアの後に出たカロッツェリア・ベルトーネの手が大きく入った初代ルーチェなどは間違いなく当時の世界中の1500cc級乗用車をデザイン的にリードし得る最高水準の造形内容を備えた車だった。しかしそのルーチェもそのデザイン水準にふさわしいほどには販売面での成功を得ることはできなかった。

　車というのはもちろんデザインだけで売れるものではないし、またよいデザインさえすれば人々が好んでくれるということでもない。イタリアンズとのコラボから生まれた日本車たちはやはりあの当時の日本車市場にあっては少々おとなしすぎる、ある意味趣味がよすぎるキライがたしかにあった。今と違ってまだ成長期の真っ只中にあった日本ではなるべく脂っこいものの方が人々には好まれたので、あまり端正で品よく味付けの薄いものをもってきても皆の箸がのびてこなかったのは仕方ない。その意味で当時の日本にイタリアン・デザインは早すぎたのだと言うこともできる。

　マ、しかし、そうして売れる売れないは色々あったにしてもデザイナーとして僕は思わざるを得ない。全体に、この時代の日本の車というのはどれもが何と素晴らしかったのだろう！　このファミリアにしてもそうだ。それまで主に3輪トラックを造ってきた東洋工業がこの1台をもってすでに先達のいる乗用車の世界に乗り込んでいったのである。オーバーでなく「社運のかかった車」である。いやまだ弱小だった当時の日本の自動車工業にあってはどのメーカーの製品でもそのひとつひとつにまさに各社の運命がかけられていた。誰もがルーレット・テーブルで1回毎の勝負に全財産を賭けているような状況である。でもだからこそどの車にもどの車にもメーカーの必死の気合いと智慧が惜しみなくそそぎ込まれていたのだ。で、デザインというのは不思議なもので、そうやって作る側が必死になると作られたモノにはたくまずして個性が出てくるものなのである。すなわち当時の日本車はマツダ車はマツダ車に、トヨタ車はトヨタ車に、ニッサン車はニッサン車にとひと目見て誰の目にもハッキリそう見えた。

　A車とB車が見分けられるということはまあデザインの基本であろうが、どうも今日びの日本の自動車、どの車がどこのメーカーの製品であるかなど、しばしば見分けがつきにくい。少なくとも僕の目にはエンブレムを見なくては責任者が誰なのかチットもわからないという車が多いので困る。いやべつに困りゃしないか。

　ビンボーだった昔はルーレットのひと勝負ごとに全財産をバンと賭けた。豊かな今ではどっちつかずのあたりに相手の出方を見ながらそーっと賭金を置く。資本主義の発達とはたしかにそういうことかもしれないが。

LAMBORGHINI LM002

1977年のジュネーヴ・ショーでデビューした"チータ"と呼ばれるランボルギーニ製オフロード4WDは、当時の資本関係からクライスラーV8をリアミッドシップに搭載していた。そのコンセプトカーをもとに量産型へ発展したのがLM002である。生産性のためエンジンの搭載位置はフロントへ移されたが、そのかわりランボルギーニ製V12を搭載し、スーパー・オフローダーとして人気を博した。シャシーは鋼管スペースフレームで、ボディパネルはグラスファイバーが用いられている。
全長：4950mm、全幅：2040mm、全高：1835mm、ホイールベース：3000mm。水冷V型12気筒4バルブOHC。5167cc、450ps／6800rpm、51.0mkg／4500rpm。縦置きフロントエンジン、パートタイム4WD。サスペンション：独立 ダブルウィッシュボーン（前／後）。

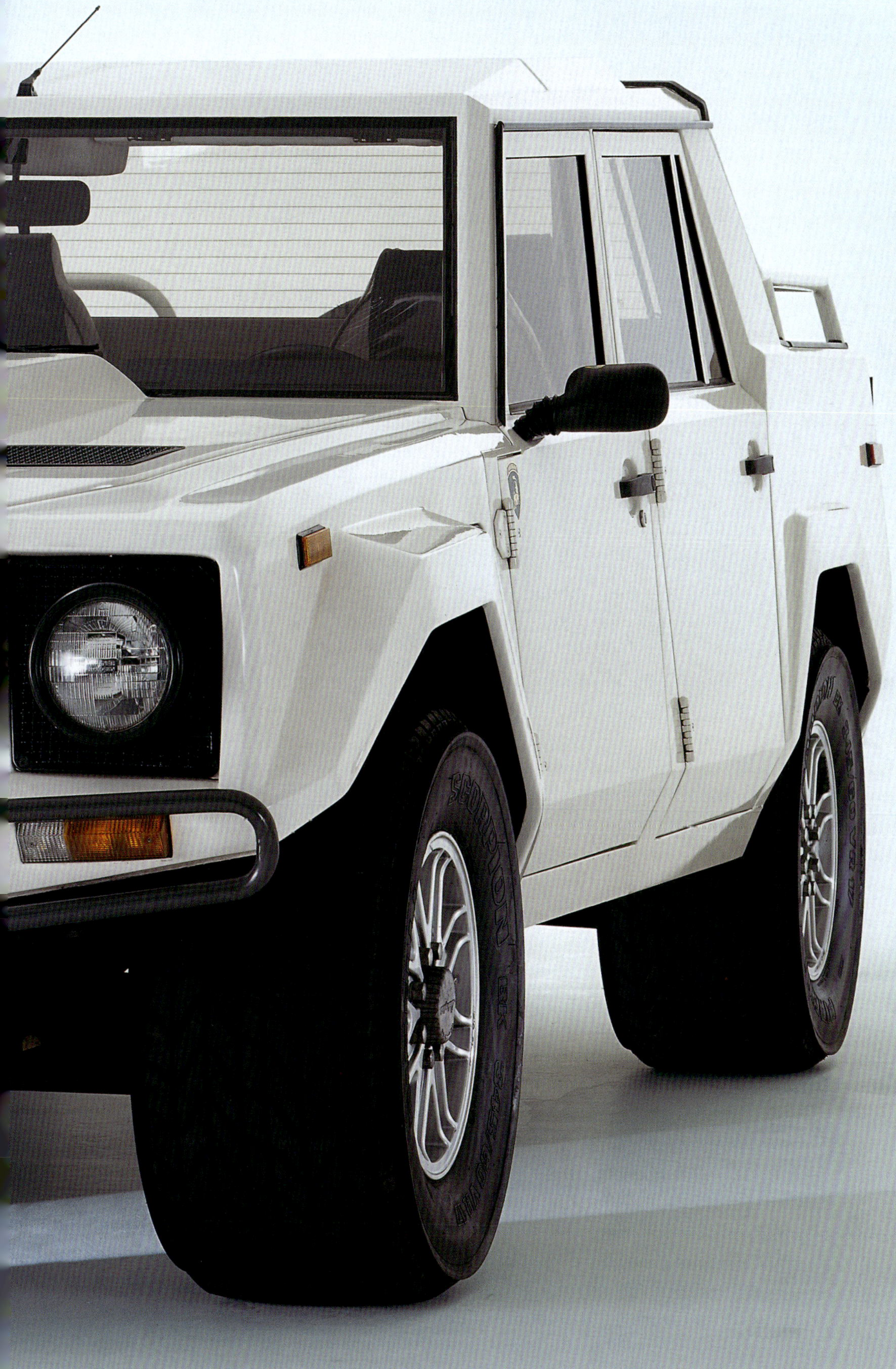

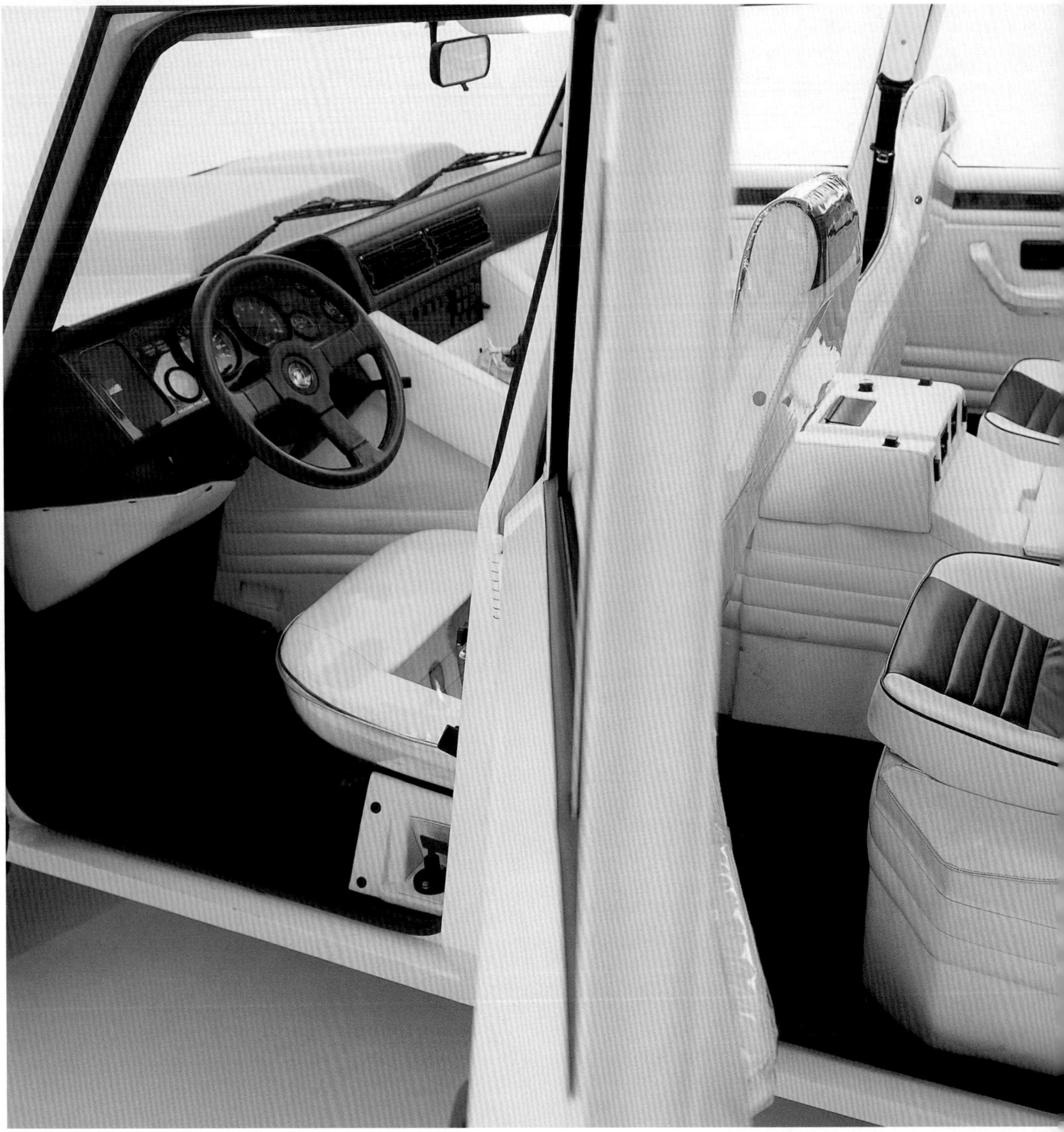

215

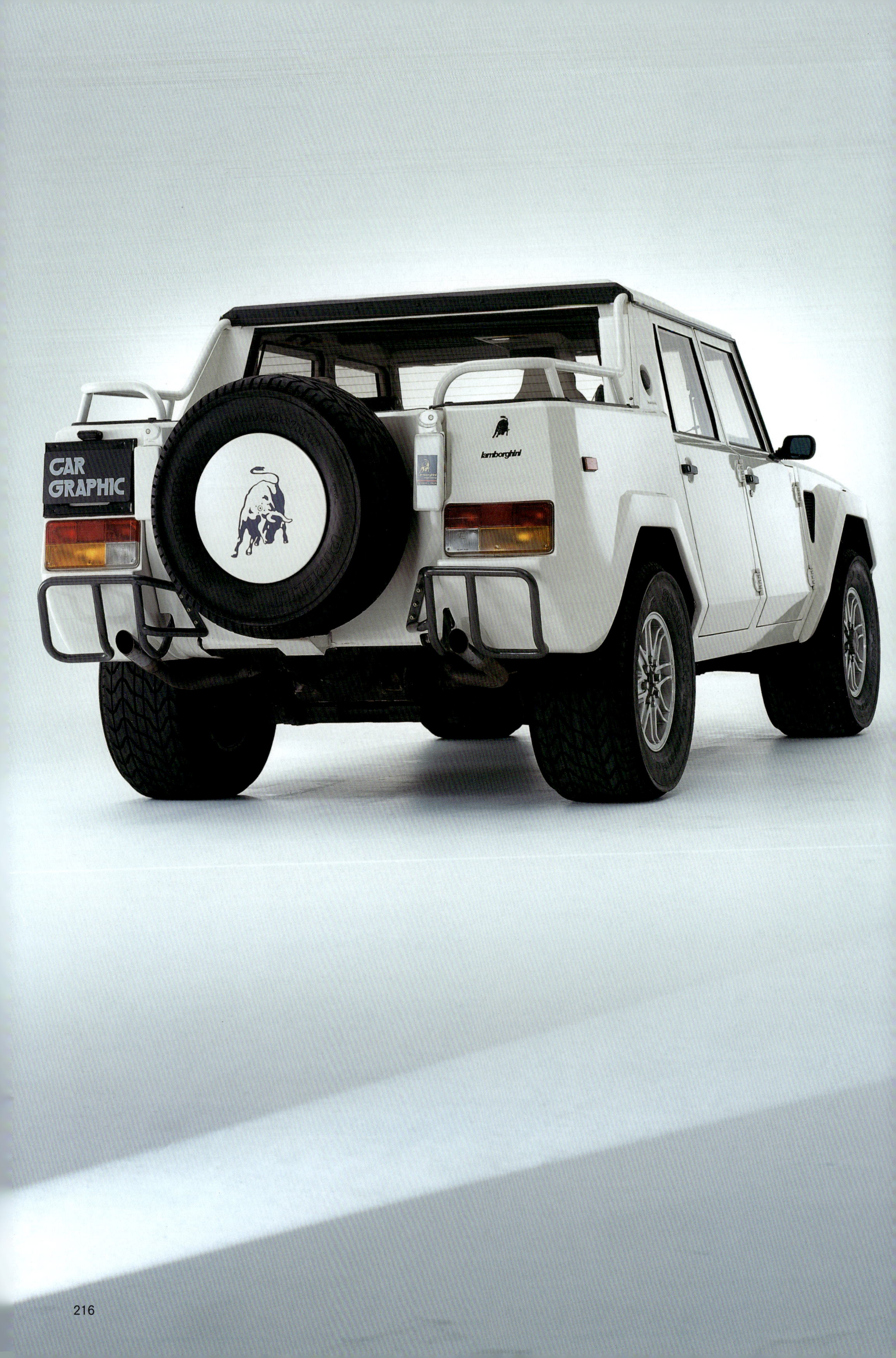
CAR
GRAPHIC
lamborghini

■点を測る人々

　例によって出演車が決まっていない。なんだまたかと思われるかもしれないが、でもそうなのである。やはり古い車をわが国で探し出すというのはなかなか容易なことではないようでして。実はすでに有力候補車があがっているのだがまだ最終決定には至っていない状況。まあそれならそれでよいのだが、当方なにぶんスロー・ライターであるからもうそろそろ何かしら書き始めないとまずい。で、例によってまずはヨモヤマの話を書くわけである。今回は何のヨモヤマにしようかと今3秒ほど考えた結果、こういう話はどうだろう。

　自動車の形というのはよく見るとずい分と複雑なものである。車体の前から後まで、あらゆる線と面が微妙に、時には大胆に丸みを帯び、カーブを描き、ねじれている。では自動車メーカーのデザイン室でこうした複雑微妙な形態をもつクレイ・モデルがモデラー諸氏の慎重なる手作業によって1台作られたとして、何かの必要によって「じゃあこれまったく同じものを寸分違わずもう1台作ってくれ」ということになったら、モデラーさんたちはいったいどうやってそうした作業を行なうのか。いかなる方法で複雑な形を正確にコピーするのか、という話である。たった3秒にしちゃなんかフクザツな話題考えたな。

　さてこうしたコピー・モデリングについてはなにせプロのことだ、思いもよらない特別なすごいワザがあるのだろう、あるいはボタンを押せばどんな形でもうつし取ってしまうウネウネと動く機械でもあるのだろうと思われるかもしれないが、残念ながら実はそんなものはないのである。ひとつの形をコピーするというのはクレイ・モデラーにとって非常に大切な技術であるが、現在世界中の自動車会社どこへ行ってもこの作業、最も単純かつ当たり前のメソッドにて行なわれている。

　そこでその当たり前すぎる方法というのを紹介すると、ある形を正確にコピーするにはまずはその形を正確に計測することから始まるのである。カタチを計測するってどういうこと？　それはある1点を基準点と定めて、そこからモノの表面上1点までのタテ・横・高さの距離を測る。そしてまた同じ基準点から表面上次の1点まで、タテ・横・高さを測る。そしてまた同じように次の1点、またその次の1点を測る……と、「形を計測する」とはこういうことを言う。おそらくこういう計測方法は古代からあったに違いない。

　で、今日の自動車メーカーのクレイ・スタジオにおいても原理的には同じことが行なわれている。クレイ・モデルの形を計測する。すなわち基準点を設定したらまずは1台のモデルの面上から1点また次の1点といくつもの点を計測する。そしてコピー・モデリングのためにはそうして計測した「点」を別モデルのまっさらなクレイ面にひとつひとつポイント・インし、それでそのマークされた点までモデラーさんがキッチリとクレイを削れば、ほーれ同じ形の物のできあがり、ということである。このとき計測する点は多ければ多いほどよいのは言うまでもないが、どうです、当たり前すぎるやり方でしょう。でも現在のところこの当たり前式がやっぱり最も信頼できる、最も正確な方法なのである。

　しかしそうは言っても自動車ってのは柄もデカけりゃ前記の如く形も複雑、いったい1台丸ごとコピーしようと思ったら何点計測し、それをポイント・インしなくてはならないのか。これは場合によって、またメーカーによってもスタンダードは異なるが、「まずまず正確」と言える程度に車1台コピーするためにはボディ片面に大体2000点のポイントが必要となる。この「まずまず正確」というのはモデル面上のどの1点においても誤差がせいぜい0.5mmというぐらいの正確さであるから普通の感覚で言えば「スゲエ正確」ということになるが、しかしそれにしても2000点！　2000回もタテ・横・高さを正確に測るというのは大変な作業ではないか。そのとおり。クルマのクレイ・モデルの計測というのはまったくのところ大変な作業なのである。面倒臭い。でもやらなくちゃしょうがない。

　そんな訳で、この計測を少しでも容易にするためにメーカーのデザイン室では様々な専用器具が用いられている。まず、車のクレイ・モデルは常に専用の鉄製プレートの上に、プロジェクトの始まりから終わりまで常に一定の位置に位置ぎめされて作業が行なわれる。これは計測の際の基準点とモデルの位置関係を常に一定に保つためで、また同プレートの左右両端にはレールがつくりつけてあり、その上をこれまた専用の計測機器がスライドしてモデル上のどんな1点でもただちに計測できるように待機している。

　ご想像のように現代ではこの計測器はコンピューター化されており、モデルの1点にポインターを動かせば同時にスクリーン上に基準点からのタテ・横・高さの距離が表示され、またそのデータを保存することができる。そして何千点もの保存データにもとづいてモデルを削り出すミリング・システムも存在する。つまりコンピューター技術でコピー・モデリングができるわけだ。なんだやっぱりボタンを押せばキカイがコピーしてくれるんじゃないか。まあれはそうだが、そのためにはやはり何千もの「点」を計測するというあまり未来的とは呼べぬ基本作業が不可欠なわけである。しかもこのミリング・システム、1台のクレイ・モデルが完成してそれを丸ごとコピーするといった場合には便利だが、フレキシビリティ勝負のデザイン途中段階ではモデラーの手作業にまさるものはやはり今のとこないのだ。

　昔、と言ってもそれほど大昔ではないが、だいたい1980年代までは計測作業も何もかも、すべてニンゲンがマニュアルでやっていた。そのころのモデル計測作業と言

ったらそれこそ大ゴトで、モデラーふたりがかり、低いイスに座ったひとりが「X、何千何百何十何ミリ、Y……、Z……」と目盛りを読みあげるともうひとりがそれを書き取る。そしてその当時は路上を走る車のボディがきっちり左右対称であることからしてクレイ・モデラーたちが紙に手書きで書き取った数字を元に、すべて手作業で精密にミラー・イメージのモデルしていたわけである。ほんの20年前には人類ってずいぶん根気よかったんだな。古代テクノロジー侮るべからず。

■目立ちます

ナドト言ってる間にようやくにして連絡が入った。ついにクルマの確保に成功した、という報せである。なかなかウンと言わない候補車のグリルに向かって編集部のヒトが脅かしたりスカしたりしてねばった結果ついに車は泣く泣く出演を承諾したという。で、気の毒な被害者は誰かと見れば、アアあなたでしたか。ランボルギーニLM002。小生、特別に気に入りの一台である。

この車、一見してアメリカのハマーを思い出させる。きれいな形の車、とは言えない。ていうかものすごくアグリーだと思う。それで、実物を路上で目にする機会がなかったこともあり、以前は僕もこの車にはあまり興味をそそられなかった。しかしある時ドイツのTVでランボルギーニ社を紹介する番組があり、その中にこの巨体のLM002がイタリアのどこかの田舎の細いあぜ道のようなところを異常なスピードでぶっ飛んでゆく場面が現われた。車内にカメラが移ると運転席にはダーク・スーツにネクタイの初老の紳士が。紳士は半分横向きでインタビューにもの静かに答えながら片手ハンドルのままフルカウンターあてたりしている。ずいぶん物腰と運転パターンがちぐはぐな人がいるものだと見ていたらテロップが出た。"サンドロ・ムナーリ"。へー、やっぱ運転上手いっスね。当たり前か。あのS.ムナーリはその頃ランボルギーニの何か要職についていたらしい。で、ともかくコレを見た時はじめて「アレッ？ LM002ってカッコイイのかな？」と思った。ムナーリもかっこよかったが車もたしかにかっこよかった。

それからしばらく経って、ようやく本物と街中で出会う機会があった。ミュンヘンの目抜き通り、クオーンクオーンというただならぬ高ピッチのエンジン・ノイズに振り向くと、この巨大なアグリーな車がいた。ご存知のようにこの車、カウンタック用のV12、5.2ℓを積んでいるからエンジン音はスーパー・スポーツカー以外の何物でもない。ミュンヘンという街はドイツの中ではカネモチが好んで住みたがる街のひとつで、いわゆる高級車はワンサと走っている。フェラーリとかああいう類の車もよく見る。しかしこの時のLM002に僕は完全にノックアウトされた。この車の目を離そうにも目線がくっついてしまって離れないほどのアクの強い存在感が、周囲のあらゆる他車をカンプなきまでにブチのめしていた。それはこの無神経とも言える厳つすぎる形、尋常でない大きさ、それらと全然そぐわぬエンジン音といった諸々の要素の総合力によるものだが、「アッ、こいつはカッコイイ！」、一瞬にして僕はそう深く納得させられてしまったのである。それはハマーなどが知られるようになるずっと前のことであった。

さて、このとき納得させられた「カッコイイ」はもちろん「形がきれい」という意味ではない。そんなことは関係ない魅力のことである。こういう車を見ているとアア、デザインってほんとに難しいものだと思わされる。このあたり、少しつっ込んで考えると、自動車のデザインにとって「形がキレイかどうか」なんてぇことは実はほんの一側面でしかないことがわかる。LM002はおよそいわゆる「キレイ」とは対極にあるデザインだ。稚拙なデザインだ。どこもかしこも平面と直線、製図習いたての人が直定規だけ使って練習に描いた自動車みたいだ。しかも外板のクォリティがよくないからベコベコして見える。ハッキリ言って見た目などまったく気にしていない様子。これはもう開き直っちゃってるわけである。

しかし皮肉なことにこの車を周囲から際立たせ、ある種の強力な魅力を発散させているモトは間違いなくこの「開き直り」「稚拙さ」にあるのである。LM002はとにかく人の印象に強く残る。形に力があるからだ。こんな車が街を行けば街中の車はただコイツを際立たせるための脇役としているだけのようにしか見えなくなる。

デザインというのはもちろん稚拙ならよいというものではないのだが達者ならそれでよいというものでもない。アグリーだからダメという車が数多くある一方でアグリーゆえにヨシという車もある。勝つ気のない勝負で勝利を得る言語道断のデザインがある、……と、そろそろ内容が迷宮に近づいてきたところでこの話はオシマイ。

■長い長い生い立ち

それはそうとスポーツカーで知られたランボルギーニがなぜ急にこんな車をつくる気になったのだろう。同社は元々トラクター屋だから「どちらもオフロード」というつもりだったのかな？　いや、無論そんな単純なものではない。実はLM002の拠ってたつ背景をたどると意外な事実が次々と浮かびあがって面白いのである。以下、少々長いが紹介すると、そもそも、LM002の発端は1970年代後半にランボルギーニが経営に行き詰まったことにある。いったいどこから金を引っ張ってきたものかと考えあぐねていた同社は、ちょうどアメリカはカリフォルニア州在のモビリティ・テクノロジー・インターナショナル（M.T.I.）という会

社が軽軍用車開発のパートナーを探していることを知り、そこことジョイントすることに決定する。

　M.T.I.社の開発しようとしていたのはデューン・バギーを大きく頑丈にしたような4〜5人乗りのオフロードも走れるU.S.アーミー専用車で、エンジンが後席のうしろ、つまりミドシップ方式に搭載されていた。U.S.アーミーから正式に受注がくればもちろんすごい金になる。

　こうして成立した両社のパートナーシップから、まずプロトタイプが何台か製作され、黄土色に塗装されたその1台がショーカーの形で1977年のジュネーヴ・ショーで一般にお披露目された。ランボルギーニ・チータというのがその車の名であるが、こうしてこのプロジェクト、一見順調に見えた。しかし、すぐにランボルギーニはいくつもの重大な誤算に気づくこととなる……。

　さてここで話は飛ぶが、ハマーの話を少々する。先程からちょいちょいその名が出たハマーは湾岸戦争で有名になり人気が出、その後一般にも市販された軍用車。そのあまりの人気にGMが商標権を買い取ったことはよく知られているが、そもそもハマーというのはU.S.アーミーの課題にそってAMジェネラル社が開発、1985年から生産に移された車だ。この時のU.S.アーミーの出した課題とは機動性、多用途性、水中走行性能、耐久性等々多岐にわたるタフなものだったが、この課題を設定するにあたってある下敷きとなる車が以前から存在していた。それはシカゴの企業グループFMC社作のXR311と呼ばれる試作車で、こいつは後にタミヤがプラモデル化したほどのなかなか秀逸なデザインの軍用車。この車をあのハマーの間接的ルーツと呼ぶ人もいる。

　さてではこのFMC XR311の秀逸なるデザインとはどういうものだったのか。それはまずサイドが大きく開いた頑丈なストラクチャーとその中に4〜5人の乗員が乗りこむという基本レイアウト、この車一見大きなデューン・バギーのように見えるがエンジン配置は後席後ろ、ミドシップで……ん？　それってランボルギーニがジョイントした例のM.T.I.社のプロジェクトとは違うの？

　うーむ、と、ここでコトが明らかになる。つまりランボルギーニが組んだM.T.I.社というのは結構いい加減な会社だったようで、彼らの作ろうとしていた車とは実はFMC XR311のデザイン・コピーだったのである。当然すぐにパテント問題に引っかかり、M.T.I.社はFMCに「出るとこ出ようじゃねえか」とつめ寄られて結局プロジェクトを完全に放棄せざるを得ないこととなる。サア困ったのはランボルギーニである。彼らは独自にプロジェクトを進めて独自にU.S.アーミーに売り込みに行ったが、どうもやはりこういうところが考えがアマいですね。だってありていに言ってアメリカの軍隊というのはアメリカの企業に税金を分配するのがその主たる存在理由なわけだ。国内で作れないものならともかく、そうでないものを外国企業から買うわけがない。当然イタリアからひとり出かけていったランボルギーニは相手にしてもらえずに終わった。

　こうした経緯を経てそれでなくても経営に行き詰まっていたランボルギーニは倒産する。このオフローダー・プロジェクトが最大にして最後の倒産への引き金となったのである。後にオーナーが変わってランボルギーニの名は復活するが、この時、新オーナーは途中まで進んでいたこの奇妙な巨大なオフローダーを発見するとこれをさらに開発、やがて少しは現実的なフロント・エンジンに焼き直して生産化した。それが今回の車ランボルギーニLM002というわけである。この車が一見してハマーを思い出させるワケもこれでわかりましたね。"002"ってことは"001"もあったということだが、"001"（試作のみ）まではエンジンはミドシップだった。LM002は別名LMAとも呼ばれるが、LMAとはランボルギーニ・ミリタリー・アンテリオーレ（フロントのこと。フロント・エンジンだから）の意の由。今回の出演車のリア・ドアの後ろに見えるファセットはかつてこのプロジェクトがミド・エンジンで進んでいた頃のエア・インテークの名残である。

　モデル計測のときにLM002はどうだったのだろう。比較的楽だったのか、それとも苦労したのか。いやこの車は通常のようなクレイ・モデリングのプロセスは経ていないだろう。またいわゆるデザイナーと呼ばれる人たちはこの車の開発にはかかわっていなかったに違いない。エンジニアのおこした図面にもとづいて平らな板で原形をつくりあげることがこの車の造形に関するすべてだったのだと思われる。そんなことでこんなカッコイイ車ができてしまうのだからこの世も捨てたもんじゃないが、もっともこういう車はごくたまに見るからよいのであって街中の車が皆こんなかっこうだったらそりゃイヤだ。どうもこのての「カッコイイ」「カッコワルイ」は微妙なバランスでどっちにも傾くもののようである。

LANCIA FULVIA SPORT

フィアット傘下に収まる以前から、ザガート・ボディの高性能版を持つのがランチア各シリーズの伝統だった。1965年にデビューしたフルヴィアのトップモデル、フルヴィア・スポルトもその典型的な例である。1965年秋のトリノ・ショーでデビューしたボディはザガートが設計したもので、素材はもちろんアルミ。フロントオーバーハングに狭角V4ユニットを置くFWDレイアウトながら、アルファ・ロメオ・ジュニア・ザガートと並び称される、60年代を代表する優美なクーペデザインの代表格。写真は68年型の1.3S。全長：4090mm、全幅：1570mm、全高：1200mm、ホイールベース：2230mm。水冷V型4気筒2バルブOHC。1298cc、92ps／6000rpm、11.8mkg／5100rpm。縦置きFWD。サスペンション：独立 ダブルウィッシュボーン（前）／固定 半楕円リーフ＋パナールロッド（後）。

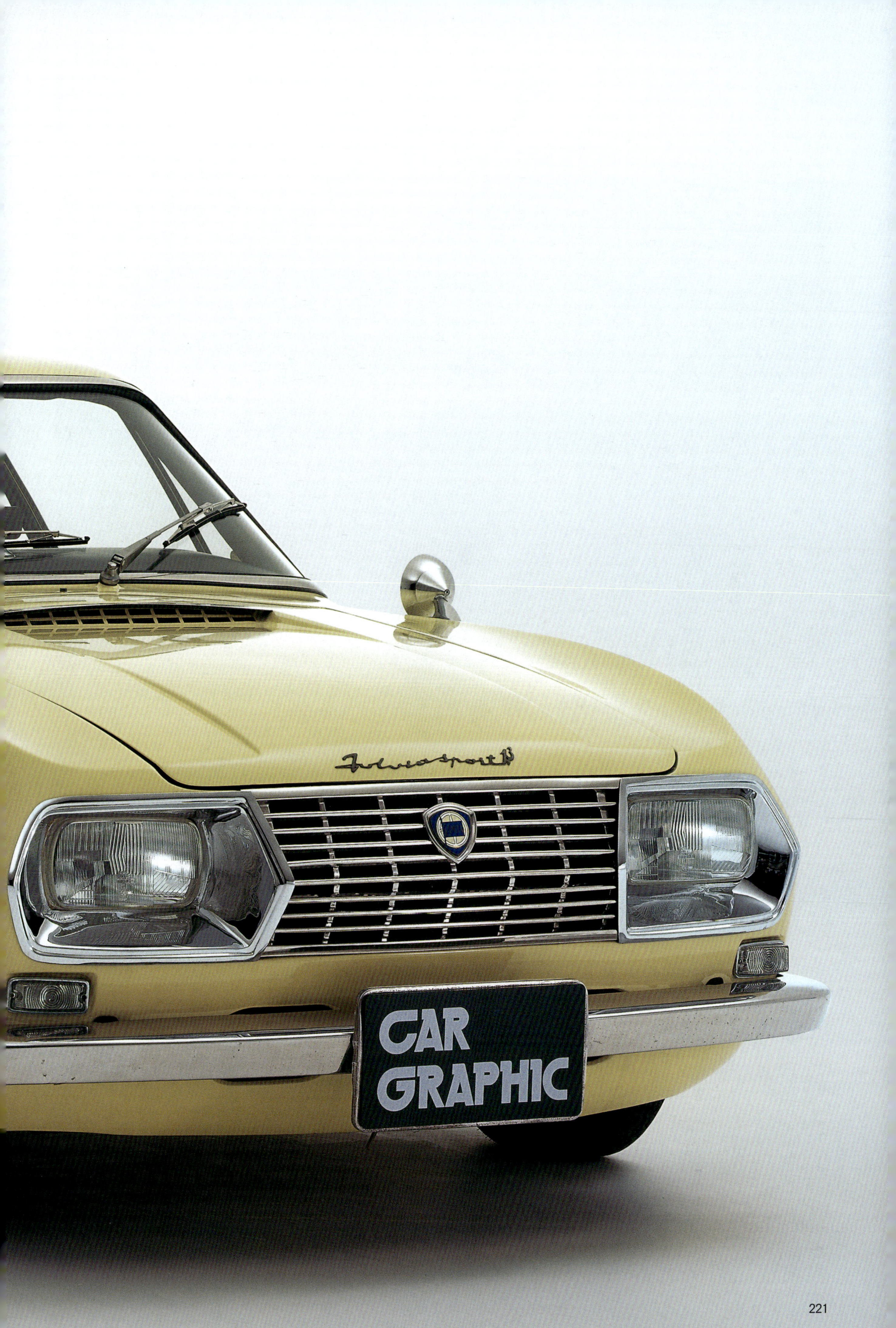
CAR
GRAPHIC

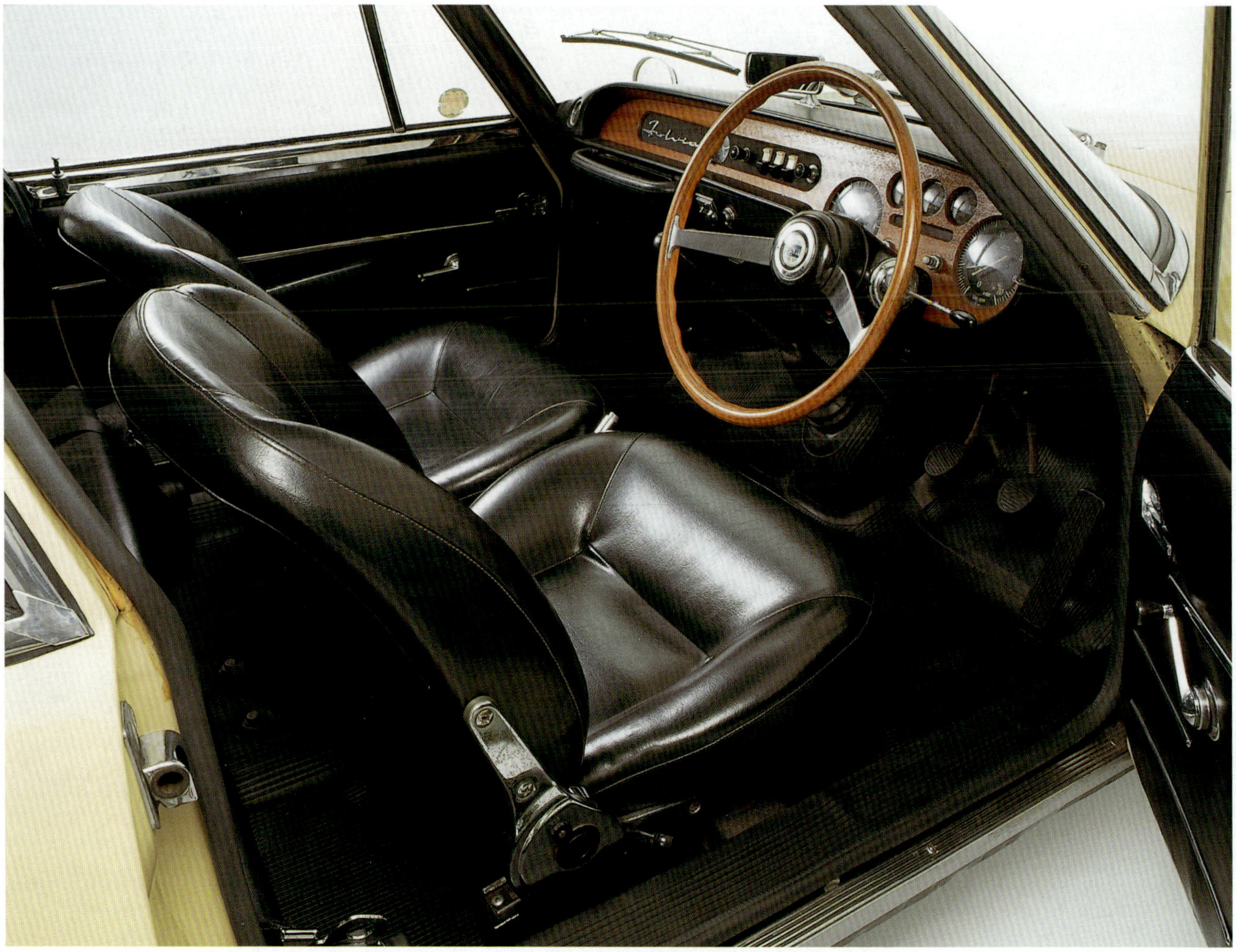

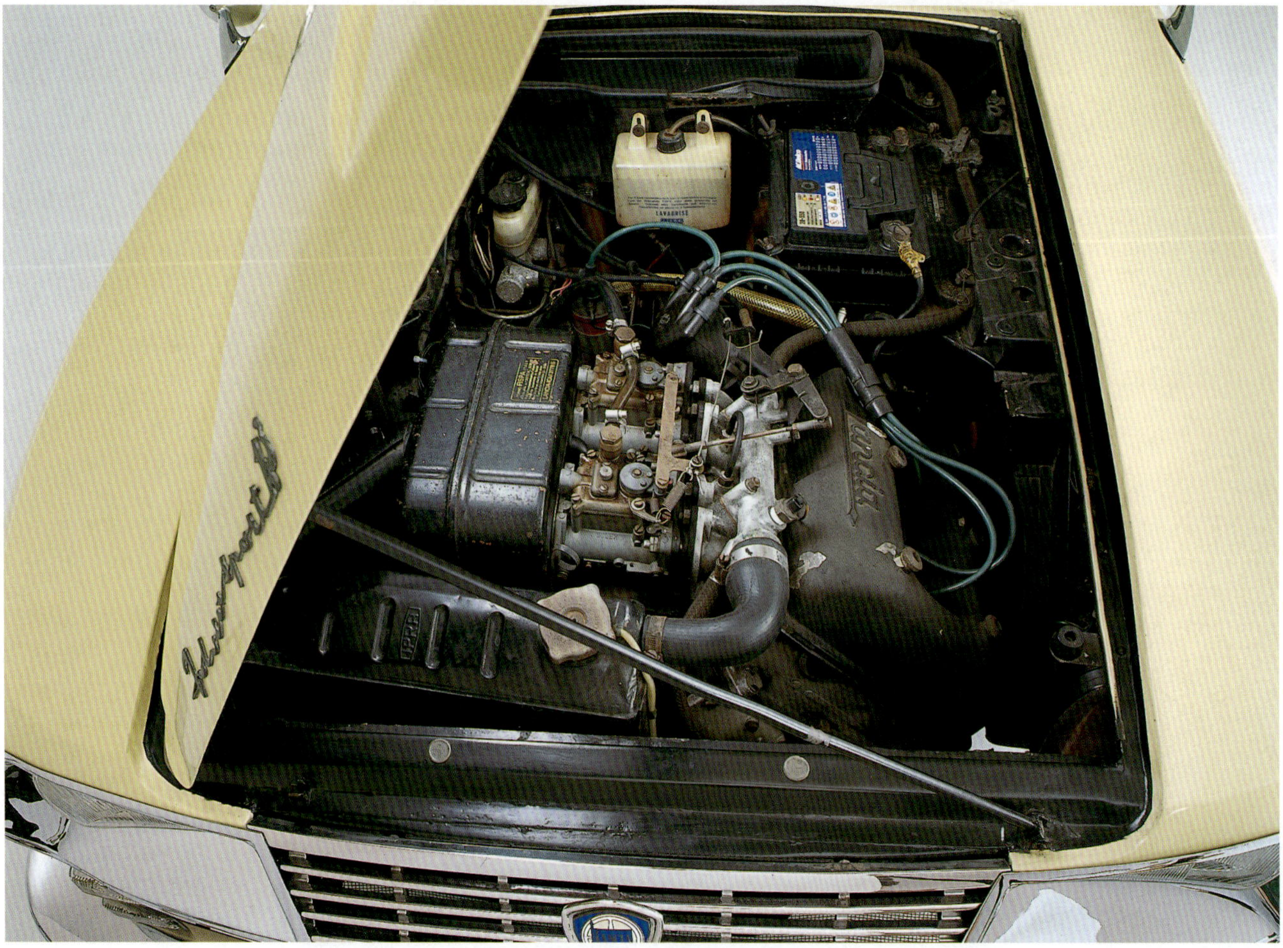

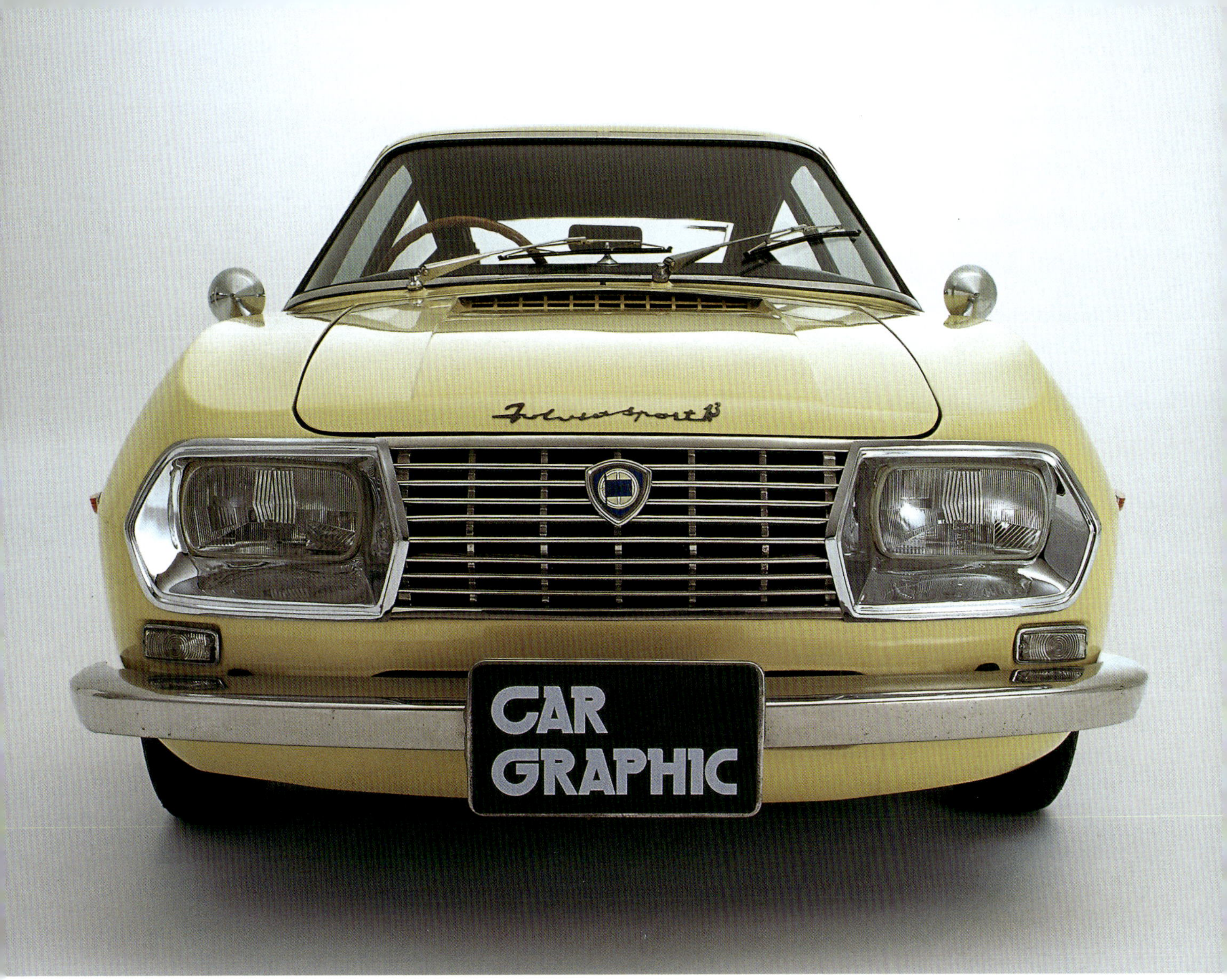
CAR
GRAPHIC

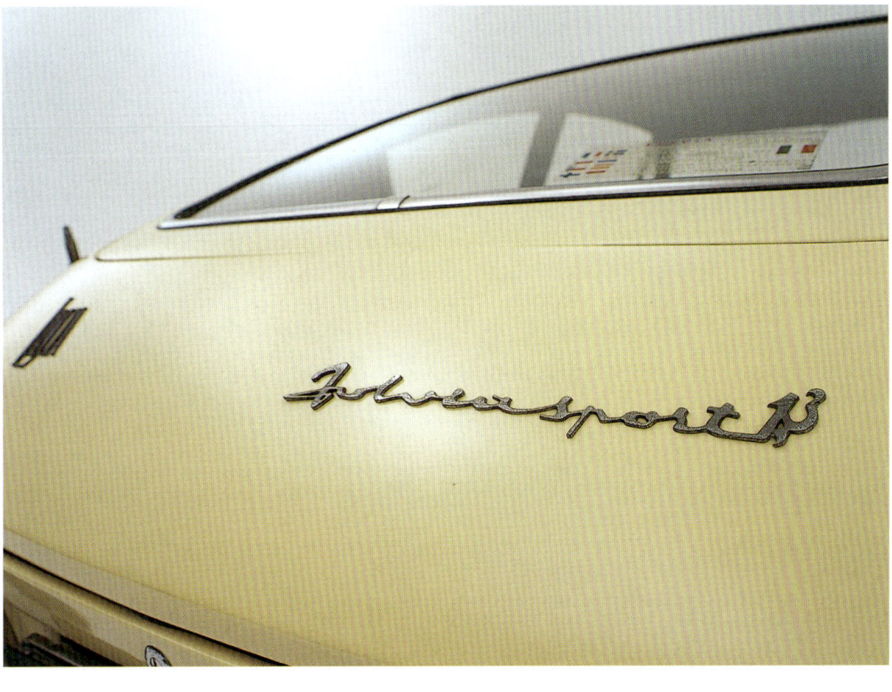

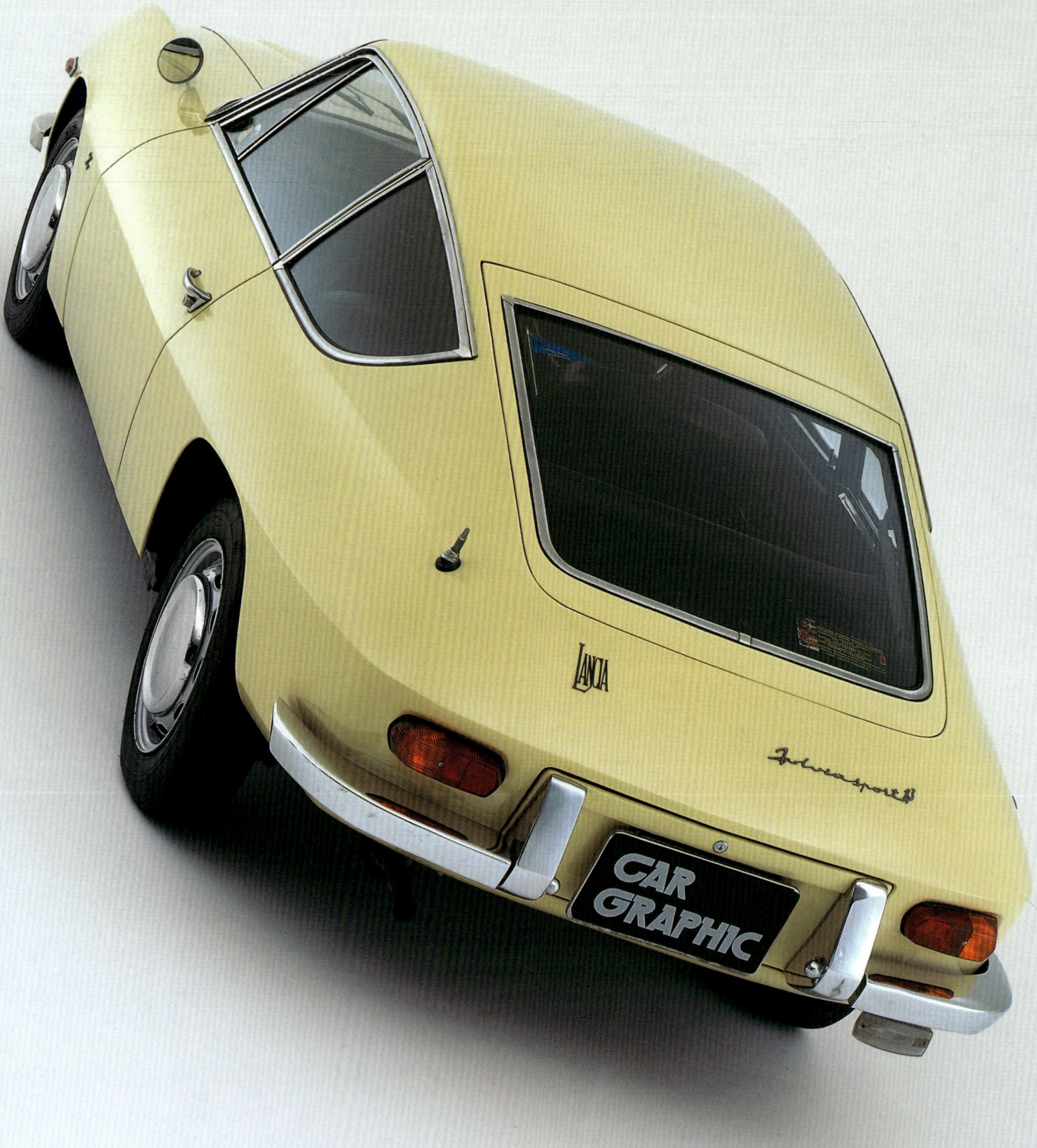
LANCIA
Fulvia sport
CAR GRAPHIC

■偶然運命の車

　実を言うと、今回はサイシューカイなのである。いやサイシューカイなのにそうとも言えないという不思議な回なのである。どっちつかずである。どっちつかずのことを言ったり書いたりするのは僕の得意とするところだが、今回はだから「どうやらサイシューカイみたいなものらしい」といった非常に中途半端な気持ちでお読みいただきたい。

　それでそんな不思議な今回の車は何かというとランチア・フルヴィア・スポルトだ。奇遇と言うか何と言うか、この車は記念すべきサイシューカイを飾るにふさわしい記念すべき車なのである。僕にとっては。はなはだ個人的なことではあるがこのランチア・フルヴィア・スポルトという車は小生が現在の稼業につくにあたって大きな影響を及ぼした車、ワタクシにとっては運命の車と呼んでもよいぐらいの一台なのである。

　話は中学時代にまでさかのぼる。その当時新宿の伊勢丹デパートの地階にいつも2〜3台の輸入車が展示された小さな一角があった。その一角、伊勢丹モータースといったと思うが（今もあるのか？）、デパチカの売り声ひびき、佃煮やシウマイのにおいの漂う理想的環境のその一角で僕はずいぶん色んな車を見たものだ。アメ車もよく見たしディーノ206やアルファ・ロメオ、変わったところでは1930年代後半のピアス・アローがここに置かれていたこともある。シウマイ買ったついでにピアス・アローでも買おうかという人も……まぁいたのかもな。

　それで、ここである時ついに遭遇したのである。この車、ランチア・フルヴィア・スポルトに。写真ではよく見知ってはいたものの実物を見るのはそれがはじめてであった。で、写真と実物ではずいぶん印象が違っており、僕は大きなショックをうけた。すなわちこの車、想像していたよりずっとヨかったのである。「これはスゴイ！」ととても感心し、「今まで見た車の中で一番カッコイイ」とか思い、それで感激のあまりその車の周りをグルグルと歩きまわって長い時間、我を忘れて眺めていた。フと気づくとおよそ2時間経っていた。つまり映画一本見るぐらいの間、僕はフルヴィア・スポルトを感激のうちに見つめ倒していたということである。一台の車をそんなに長い間眺めたことはそれまでに一度もなかった。

　その時の情景は、さすがに今でもハッキリと思い出すことができるが、そのフルヴィア・スポルト、塗装は赤で内装はキャメル、ベルリーナと共通のスチール・ホイール（クリーム色に塗装されていた）にクロームのキャップをつけた初期型で、ダッシュボードの上に置かれた値札には233万円と出ていた。

　それで、ともかく2時間に及ぶ感激の末に中学生の僕は深く思った。「車のデザインはやっぱりイタリアだな」と。

その頃すでに「将来は自動車デザイナー」という方向はぼちぼち考え始めており、また当時の車デザインの世界ではイタリアがまだリーダー的な存在だったから「どうせやるなら本場イタリアで」というセンも考えてはいたのだが、この車はそうした僕の考えの背中をまたひとつ強力に押すような力を持っていた。結局その後、僕はイタリアの自動車メーカーやデザイン屋に就職することはなかったが、イタリアから地理的にはさほど遠からぬ土地にある自動車会社にデザイナーとして就職することになった。イセタンでフルヴィア・スポルトに感激してからちょうど10年後のことである。

　……とマ、そんなわけで僕にとっては思い出深き記念すべきこの車。それが記念すべき本稿のサイシューカイに際して登場する。もちろんあらかじめ打ち合わせしていたわけでも何でもないのだが、たまたまジンボー町の特捜網にひっかかった車がわが「運命の車」だったわけだ。なんか僕としてはソコハカとなきエニシのようなものが感じられてしまう展開なのである。

　しかし実を言うとこれまでにも本「残像」の出演車についてはちょっと不思議な偶然がずいぶん何回もあったのである。毎度書くように、わが国で撮影に耐える良好な状態の古い車をさがし出すというのは容易なことではない。今回は何という車が捕まるのか、次回、次々回にはどんな車が掘り出されてくるのか、事前にわかるものでもなく計画をたてようにもたてられるものではないのである。しかるにタイムリーにちょうどよい車が偶然見つかる、ということが何回もあった。

　車のチョイスに関する不思議な偶然はさらにワタクシの個人的レベルで言うなら、たとえば20年ぶりで訪れたデトロイトでたまたま同市の市立美術館へ行く機会のあったちょうどその時、編集部から「次回用にリンカーン・ゼファーを確保しました」との報せが入ったことがあった。リンカーン・ゼファーとデトロイト美術館の背景には決して欠くことのできない共通のキー・パーソンがいる。エドセル・フォードというキー・パーソンである。

　フォード創業者のひとり息子にして同社2代目社長のエドセルは「美術系」をこよなく愛好した人で、実用一点張りの親父に逆らってフォード Mo.Co.にはじめてデザイン専用の部門を開設すると、そこに毎日足を運んでスタッフの尻をたたいて、革新的にして当時の自動車美の粋を集めたような車を完成させ世に送り出した。それがリンカーン・ゼファーである。

　ト、そのほぼ同じ時代、エドセル・フォードはデトロイト市立美術館の中心的カウンシル・メンバーでもあった。エドセルの同館に対する肩入れはハンパなものではなく、莫大な数の美術品を寄贈したのみならず、同館が経済的に

困窮した時には私財を投じて支援し、一時は彼ひとりでほぼ全職員の給料を払っていたことすらあるという。

思うにリンカーン・ゼファーとデトロイト美術館というのはどちらもエドセルにとって自分の分身のような存在だったのではないか。ともかくもこの両者が共通した美意識によって結ばれていることは間違いない。デトロイト美術館には今でもエドセル・フォードの同館に対する功績を讃える特別なコーナーが存在しているが、サテ、僕が20年ぶりでそのエドセル像の前に立ったちょうどその時に、ジンボー町の編集部がたまたまとっ捕まえた車がリンカーン・ゼファーだったというのはやはりちょいと偶然にしてはできすぎだったんじゃないか。ああ、どうやら神は我々の味方であるらしい。

と、しかしそんな一方で冷汗ものの「偶然」もあった。ジンボー町から「次はシトロエンCX」との連絡をうけ、その車について書いたときのことだ。イントロにシトロエンCXのデザイナーO氏という人がデザイナーとしては優れた才能の持ち主だった反面、会社の中ではひどく扱いにくいやっかいな人物だったといったことを書いた。ああいう人間はまったく困りものだ、というニュアンスで書いた。O氏はすでに引退して久しく、雑誌などでもまずその名を目にすることはなくなっていたので過去の人物の昔ばなしとしてそういうことを書いたつもりだった。するとなんと次の次の月のCGにこのO氏が出てきたのである。レトロモビルか何かの記事で「今回は元シトロエンのデザイン部長O氏も姿を見せた」といった文章と共に彼の写真がバンと出ていたのである。「こっ、これはお久しぶりで」僕自身も15年ぶりぐらいで見る写真のO氏は相当のオジイサンになっていたが、う〜ん、ちょっとアセったよなありゃ。ああ、神様は本当に味方してくれているのか？

■映画並みのデザイン

と、そんな具合に何やかにやとあった末にたどり来る今回、ランチア・フルヴィア・スポルトの登場である。くり返すがかつて「今まで見た車の中で一番スバラシイ！」と小生に映画一本分の時間、佃煮とシウマイのにおいをかがせ続けた「運命の車」である。

さてこの車、いったいどこがそんなにヨロシイのか。フルヴィア・スポルトが生産されていた時代、この車と同じカテゴリーには今や古典となったベルトーネ・デザインのあのアルファ・ロメオ・ジュリア・スプリントなどもあった。ジュリア・スプリントは当時の路上でひんぱんに見かける存在で、もちろんこちらも僕は「素晴らしい！」と出会う毎に感じ入ってはいたものの、その周囲を2時間もグルグル歩きまわるほどには感激したことはない。

でも職業デザイナーの冷静な目でこの両者を比較するなら、実はジュリア・スプリントの方により優れた点は多いと言わざるを得ない。サイドのシルエット、ラインの配置、マスの配分、動感と安定感等々、形態としての完成度はアルファを10とすればフルヴィア・スポルトはせいぜい7ぐらいだと今の僕は思っている。

このことに少し詳しく突っ込むなら、まずこの両者ではシャシーのプロポーション自体が違う。後輪駆動のジュリア・スプリントに対してフルヴィアは前輪駆動だからどうしても前方部のマスの大きさが抑制しにくくなるわけである。しかしこの前半の大きなマスも後半のバランスをそれなりに処理することで目立たなくすることもできるし、逆にこのフロント・マスをデザイン・キャラクターとして利用することもできる。しかるに今回の車、フルヴィア・スポルトにそうした意味で最適な処理がなされているとは僕には思えない。すなわちこの車、バランス上前半部の量感に対して後半が痩せて見え、いかにも前輪にかかる重量が大きそうに、走るといかにもアンダーステアとか出そうな車に、きっと実際そうなのだろうが、視覚的にもそう見える。

すなわちそうしたところが先程の「形態としての完成度」の問題点であるわけだが、他にも全体的に醸し出される雰囲気的なもの、情緒性とかストーリー性の盛りあげ方といった点においてもやはりフルヴィア・スポルトよりはジュリア・スプリントの方がずっとうまいと思う。これ要するにデザイナーの力量に差があるということ、とそう言ってしまうとミもフタもないが、でもやはりこの二者に関する限りはそういうことなのではあるまいか。

しかし、マ、どんな車だってよく見れば注文をつけたくなる点はいくらでも見つかるのだ。そう、それよりもこの車のいったいどこにかつてのワタクシが猛烈に感激したのか、それを書かなくては話にならない。イセタンの地下でランチア・フルヴィア・スポルトを目にして「スゴイ！」と驚かされたこととは？ 忘れもしない、そのことにまずはこの車をフロントから眺めて気づいた。フルヴィア・スポルトのフロントはグリルとヘッド・ランプがひとつながりに結ばれている。と、そのテーマ自体は何てこともないのだが、僕が気づいたのはそのグリル＋左右ヘッド・ランプのフロントエンド構成要素が全幅に対してかなり狭い、という実にそのことだったのである。すなわち顔の中心となるメイン要素の幅が狭いからフロントが強く絞り込まれたように、あたかも周囲の面がまわりこんでフロントをはさみこんでいるように見える。ワタクシがひどく感銘をうけたのはそのことだったのである。

しかしそんな風にここで説明してもそんなことが何故スゴイのか、とても実感することは難しいだろう。いやそれはもっともな話、モノの「形のヨサ」などというのはいくら文章で書いても伝わりにくいことなのはよくわかっている。

だからあきらめのよいワタクシはこれ以上の具体的な説明は省くが、それにしてもその時の僕の異常とも言える感激とは要するに何だったのだろうか？それを結論的にひと言で言うなら、それは小生の初めて知る「立体によるカイカン・感動」ということだったのだと今にして思うのである。それはたしかに、それまでの生涯で感じたことのない不思議なジンとしびれるような感覚であった。でも「立体によるカンドー」とはいったいどういうことなのか？

■3Dメガネの目をもつ男

たとえば人は小説を読んだり映画を観たりしてそのストーリーに感動する、ということがある。悲しい話うれしい話、何であれ「カンドーの名作」ってやつがある。また人間は音楽によって感動させられる、ということもある。音の上下や長短、その組み合わせがなぜ人を感動させるのかよくはわからない。悲しい・嬉しいとはまた別物なのだろう。

さてそうしたモロモロと並んで形や色が人を感動させる、ということがある。世の中に絵画をはじめとする視覚芸術なる分野が存在し得るのはそのためである。こうした視覚による「感動」の中に「立体による感動」というのがある。丸い形、角張った形、ねじれた形、またそうした形の組み合わせを目にすることによって人はカイカン・感動を得ることがある。彫刻という分野はそれで成り立っている。

さて自動車の形は二次元的要素も含むが、基本的には言うまでもなく立体である。つまり自動車デザインというのは彫刻に近い。しかし僕の場合、自動車の「立体」としてのヨサ、立体としてのカイカンというところに気づくまでには少々時間がかかった。というか、おそらくこれは一般的な傾向なのだろう。自動車を見れば人はたいてい「ヘッド・ランプが四角かった」とか、「グリルはクロームの格子で……」とか「ルーフ・ラインはスムーズなカーブだ」といったグラフィカルなこと、ラインに関することには気づきやすいが、立体そのもの、面の変化やニュアンス、コーナーのつながり方とか量塊のバランスなどといったことにはなかなか目がいきにくい。しかしくり返すが自動車のデザインというのは本質的に彫刻に近いものなのだ。それで、そのことにハッキリと気づくキッカケになったのが、たまたま僕の場合にはあの伊勢丹地下のランチア・フルヴィア・スポルトだったということなのである。僕にとっては感動の名作である。そんなことでもなきゃとてもじゃないが2時間も1台の車につきっきりで感心ばかりしていられるもんじゃござんせんテ。

さて「立体のカイカン」ということについては、別にこの車でなくてもいずれ何かのキッカケでいずれかの車によって同じことに気づいたのだろうと思う。ではいったいなぜ特にこのときのフルヴィア・スポルトが、これほどに僕の注意をひきつけカイカンを知る引き金となったのか、自分でもそれはよくわからないのだが、少なくともこういうことは言える。その当時路上で見る圧倒的大多数の日本車はあまり「立体的」と呼べる形はしていなかった。ボディ全体をひとかたまりのスカルプチャーとしてボリューム感や面の魅力で迫るといった日本車はごく少なかった。それに対してフルヴィア・スポルトは小型なくせにマッシブな印象で、やはり普段見る日本車群とはまったく違う立体感が全身からたしかに感じられた。何か「コレダ！」と思わせる強いものがあった。

それで小生いまだって車を見るときはまず中身の骨格、シャシーのプロポーションをチェックすると、次に立体がどのように扱われているのかをじっくりと見る。マスの配合面の緊張感、ドアの断面等々。ラインの評価とかヘッドランプが丸か四角か、サイド・オープニングの形がどうかといったことはそのあとだ。それがダイジではないということではないのだが順番からいったらあとまわしである。実を言うとこの「残像」でもデザイン解説っぽいことを書くときにはいつも意識的にこの順番で書いてきた。どの登場車についても原則としてまず立体について触れ、それからラインについて、次にグラフィックスの順で書いてきた。いや別にそんなにこだわらなくてもいいんですがね。マ、やはりあの伊勢丹地下での2時間に及ぶショック体験がいまだにひびいているのかもしれん。さすがに運命の車だけのことはある。

ちょっとスペースが余ったのでダソクを。その一。フルヴィア・スポルトのボンネットは前開きでも後ろ開きでもなく横に開く。この車のボンネットは横ヒンジなのである。こういう車を僕は他に思い出せない。設計者はグランド・ピアノのファンか？

その二。伊勢丹モータースは地下一階にあった。地上一階からエスカレーターで一階降りるとそこは地下一階である。これって当たり前のようでよく考えるとロジカルではない。「地上一階」というのを「地上ゼロ階」として一階昇ると「地上一階」となるのでなくては地下とのバランスがとれない。実はヨーロッパではどの国でもこうなっている。つまり日本の「地上10階」はヨーロッパでは「地上9階」にあたることになる。ただし日本語の「10階建ての建物」はヨーロッパ語でも「10階建ての建物」でよい。床が何層になっているかということと、各階が何と呼ばれるかということは別のコト、それでそれぞれに異なる単語がある。結論：ヨーロッパ人は理屈っぽい！

残像の残し方

　歴史を彩る名車が健在なうちにフィルムに残しておかなければ、という気持ちからCAR GRAPHIC誌上で始まった連載記事「名車の残像」は、すべて(株)フォトムの横浜スタジオで撮影された。当初は2年程度の期間しか予定していなかったものの、はじめてみれば記録しておくべき名車は限りなくあることが明らかになった。「次はこれを撮りたい、次はあれをテーマにしたい」とアイデアは湧き続け、気がついてみれば5年近い歳月が過ぎていた。朝から準備を始めて夜半過ぎまで撮りつづけるという作業は、雑誌の撮影では異例の態勢で、さらにほとんどすべての作品が銀塩フィルムに収められたという点からも、こうした膨大な写真集をまとめるチャンスは二度とないかもしれない。

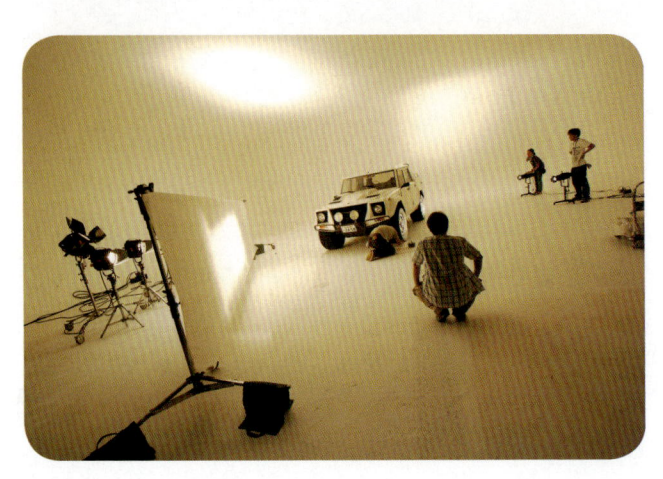

朝の挨拶もそこそこに車両を運び込み最初のアングルを決めると、合計80kW相当のスポットライトとピンスポットが当てられ、シルエットを形作っていく。一方で床についたタイア跡をペイントで消す作業が進められる。アングルを決めてから3〜4時間後、その日初めてシャッターが切られるのが通例だ。

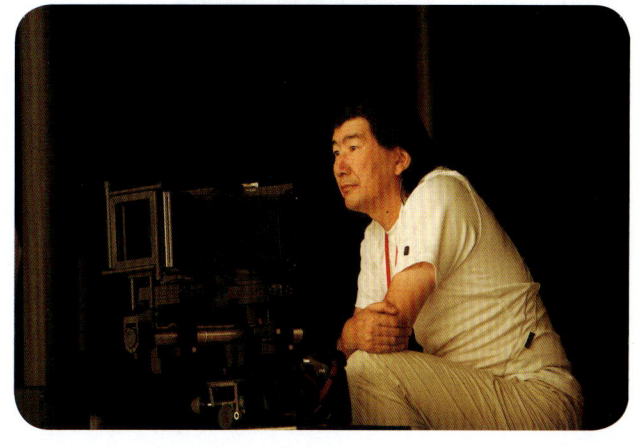

限られたスタジオの使用時間を最大限に利用すべく1日に撮影する車は2台。被写体はほとんどがトランスポーターで移送された。2台目の撮影にとりかかる頃には日も傾き、時間節約のため夕食はたいていピザで済ませる。

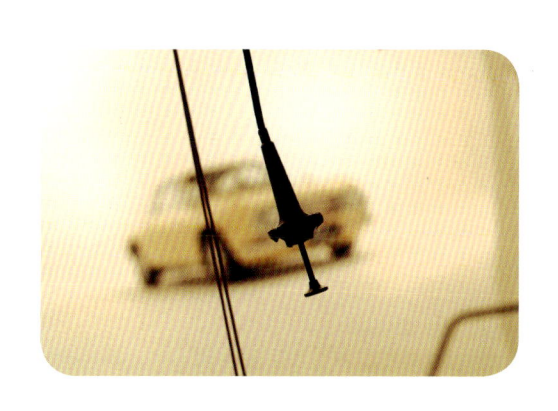

北畠主税とアシスタントの吉田宏隆が使用した機材は、4×5インチがジナーのP2。6×4.5cmがコンタックス645。フィルムはいずれもFUJIの64Tを使用。

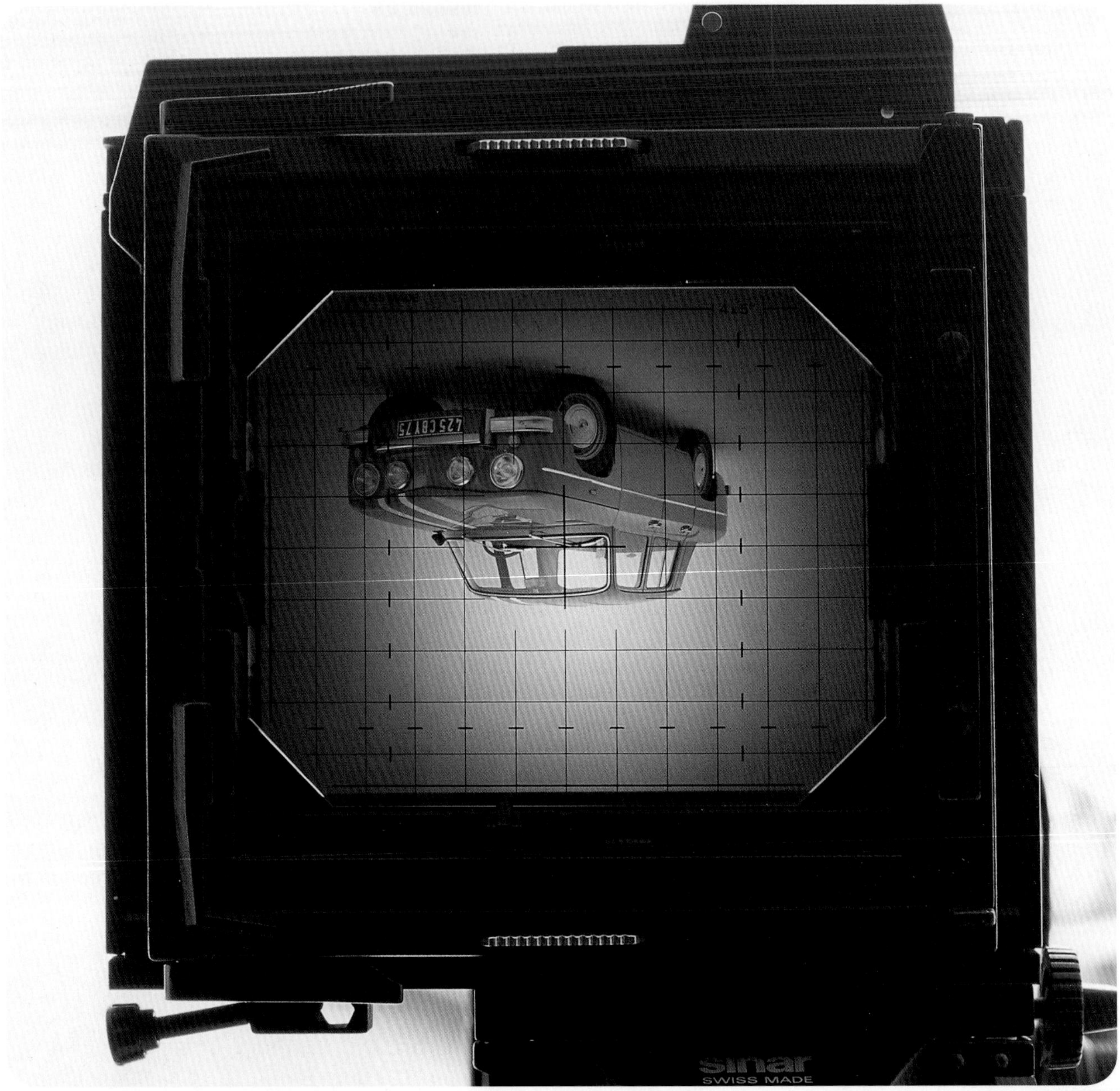
SWISS MADE

あとがき
北畠主税

　僕が写真を撮り始めたきっかけは、中学生の時に蒸気機関車を撮るためだった。日本から蒸気機関車が姿を消す。その姿を写真というメディアに残しておきたかった。無我夢中で日本中、汽車を追いかけた。何かに取り憑かれたように。そして3年後、日本から蒸気機関車は姿を消し、それと同時に僕も写真を撮る事がなくなった。その後は、毎日オートバイに乗っていた。スピードの魔力に魅かれたのはこの頃だった。だけど何だか、心に隙間が出来てしまった。撮る対象がなくなった悲しさ。それなのに、何故か、僕は写真学校に入学した。進級制作は、能登の朝市の人々を撮る事に決めた。働く人を撮るのが好きだったからだ。しかし、その時の担任から「田舎に逃げるな、都会を撮れ」と言われ、卒業制作は、東京の地下鉄、「モグラ」というテーマで写真を撮った。

　この時に初めて、対象物と正面からぶつかったような気がする。高度成長期のこの頃、みんな疲れていた。ほんの少しの休息と過労働。こちらも地下鉄には光量がないため、フィルムは超高感度、粗粒子、ノーファインダーだった。この時に自分のひとつのスタイルが確立したんだと思う。ちょっと、ひねくれた写真……アングルの面白さだけ……だったかもしれない。レース写真の完成形が1987年のF1の写真展だった。スピードに取り憑かれた自分、そのスピードを表現してみたかった。

　モネの絵に憧れた。ブレた写真、溶ける風景。自分がF1に思い描いた世界への表現方法だった。決定的瞬間、と言う言葉が流行った時代。走りの中に、そんな瞬間を見つける事が快感だった。それから20数年。自分で作った殻を割れないモドカシさがあった。

　CAR GRAPHICの連載が始まって数ヵ月。昔の汽車仲間が、ねぇ車のスタジオ写真って大変なの、と言った。うん、どうして？ 昔から見てるタンボの写真じゃないよ。そうだよね、らしくないよね、自分でもそう思った。今回は自分をなるべく出さないようにしてみた。素直に撮ってみた。相手が強打者だから、中途半端な変化球は通用しないんだよ。自分のストレートに力が足りないのかな……と思った瞬間でもあった。

　ドライビングの師匠に「運転の極意を教えてください」と聞いた事がある。「お前は、わがままな運転をするから、上手くなれないんだ」「車が曲がりたくないと言っているのに、無理矢理曲げるな」「車なりに走らせろ」と神の声。最後のひと言はすこしきつかった。「お前は、ドライビングの事じゃなく、写真の事を考えろ」

　ドライビングだけじゃない、僕の写真も確かにそうだったのかもしれない。車のありのままの姿を写真で残す、その気持ちへ、素直に戻って。

　最後に、この企画の為に、宝石のような愛車を貸して下さったオーナーの皆さん、素晴らしい原稿を書いて頂いた永島さん、ライティングをしてくれたフォトムさん、編集担当の塚ちゃん、ページデザインをしてくれた宏美さん、車の手配を手伝ってくれた牧野さん、携わってくれたみんなに、あらためて感謝の気持ちを。本当にありがとう。

北畠主税（きたばたけ ちから）
フォトグラファー（株）アーガス 代表取締役
1957年生
東京写真専門学校卒。
1979年　フリーランス・フォトグラファーとして独立。
1986年　六本木AXISにて、F1の写真展「CHIKARA THE POWER」を開催。
1983～1990年　レース・フォトグラファーとしてWEC、WRC、F1を取材。
1990年　フォトグラファー集団、（株）アーガスを設立。
1999年～　CAR GRAPHICの表紙撮影を担当。

クルマという「カタイ」世界から女性の柔らかい線のようなソフトな世界までをカメラで表現。世の中に発信し続ける。コンピューター画像にも造詣が深く、デジタルによる画像処理を前提とした特殊撮影もこなし、自らもコンピューターに向かい、コンピューター世代のクリエイター達ともアイディアを出し合っている。アナログ時代の経験をデジタル時代に生かすことができる数少ない写真家のひとり。愛車はR32型スカイラインGT-R、ルノー・アルピーヌ・ルマン。

永島譲二

高くなり過ぎるんじゃないか、そう思わざるをえなかった。他ならぬこの本の値段のことである。内容を聞くだに高価な本になることは充分予想できる。そんな高い本を作っても出版社はもうからないんじゃないのか、ハッキリ言えば損するんじゃないか。

こうした小市民的コメントを小生が口にしたとき二玄社の人はおっしゃった。「これは文化事業として出版する本ですから」 本気だろうか。どこかにもうかる秘策でもかくしているのか。でもこの本が一種の文化事業であるということは決してウソではないと思う。なぜって本書の如き自動車書籍は日本国史上（おそらく世界にも）前例がないし、これから出ることもおそらくないんじゃないかと僕は思うからだ。なぜこういう本が将来もう出ないと思うか。それはまずこれだけ大量の古い車を集めること自体がかなり困難であること。そして一台一台をこれほど立派に撮影するのはさらに難しいことによる。すなわちこのような出版物を具体化するのに必要な物・人・カネはそうそう集められるものではないはずなのだ。それにもうひとつ、古い車に熱い興味を抱く読者の数だって、これからウナギのぼりに増えるというよりはおそらくジリジリと減ってゆくと考える方が現実的だろう。色々な意味でこの本は「カーグラフィック文化」の結晶のようなものなのだと思われる。その意味でもやはり二玄社が出さなくては本当の意味はないのだと思う。たしかに文化事業もせねばなるまい。

などと他人事のように書いてきたが、考えたら小生はその本の「著者」なのである。ああ、いったいオマエはこの本に何を書いたのか。自分がデザイナーであるから登場するどの車についてもデザイン的話題を中心に書いた。いやムダ話を中心に少しだけデザイン系のヨモヤマ話を突っ込んどいた、という方が正確か。

世に自動車のデザインに興味をもつ人は多いと言われる。しかし実際に自動車をデザインしたことのある人の数というのは、言うまでもなく限られている。果たして自動車デザイナーとはどういうシゴトなのか。自動車をデザインするとはいったいどういうことなのか。なにせこれだけ何十編も書いたんだからこの本をまとめて読めばそのあたりがおぼろげながら理解されるのでは、と期待している。その意味でも、この本はたしかに今までになかった本だと思う。

永島譲二（ながしま じょうじ）
BMW AG エクステリア・チーフ・デザイナー
1955年生
武蔵野美術大学工業デザイン学科卒。
ミシガン州デトロイト　ウェイン・ステート・ユニバーシティ修士課程修了。
1980～86年　アダム・オペルAG
1986～88年　ルノー公団
1988年～　　BMW AG

主な作品にオペル・コルサ・スパイダー、オペル・ジュニア、ルノー・サフラン、BMW Z3、BMW5シリーズ(E39)、BMW3シリーズ(E90)など。トリノ市カー・デザイン・アワード、ノルトラインヴェストファーレン州工業デザイン賞、レッド・ドット・デザイン・アワード、ミラノ市ラ・ピウ・ベラ・マッキナ・デル・モンド賞、2006日本自動車殿堂カーデザインオブザイヤー（国産・輸入乗用車）等を受賞。

撮影にご協力いただいた方々 (50音順)

秋元 宏道 氏
麻布自動車(株)
石橋 寛 氏
板倉 麻紀 氏
岩井 純 氏
上沢　郎 氏
(株)ュージハウス
柿沼 篤司 氏
加藤 仁 氏
神谷 信慶 氏
ガレージ イワサ
木村 廣光 氏
(有)キャロル
栗原 良行 氏
桑島 信一 氏
(株)コードナイン・インターナショナル
齋藤 信弘 氏
佐藤 純彦 氏
佐藤 里志 氏
JAVEL
杉山 功 氏
助野 忠義 氏
鈴木 辰哉 氏
鈴木 宏文 氏
世良田 聡 氏
平 武司 氏

大光寺 徹 氏
鷹阪 龍哉 氏
高橋 孝司 氏
高柳 博行 氏
武市 伸明 氏
竹村 洋一 氏
田所 正史 氏
並木 正明 氏
新野 利夫 氏
日産自動車(株)
則竹 功雄 氏
芳賀 哲也 氏
濱嶋 邦博 氏
林 清剛 氏
春山 喜一 氏
樋口 晃任 氏
星野 茂 氏
星野 武彦 氏
Bobコーポレーション
マツダ(株)
水島 豊一 氏
明嵐 正彦 氏
モトーレアルマッシモ
(株)ワク井商会
渡辺 慎太郎 氏

宮口 雅充　(株)フォトム
髙柳　昇　(株)東京印書館

フォトム ライティングスタッフ

[照明]
今井 康幸
奥本 孝志
河野 克己
近藤 隆一
沢辺 弘武
玉置 巧
永峰 修
野木 修次
半田 庄次郎
藤濤 重之
宮澤 廣久
宮野 誠司
村田 伸一

[照明助手]
東谷 真吾
天賀谷 徳和
泉 健太
和泉 雄介
上田 康洋
碓井 慎亮
榎本 弐輝
大石 佑佳
大河原 寛子
奥山 晴日
小笹 慎吾
小山 新太郎
伽賀 隆吾

兼松 正樹
神里 亮徹
亀山 健太
木村 祐太
國見 周作
桑島 利文
桑山 明子
小崎 良幸
斉田 良平
斉藤 健太郎
佐々木 悟
佐藤 良彦
清水 宏一

高田 みずほ
高橋 佐知子
竹下 直美
都築 要
長瀬 通子
長谷川 直樹
日比野 伸
藤川 雄紀
藤田 善平
松浦 誠
松野 啓
松本 茂雄
松本 満

松嵜 桂
丸井 俊彦
三上 努
峰 嘉男
宮口 忠
二郷 寛
村上 晃
村上 雅樹
山田 壮介
吉岡 誠司
吉田 彰
李 準桓
パトリック ソーティオン リム
尹 智夏

名車の残像 I／II

2007年8月10日　初版第1刷発行

著者　　　北畠主税／永島讓二
発行者　　黒須雪子
CAR GRAPHIC 編集部 編
発行所　　株式会社 二玄社
　　　　　東京都千代田区神田神保町 2-2　〒101-8419
営業部　　東京都文京区本駒込 6-2-1　〒113-0021
電話　　　03-5395-0511
URL　　　http://www.nigensha.co.jp
印刷　　　株式会社 東京印書館
製本　　　株式会社 積信堂
ISBN978-4-544-40018-2
©2007 Chikara Kitabatake／Joji Nagashima
[JCLS]（株）日本著作出版権管理システム委託出版物
複写許諾連絡先：Tel. 03-3817-5670
　　　　　　　　Fax.03-3815-8199